三菱PLC与变频器、触摸屏

综合培训教程

（第二版）

阳胜峰　盖超会◎编著

中国电力出版社
CHINA ELECTRIC POWER PRESS

内 容 提 要

本书系统地介绍了三菱 FX 系列 PLC、FR-A540 变频器、触摸屏，以及它们的综合应用。通过大量的实例，深入浅出地介绍了 PLC 的原理与各种指令的编程应用、变频器的常用控制功能、三菱触摸屏组态软件 GT 的应用，以及三菱 PLC 常用的通信技术和综合应用。

本书以大量的实例为载体，对各项目都给出了电路接线图与控制程序，读者通过本书的学习和练习，可以尽快地、全面地掌握 PLC、变频器和触摸屏综合应用技术。

本书可供高等院校及职业学院电气工程、机电一体化、自动化等相关专业师生阅读，也可作为技术培训教材，还可供在职技术人员自学使用。

图书在版编目（CIP）数据

三菱 PLC 与变频器、触摸屏综合培训教程/阳胜峰，盖超会编著. —2 版. —北京：中国电力出版社，2017.8

ISBN 978 - 7 - 5198 - 0646 - 0

Ⅰ . ①三… Ⅱ . ①阳… ②盖… Ⅲ . ①PLC 技术-技术培训-教材②变频器-技术培训-教材③触摸屏-技术培训-教材 Ⅳ . ①TM571.61②TN773③TP334.1

中国版本图书馆 CIP 数据核字（2017）第 074360 号

出版发行：中国电力出版社

地　　址：北京市东城区北京站西街 19 号（邮政编码 100005）

网　　址：http：//www.cepp.sgcc.com.cn

责任编辑：王杏芸

责任校对：常燕昆

装帧设计：张俊霞　赵姗姗

责任印制：蔺义舟

印　　刷：北京市同江印刷厂印刷

版　　次：2011 年 3 月第一版

印　　次：2017 年 8 月第二版　2017 年 8 月北京第十次印刷

开　　本：787 毫米×1092 毫米　16 开本

印　　张：25

字　　数：598 千字

印　　数：17001—19000 册

定　　价：68.00 元

前　言

随着自动控制技术在各行业的应用越来越广泛，PLC、触摸屏与变频器的应用也越来越深入而广泛。一个完整的自动控制系统，往往是PLC、触摸屏与变频器等部件的综合应用，正是基于这种情况下，结合培训的实际情况，我们特编写了本书。通过阅读本书，使读者能够尽快学会PLC、触摸屏与变频器的应用技术，并能使用它们进行综合应用，实现对实际系统的控制。

本书在第一版的基础上进行了改编，主要有如下变化：

● 第一版中介绍的PLC以FX$_{2N}$机型为基础，第二版改为FX$_{3U}$的PLC进行深入介绍。

● 在步进顺控章节中，增加了SFC编辑。

● 增加了PLC对步进电动机的控制内容，使用PLC应用的范围更丰富。

本书总共包含十七章，主要介绍了三菱FX系列PLC、三菱系列触摸屏、FR-A540变频器、PLC通信，以及它们的综合应用。PLC部分的内容主要包括三菱FX系列PLC介绍、PLC硬件接线、PLC工作原理及软元件、编程软件GX—Developer的使用、定时器与计数器的使用、基本逻辑指令及其应用、步进指令及其应用、常用功能指令及其应用、模拟量控制技术，以及步进电机控制技术。变频器部分的内容主要包括变频调速基础知识、三菱FR-A540变频器，以及变频器常用基本控制功能。触摸屏部分的内容主要包括三菱触摸屏概述和三菱触摸屏软件GT的组态应用等。另外本书还介绍了三菱常用的PLC通信技术，以及九个典型综合应用的实例。

本书具有以下特点：

● 内容丰富。全面覆盖了三菱FX系列PLC、变频器、触摸屏及其综合应用知识。

● 重点突出。本书抓住了PLC、变频器、触摸屏最常用的功能，对开关量控制、模拟量控制和运动控制进行了重点介绍。

● 难易结合。本书由浅入深、循序渐进地介绍了PLC及综合应用技术，尽可能地将基本控制要求与控制流程的实践相结合，直观地将设计过程呈现给读者。

● 强调实用。书中项目设计直接面对用户的实际应用需求，示例丰富，重视培养读者的应用能力。

● 本书以大量的实例为载体，对各项目都给出了电路接线图与控制程序，读者通过本书的学习，可以尽快地、全面地掌握三菱PLC、变频器、触摸屏综合应用技术。

本书由阳胜峰、盖超会编写，同时参与编写及项目开发工作的还有李佐平、师红波、李加华、李正平、彭书锋、邱郑文、谭凌峰、欧阳奇红等，另外师本立、邱正元、陈杨、邱昌华、谭玉萍等为本书的编排和画图做了大量的工作，在此深表谢意。由于作者水平所限，书中难免存在疏漏和不足之处，恳请广大读者提出宝贵意见。

第一版前言

　　随着自动控制技术在各行业的应用越来越广泛，PLC、触摸屏与变频器的应用也越来越深入而广泛。一个完整的自动控制系统，往往是 PLC、触摸屏与变频器等部件的综合应用。正是在这种情况下，结合培训的实际情况，我们特编写了本书，通过阅读本书，使读者能够尽快学会 PLC、触摸屏与变频器应用技术，并能使用它们进行综合应用，实现对实际系统的控制。

　　本书共十三章，主要介绍了三菱 FX 系列 PLC、三菱系列触摸屏、FR-A540 变频器，以及它们的综合应用。PLC 部分的内容主要包括三菱 FX PLC 概述、编程软件 GX-Developer 的使用、基本逻辑指令及其应用、步进指令及其应用、常用功能指令及其应用、特殊模块及其应用。变频器部分的内容主要包括变频调速基础知识、三菱 FR-A540 变频器以及变频器常用基本控制功能。触摸屏部分的内容主要包括三菱触摸屏概述和三菱触摸屏软件 GT 的组态应用。另外本书还介绍了三菱常用的 PLC 通信技术，以及九个综合应用的实例。

　　本书具有以下特点：

　　● 内容丰富。全面覆盖了三菱 FX 系列 PLC、变频器、触摸屏及其综合应用知识。

　　● 重点突出。本书抓住了 PLC、变频器、触摸屏最常用的功能，对开关量控制、模拟量控制和运动控制进行了重点介绍。

　　● 难易结合。本书由浅入深、循序渐进地介绍了 PLC 及综合应用技术，尽可能地将基本控制要求与控制流程的实践相结合，直观地将设计过程呈现给读者。

　　● 强调实用。书中项目设计直接面对用户的实际应用需求，重视培养读者的应用能力。

　　● 本书以大量的实例为载体，对各项目都给出了电路接线图与控制程序，读者通过本书的学习，可以尽快地、全面地掌握三菱 PLC、变频器、触摸屏综合应用技术。

　　本书由盖超会、阳胜峰负责编写并统编全稿，同时参与编写及程序调试工作的还有李佐平、师红波、李加华、李正平、彭书锋等。由于时间仓促，书中难免存在错漏和不足之处，恳请广大读者提出宝贵意见。

作　者
2010 年 9 月

目 录

前言
第一版前言

第一章

三菱FX系列PLC介绍

本章主要介绍 PLC 的特点与功能应用、FX 系列 PLC 及其特点、功能模块简介，以及三菱 FX 系列 PLC 的连接器种类与通信电缆。

第一节 PLC 的特点与功能应用

PLC 是一种数字运算的电子系统，专为在工业环境下应用而设计。它采用可编程的存储器，用来在内部存储执行逻辑运算、顺序控制、定时、计数和算术运算等操作的指令，并通过数字式、模拟式的输入和输出，控制各种类型的机械或生产过程。PLC 及其有关设备，都是按照与工业控制器系统联成一体、易于扩充功能的原则设计的。

PLC 是一种以微处理技术为基础，将控制处理规则存储于存储器中，应用于以控制开关量、模拟量控制和运动控制，实现逻辑控制、机电运动控制或过程控制等工业控制领域的新型工业控制装置。

一、PLC 的特点

PLC 是面向用户的专用工业控制计算机，具有许多明显的特点。

1. 可靠性高，抗干扰能力强

为了限制故障的发生或者在发生故障时，能很快查出故障发生点，并将故障限制在局部，各 PLC 的生产厂商在硬件和软件方面采取了多种措施，使 PLC 除了本身具有较强的自诊断能力，能及时给出出错信息，停止运行等待修复外，还使 PLC 具有了很强的抗干扰能力。

2. 通用性强，控制程序可变，使用方便

PLC 品种齐全的各种硬件装置，可以组成能满足各种要求的控制系统，用户不必自己再设计和制作硬件装置。用户在硬件确定以后，在生产工艺流程改变或生产设备更新的情况下，不必改变 PLC 的硬件设备，只需改编程序就可以满足要求。因此，PLC 除应用于单机控制外，在工厂自动化中也被大量采用。

3. 功能强，适应面广

现代 PLC 不仅有逻辑运算、计时、计数、顺序控制等功能，还具有数字量和模拟量的输入输出、功率驱动、通信、人机对话、自检、记录显示等功能。既可控制一台生产机械、一条生产线，又可控制一个生产过程。

4. 编程简单，容易掌握

目前，大多数 PLC 仍采用继电控制形式的"梯形图编程方式"。既继承了传统控制线路的清晰直观，又考虑到大多数工厂企业电气技术人员的读图习惯及编程水平，所以非常容易接受和掌握。PLC 在执行梯形图程序时，用解释程序将它翻译成汇编语言然后执行（PLC 内部增加了解释程序）。与直接执行汇编语言编写的用户程序相比，执行梯形图程序的时间要长一些，但对于大多数机电控制设备来说，是微不足道的，完全可以满足控制要求。

5. 减少了控制系统的设计及施工的工作量

由于 PLC 采用了软件来取代继电器控制系统中大量的中间继电器、时间继电器、计数器等器件，控制柜的设计安装接线工作量大为减少。同时，PLC 的用户程序可以在实验室模拟调试，更减少了现场的调试工作量。并且，由于 PLC 的低故障率及很强的监视功能，模块化等，使维修也极为方便。

6. 体积小、质量轻、功耗低、维护方便

PLC 是将微电子技术应用于工业设备的产品，其结构紧凑，坚固，体积小，重量轻，功耗低。并且由于 PLC 的强抗干扰能力，易于装入设备内部，是实现机电一体化的理想控制设备。

二、PLC 的功能与应用

可编程控制器在国内外广泛应用于钢铁、石化、机械制造、汽车装配、电力、轻纺、电子信息产业等各行各业。目前典型的 PLC 功能有下面几点：

（1）顺序控制。这是可编程控制器最广泛应用的领域，取代了传统的继电器顺序控制，例如注塑机、印刷机械、订书机械，切纸机、组合机床、磨床、装配生产线，包装生产线，电镀流水线及电梯控制等。

（2）过程控制。在工业生产过程中，有许多连续变化的量，如温度、压力、流量、液位、速度、电流和电压等，称为模拟量。可编程控制器有 A/D 和 D/A 转换模块，这样，可编程控制器可以在过程控制中实现模拟量控制功能。

（3）数据处理。一般可编程控制器都有四则运算指令等运算类指令，可以很方便地对生产过程中的资料进行处理。用 PLC 可以构成监控系统，进行数据采集和处理、控制生产过程。

（4）位置控制。较高档次的可编程控制器都有位置控制模块，用于控制步进电动机或伺服电机，实现对各种机械的位置控制。

（5）通信联网。某些控制系统需要多台 PLC 连接起来，使用一台计算机与多台 PLC 组成分布式控制系统。可编程控制器的通信模块可以满足这些通信联网要求。

（6）显示打印。可编程控制器还可以连接显示终端和打印等外围设备，从而实现显示和打印的功能。

第二节　FX 系列 PLC 简介

FX 系列 PLC 是由三菱公司推出的高性能小型可编程控制器，以逐步替代三菱公司原 F、F1、F2 系列 PLC 产品。其中 FX2 是 1991 年推出的产品，FX0 是在 FX2 之后推出的超小型 PLC，近几年来又连续推出了将众多功能凝集在超小型机壳内的 FX_{0S}、FX_{1S}、FX_{0N}、FX_{1N}、FX_{2N}、FX_{3U} 等系列 PLC，具有较高的性能价格比，应用广泛。它们采用整体式和模块式相结合的叠装式结构。目前最新型号为 FX_{3U}，本书以 FX_{3U} 为代表进行介绍。

一、FX 系列 PLC 型号的说明

FX 系列 PLC 型号的含义如下：

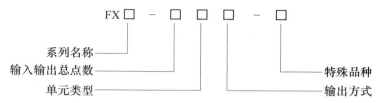

其中系列名称有 0、2、0S、1S、ON、1N、2N、2NC、3U 等。

单元类型：M——基本单元；

E——输入输出混合扩展单元；

EX——扩展输入模块；

EY——扩展输出模块；

输出方式：R——继电器输出；

S——晶闸管输出；

T——晶体管输出；

特殊品种：D——DC 电源，DC 输出；

A1——AC 电源，AC 100~120V 输入或 AC 输出模块；

H——大电流输出扩展模块；

V——立式端子排的扩展模块；

C——接插口输入输出方式；

F——输入滤波时间常数为 1ms 的扩展模块。

如果特殊品种一项无符号，则为通用的 AC 电源、DC 输入、横式端子排、标准输出。

PLC 的输出方式有三种类型，分别为继电器输出（R）、晶闸管输出（S）和晶体管输出（T）。继电器输出可驱动交、直流负载，但不能发高速脉冲输出。晶闸管输出只能驱动交流负载。晶体管输出只能驱动直流负载，可发高速脉冲输出。

例如，FX$_{2N}$—32MT—D 表示 FX$_{2N}$ 系列，32 个 I/O 点，晶体管输出，使用直流电源，24V 直流输出型。

FX$_{3U}$ 的型号含义如下：

如图 1-1 所示为 FX$_{3U}$ 的外形图。

二、FX$_{3U}$ 系列 PLC 的功能与特点

FX$_{3U}$ 系列 PLC 中集成了多项业界领先的功能，主要有：

（1）晶体管输出型的基本单元内置了 3 轴独立最高 100kHz 的定位功能，并且增加了新

图 1-1　FX_{3U}外形图

的定位指令。带 DOG 搜索的原点回归（DSZR）、中断定位（DVIT）和表格设定定位（TBL），从而使得定位控制功能更加强大，使用更为方便。

（2）内置 6 点同时 100kHz 的高速计数功能。

（3）FX_{3U}系列 PLC 专门增强了通信的功能，其内置的编程口可以达到 115.2kb/s 的高速通信，而且最多可以同时使用 3 个通信口（包括编程口在内）。

（4）FX_{3U}系列此次新增加了高速输入输出适配器，模拟量输入/输出适配器和温度输入适配器，这些适配器不占用系统点数，使用方便。其中通过使用高速输出适配器可以实现最多 4 轴、最高 200kHz 的定位控制，通过使用高速输入适配器可以实现最高 200kHz 的高速计数。

三、FX_{3U}系列基本单元和特殊功能模块

FX_{3U}系列基本单元有以下类型：

FX_{3U}-232-BD RS-232C，串行通信接口（1 通道）；

FX_{3U}-422-BD RS-422，串行通信接口（1 通道）；

FX_{3U}-485-BD RS-485，串行通信接口（1 通道）；

FX_{3U}-CNV-BD FX3U，模块转接接口；

FX_{3U}-USB-BD USB，通信接口模块（FX 全系列通用）。

FX_{3U}特殊功能功能模块有以下模块：

FX_{3U}-2HSY-ADP，2 通道差动脉冲信号输出；

FX_{3U}-4AD-ADP，4 通道 AD 输入模块；

FX_{3U}-4AD-PT-ADP，4 通道 AD 模块，热电阻输入；

FX_{3U}-4AD-TC-ADP，4 通道 AD 模块，热电耦输入；

FX_{3U}-4DA-ADP，4 通道 AD 输出模块；

FX_{3U}-4HSX-ADP，4 通道高速脉冲输入模块；

FX_{3U}-232ADP，RS-232 通信模块；

FX_{3U}-485ADP，RS-485 通信模块。

第三节　连接器种类与通信电缆

在电脑上编程 FX 系列 PLC 的程序，需要把程序从电脑下载到 PLC 中，PLC 才能执行程序的运行。电脑与 PLC 之间需要通过通信电缆进行连接，通过该电缆的连接，在编程软件上既可以操作程序的下载，还可以对 PLC 的工作状况、程序的执行状况进行监控。

FX 系列 PLC 与电缆进通信的电缆常用的主要有两种：一种 SC-11 型的 RS-232 串口

下载数据线；另一种是 USB 接口的 FX-USB-AW 编程电缆。

1. FX 系列 PLC 编程电缆线 SC-11 型 RS-232 串口通信下载数据线

三菱 FX 系列专用编程电缆线，RS-232 端口，可连接台式电脑，连接电脑为 9 针 RS-232 串口，接 FX 系列 PLC 为 RS-422 圆头 8 针，外形如图 1-2 所示。

2. FX-USB-AW 编程电缆

FX-USB-AW 编程电缆一端用于接 PC 的 USB 口，另一端接 PLC 的 RS-422 圆头 8 针接口。用于电脑与 PLC 的连接，可实现程序的下载、上传和监控。FX-USB-AW 编程电缆如图 1-3 所示。

图 1-2　SC-11 下载数据线　　　　　图 1-3　FX-USB-AW 编程电缆

第二章

PLC 硬件接线

本章主要介绍 FX$_{3U}$ 的各种接线端子、电源端子、输入信号端子及输出信号端子等端子的电路连接。

第一节　PLC 端子介绍

FX$_{3U}$ 的 PLC 外形如图 2-1 所示，该图为 FX$_{3U}$-32M 型号的 FX 系列 PLC。

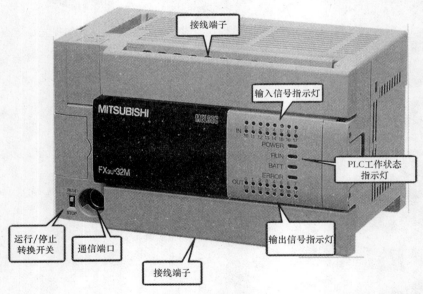

图 2-1　PLC 外形图

在 PLC 面板上，包含有运行/停止转换开关、通信端口、输入信号指示灯、输出信号指示灯、PLC 工作状态指示灯，以及两块翻盖下面的接线端子，如图 2-1 所示。

运行/停止转换开关用来切换 PLC 的工作状态，当切换到 STOP 位置时，PLC 处于停止状态，这时 PLC 可以下载程序，但不执行程序扫描工作。当 PLC 切换到 RUN 位置时，PLC 处于工作状态，这时 PLC 可以执行程序，对应的 RUN 指示灯亮。

PLC 为每一个输入信号配有一个指示灯。如当 X0 对应的端子有输入信号时，则 X0 对应的指示灯亮，依此可判断 X0 输入信号的状态。同理 PLC 为每一个输出信号配有一个指示灯。如当 Y0 在程序中被驱动为 ON 时，则 Y0 对应的指示灯亮，依此可判断 Y0 输出信号的状态。

POWER 为电源指示灯，当 PLC 接通工作电源时，POWER 灯亮。

RUN 为 PLC 运行指示灯，当 PLC 处于工作状态时，RUN 灯亮，此时 PLC 可以执行扫描程序。

BATT 为电池指示灯。电池电压降低、电压不够时亮。

ERROR 为出错指示灯。程序出错时闪烁，CPU 出错时灯亮。

第二节　输入/输出信号接线

一、端子排列

PLC 的端子排列如图 2-2 所示。其中 L、N 接交流 220V 电源，端子 0V、24V 可输出直流 24V 电源，以供输入信号或传感器信号使用。该图中，Y0～Y3 共用公共端子 COM1，Y4～Y7 共用公共端子 COM2、Y10～Y13 共用公共端子 COM3，Y14～Y17 共用公共端子 COM4。不同组的端子之间用分隔线（粗线）隔开。

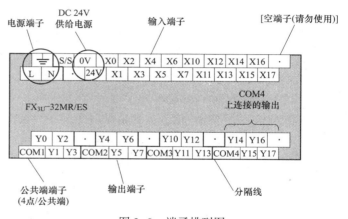

图 2-2　端子排列图

二、输入信号的接线

不同型号的 PLC，I/O 信号的数量不同，输入/输出的类型也有差别。表 2-1 所示为常用 PLC 型号的输入参数描述。

表 2-1　　　　　　　　　　　PLC 输入参数

项目		规格				
		FX$_{3U}$-16MR/ES-A	FX$_{3U}$-32MR/ES-A	FX$_{3U}$-48MR/ES-A	FX$_{3U}$-64MR/ES-A	FX$_{3U}$-80MR/ES-A
输入点数		8 点	16 点	24 点	32 点	40 点
输入的连接方式		固定式端子排（M3 螺钉）	拆装式端子排（M3 螺钉）			
输入型式		漏型/源型				
输入信号电压		输入信号电压				
输入阻抗	X000～X005	3.9kΩ				
	X006，X007	3.3kΩ				
	X010 以上	—	4.3kΩ			

续表

项目		规格				
		FX_{3U}-16MR/ES-A	FX_{3U}-32MR/ES-A	FX_{3U}-48MR/ES-A	FX_{3U}-64MR/ES-A	FX_{3U}-80MR/ES-A
输入信号电流	X000~X005	6mA/DC 24V				
	X006，X007	7mA/DC 24V				
	X010 以上	—	5mA/DC 24V			
ON 输入感应电流	X000~X005	3.5mA 以上				
	X006，X007	4.5mA 以上				
	X010 以上	—	3.5mA 以上			
OFF 输入感应电流		1.5mA 以下				
输入响应时间		约 10ms				
输入信号形式		无电压触点输入 漏型输入时：NPN 开集电极型晶体管 源型输入时：PNP 开集电极型晶体管				
输入回路绝缘		光偶绝缘				
输入动作的显示		光耦驱动时面板上的 LED 灯亮				

输入信号接线有漏型和源型之分。

所谓漏型输入是指 DC 输入信号是从输入端子（X）流出电流，所谓源型输入是指 DC 输入信号是电流流向输入端子（X）。

漏型和源型输入的接线方法分别如图 2-3 和 2-4 所示。

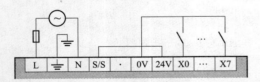 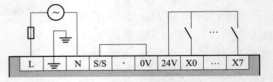

图 2-3　输入信号漏型接法　　　　　　　图 2-4　输出信号源型接法
把 S/S 端接 24V，0V 作为输入信号的公共端　　把 S/S 端接 0V，24V 作为输入信号的公共端

三、输出信号的接线

不同输出类型的 PLC，输出信号的接线有所不同。图 2-5 所示为继电器输出类型 PLC 的输出信号接线图，图中 Y0~Y3、Y4~Y7 所接负载的工作电源为交流电源。Y10~Y13、Y14~Y17 所接负载的工作电源为直流电源。

图 2-6 所示为晶体管漏型输出型 PLC 的输出信号的接线，图中输出端的公共端如 COM1、COM2、COM3 和 COM4 接直流电源负极，Y0~Y17 接负载端后再连接直流电源正极。

图 2-7 所示为晶体管源型输出型 PLC 的输出信号的接线，图中输出端的公共端如 COM1、COM2、COM3 和 COM4 接直流电源正极，Y0~Y17 接负载端后再连接直流电源负极。

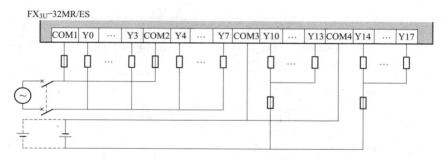

图 2-5　继电器输出型 PLC 的输出信号的接线

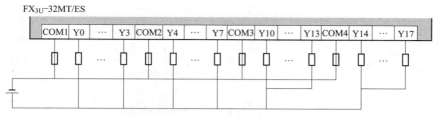

图 2-6　晶体管漏型输出型 PLC 的输出信号的接线

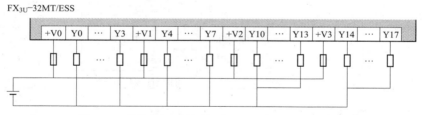

图 2-7　晶体管源型输出型 PLC 的输出信号的接线

继电器输出端子的电气特性见表 2-2。

表 2-2　　　　　　　　　　　继电器输出端子电气特性

项目	继电器输出规格				
	FX_{3U}～16MR/ES-A	FX_{3U}～32MR/ES-A	FX_{3U}～48MR/ES-A	FX_{3U}～64MR/ES-A	FX_{3U}～80MR/ES-A
输出点数	8 点	16 点	24 点	32 点	40 点
连接方式	固定式端子排（M3 螺钉）	拆装式端子排（M3 螺钉）			
输出种类	继电器				
外部电源	DC 30V 以下 AC 240V 以下（不符合 CE，UL，CUL 规格时为 AC 250V 以下）				

项目		继电器输出规格				
		FX$_{3U}$~16MR/ ES-A	FX$_{3U}$~32MR/ ES-A	FX$_{3U}$~48MR/ ES-A	FX$_{3U}$~64MR/ ES-A	FX$_{3U}$~80MR/ ES-A
最大负载	电阻负载	2A/1点 每个公共端的合计负载电流如下所示。 →关于不同型号的公共端的详细内容，请参考端子的排列 ● 输出1点/1个公共端：2A以下 ● 输出4点/1个公共端：8A以下 ● 输出8点/1个公共端：8A以下				
	感应负载	80VA				
最小负载		DC 5V 2mA（参考值）				
开路漏电流		—				
响应时间	OFF→ON	约10ms				
	ON→OFF	约10ms				
回路绝缘		机械绝缘				
输出动作的显示		继电器线圈得电时面板上的LED灯亮				
输出回路的构成						

漏型输出端子的电气特性见表2-3。

表2-3　　　　　　　　　　　　漏型输出端子的电气特性

项目		晶体管输出（漏型）规格				
		FX$_{3U}$~16MT/ ES	FX$_{3U}$~32MT/ ES	FX$_{3U}$~48MT/ ES	FX$_{3U}$~64MT/ ES	FX$_{3U}$~80MT/ ES
输出点数		8点	16点	24点	32点	40点
连接方式		固定式端子排 （M3螺钉）	拆卸式端子排（M3螺钉）			
输出种类/型式		晶体管/漏型输出				
外部电源		DC 5~30V				
最大负载	电阻负载	0.5A/1点 每个公共端的合计负载电流请如下所示。 →不同型号的公共端的详细内容，参考端子排列 ● 输出1点/公共端：0.5A以下 ● 输出4点/公共端：0.8A以下 ● 输出8点/公共端：1.6A以下				
	电感性负载	12W/DC 24V				

续表

项目		晶体管输出（漏型）规格				
		FX$_{3U}$~16MT/ES	FX$_{3U}$~32MT/ES	FX$_{3U}$~48MT/ES	FX$_{3U}$~64MT/ES	FX$_{3U}$~80MT/ES
开路漏电流		0.1mA 以下/DC 30V				
ON 电压		1.5V 以下				
最小负载		—				
响应时间	OFF→ON	Y000~Y002：5μs 以下/10mA 以上（DC 5~24V） Y003~：0.2ms 以下/200mA 以上（DC 24V）				
	ON→OFF	Y000~Y002：5μs 以下/10mA 以上（DC 5~24V） Y003~：0.2ms 以下/200mA 以上（DC 24V）				
回路绝缘		光耦隔离				
输出动作显示		光耦驱动时面板的 LED 灯亮				
输出回路的构成		 COM□的□中为编号(0~)				

源型输出端子的电气特性见表2-4。

表 2-4　　　　　　　　　　源型输出端子的电气特性

项目		晶体管输出（源型）规格				
		FX$_{3U}$~16MT/ESS	FX$_{3U}$~32MT/ESS	FX$_{3U}$~48MT/ESS	FX$_{3U}$~64MT/ESS	FX$_{3U}$~80MT/ESS
输出点数		8 点	16 点	24 点	32 点	40 点
连接方式		固定式端子排（M3 螺钉）	拆卸式端子排（M3 螺钉）			
输出种类/型式		晶体管/源型输出				
外部电源		DC 5~30V				
最大负载	电阻负载	0.5A/1 点 每个公共端的合计负载电流请如下所示。 →不同型号的公共端的详细内容，参考端子排列 ● 输出 1 点/公共端：0.5A 以下 ● 输出 4 点/公共端：0.8A 以下 ● 输出 8 点/公共端：1.6A 以下				
	电感性负载	12W/DC 24V				
开路漏电流		0.1mA 以下/DC 30V				
ON 电压		1.5V 以下				
最小负载		—				

续表

项目		晶体管输出（源型）规格				
		FX$_{3U}$~16MT/ESS	FX$_{3U}$~32MT/ESS	FX$_{3U}$~48MT/ESS	FX$_{3U}$~64MT/ESS	FX$_{3U}$~80MT/ESS
响应时间	OFF→ON	Y000~Y002：5μs以下/10mA以上（DC 5~24V） Y003~：0.2ms以下/200mA以上（DC 24V）				
	ON→OFF	Y000~Y002：5μs以下/10mA以上（DC 5~24V） Y003~：0.2ms以下/200mA以上（DC 24V）				
回路绝缘		光耦隔离				
输出动作显示		光耦驱动时面板的LED灯亮				
输出回路的构成		 [+V□]的□中为编号（0~）				

第三节　三线制开关量传感器的接线

漏型输入是指DC输入信号是从输入端子（X）流出电流，其电流流向如图2-8所示。连接晶体管输出型的传感器输出时，可以连接NPN开集电极型晶体管输出型传感器。

源型输入是指DC输入信号是电流流向输入端子（X），其电流流向如图2-9所示。连接晶体管输出型的传感器输出时，可以连接PNP开集电极型晶体管输出型传感器。

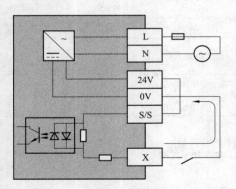
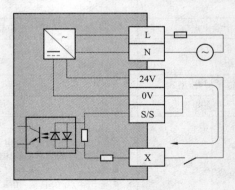

图2-8　漏型输入的电流流向　　　　　图2-9　源型输入的电流流向

漏型与源型输入的切换方法是通过将S/S端子与0V端子或24V端子中的一个连接，来进行漏型与源型输入的切换。

漏型输入：连接24V端子和S/S端子。

源型输入：连接0V端子和S/S端子。

　　通过选择，可以将 PLC 基本单元的所有输入（X）设置为漏型输入或源型输入，但不能混合使用。

　　NPN 型的三线制传感器与 PLC 的连接，如图 2-10 所示，在输入（X）端子和 0V 端子之间连接无电压触点，或是 NPN 开集电极型晶体管输出。导通时，输入（X）为 ON 状态，显示输入用的 LED 亮。

　　PNP 型的三线制传感器与 PLC 的连接，如图 2-11 所示，在输入（X）端子和 24V 端子之间连接无电压触点，或是 PNP 开集电极型晶体管输出。导通时，输入（X）为 ON 状态，显示输入用的 LED 亮。

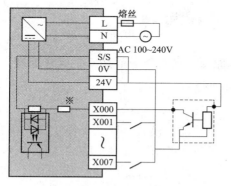

图 2-10　NPN 型的三线制传感器
与 PLC 输入端的连接

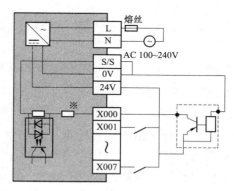

图 2-11　PNP 型的三线制传感器
与 PLC 输入端的连接

第三章

PLC工作原理及软元件

第一节 PLC 的 工 作 原 理

要熟练地应用 PLC，首先要理解 PLC 的工作原理，只有理解了 PLC 的工作原理，才能理解和分析 PLC 程序的执行过程。

一、PLC 扫描工作方式

PLC 有运行（RUN）和停止（STOP）两种基本的工作模式。当处于停止工作模式时，PLC 只进行内部处理和通信服务等内容；当处于运行工作模式时，PLC 要进行从内部处理、通信服务、输入处理、程序处理、输出处理，然后按上述过程循环扫描工作。在运行模式下，PLC 通过反复执行反映控制要求的用户程序来实现控制功能。为了使 PLC 的输出及时地响应随时可能变化的输入信号，用户程序不是只执行一次，而是不断地重复执行，直至 PLC 断电或切换至 STOP 工作模式。

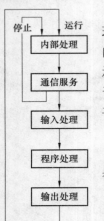

图 3-1　PLC 工作流程框图

除了执行用户程序之外，在每次循环过程中，PLC 还要完成内部处理、通信服务等工作。当 PLC 运行时，一次循环可分为以下五个阶段：内部处理、通信服务、输入处理、程序处理和输出处理，如图 3-1 所示。PLC 的这种周而复始的循环工作方式称为扫描工作方式。当然，由于 PLC 执行指令的速度极快，所以从输入与输出关系来看，处理过程似乎是同时完成的，但严格地说，是有时间差异的。

1. 内部处理阶段

在内部处理阶段，PLC 检查 CPU 内部的硬件是否正常，将监控定时器复位，以及完成一些其他内部工作。

2. 通信服务阶段

在通信服务阶段，PLC 与其他的设备通信，响应编程器输入的命令，更新编程器的显示内容。当 PLC 处于停止模式时，只执行内部处理和通信服务两个阶段的操作；当 PLC 处于运行模式时，还要完成另外三个阶段的操作。

3. 输入处理阶段

输入处理又叫输入采样。在 PLC 的存储器中，设置了一片区域用来存放输入信号和输出信号的状态，它们分别称为输入映像寄存器和输出映像寄存器。PLC 的其他元件如 M 等也有对应的映像存储区，统称为元件映像寄存器。

外部输入电路接通时，对应的输入映像寄存器为 ON 状态，则梯形图中对应的输入继电器的触点动作，即常开触点接通，常闭触点断开。外部输入电路断开时，对应的输入映像寄存器为 OFF 状态，则梯形图中对应的输入继电器的触点保持原状态，即常开触点断开，常闭触点闭合。

在输入处理阶段，PLC 顺序读入所有输入端子的通断状态，并将读入的信息存入到输入映像寄存器中。此时，输入映像寄存器被刷新。接着进入程序处理阶段，在程序处理时，输入映像寄存器与外界隔离，此时即使有外部输入信号发生变化，其映像寄存的内容也不会发生改变，只有在下一个扫描周期的输入处理阶段才能被读入。

4. 程序处理阶段

根据 PLC 梯形图程序扫描原则，按先左后右、先上后下的顺序，逐行逐句扫描，执行程序。但遇到程序跳转指令，则根据跳转条件是否满足来决定程序的跳转地址。当用户程序涉及到输入/输出状态时，PLC 从输入映像寄存器中读取上一阶段输入处理时对应输入继电器的状态，根据用户程序进行逻辑运算，运算结果存入有关元件寄存器中。因此，输出映像寄存器中所寄存的内容，会随着程序执行过程而变化。

5. 输出处理阶段

在输出处理阶段，CPU 将输出映像寄存器的 ON/OFF 状态传送到输出锁存器。梯形图中某一输出继电器的线圈接通时，对应的输出映像寄存器为 ON 状态。信号经输出单元隔离和功率放大后，继电器型输出单元中对应的硬件继电器的线圈通电，其常开触点闭合，使外部负载通电工作。若梯形图中输出继电器的线圈断开，对应的输出映像寄存器为 OFF

状态，在输出处理阶段之后，继电器输出单元中对应的硬件继电器的线圈断电，其常开触点断开，外部负载断开。

PLC 的输入处理、程序执行和输出处理的工作方式如图 3-2 所示。在图中 X0、X1、X2 为 PLC 接收外部信号的输入继电器，M0 为辅助继电器，Y0、Y1、Y2 等为 PLC 用来控制外部负载的输出继电器。在输入处理阶段，PLC 把 X0、X1、X2 等外部输入端子的状态存入输入映像寄存器中保存。然后进入程序处理阶段，在该阶段，PLC 会执行程序需用到 X0 的状态时，会从输入映像寄存器中调用输入处理阶段保存的 X0 的状态，来进行逻辑运算，从而得到 Y0 等元件线圈是否接通，然后再把 Y0 等状态存入输出映像寄存器中。之后进入输出处理阶段，在此阶段，PLC 将 Y0、Y1 等各输出继电器在输出映像寄存器中的 ON 或 OFF 状态对外进行输出。

由于 PLC 是以扫描方式工作的，在程

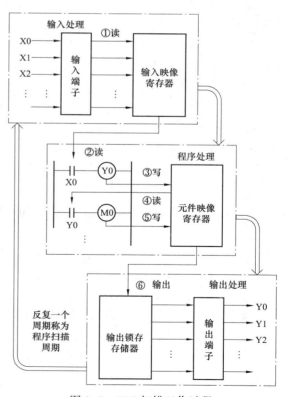

图 3-2　PLC 扫描工作过程

序执行阶段即使输入信号的状态发生了变化，输入映像寄存器的内容也不会改变，只有等到下一个周期的输入处理阶段才能改变。暂存在输出映像寄存器中的输出信号要等到一个循环周期结束，CPU 集中将这些输出信号全部输送给输出锁存器。由此可见，全部输出状态的刷新，需要一个扫描周期。

二、扫描周期

PLC 在 RUN 工作模式时，执行一次扫描操作所需的时间称为扫描周期，其典型值为 1~100ms。扫描周期与用户程序的长短和 CPU 执行指令的速度有关。

三、输入/输出滞后时间

输入/输出滞后时间又称为系统响应时间，是指 PLC 的外部输入信号发生变化的时刻到它控制的有关外部输出信号发生变化的时刻之间的时间间隔。它由输入电路滤波时间、输出电路的滞后时间和因扫描工作方式产生的滞后时间这三部分组成。

第二节 PLC 的 编 程 语 言

目前 PLC 普遍采用的编程语言是梯形图，梯形图以其直观、形象、简单等特点为广大用户所熟悉和掌握。但是，随着 PLC 功能的不断增强，新一代 PLC 除了可采用梯形图编制用户程序以外，还可以采用 IEC 规定的用于顺序控制的标准化语言——SFC（Sequential Function Chart）。此外，有些 PLC 还采用与计算机兼容的 BASIC 语言、C 语言以及汇编语言等编写用户程序。

PLC 编程语言标准（IEC61131-3）中有 5 种编程语言，即顺序功能图、梯形图（Ladder Diagram）、功能块图（Function Block Diagram）、指令表（Instruction List）和结构文本（Structured Text）。

1. 顺序功能图

顺序功能图是一种位于编程语言之上的图形语言，用来编制顺序控制程序。它提供了一种组织程序的图形方法，在顺序功能图中可以用别的语言嵌套编程。步、转换和动作是顺序功能图中的三种主要元件，如图 3-3 所示是一个顺序功能图，图中的 S0 至 S23 为步，S20 中的输出 Y1 为在该步要执行的动作，由 S20 转移到 S21 的转移条件是 T0。可以用顺序功能图来描述系统的功能，根据它可以容易地转换出梯形图程序。

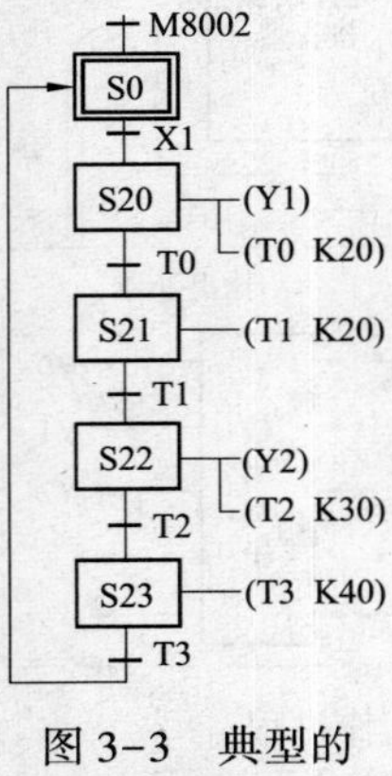

2. 梯形图

梯形图是用得最多的 PLC 图形编程语言，梯形图与接触器继电器控制系统的电路图很相似，具有直观易懂的优点。它由触点、线圈和各种功能指令组成，如图 3-4 所示，图中有 X000、X001 触头，Y000 线圈及 MOV 功能指令。

图 3-3 典型的顺序功能图

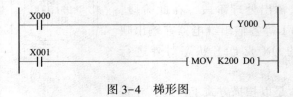

图 3-4 梯形图

16

3. 指令语句编程

PLC 可用指令语句来编程，如图 3-4 梯形图对应的指令语句如下：

```
LD    X000
OUT   Y000
LD    X001
MOV   K200  D0
```

第三节　FX 系列 PLC 的软元件

PLC 内部有许多具有不同功能的元件，实际上这些元件是由电子电路和存储器组成的。例如，输入继电器 X 是由输入电路和输入映像寄存器组成的，输出继电器 Y 是由输出电路和输出映像寄存器组成的，定时器 T、计数器 C、辅助继电器 M、状态继电器 S、数据寄存器 D、变址寄存器 V、Z 等都是由存储器组成的。为了把它们与通常的硬元件区分开，通常把这些元件称为软元件，是等效抽象模拟的元件，并非实际的物理元件。从工作过程看，只注重元件的功能，按元件的功能给名称，且每个元件都有确定的地址编号。

1. 输入继电器（X）

输入继电器与 PLC 的输入端子相连，是 PLC 接收外部开关信号的窗口，PLC 通过输入端子将外部信号的状态读入并存储在输入映像寄存器中。与输入端子连接的输入继电器是光电隔离的电子继电器，在 PLC 程序中其常开触点、常闭触点的数量没有限制。FX 系列 PLC 的输入继电器采用八进制地址编号，如 X0~X7，X10~X17，X20~X27 等。

 注意：没有如 X8、X9 等编号。

PLC 输入信号的接线参考如图 3-5 所示，如把启动按钮 SB1 信号和停止按钮 SB2 信号送入至 PLC，分别把其一端接到 X0 或 X1，另一端接至输入端的公共端（需根据源型输入或漏型输入选择 0V 或 24V 电位点），即可把对应的按钮开关信号送入 PLC 中。如果 SB1

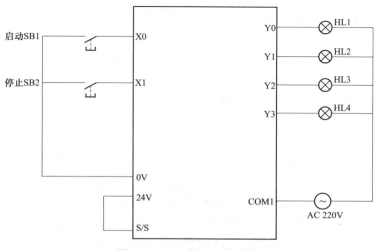

图 3-5　PLC 的 I/O 接线图

按钮为 OFF 状态，则在 PLC 程序中的 X0 的所有触头都是保持原有的状态，即常开触头保持断开，常闭触头保持闭合。如果 SB1 按钮为 ON 状态，则在 PLC 程序中的 X0 的所有触点都要动作，即常闭触头断开，常开触头闭合。

2. 输出继电器（Y）

输出继电器与 PLC 的输出端子相连，是 PLC 向外部负载发送信号的端口。输出继电器用来将 PLC 的输出信号传送给输出单元，再由输出单元驱动外部负载。在 PLC 程序中有输出继电器的线圈及其触点。在程序中其线圈一般只出现一次，而其触头可无限次使用不受限制。其编号与输入继电器类似，采用八进制地址编号，如 Y0～Y7，Y10～X17，Y20～Y27 等。

 注意：没有如 Y8、Y9 等编号。

当 PLC 程序中的 Y0 线圈状态接通为 ON 时，则程序中 Y0 的所有触头就会动作，常开触头闭合，常闭触头断开。并且在外围电路中（见图 3-5），Y0 端子与 COM1 端子会连通，则 Y0 所控制的负载 HL1 就会接通其工作电源而点亮。当程序中 Y0 的线圈断开为 OFF 时，程序中 Y0 的所有触头保持原状态，常开触头断开，常闭触头闭合。并且在外围电路中（见图 3-5），Y0 端子与 COM1 端子会断开，则 Y0 所控制的负载 HL1 未接通，其工作电源不亮。

3. 辅助继电器（M）

PLC 内部有很多辅助继电器，它是一个内部的状态标志，相当于继电器控制系统中的中间继电器。它的常开、常闭触头在 PLC 的程序中可以无限次使用，但是这些触头不能对外直接驱动外部负载，外部负载必须由输出继电器的外部硬接点来驱动。在逻辑运算中经常需要一些辅助继电器作辅助运算，这些元件往往用作状态暂存、移位等运算。

FX_{3U} 系列 PLC 的辅助继电器分为三种：通用辅助继电器、断电保持用辅助继电器和特殊辅助继电器。其中，M0～M499 为通用辅助继电器，M500～M7679 为断电保持用辅助继电器，M8000～M8511 为特殊辅助继电器。

（1）通用辅助继电器。在 FX 系列 PLC 中，除了输入继电器 X 和输出继电器 Y 的元件号采用八进制编号外，其他软元件的元件号均采用十进制。通用辅助继电器没有断电保持功能，如果在 PLC 运行时电源突然中断，输出继电器和通用辅助继电器将全部变为 OFF，若电源再次接通，除了 PLC 运行时为 ON 状态以外，其余的均为 OFF 状态。通用辅助继电器可以通过参数更改，设置为断电保持用辅助继电器。

（2）断电保持用辅助继电器。某些控制系统要求记忆电源中断瞬时的状态，重新通电后需再现其状态，断电保持用辅助继电器可以用于这种场合。在电源中断时用锂电池保持 RAM 中的映像寄存器的内容，或将它们保存在 EEPROM 中，它们只是在 PLC 重新通电后的第一个扫描周期保持断电瞬时的状态。M500～M1023 共 524 点可根据设定的参数，更改为非断电保持。M1024～M7679 共 6656 点不能通过参数更改断电保持的特性。

（3）特殊辅助继电器。特殊辅助继电器共 512 点，它们用来表示 PLC 的某些状态，提供时钟脉冲和标志（如进位、借位标志等），设定 PLC 的运行方式，或者用于步进顺控、禁止中断、设定计数器是加计数器还是减计数器等。

特殊辅助继电器分为以下两类。

1）只能利用其触头的特殊辅助继电器。线圈由 PLC 内部自动驱动，用户只可以利用其触头。例如：

M8000 为运行监控辅助继电器，PLC 运行时 M8000 一直接通。

M8002 为初始脉冲辅助继电器，仅在运行开始瞬间接通一个扫描周期，常用 M8002 的常开触头来使有断电保持功能的元件初始化复位，给它们置初始值。

M8011～M8014 分别为 10ms、100ms、1s、1min 的时钟脉冲特殊辅助继电器。

2）可驱动线圈型特殊辅助继电器。由用户程序驱动其线圈，使 PLC 执行特定的操作，用户并不使用它们的触点，例如：

M8030 为锂电池电压指示特殊辅助继电器，当锂电池电压跌落时，M8030 动作，指示灯亮，提醒 PLC 维修人员赶快更换锂电池。

M8033 为 PLC 停止时输出保持特殊辅助继电器。

M8034 为禁止输出特殊辅助继电器。

M8039 为定时扫描特殊辅助继电器。

4. 状态继电器（S）

状态继电器是构成状态转移图的重要软元件，它与后续的步进顺控指令配合使用。状态继电器的常开触头和常闭触头在 PLC 程序中可以无限次使用。不用作步进顺控指令时，状态继电器 S 可以作为辅助继电器 M 使用。FX_{3U}状态继电器有下面 6 种类型：

（1）初始状态继电器 S0～S9 共 10 点。

（2）回零状态继电器 S10～S19 共 10 点。

（3）通用状态继电器 S20～S499 共 480 点。

（4）保持状态继电器 S500～S899 共 400 点，通过参数的更改，可设置成非停电保持。

（5）报警用状态继电器 S900～S999 共 100 点，可用作外部故障诊断输出。

（6）停电保持用状态继电器 S1000～S4095，不能通过参数更改其停电保持的特性。

5. 定时器（T）

在 PLC 内的定时器是根据时钟脉冲的累积形式工作的，当所计时间达到设定值时，输出触点动作。时钟脉冲有 1、10、100ms 三种。定时器可以用用户程序存储器内的常数 K 作为设定值，也可以用数据寄存器（D）的内容作为设定值。

FX_{3U}定时器编号见表 3-1（编号以十进制数分配）。

表 3-1　　　　　　　　　　　　　　　FX_{3U}定时器

	100ms 型 0.1～3276.7s	10 ms 型 0.01～327.67s	1ms 累计型 0.001～32.767s	100ms 累计型 0.1～3276.7s	1ms 型 0.001～327.67s
FX_{3U}·FX_{3UC} 可编程控制器	T0～T199 200 点 …… 子程序用 T192～DT199	T200～T245 46 点	T246～T249 4 点 执行中断 保持用	T250～T255 6 点 保持用	T256～T511 256 点

定时器编号范围如下：

（1）100ms 定时器 T0～T199，共 200 点，设定值为 0.1～3276.7s。

（2）10ms 定时器 T200～T245，共 46 点，设定值为 0.01～327.67s。

（3）1ms 积算定时器 T246~T249，共 4 点，设定值为 0.001~32.767s。

（4）100ms 积算定时器 T250~T255，共 6 点，设定值为 0.1~3276.7s。

（5）1ms 定时器 T256~T511 共 256 点，设定值为 0.001~32.767s。

6. 计数器（C）

计数器用于对 PLC 内部编程元件的信号进行计数，当计数值达到设定值时，其触点动作。

7. 寄存器类

FX$_{3U}$ 的数据寄存器按十进制编号，编号规定见表 3-2。

表 3-2　　　　　　　　　　**FX$_{3U}$ 的数据寄存器**

PLC 型号	数据寄存器				文件寄存器（保持）
	一般用	停电保持用（电池保持）	停电保持用（电池保持）	特殊用	
FX$_{3U}$·FX$_{3UC}$ 可编程控制器	D0~D199 200 点	D200~D511 312 点	D512~D7999 7488 点	D8000~D8511 512 点	D1000 以后最大 7000 点

（1）数据寄存器 D。数据寄存器是用来存储数值数据的编程元件，用字母 D 表示。如 D0 表示一个 16 位的数据寄存器，其中最高位表示正负，最高位为 0 表示正数，最高位为 1 表示负数。一个 16 位的数据寄存器处理的数值范围 -32768~+32767。将两个相邻数据寄存器组合，可存储 32 位的数值数据。当指定 32 位数据寄存器时，则高位为随后的编号。在程序中可以利用数据寄存器设定定时器与计数器的值，也可以用它改变计数器的当前值。数据寄存器通常可以分为通用型、锁存型和特殊型三类。

（2）文件寄存器。文件寄存器是一种专用的数据寄存器，主要用于存储大容量的数据。其数量由 CPU 的监控软件决定，但可以通过扩充存储卡的方法加以扩充。在使用过程中，可以通过 FNC15（BMOV）指令将文件寄存器中的数据读到通用数据寄存器中。

（3）变址寄存器 V、Z。变址寄存器与普通的数据寄存器相同，也是用来进行数值数据的读入、写出的 16 位数据寄存器，用字母 V 和 Z 表示。这种变址寄存器除了和普通的数据寄存器有相同的功用外，在应用指令中，还可以与其他的编程元件或数值组合使用，并实现改变编程元件和数值内容的目的。此外，也可以用变址寄存器来变更常数值。FX$_{3U}$ 的变址寄存器有 V0~V7、Z0~Z7 共 16 点，见表 3-3。

表 3-3　　　　　　　　　　**变址寄存器**

	变址用
FX$_{3U}$·FX$_{3UC}$ 可编程控制器	V0（V）~V7, Z0（Z）~Z7 16 点

例如：若 V0=K5，当执行 D20V0 时，被执行的编程元件编号为 D25。

V0=K5，当执行 K30V0 时，被执行的数值为 K35。

（4）嵌套指针类。

1）嵌套级 N。嵌套级是用来指定嵌套的级数的编程元件，用字母 N 表示。该指令与主控指令 MC 和 MCR 配合使用，在 FX 系列 PLC 中，该指令的使用范围为 N0~N7。

2）指针 P、I。指针与应用指令一起使用，可用来改变程序运行流向，它可分为分支用指针和中断用指针两类。分支用指针用字母 P 表示，根据 PLC 型号的不同，可使用的点数有所不同，在 FX 系列 PLC 中，P36 规定用于程序结束跳转，指针常与指令 FNC00（CJ）、FNC01（CALL）、END 等配合使用。

中断用指针用字母 I 表示，根据 PLC 型号的不同，可用的点数也有所不同。中断用指针根据功能可以分为输入中断用、定时器中断用和计数器中断用三种类型，分别用于输入信号、定时器信号和计数器信号的中断。

（5）常数 K、H。常数是程序进行数值处理时必不可少的编程元件，分别用字母 K、H 表示。其中 K 表示十进制整数，可用于指定定时器或计数器的设定值或应用指令操作数中的数值；H 是十六进制数的表示符号，主要用于指定应用指令的操作数的数值。

第四节　指令的软元件与常数的指定方法

各种功能指令使用时，很多都需要指定相应的软元件和常数，本节主要介绍在使用指令操作数的指定方法，主要包括十进制数、十六进制数和实数的常数指定、位元件的组合、数据寄存器的位位置指定、特殊模块单元的缓冲存储器 BFM 的直接指定等。

一、数值的种类

1. 十进制数

十进制数用 K 表示，可以用来作为定时器和计数器的设定值，也可以在功能指令中应用。如 K8 表示十进制的 8。如指令：

MOV　　K5　　D0

表示把十进制数 5 传送到 D0 中。

2. 十六进制数

十六进制数用 H 表示，可在功能指令的操作数中作为数值指令。如用 H12AB 可表示一个十六进制数。如指令：

MOV　　H12AB　　D0

表示把十六进制数 12AB 传送到 D0 中。

3. 浮点数（实数）

FX_{3U} 可编程控制器具有能够执行高精度运算的浮点数运算功能。如可用 E12.34 或 E1.234+1 表示一个浮点数。浮点数可用普通表示或指数表示。

普通表示…就将设定的数值指定。

　　　　例如，10.2345 就以 E10.2345 指定。

指数表示…设定的数值以（数值）×10n 指定。

　　　　例如，1234 以 E1.234+3 指定。

　　　　「E1.234+3」的「+3」表示 10 的 n 次方（+3 为 10^3）

二、位组合

三菱系列的 PLC 可以把位元件以位元件组的形式接收或发送二进制数据，1 个位元件组由 4 个连续位元件组成，书写形式是 KnX△、KnY△、KnM△等，比如 K1X000 就表示起始位置为 X000 的 1 个位元件组，包含从 X003~X000 之间的 4 个位元件。比如 K2Y10 就表示起始位置为 Y10 的 2 个位元件组，包含从 Y17~Y10 之间的 8 个位元件。K4M10 表示由 M10~M25 共 16 位组成的一个 16 位的二进制数。以下是常见的表示方法：

    K1X000，K1X004，K1X010，K1X014……

    K2Y000，K2Y020，K2X030……

    K2M0，K3M12，K3M24，K3M36……

    K4S16，K4S32，K4S48……

三、字软元件位的指定（D□. b）

可以通过格式 D□. b，来指定字软元件的位，可以将其作为位元件数据使用。指定字软元件的位时，要使用字软元件编号和位编号（十六进制）进行设定。

例如：D0. 0 表示数据寄存器 D0 的第 0 位。

如图 3-6 所示，程序中用到了 D0. F 和 D0. 3。

注：字软元件位指定的用法只适用 FX$_{3U}$ 系列的 PLC，FX$_{2N}$ 及以下型号无此用法。

四、缓冲存储器的直接指定(U□\G□)

FX$_{3U}$ 系列 PLC 可以直接指定特殊功能模块或特殊功能单元的缓冲存储器（BFM）。BFM 为 16 位或 32 位的数据，主要用于功能指令的操作数。例如，U0 \ G1 表示指定第 0 号特殊功能模块或单元的 BFM#1。模块号的范围是 0~7，BFM 数的范围是 0~32 767。如图 3-7程序中就用到了缓冲存储器的直接指定。

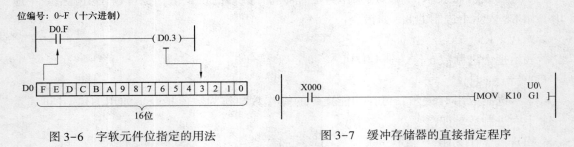

图 3-6　字软元件位指定的用法　　　　图 3-7　缓冲存储器的直接指定程序

注：缓冲存储器的直接指定的用法只适用 FX$_{3U}$ 系列的 PLC，FX$_{2N}$ 及以下型号无此用法。

第四章

编程软件GX—Developer的使用

GX—Developer 编程软件是三菱 PLC 的中文编程软件，可用于 FX、Q 系列等三菱 PLC 的程序编写。本章主要介绍 GX 软件的具体使用。

第一节　三菱 PLC 编程软件 GX—Developer 简介

一、GX—Developer 编程软件的主要功能

GX—Developer 软件的功能非常强大，集成了项目管理、程序输入、编译链接、模拟仿真和程序调试等功能。在 GX 软件中，可通过梯形图、列表语言及 SFC 来创建 PLC 程序，建立注释数据及设置寄存器数据；可创建 PLC 程序并将其存储为文件，也方便打印；编写的程序可在串行系统中与 PLC 进行通信，还具有文件传送、操作监控以及各种测试功能。另外，GX 软件还具有非常实用的程序仿真调试功能，方便在没有 PLC 硬件的情况下编程调试。

二、GX 软件的安装

如图 4-1 所示，GX 软件包括两个文件夹，首先需要安装 EnvMEL \ SETUP. EXE，然后再安装 GX8C \ SETUP. EXE。若需要增加模拟仿真功能，在上述安装结束后，再安装如图 4-2 所示的仿真软件，执行该文件夹中的 SETUP. EXE，按照提示即可完成软件的安装。

图 4-1　软件文件夹 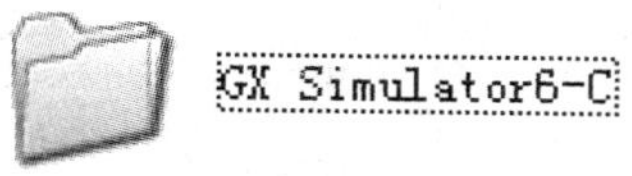　　　　　　　　图 4-2　仿真软件

三、GX 软件界面

双击桌面上的 GX—Developer 图标，即可启动 GX—Developer 软件，其界面如图 4-3 所示。软件的界面由项目标题栏、下拉菜单、快捷工具栏、编辑窗口、管理窗口等组成。在调试模式下，还可打开远程运行窗口、数据监视窗口等。

1. 下拉菜单

GX—Developer 共有 10 个下拉菜单，每个菜单包含多个菜单项。许多基本菜单的使用方法和目前的 OFFICE 软件的使用方法基本相同。

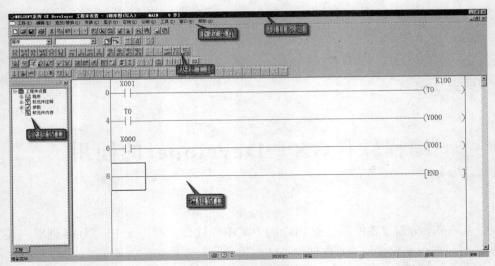

图 4-3　编程软件的界面

2. 快捷工具栏

GX—Developer 的快捷工具栏包括标准、数据切换、梯形图标记、程序、注释、软元件内存、SFC、SFC 符号等工具栏。用鼠标选取"显示"菜单下的"工具栏"命令，即可打开这些工具栏。

3. 编辑窗口

PLC 程序是在编辑窗口进行程序的输入与编辑，其使用方法和众多的编辑软件类似。

4. 管理窗口

管理窗口实现项目管理、修改等功能。

四、工程的创建与调试

1. 系统的启动与退出

要启动 GX—Developer 软件，可用鼠标双击桌面上的图标。图 4-4 为打开的 GX 软件窗口。用鼠标点击菜单"工程"下的"关闭"命令，即可退出 GX 软件。

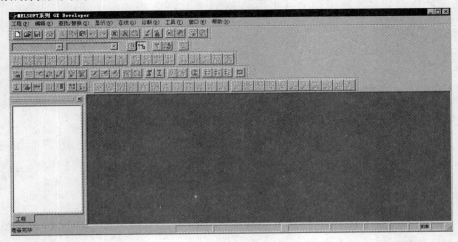

图 4-4　软件窗口

2. 文件的管理

（1）创建新工程。选择菜单"工程—创建新工程"，或者按"Ctrl+N"快捷键操作，在出现的创建新工程对话框中选择 PLC 类型，如选择 FXCPU 系列下的 FX3U（C），单击"确定"按钮，如图 4-5 所示。

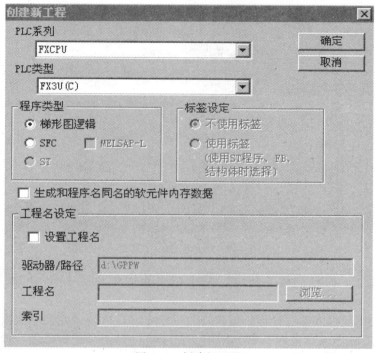

图 4-5　创建新工程

（2）打开工程。打开一个已有的工程，选择菜单"工程—打开工程"或按"Ctrl+O"快捷键，在出现的打开工程对话框中选择已有工程，单击"打开"，如图 4-6 所示。

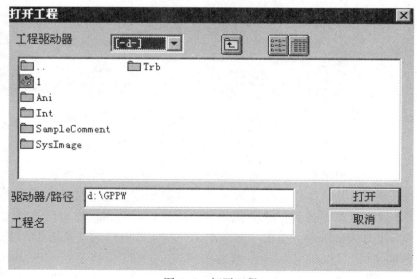

图 4-6　打开工程

（3）文件的保存。执行菜单"工程—保存工程"或按"Ctrl+S"快捷键即可。

3. 编程操作

（1）输入梯形图。使用如图4-7所示的"梯形图标记"工具条或通过执行"编辑—梯形图标记"菜单操作，将已编好的程序输入到软件中。

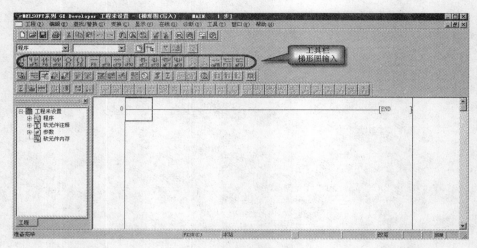

图4-7　梯形图输入工具栏

（2）编辑操作。通过执行"编辑"菜单栏中的指令，可对输入的程序进行修改和检查。

（3）梯形图的转换和保存操作。编辑好的程序先通过执行"变换—变换"菜单操作或按F4键变换后，才能保存，如图4-8所示。在变换过程中显示梯形图变换信息，如果在不完成变换的情况下关闭梯形图窗口，那么新创建的梯形图将不被保存。梯形图必须经过变换后才能保存，才能下载到PLC中。

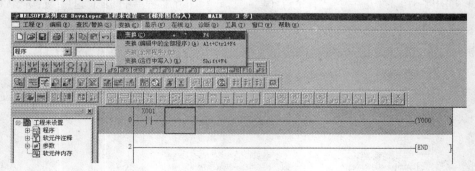

图4-8　梯形图的转换

（4）通信设置。单击菜单"在线—传输设置"，在出现的界面再双击"串行"按钮，会出现相应的对话框。此时，必须确定PLC与计算机的连接是通过哪一个COM端口，假设已将RS-232编程电缆连接到了计算机的COM1端口，则在操作时应选择COM1端口。传输速度选择默认的9.6kbit/s。单击"通信测试"按钮即可检测设置是否成功。

4. 程序调试及运行

（1）程序的诊断。执行"诊断—诊断"菜单命令，进行程序检查，如果没有连接好

PLC，则弹出如图4-9所示界面。

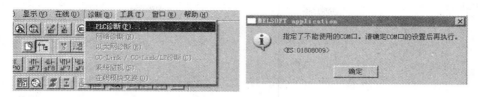

图4-9　程序诊断

（2）程序的写入。PLC在STOP模式下，执行"在线—PLC写入"菜单命令，将软件中编写的程序发送到PLC中，PLC写入对话框如图4-10所示，选择"参数+程序"，再按"执行"按钮，就可以把程序写入PLC。

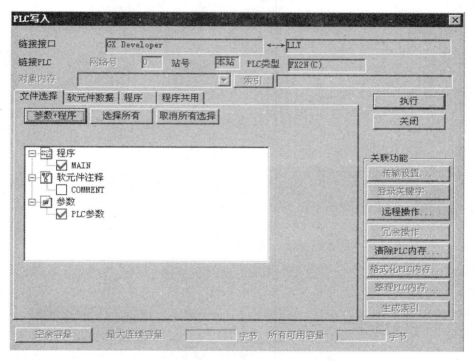

图4-10　程序写入对话框

（3）程序的读取。PLC在STOP模式下，执行"在线—PLC读取"菜单命令，将PLC中的程序发送到计算机中。传送时，应注意以下问题：

1）计算机的RS-232C端口及PLC之间必须用指定的电缆线或转换器进行连接。

2）PLC必须在STOP模式下，才能执行程序传送。

3）执行完PLC写入后，PLC中的原有的程序将被覆盖丢失。

（4）程序的运行及监控。

1）程序的运行。执行"在线—远程操作"菜单命令，将PLC设为"RUN"模式，可以设为程序运行，如图4-11所示。另外，在PLC写入对话框中也可以进行远程操作。

2）监控。执行程序运行后，再执行"在线—监视—监视模式"菜单命令，可对PLC

的梯形图程序运行过程进行监控。结合控制程序操作有关输入信号，可观察输出信号的状态，如图4-12所示。

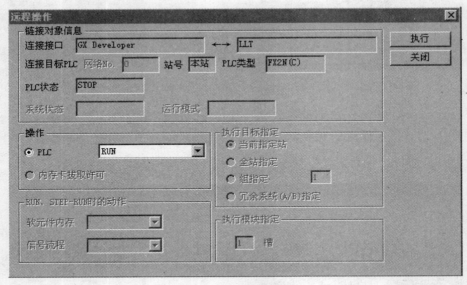

图4-11 在线远程操作

图4-12 程序监控

（5）程序的调试。程序运行过程中出现的错误有以下两种：

1）一般错误。运行结果与设计的要求不一致，需要修改程序先执行"在线—远程操作"菜单命令，将PLC设为STOP模式，再执行"编辑—写模式"菜单命令，此时可输入正确的程序。

2）致命错误。PLC停止运行，PLC上的ERROR指示灯亮，需要修改程序先执行"在线—清除PLC内存"菜单命令；将PLC内的错误程序全部清除后，再输入正确的程序。

第二节 编程软件的使用

本节通过完成一个工作任务来学会三菱PLC编程软件GX—Developer的具体使用。

用三菱PLC编程软件编写如图4-13所示的梯形图程序，并将程序保存后，写入PLC中，然后监控PLC的运行状态。

一、GX—Developer软件界面的进入方法

GX—Developer编程软件界面的进入方法与一般的应用软件进入方法基本相同，可以通过双击快捷方式启动图标，也可以通过"开始"菜单进入。下面介绍通过点击开始菜单

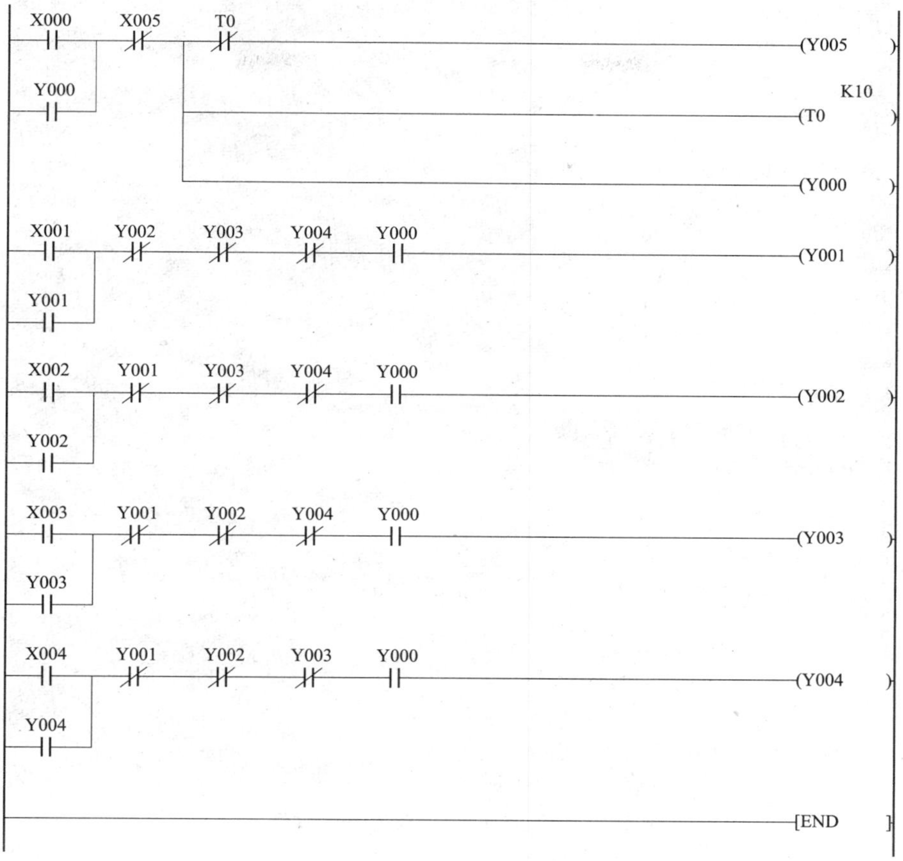

图4-13　梯形图

进入的方法。

单击"开始"并且将光标移到"程序"—"MELSOFT 应用程序"菜单，显示如图4-14所示画面。

软件启动后，进入如图4-15所示软件界面。

二、创建新工程

进入软件界面后，下一步要创建新工程。单击菜单栏中的"文件"，选择"创建新工程"，即可打开如图4-16所示的对话框。

创建新工程对话框的 PLC 系列选项应根据实际使用的 PLC 系列号来选择。PLC 类型选项也应根据实际使用的 PLC 型号来选择，程序类型可根据我们编程用的具体程序结构来选择，标签设定应根据程序的结构来设定使用与否。如果我们使用的 PLC 为 FX_{3U}，则可按图4-16所示进行设置，最后单击"确定"按钮。

三、程序的输入

新工程建立后就能在光标所在位置处开始输入梯形图程序，梯形图程序可以用梯形图绘图工具栏中的各按钮，也可用快捷键或指令等多种方法进行输入。

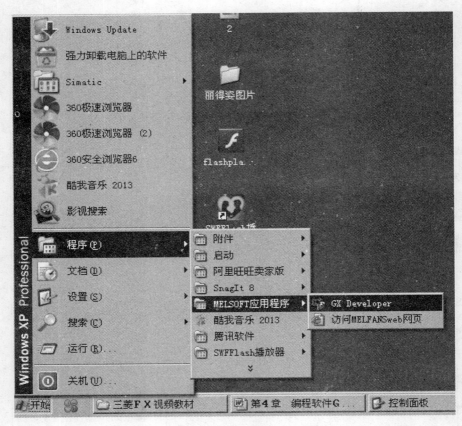

图 4-14　启动 GX—Developer 软件

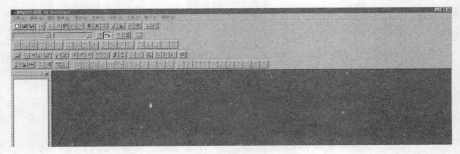

图 4-15　GX—Developer 软件界面

1. 用梯形图绘图工具栏中各按钮输入

梯形图绘图工具栏中各按钮的作用如图 4-17 所示。任何一个按钮的作用在将鼠标箭头停留在它上面时会自动显示，灰色的按钮表明当时无法使用。

下面以图 4-18 所示梯形图程序为例来说明如何使用梯形图工具栏中各按钮来输入程序。

在开始输入程序前首先应通过点击鼠标使光标位置在编程区域第一行的最左侧。输入时根据梯形图的结构，单击梯形图绘图工具栏中相对应的图标后，弹出如图 4-19 所示的梯形图输入对话框，此时输入正确的元件编号，然后选择"确定"按钮或按回车键，相应的元件图形会出现在原来的光标位置，光标位置也会自动后移一个位置。

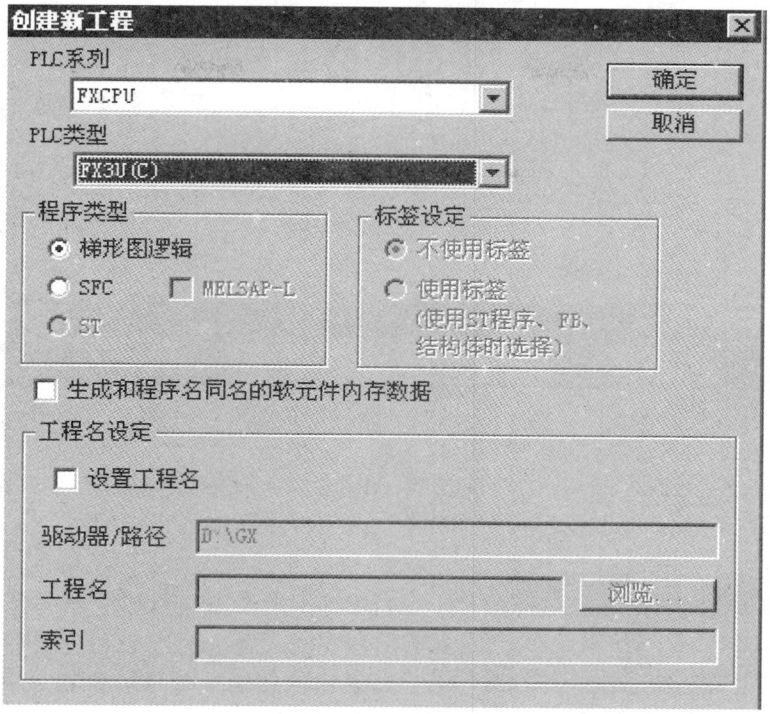

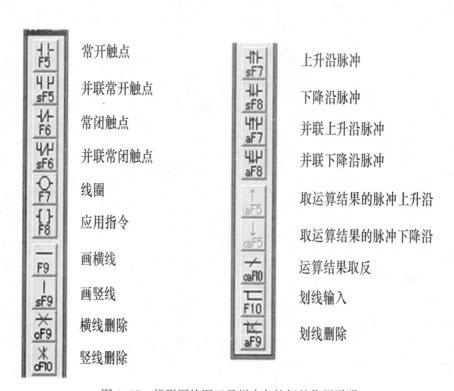

图4-16　创建新工程对话框

常开触点	上升沿脉冲
并联常开触点	下降沿脉冲
常闭触点	并联上升沿脉冲
并联常闭触点	并联下降沿脉冲
线圈	取运算结果的脉冲上升沿
应用指令	取运算结果的脉冲下降沿
画横线	运算结果取反
画竖线	划线输入
横线删除	划线删除
竖线删除	

图4-17　梯形图绘图工具栏中各按钮的作用说明

图 4-18　梯形图程序

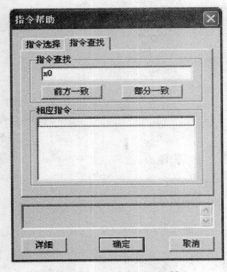

图 4-19　梯形图输入对话框

　　如果在输入梯形图程序时有语法或逻辑上的错误，则输入确定时会弹出如图 4-20 所示指令帮助对话框提示，此时，单击"取消"按钮再重新输入正确即可。

图 4-20　指令帮助对话框

　　2. 快捷方式输入

　　当用梯形图绘图工具栏中的各按钮图标来输入梯形图程序时，图标的选取和更改都要用鼠标来操作，如果要提高输入效率，则可选择快捷键输入，因为梯形图绘图工具栏中的各按钮图标都有相应的快捷键，其快捷键如图 4-17 中有显示。如常开触点是"F5"，常闭触点是"F6"等。

　　3. 用指令方法输入

　　如果编程员对指令比较熟悉，可以用输入指令的方法来编写梯形图，如把光标放在第一行的最左侧，直接输入指令"LD X0"，然后按回车键，就可输入该指令对应的梯形图，这种输入方法效率最高。

　　四、程序变换/编译

　　在完成梯形图的输入并检查无误后，应对梯形图进行变换/编译操作，否则程序将无法保存和下载运行。变换/编译就是将所创建的梯形图程序变换为 PLC 的可执行程序，变换/编译操作通过点击操作工具栏中的程序变换/编译按钮或直接按快捷键 F4 即可完成。程序变换/编译按钮如图 4-21 所示。

　　五、注释编辑

　　对程序中的软元件进行注释，可以大大方便程序的阅读和理解，对于程序的修改和调试也有很大的帮助。进行注释前，首先应单击常用操作工具栏中的注释编辑按钮，这样就可以通过双击梯形图对需要进行注释的元件来进行注释。注释可以通过"显示"菜单中的"注释显示"来打开或关闭显示。注释编辑按钮如图 4-22 所示。

图4-21　程序变换/编译按钮

图4-22　注释编辑按钮

六、保存程序

完成程序输入后，及时对程序进行保存是防止程序丢失的重要保证。同时还能为进一步进行程序编辑修改提供方便。PLC梯形图保存程序的方法与其他应用软件类似，通过单击"工程"菜单项中的"保存工程"或单击常用操作工具栏中的工程保存按钮，再根据所显示的对话框进行保存即可。

七、程序下载

1. 进入PLC程序写入对话框

在完成梯形图程序的编写并变换后，只有将其下载到PLC中，PLC才能执行PLC程序。在保证计算机与PLC已经连接，并且PLC已经通电的情况下，单击"在线"菜单项中的"PLC写入"或单击常用操作工具栏中的PLC写入按钮，就可以弹出如图4-23所示的PLC程序写入对话框。

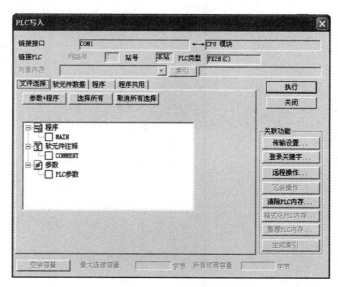

图4-23　PLC程序写入对话框

2. 清除PLC内存

为了避免PLC中原有程序的影响，在程序写入PLC之前，先清除PLC内存，单击图4-23PLC程序写入对话框中的"清除PLC内存"按钮，弹出相应对话框，选择需要清除的对象后单击"执行"按钮就可。

注意：只有当 PLC 处理 STOP 模式时，才能清除 PLC 内存。

3. PLC 程序写入

清除 PLC 内存后，选择要写入 PLC 的项目，根据需要选中图 4-23 PLC 程序写入对话框中的"程序——MAIN"，即选中下载主程序。然后点击"执行"按钮，会弹出一个是否执行写入的对话框，选择"是"，开始写入 PLC 程序，写入 PLC 程序需要一定的时间，此时会弹出等待对话框，写入结束后会弹出"已完成"的对话框，说明 PLC 程序写入结束。

八、监视模式

GX—Developer 编程软件具有监控功能，进行监视模式后就可以在计算机上对梯形图中的各个软件的工作情况、实时状态进行监控，这对于程序的调试起着非常重要的作用。

1. 启动监视模式

启动监视模式，可以通过选择菜单"在线—监视—监视模式"来启动，也可通过菜单"在线—监视—监视开始"来启动。也可以通过点击程序工具条中"监视模式"按钮来启动。还可以通过点击快捷键 F3 来启动。

2. 退出监视模式

当需要停止监视时，要退出监视模式。退出监视模式也有多种途径。可以通过选择菜单"在线—监视—监视停止"来实现，也可以通过点击程序工具条中的"监视结束"按钮来实现，还可以通过点击快捷键 F2 来实现。

第五章

定时器和计数器的使用

定时器和计数器是 PLC 中特别常用的软元件，本章详细介绍定时器和计数器的使用。定时器用来对某一段时间进行计时，如要求控制电动机运行 20s，则可用定时器对这 20s 的时间进行计时。计数器用来对触点开关信号的接通次数进行计数，如统计某台设备每天启动运行的次数，则可用计数器来进行计数。

第一节 定 时 器

一、定时器的编号

在 PLC 内的定时器是根据时钟脉冲的累积形式工作的，当所计时间达到设定值时，输出触点动作。时钟脉冲有 1、10、100ms 三种。定时器可以用用户程序存储器内的常数 K 作为设定值，也可以用数据寄存器（D）的内容作为设定值。

定时器用 T 表示，其编号见表 5-1。

表 5-1 定时器脉冲单位与编号

	100ms 型 0.1~3276.7s	10ms 型 0.01~327.67s	1ms 累计型 0.001~32.767s	100ms 累计型 0.1~3276.7s	1ms 型 0.001~32.767s
FX_{3U}·FX_{3UC} 可编程控制器	T0~T199 200 点 …… 子程序用 T192~T199	T200~T245 46 点	T246~T249 4 点 执行中断 保持用	T250~T255 6 点 保持用	T256~T511 256 点

定时器编号范围如下：

（1）100ms 定时器 T0~T199，共 200 点，设定值为 0.1~3276.7s。

（2）10ms 定时器 T200~T245，共 46 点，设定值为 0.01~327.67s。

（3）1ms 累计型定时器 T246~T249，共 4 点，设定值为 0.001~32.767s。

（4）100ms 累计型定时器 T250~T255，共 6 点，设定值为 0.1~3276.7s。

（5）1ms 定时器 T256~T511 共 256 点，设定值为 0.001~32.767s。

二、定时器的工作原理

定时器分通用型定时器和累计型定时器两种。

（1）通用型定时器。在图 5-1 中，当定时器线圈 T200 的驱动输入 X000 接通时，T200 的当前值计数器对 10ms 的时钟脉冲进行累积计数，当前值与设定值 K123 相等时，定时器的输出接点动作，即输出触点是在驱动线圈后的 1.23s（123×10ms＝1.23s）时才动作，当 T200 触点吸合后，Y000 就有输出。当驱动输入 X000 断开或发生停电时，定时器就复位，T0 常开触头断开，输出继电器 Y0 也断开。

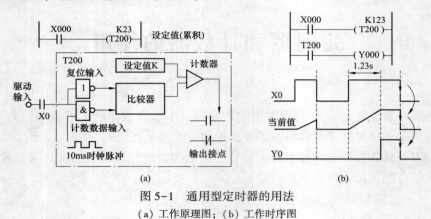

图 5-1　通用型定时器的用法
（a）工作原理图；（b）工作时序图

通用定时器，当线圈通电时开始计时；当线圈断电时自动复位，不保存中间数值。定时器设定值可以是常数，如 K100；也可以是数据寄存器中的数值，如 D0。

（2）累计型定时器。如图 5-2 所示，定时器线圈 T250 的驱动输入 X1 接通时，T250 的当前值计数器对 100ms 的时钟脉冲进行累积计数，当该值与设定值 K345 相等时，定时器的输出触点动作。在计数过程中，输入 X1 在接通或复电时，计数继续进行，其累积时间为 34.5s 时触点动作。当复位输入 X002 接通，定时器就复位，输出触点也复位。

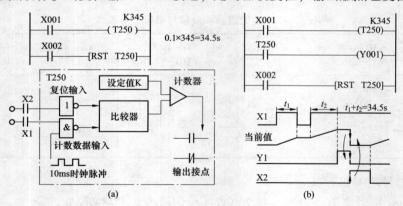

图 5-2　累计型定时器的用法
（a）工作原理图；（b）工作时序图

三、设定值的指定方法

1. 指定常数（K）

如图 5-3 所示，T10 是以 100ms 为单位的定时器，将常数设定为 100，则定时器定时的时间为 100×100ms ＝ 10s。

2. 间接指定（D）

如图 5-4 所示，把常数 100 写入到数据寄存器 D5 中。再把 D5 设为定时器的设定值。定时器设定的时间为 D5 中的数乘以 100ms，即为 10s。

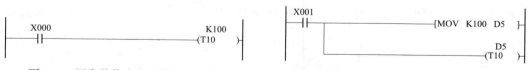

图 5-3　用常数作为定时器的设定值　　　　图 5-4　用 D 作为定时器的设定值

四、定时器在子程序内使用的注意事项

在子程序和中断程序中，请使用 T192～T199 定时器。这种定时器在使用线圈指令或执行 END 指令的时候进行计时。如果达到设定值，则在执行线圈指令，或是执行 END 指令的时候输出触点动作。

由于一般通用的定时器，仅仅在执行线圈指令的时候进行计时。所以在某种特定情况下才执行线圈指令的子程序和中断子程序中，如果使用通用定时器，计时就不能执行，不能正常动作。

在子程序和中断子程序中，如果使用了 1ms 累计型定时器，当它达到设定值后，会在最初执行的线圈指令处输出触点动作。

五、程序实例

1. OFF 延时定时器程序

OFF 延时定时器的工作时序图如图 5-5 所示，当 X001 为 ON 时，Y000 动作为 ON，当 X001 断开为 OFF 时，Y000 继续为 ON，计时 20s 后断开为 OFF。对应程序如图 5-6 所示。

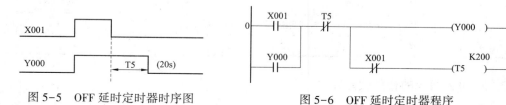

图 5-5　OFF 延时定时器时序图　　　　图 5-6　OFF 延时定时器程序

2. 闪烁程序

如图 5-7 所示的闪烁动作时序图中，当 X001 为 ON 时，Y000 断开 2s、接通 1s，再断开 2s，接通 1s……，依此循环闪烁。对应的程序如图 5-8 所示。

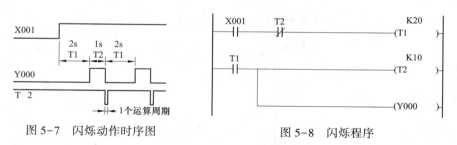

图 5-7　闪烁动作时序图　　　　图 5-8　闪烁程序

第二节 计 数 器

一、计数器的编号

FX 系列 PLC 的计数数分为 16 位增计数器和 32 位增/减计数器。计数器的编号见表 5-2。

表 5-2　　　　　　　　　　　　　计数器编号

PLC 型号	16 位增计数器 0~32 767 计数		32 位增/减计数器 −2 147 483 648 ~ +2 147 483 647	
	一般用	停电保持用（电池保持）	一般用	停电保持用（电池保持）
FX₃U・FX₃UC 可编程控制器	C0~C99 100 点	C100~C199 100 点	C200~C219 20 点	C220~C234 15 点

计数器可以按照计数方向的切换、计数范围等使用条件的不同而选择选用。16 位计数器和 32 位计数器的特点见表 5-3。

表 5-3　　　　　　　　　　　　　计数器使用特点

项目	16 位计数器	32 位计数器
计数方向	增计数	增/减计数可切换使用
设定值	1~32 767	−2 147 483 648 ~ +2 147 483 647
设定值的指定	常数 K 或是数据寄存器	同左，但是数据寄存器需要成对（2 个）
当前值的变化	计数值到后不变化	计数值到后，仍然变化（环形计数）
输出触点	计数值到后保持动作	增计数时保持，减计数时复位
复位动作	执行 RST 指令时计数器的当前值为 0，输出触点也复位	
当前值寄存器	16 位	32 位

二、32 位计数器的相关软元件

32 位增/减计数器可用辅助继电器 M8＊＊＊来设定用来作为增计数器还是减计数器。每一个 32 位计数器都配一个特殊辅助继电器来切换增减计数方向。当 M8＊＊＊为 ON，相应的计数器为减计数，当 M8＊＊＊为 OFF 时，相应的计数器为增计数。表 5-4 所示为每个 32 位计数器配的特殊辅助继电器元件，例如，可用 M8200 来设定 C200 的计数方向。

表 5-4　　　　　　　　　　　　　计数器号与对应的辅助继电器

计数器号	切换方向	计数器号	切换方向
C200	M8200	C205	M8205
C201	M8201	C206	M8206
C202	M8202	C207	M8207
C203	M8203	C208	M8208
C204	M8204	C209	M8209

计数器号	切换方向	计数器号	切换方向
C210	M8210	C223	M8223
C211	M8211	C224	M8224
C212	M8212	C225	M8225
C213	M8213	C226	M8226
C214	M8214	C227	M8227
C215	M8215	C228	M8228
C216	M8216	C229	M8229
C217	M8217	C230	M8230
C218	M8218	C231	M8231
C219	M8219	C232	M8232
C220	M8220	C233	M8233
C221	M8221	C234	M8234
C222	M8222		

三、计数器的工作原理

1. 16 位加计数器

16 位加计数器的计数设定范围为 1~32 767（十进制常数），其设定值可由常数 K 或数据寄存器进行设定。16 位加计数器共有 200 点，其中 C00~C99 为普通型，C100~C199 为停电保持型。当计数过程中出现停电时，普通型计数器的计数值被清除，计数器触点复位，而停电保持型计数器的计数值和触点的状态都被保持，当 PLC 重新接通电源时，停电保持型计数器的计数值从停电前的计数值开始累加。

如图 5-9 所示，当 X000 断开时，计数输入 X001 每接通一次，计数器 C0 就计一次数，其计数当前值增加 1，当计数当前值等于设定值 5 时，其触点动作，之后即使 X001 再接通，计数器 C0 的当前值也不会改变。而当 X000 接通时，计数器 C0 复位，输出触点也立即复位。

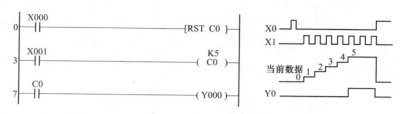

图 5-9 16 位计数器的工作过程

2. 32 位计数器

32 位计数器的计数设定范围为 -2 147 483 648~+2 147 483 647（十进制常数），其设定值可由常数 K 或数据寄存器 D 进行设定。普通型 32 位计数器共有 20 点，其地址为 C200~C219。停电保持型 32 位计数器有 15 点，其地址编号为 C220~C234。32 位计数器可以有增、减两种计数方式，并用特殊内部继电器 M8200~M8234 控制，当 M82＊＊（＊＊表示

00~34 的数）为 ON 时，对应的计数器 C2 ＊＊按减计数方式计数；当 M82 ＊＊为 OFF 时，对应的计数器 C2 ＊＊按增计数方式计数。

如图 5-10 所示，当 X012 断开时，计数输入 X014 每接通一次，计数器 C200 就计一次数，其计数当前值增加 1。当 X012 接通为 ON 时，计数输入 X014 每接通一次，C200 的计数值就减 1。若 C200 的计数值减到-8 时 X012 又断开，则 C200 又变为加计数。在计数器的当前值由-6 增加到-5 时，C200 输出触点被置位，在由-5 减少到-6 时被复位。

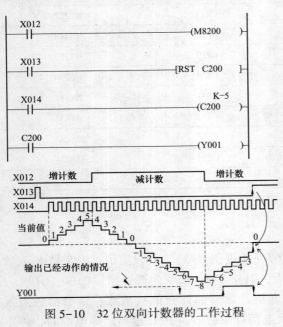

图 5-10　32 位双向计数器的工作过程

32 位加/减计数器的设定值范围为 -2 147 483 648～2 147 483 647。根据常数 K 或数据寄存器 D 的内容，设定值可以使用正负值。使用数据寄存器 D 作为设定值的情况下，将编号连续的软元件视为一对，将 32 位的数据作为设定值。例如，指定 D0 的情况下，将 D1D0 这个 32 位的数据作为设定值。

32 位加/减计数器计数为环形计数。如果从 2 147 483 647 开始增计数的话，就变成 -2 147 483 648。同样，如果从 -2 147 483 648 开始减计数，则就变成 2 147 483 647。像这样的动作称为环形计数。

计数器就是在对可编程控制器的内部信号 X、Y、M、S、C 等触点的动作进行计数，例如，X014 作为计数输入时，它的 ON 和 OFF 的持续时间必须要比 PLC 的扫描周期时间要长，通常是几十赫兹以下。

第三节　高速计数器

计数器就是在对可编程控制器的内部信号 X、Y、M、S、C 等触点的动作进行计数，计数信号的 ON 和 OFF 的持续时间必须要比 PLC 的扫描周期时间要长，通常是几十赫兹以下。如果对于通断频率较高的信号送入 PLC，一般通用的计数器来不及处理，则必须使用高速计数器。只要计数信号的通断频率高于 PLC 扫描周期所对应的频率，则必须要采用高速计数器来处理。

一、高速计数器的种类和软元件的编号

1. 高速计数器的种类

FX 系列 PLC 的基本单元中，内置了 32 位增减计数器的高速计数器。计数类型有单相单计数、单相双计数和双相双计数。高速计数器根据计数的方法不同，可分为硬件计数器和软件计数器两种。另外，在高速计数器中，提供了可以选择外部复位输入端子和外部启动输入端子的功能。

硬件计数器是通过硬件进行计数，软件计数器就是通过 CPU 的中断处理进行计数。

高速计数器的种类和输入信号的型式见表5-5。

表5-5　　高速计数器类型与计数

	输入信号形式	计数方向
单相单计数的输入	UP/DOWN	通过 M8235～M8245 的 ON/OFF 来指定增计数或是减计数。 ON：减计数 OFF：增计数
单相双计数的输入	UP +1 +1 +1 DOWN -1 -1 -1	进行增计数或是减计数。其计数方向可以通过 M8246～M8250 进行设置。 ON：减计数 OFF：增计数
双相双计数的输入	1倍　A相 B相 +1 +1 正转时　A相 B相 -1 -1 反转时	进行增计数或是减计数。其计数方向可以通过 M8251～M8255 进行设置。 ON：减计数 OFF：增计数
	4倍　A相 B相 +1+1+1+1+1 正转时　A相 B相 -1-1-1-1-1 反转时	

2. 与高速计数器输入连接设备的注意事项

高速计数器的输入，使用输入信号 X000～X007。根据所连接的端子，可以连接表5-6中的输出型式的编码器。此外，电压输出型和绝对型编码器，不可以连接到高速计数器输入上。

表5-6　　可以连接到基本单元输入端子的输出方式

可以直接连接到基本单元的输入端子的输出方式	开路集电极型的晶体管输出方式中对应 24V
可以直接连接到 FX₃U-4HSX-ADP 的输入端子的输出方式	差动输出方式（输出电压为 DC 5V 以下）

3. 高速计数器软元件

高速计数器 C235～C255 的特性见表5-7。

表5-7　　高速计数器特性

	区分	计数器编号	1倍/4倍	数据长度	外部复位的输入端子	外部开始的输入端子
单相单计数输入	硬件计数器	C235 C236 C237 C238 C239 C240…	—	32位增减计数器	无	无
		C244（OP） C245（OP）	—			

续表

	区分	计数器编号	1倍/4倍	数据长度	外部复位的输入端子	外部开始的输入端子
单相单计数输入	软件计数器	C241 C242 C243	—	32位增减计数器	有	
		C244 C245	—		有	有
	硬件计数器	C246 C248（OP）	—		无	无
	软件计数器	C247 C248	—	32位增减计数器	有	无
		C249 C250	—		有	有
双相双计数输入	硬件计数器	C251	1倍 1倍	32位增减计数器	无	无
		C251	1倍 1倍		有	
	软件计数器	C252	1倍 1倍		有	无
		C253（OP）	1倍 1倍		无	
		C254 C255	1倍 1倍		有	有

说明：

（1）C244、C245、C248通常作为软件计数器使用，但是和特殊辅助继电器M8388、M8390~M8392一起使用后，也可以作为硬件计数器C244（OP）、C245（OP）和C248（OP）使用。

（2）双相双计数输入的高速计数器，通常是1倍的计数器，但是如果和特殊辅助继电器M8388、M8198和M8199一起使用后，可以作为4倍的计数器使用。

（3）外部复位输入，通常在ON的时候复位，但是如果和特殊辅助继电器M8388、M8392一起使用时，可以更改为OFF时复位。

（4）C253通常是作为硬件计数器使用，但如果和特殊辅助继电器M8388、M8392一起使用，就可以作为不带复位输入的计数器C253（OP）使用。此时，C253（OP）作为软件计数器使用。

（5）FX$_{3U}$可编程控制器的高速计数器，通过与特殊辅助继电器的组合使用，可以改变输入端子的分配情况。在本节中，将这些高速计数器的软元件见表5-8进行了区别，编程的时候请注意不可以输入（OP）。

表 5-8 切换后加（OP）表示

普通的软元件编号	切换后的软元件编号
C244	C244（OP）
C245	C245（OP）
C248	C248（OP）
C253	C253（OP）

二、高速计数器的输入分配

对应各个高速计数器的编号，输入 X000~X007 如下表 5-9 所示进行了分配。使用高速计数器时，对应的基本单元输入编号的滤波器常数会自动变化（X000~X005 为 5μs，X6、X7 为 50μs）。未作为高速输入使用的输入端子，可以作为一般的输入端子使用。

表 5-9 高速计数器编号与输入端分配

计数方式	计数器编号	区分	X000	X001	X002	X003	X004	X005	X006	X007
单相单计数输入	C235	H/W	U/D							
	C236	H/W		U/D						
	C237	H/W			U/D					
	C238	H/W				UD				
	C239	H/W					U/D			
	C240	H/W						U/D		
	C241	S/W	U/D	R						
	C242	S/W			U/D	R				
	C243	S/W					U/D	R		
	C244	S/W	U/D	R						S
	C244（OP）	H/W							U/D	
	C245	S/W			U/D	R				S
	C245（OP）	H/W								U/D
单相双计数输入	C246	H/W	U	D						
	C247	S/W	U	D	R					
	C248	S/W				U	D	R		
	C248（OP）	H/W				U	D			
	C249	S/W	U	D	R				S	
	C250	S/W				U	D	R		S
双相双计数输入	C251	H/W	A	B						
	C252	S/W	A	B	R					
	C253	H/W				A	B	R		
	C253（OP）	S/W				A	B			
	C254	S/W	A	B	R				S	
	C255	S/W				A	B	R		S

注 H/W：硬件计数器 S/W：软件计数器 U：增计数输入 D：减计数输入 A：A相输入 B：B相输入 R：外部复位输入 S：外部启动输入

说明：

（1）与高速计数器用的比较置位复位指令（DHSCS、DHSCR、DHSZ、DHSCT）组合使用时，硬件计数器变为软件计数器。并且执行外部复位输入的逻辑设置反转后，C253会变成软件计数器。

（2）禁止重复使用输入端子。

1）输入端子X000~X007，可用于高速计数器、输入中断、脉冲捕捉以及SPD、ZRN、DSZR、DVIT指令和通用输入。因此请勿重复使用输入端子。例如，使用C251时X000和X001被占用，那么其他高速计数器、输入中断指针I000和I101、脉冲捕捉用触点M8170和M8171，以及使用相应输入的SPD、ZRN、DSZR、DVIT指令都不可以使用。

2）FX3U-4HSX-ADP一侧的输入端子和PLC基本单元的输入端子，分配相同的编号，请务必只使用其中一侧的输入端子。当两者的输入端子同时使用时，FX3U-4HSX-ADP和基本单元输入侧的输入就呈OR逻辑关系运行，就会出错。

三、高速计数器的使用

1. 单相单计数高速计数器

图5-11中用了两个高速计数器C235和C244。

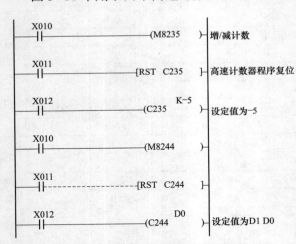

图5-11 单相单计数高速计数器的用法

程序说明如下：

C235在X012为ON时，对输入X000的OFF→ON进行计数。

X011为ON时，执行RST指令，此时C235将被复位。

通过M8235~M8245的ON/OFF，使计数器C235~C245在减/增计数之间变化。

C244在X012为ON，且输入X006变ON以后，立即开始计数。计数输入为X000，在这个例子中设定值就是间接指定的数据寄存器的内容（D1，D0）。

如图所示，可以通过X011在程序上进行复位，但是合上X001也会立即被复位。所以不需要这样的程序。

通过M8235~M8245的ON/OFF，使计数器C235~C245在减/增计数之间变化。

图5-11程序中的高速计数器C235的动作时序如图5-12所示。

根据计数输入X000，C235通过中断进行增或是减的计数。

当前值从"-6"增加到"-5"的时候输出触点被置位，当前值从"-5"减少到"-6"的时候输出触点被复位。

当前值的增减与输出触点的动作与无关，如果从2 147 483 647开始增计数，则变成-2 147 483 648。同样地，如果从-2 147 483 648开始减计数，则变成2 147 483 647。（这

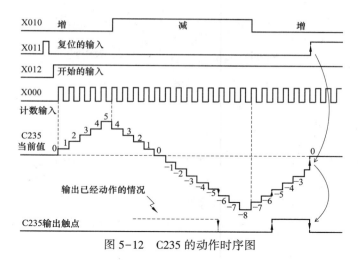

图 5-12 C235 的动作时序图

样的动作被称为环形计数)

复位输入 X011 为 ON，执行 RST 指令，此时，计数器的当前值变为 0，输出触点也复位。

在停电保持用的高速计数器中，即使电源断开，计数器的当前值和输出触点的动作、复位状态都会被保持。

2. 单相双计数高速计数器

单相双计数输入是 32 位增/减的二进制计数器，对应于当前值的输出触点的动作与单相单计数输入的高速计数器相同。图 5-13 所示程序中用了单相双计数高速计数器 C246 和 C249。

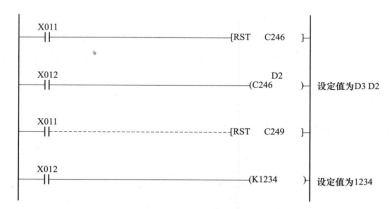

图 5-13 单相双计数高速计数器的用法

程序说明如下：

C246 在 X012 为 ON 的时候，如果输入 X000 由 OFF→ON 的话就为增计数，如果输入 X001 由 OFF→ON 时就为减计数。

C246～C250 的减/增计数动作可以通过 M8246～M8250 的 ON/OFF 动作进行监控。

ON：减计数；

OFF：增计数。

C249 在 X012 为 ON 时，如果输入 X006 为 ON 以后就立即开始计数。增计数输入为 X000，减计数输入为 X001。

可以通过 X011 在程序上进行复位，但 X002 合上时也可立即把 C249 复位。

C246～C250 的减/增计数动作可以通过 M8246～M8250ON/OFF 动作进行监控。

ON：减计数；

OFF：增计数。

3. 双相双计数高速计数器

双相双计数输入是 32 位增/减的二进制计数器，对应于当前值输出触点的动作与单相高速计数器相同。

图 5-14 所示程序中用了双相双计数高速计数器 C251 和 C254。

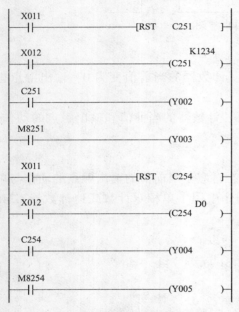

图 5-14　双相双计数高速计数器

程序说明如下：

X012 为 ON 的时候，C251 通过中断对输入 X000（A 相），X001（B 相）的动作进行计数。

X011 为 ON，执行 RST 指令，此时 C251 将被复位。

当前值超出设定值的话 Y002 为 ON，在设定值以下范围内变化时为 OFF。

Y003 根据计数方向而 ON（减），OFF（增）。

X012 为 ON 时，如果 X006 为 ON 后就立即开始 C254 的计数。该计数的输入为 X000（A 相），X001（B 相）。

除了使用 X011 在程序上进行复位以外，X002 在 ON 时也可以立即将 C254 复位。

当前值超出设定值（D1，D0）的时候 Y004 动作，在设定值以下的范围内变化时为 OFF。

Y005 是根据计数方和而 ON（减），OFF（增）。

双相编码器输出有 90 度相位差的 A 相和 B 相脉冲信号。据此，高速计数器如按下图所示自动地执行增/减的计数。

以 1 倍动作的时间如下：

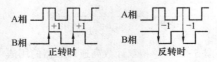

以 4 倍动作的时候如下：

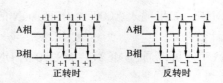

C251～C255 的减/增计数状态，可以通过 M8251～M8255 的 ON/OFF 动作进行监控。ON：减计数，OFF：增计数。

四、C251～C255 作为 4 倍频双相双计数器的用法

双相双计数输入计数器 C251～C255，通常是 1 倍频使用，如果按照表 5–10 所示编程，则可变更为 4 倍频的双相双计数。

表 5–10　　　　　　　　　　　　　　4 倍频双相双计数

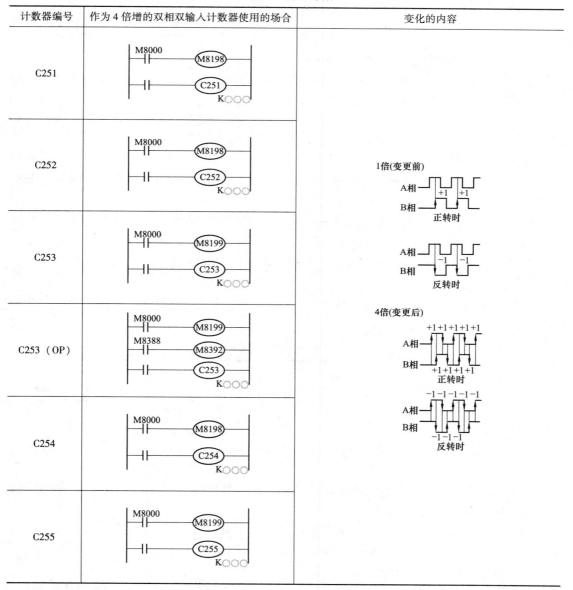

计数器编号	作为 4 倍增的双相双输入计数器使用的场合	变化的内容
C251	M8000—(M8198)　—‖—(C251) K○○○	
C252	M8000—(M8198)　—‖—(C252) K○○○	1倍(变更前)　A相　B相　正转时／A相　B相　反转时
C253	M8000—(M8199)　—‖—(C253) K○○○	
C253（OP）	M8000—(M8199)　M8388—(M8392)　—‖—(C253) K○○○	4倍(变更后)　A相　B相　正转时／A相　B相　反转时
C254	M8000—(M8198)　—‖—(C254) K○○○	
C255	M8000—(M8199)　—‖—(C255) K○○○	

五、高速计数器的响应频率

1. 硬件高速计数器的响应频率

硬件计数器的最大响应频率见表 5–11。

表 5-11　　　　　　　　　　　硬件计数器的最大响应频率

计数器编号		最大响应频率	
		基本单元	FX$_{3U}$-4HSX-ADP
单相单计数输入	C235，C236，C237，C238，C239，C240	100kHz	200kHz
	C244（OP），C245（OP）	10kHz	
单相双计数输入	C246，C248（OP）	100kHz	
双相双计数输入 1倍	C251，C253	50kHz	100kHz
4倍		50kHz	100kHz

2. 软件计数器的响应频率和综合频率

在考虑系统配置和编程时，要考虑软件计数器的响应频率和综合频率在最大响应频率和综合频率范围内。衡量软件计数器是否能准备接收一定频率的脉冲，要考虑两个方面的因素：一是接收的脉冲信号的频率在高速计数器的最大响应频率范围内；二是如果程序中用到了多个高速计数器，则还需要考虑整个系统的综合频率。

各个软件计数器的最大响应频率和系统的综合频率与 PLC 是否使用模拟量特殊适配器和特殊功能模块、单元有关，还与程序中是否用到一些高速指令（HSCS、HSCR、HSZ、HSCT）有关。

（1）不使用模拟量特殊适配器或 FX$_{3U}$·FX$_{3UC}$系列的特殊功能模块/单元时，见表 5-12。

（2）使用了模拟量特殊适配器和 FX$_{3U}$·FX$_{3UC}$系列的特殊功能模块/单元时，见表 5-13。

综合频率≥（高速计数器的响应频率×综合频率计算用倍率）

计算实例：

在程序中仅仅使用了 6 次 HSZ 指令的情况下，根据表 5-14 的"仅有 HSZ 指令"中的项目进行如下计算。

表 5-14　　　　　　　　　　　最大响应频率计算

使用的调整计数器编号		输入频率	最大响应频率的计算	计算综合频率用的倍率	使用的指令
C237	作为软件计数器动作	30kHz	40-6（次）＝34kHz	×1	HSZ 指令 6 次
C241	软件计数器	20kHz	40-6（次）＝34kHz	×1	
C253（OP）[4倍]		4kHz	{40-6（次）}÷4＝8.5kHz	×4	

这个计算实例中，是没有使用模拟量特殊适配器和 FX$_{3U}$·FX$_{3UC}$系列的特殊功能模块/单元的系统配置。

（1）使用的指令是 HSZ 指令，且使用了 6 次，可按照下面的公式计算出综合频率。

综合频率＝80-1.5×6＝71（kHz）

（2）使用的高速计数器的响应频率的合计计算如下：

（30kHz×1［C237］+20kHz×1［C241］）+（4×4［C253（OP）］）＝66kHz≤71kHz

以上计算可以判断出 C237、C241、C253 可以接收表中的输入频率对应的脉冲信号。

表 5-12

不使用模拟量特殊适配器

计数器的种类				根据使用指令的条件而定的响应频率和综合频率							
软件计数器	下面的计数器中和 HSCS, HSCR, HSZ, HSCT 指令并用的软件计数器※1	计算综合频率用的倍率		无 HSZ, HSCT 指令		仅有 HSCT 指令		仅有 HSZ 指令		HSZ 指令和 HSCT 指令两者	
				最大响应频率（kHz）	综合频率（kHz）	最大响应频率（kHz）	综合频率（kHz）	最大响应（kHz）	综合频率（kHz）	最大响应（kHz）	综合频率（kHz）
单相单计数输入	C241, C242, C243, C244, C245	C235, C236, C237, C238, C239, C240	×1	40	80	30	60	40−(指令使用次数)※2	80−1.5×(指令使用次数)	30−(指令使用次数)※2	60−1.5×(指令使用次数)
	—	C244（OP）, C245（OP）,	×1	10		10					
单相双计数输入	C247, C248, C249, C250	C246, C248（OP）,	×1	40		30					
双相双计数输入 1倍	C252, C253（OP）, C254, C255	C251, C253	×1	40		30					
双相双计数输入 4倍			×4	10		7.5		(40−指令使用次数)÷4		(30−指令使用次数)÷4	

※1. 在 HSCS, HSCR, HSZ, HSCT 指令指定的计数器编号上附加变址寄存器时，所有的硬件计数器都切换成软件计数器。

※2. 高速计数器 C244（OP）和 C245（OP），不能进行 10kHz 以上的计数。

表5-13　使用了模拟量特殊适配器

计数器的种类	软件计数器	下面的计数器中和 HSCS, HSCR, HSZ, HSCT 指令并用的软件计数器※1	计算综合用频率的倍率	根据使用指令的条件而定的响应频率和综合频率							
				无 HSZ, HSCT 指令		仅有 HSCT 指令		仅有 HSZ 指令		HSZ 指令和 HSCT 指令两者	
				最大响应（kHz）	综合频率（kHz）	最大响应（kHz）	综合频率（kHz）	最大响应（kHz）	综合频率（kHz）	最大响应（kHz）	综合频率（kHz）
单相单计数输入　软件计数器	C241, C242, C243, C244, C245	C235, C236, C237, C238, C239, C240	×1	30	60	25	50	$30-$（指令使用次数）※2	$50-1.5\times$（指令使用次数）	$25-$（指令使用次数）※2	$50-1.5\times$（指令使用次数）
单相单计数输入	—	C244 (OP), C245 (OP)	×1	10		10					
单相双计数输入	C247, C248, C249, C250	C246, C248 (OP)	×1	30		25					
双相双计数输入　1倍	C252, C253 (OP), C254, C255	C251, C253	×1	30		25					
双相双计数输入　4倍	C252, C253 (OP), C254, C255	C251, C253	×4	7.5		6.2		（$30-$指令使用次数）÷4		（$25-$指令使用次数）÷4	

※1. 在 HSCS, HSCR, HSZ, HSCT 指令省定的计数器编号上附加上变址寄存器时，所有的硬件计数器都切换成成软件计数器。

※2. 高速计数器 C244 (OP) 和 C245 (OP)，不能进行 10kHz 以上的计数。

FX系列PLC基本逻辑指令及其应用

基本逻辑指令是 PLC 中最基础的编程指令，本节主要介绍三菱 FX 系列 PLC 基本逻辑指令，重点讲解指令的含义、梯形图及指令的格式及其应用。

第一节　基本逻辑指令

一、逻辑取及驱动线圈指令

逻辑取及驱动线圈指令见表 6-1。

表 6-1 逻辑取及驱动线圈指令

符号名称	功能	电路表示	操作元件	程序步
LD（取）	常开触点逻辑运算起始	┤├┤├（Y001）	X，Y，M，T，C，S	1
LDI（取反）	常闭触点逻辑运算起始	┤╱├┤├（Y001）	X，Y，M，T，C，S	1
OUT（输出）	线圈驱动	┤├┤├（Y001）	Y，M，T，C，S	Y、M：1，特 M：2，T：3，C：3~5

（1）用法示例。逻辑取及驱动线圈指令的应用如图 6-1 所示。

（2）使用说明。

1）LD 是电路开始的常开触点连到母线上，可以用于 X、Y、M、T、C 和 S 等元件。

2）LDI 是电路开始的常闭触点连到母线上，可以用于 X、Y、M、T、C 和 S 等元件。

3）OUT 是驱动线圈的输出指令，可以用于 Y、M、T、C 和 S 等元件。

4）LD 和 LDI 指令对应的触点一般与左侧母线相连，若与后述的 ANB、ORB 指令组合，则可用于串、并联电路块的起始触点。

5）线圈驱动指令可并行多次输出，如图 6-1 梯形图中的 OUT M100、OUT T0 K19。

6）输入继电器 X 不能使用 OUT 指令。

7）对于定时器的定时线圈或计数器的计数线圈，必须在 OUT 指令后设定常数。

8）线圈一般不能重复使用（重复使用即称为双线圈输出），若输出线圈重复使用，则

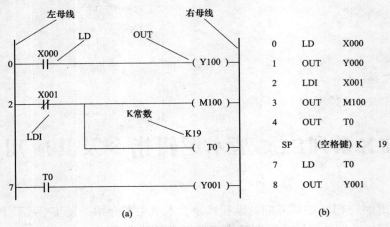

图 6-1 逻辑取及驱动线圈指令梯形图
(a) 梯形图；(b) 指令表

后面的线圈的动作状态对外输出有效，相当于前面的输出线圈程序无效。

二、触点串并联指令

触点串并联指令见表 6-2。

表 6-2 触点串并联指令

符号名称	功能	电路表示	操作元件	程序步
AND（与）	常开触点串联连接	─┤├─┤├─(Y005)─	X、Y、M、S、T、C	1
ANI（与非）	常闭触点串联连接	─┤├─┤/├─(Y005)─	X、Y、M、S、T、C	1
OR（或）	常开触点并联连接	─┤├─(Y005)─	X、Y、M、S、T、C	1
ORI（或非）	常闭触点并联连接	─┤├─(Y005)─	X、Y、M、S、T、C	1

（1）用法示例。触点串、并联指令的应用如图 6-2 所示。

（2）使用说明。

1）AND 是常开触点串联连接指令，ANI 是常闭触点串联连接指令，OR 是常开触点并联连接指令，ORI 是常闭触点并联连接指令，这四条指令后面必须有被操作的元件名称及元件号，都可用于 X、Y、M、T、C 和 S。

2）单个触点与左边的电路串联，使用 AND 和 ANI 指令时，串联触点的个数没有限制，但因为图形编辑器和打印机的功能有限制，所以建议尽量做到一行不超过 10 个触点和 1 个线圈。

3）OR 和 ORI 指令是从该指令的当前步开始，对前面的 LD、LDI 指令并联连接，并联

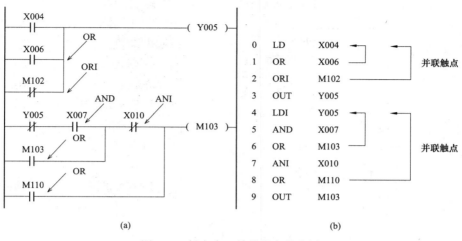

图 6-2　触点串、并联指令的应用

（a）梯形图；（b）指令表

触点的个数没有限制。

4）OR 和 ORI 用于单个触点与前面电路的并联，并联触点的左端接到该指令所在的电路块的起始点（LD）上，其右端与前一条指令对应的触点的右端相连，即单个触点并联到它前面已经连接好的电路的两端。

5）连续输出。如图 6-3（a）所示，OUT M1 指令之后通过 X001 的触点去驱动 Y004，称为连续输出。虽然 X001 的触点和 Y004 的线圈组成的串联电路与 M1 的线圈是并联关系，但 X001 的常开触点与左边的电路是串联关系，所以对 X001 的触点应使用串联指令。应当指出，图 6-3（a）和（b）中程序的作用是一样的，但推荐图 6-3（a）的程序，因为图 6-3（b）必须使用后面要讲到的 MPS（进栈）和 MPP（出栈）指令。

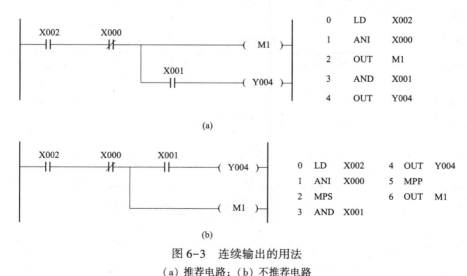

图 6-3　连续输出的用法

（a）推荐电路；（b）不推荐电路

【例 6-1】　用 PLC 控制三相异步电动机的正、反转。

53

控制三相异步电动机需要用到正转启动控制按钮、反转启动控制按钮和停止按钮各一个，需要用到 2 个交流接触器，KM1 控制电动机正转，KM2 控制电动机反转。对输入/输出点进行以下的分配。

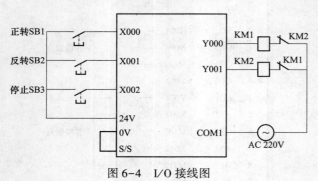

图 6-4　I/O 接线图

正转启动按钮 SB1：X000；

反转启动按钮 SB2：X001；

停止按钮 SB3：X002；

Y000：KM1 线圈；

Y001：KM2 线圈。

I/O 接线图如图 6-4 所示。编写的 PLC 梯形图如图 6-5 所示。

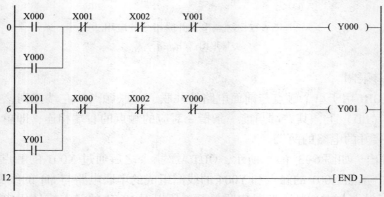

图 6-5　正反转控制程序

三、电路块连接指令

电路块连接指令见表 6-3。

表 6-3　　　　　　　　　　　　　电路块连接指令

符号名称	功能	电路表示	操作元件	程序步
ORB（电路块或）	串联电路的并联连接	—［电路图］（ Y005 ）	无	1
ANB（电路块与）	并联电路的串联连接	—［电路图］（ Y005 ）	无	1

（1）用法示例。电路块连接指令的应用如图 6-6 和图 6-7 所示。

（2）使用说明。

1）ORB 是串联电路块的并联连接指令；ANB 是并联电路块的串联连接指令，它们都没有操作元件，可以多次重复使用。

2）ORB 指令是将串联电路块与前面的电路并联，并联的电路块的起始点要使用 LD 或 LDI 指令，完成了电路块的内部连接后，用 ORB 指令将它与前面的电路并联。

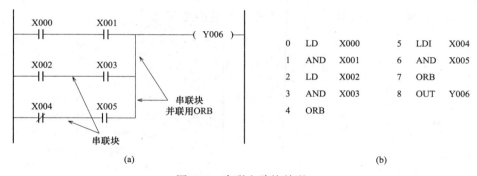

图 6-6　串联电路块并联

（a）梯形图；（b）指令表

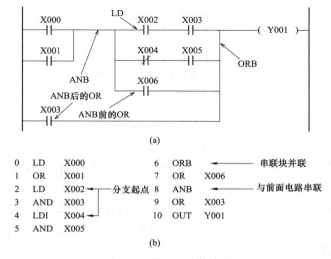

图 6-7　并联电路块串联

（a）梯形图；（b）指令表

　　3）ANB 指令是将并联电路块与前面的电路串联，要串联的电路块的起始触点使用 LD 或 LDI 指令，完成了电路块的内部连接后，用 ANB 指令将它与前面的电路串联。

　　4）ORB、ANB 指令可以多次重复使用，但是，连续使用时，应限制在 8 次以下。

四、多重输出指令

多重输出指令见表6-4。

表 6-4　　　　　　　　　　　多重输出电路指令

符号名称	功能	电路表示	操作元件	程序步
MPS（进栈）	进栈	MPS （Y004）	无	1
MRD（读栈）	读栈	MRD （Y005）	无	1
MPP（出栈）	出栈	MPP （Y006）	无	1

55

（1）用法示例。多重输出电路指令的应用如图6-8所示。

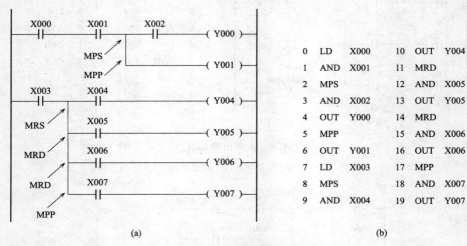

图6-8　多重输出指令梯形图

（a）梯形图；（b）指令表

（2）使用说明。

1）MPS指令可将多重电路的公共触点或电路块先存储起来，以便后面的多重输出支路使用。多重电路的第一个支路前使用MPS进栈指令，多重电路的中间支路前使用MRD读栈指令，多重电路的最后一个支路使用MPP出栈指令。该组指令没有操作元件。

2）FX系列PLC有11个存储中间运算结果的堆栈存储器，堆栈采用先进后出的数据存取方式。每使用一次MPS指令，当时的逻辑运算结果压入堆栈的第一层，堆栈中原来的数据依次向下一层推移。

3）MRD指令读取存储在堆栈最上层的运算结果，将下一个触点强制性地连接到该点。读栈后堆栈内的数据不会上移或下移。

4）MPP指令弹出堆栈存储器的运算结果，首先将下一触点连接到该点，然后从堆栈中去掉分支点的运算结果。使用MPP指令时，堆栈中各层的数据向上移动一层，最上层的数据在弹出后从栈内消失。

5）图6-8中的程序只用到了一层堆栈。

五、置位与复位指令

置位与复位指令见表6-5。

表 6-5　　　　　　　　　　　　　　　　置位与复位指令

符号名称	功能	电路表示	操作元件	程序步
SET（置位）	令元件自保持ON	├─┤├──[SET Y000]┤	Y，M，S	Y，M：1 S，特M：2
RST（置位）	令元件OFF或清除数据寄存器的内容	├─┤├──[RST Y000]┤	Y，M，S，C，D，V，Z，积T	Y，M：1；S，特M，C，积T：2；D，V，Z,：3

1. 指令用法

指令用法示例如图 6-9 所示。

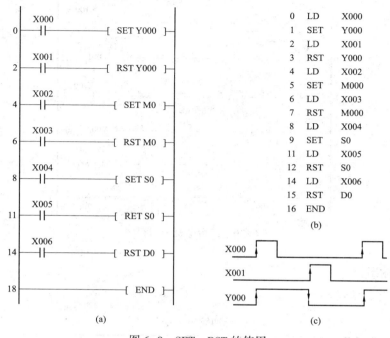

图 6-9 SET、RST 的使用

（a）梯形图；（b）指令表；（c）时序图

2. 使用说明

（1）图 6-9 中的 X000 一接通，即使再断开，Y000 也保持接通。X001 接通后，即使再变成断开，Y000 也保持断开，对于 M、S 也是同样。

（2）对同一元件可以多次使用 SET、RST 指令。

（3）要使数据寄存器 D、计数器 C、积算定时器 T、变址寄存器 V、Z 的内容清零，也可以用 RST 指令。

【例 6-2】 有三台电动机，控制要求如下：按下启动按钮后，第一台电机启动，10s 后第二台电动机自动启动，再过 10s 后第三台电动机也自动启动，当按下停止按钮时，三台电机都停止，编写 PLC 控制程序。

首先，对 PLC 的各 I/O 点进行分配，本例中用到 2 个控制按钮，3 个被控的接触器线圈（通过接触器主触头控制电动机）。各 I/O 分配如下。

启动按钮：X000；

停止按钮：X001；

Y000：KM1（控制第一台电机）；

Y001：KM2（控制第二台电机）；

Y003：KM3（控制第三台电机）。

PLC 控制程序如图 6-10 所示。

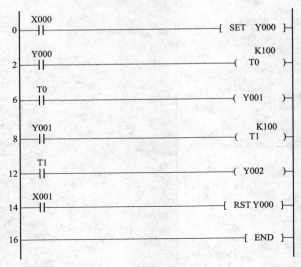

图 6-10 三台电机控制程序

六、脉冲输出指令

脉冲输出指令见表 6-6。

表 6-6 脉冲输出指令

符号名称	功能	电路表示	操作元件	程序步
PLS（上升沿脉冲）	上升沿微分输出	X000 ├┤├ ─[PLS M0]	Y，M	2
PLF（下降沿脉冲）	下降沿微分输出	X001 ├┤├ ─[PLF M1]	Y，M	2

（1）用法示例。脉冲输出指令的应用如图 6-11 所示。

（2）使用说明。

1）PLS 是脉冲上升沿输出指令，PLC 是脉冲下降沿输出指令。PLS 和 PLF 指令只能用于输出继电器（Y）和辅助继电器 M（不包括特殊辅助继电器）。

2）图 6-11 中的 M0 仅在 X000 的常开触点由断开变为接通（即 X000 的上升沿）时的一个扫描周期内为 ON；M1 仅在 X001 的常开触点由接通变为断开（即 X001 的下降沿）时的一个扫描周期内为 ON。

3）图 6-11 中，在输入继电器 X0 接通的情况下，PLC 执行运行→停机→运行时，PLS M0 指令将输出一个脉冲。然而，如果用锁存的辅助继电器代替 M0，其 PLS 指令在这种情况下不会输出脉冲。

七、脉冲式触点指令

脉冲式触点指令见表 6-7。

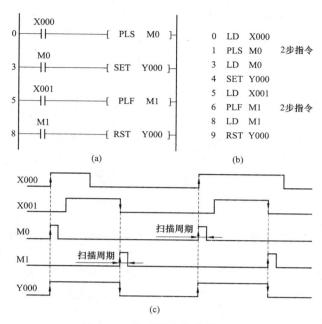

图 6-11　脉冲输出指令梯形图

（a）梯形图；（b）指令表；（c）时序图

表 6-7 　　　　　　　　　　　　　　　　　脉冲式触点指令

符号名称	功能	电路表示	操作元件	程序步
LDP（取上升沿脉冲）	上升沿脉冲逻辑运算开始	⊣↑⊢⊣ ⊢—（M1）—	X，Y，M，S，T，C	2
LDF（取下降沿脉冲）	下降沿脉冲逻辑运算开始	⊣↓⊢⊣ ⊢—（M1）—	X，Y，M，S，T，C	2
ANP（与上升沿脉冲）	上升沿脉冲串联连接	⊣ ⊢⊣↑⊢—（M1）—	X，Y，M，S，T，C	2
ANF（与下降沿脉冲）	下降沿脉冲串联连接	⊣ ⊢⊣↓⊢—（M1）—	X，Y，M，S，T，C	2
ORP（或上升沿脉冲）	上升沿脉冲并联连接	⊣ ⊢⊣ ⊢—（M1）— ⊣↑⊢	X，Y，M，S，T，C	2
ORF（或下降沿脉冲）	下降沿脉冲并联连接	⊣ ⊢⊣ ⊢—（M1）— ⊣↓⊢	X，Y，M，S，T，C	2

（1）用法示例。脉冲式触点指令的应用如图 6-12 所示。

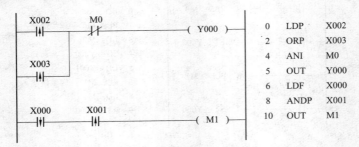

图 6-12　触点脉冲指令的应用

（2）使用说明。

1）LDP、ANDP 和 ORP 指令是用来作上升沿检测的触点指令，触点的中间有一个向上的箭头，对应的触点仅在指定位元件的上升沿（由 OFF 变为 ON）时接通一个扫描周期。

2）LDF、ANDF 和 ORF 是用来作下降沿检测的触点指令，触点的中间有一个向下的箭头，对应的触点仅在指定位元件的下降沿（由 ON 变为 OFF）时接通一个扫描周期。

3）脉冲式触点指令可以用于 X、Y、M、T、C 和 S。在图 6-12 中 X002 的上升沿或 X003 的上升沿出现时，Y000 仅在一个扫描周期内为 ON。

【例 6-3】　自动售货机投币控制，要求：当投入一枚 5 角的硬币时，D0 中的数加 5，5 角硬币由 PLC 的 X000 检测，当投入一枚 1 元的硬币时，D0 中的数加 10，1 元硬币由 PLC 的 X001 检测。X002 的作用是把 D0 数据清零。

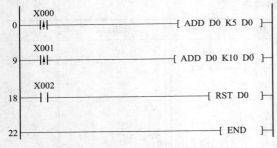

图 6-13　自动售货机投币控制程序

编制程序如图 6-13 所示。程序中检测到一个 5 角或 1 元的硬币时，由 X000 或 X001 产生一个上升沿脉冲后，才把 D0 中的数加 5 或 10。程序中的 ADD 指令为加法指令，在后面章节中会介绍。

八、主控触点指令

在编程时，经常会遇到许多线圈同时受一个或一组触点控制的情况，如果在每个线圈的控制电路中都串入同样的触点，将显得烦琐，主控指令可以解决这一问题。使用主控指令的触点称为主控触点。主控触点指令见表 6-8。

表 6-8　　　　　　　　　　　　　　　　主控触点指令

符号名称	功能	电路表示及操作元件	程序步
MC（主控）	主控电路块起点	┤├────────[MC N0 Y或M] Y或M 不允许使用特M	3
MCR（主控复位）	主控电路块终点	────────────[MCR N0]	2

1. 用法示例

主控触点指令的应用如图 6-14 所示。

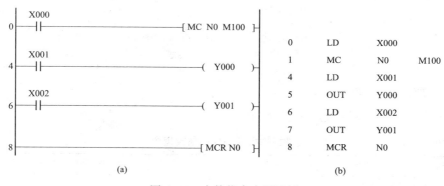

图 6-14　主控指令应用示例

（a）梯形图；（b）指令表

2. 使用说明

（1）MC 是主控起点，操作数 N（0~7）为嵌套层数，操作元件为 M、Y，特殊辅助继电器不能用作 MC 的操作元件。MCR 是主控结束，主控电路块的终点，操作数（0~7）。MC 和 MCR 必须成对使用。

（2）与主控触点相连的触点必须用 LD 或 LDI 指令，即执行 MC 指令后，母线移到主控触点的后面，MCR 使用母线回到原来的位置。

（3）图 6-14 中 X000 的常开触点接通时，执行从 MC 到 MCR 之间的指令；MC 指令的输入电路 X000 断开时，不执行上述区间的指令，其中的积算定时器、计数器、用复位/置位指令驱动的软元件保持其当前的状态，其余的元件被复位，如非积算定时器和用 OUT 指令驱动的元件变为 OFF。

（4）在 MC 指令内再使用 MC 指令时，称为嵌套，嵌套层数 N 的编号就依次增大；主控返回时用 MCR 指令，嵌套层数 N 的编号就依次减小。

九、逻辑运算结果取反指令

逻辑运算结果取反指令见表 6-9。

表 6-9　　　　　　　　　　　　　逻辑运算结果取反指令

符号名称	功能	电路表示	操作元件	程序步
INV（取反）	逻辑运算结果取反	X000 ┤├——/——（ Y000 ）	无	1

INV 指令在梯形图中用一条 45° 的短斜线来表示，它将使该指令之前的运算结果取反，如之前的运算结显为 0，使用该指令后运算结果为 1；如之前的运算结果为 1，使用该指令后运算结果为 0。如图 6-15 所示，如果 X000 为 ON，则 Y000 为 OFF；反之如 X000 为 OFF，则 Y000 为 ON。

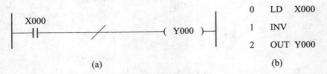

图 6-15　逻辑运算结果取反指令示例

（a）梯形图；（b）指令表

十、空操作指令、结束指令

空操作指令和程序结束指令见表 6-10。

表 6-10　　　　　　　　　空操作指令和程序结束指令

符号名称	功能	电路表示	操作元件	程序步
NOP（空操作）	无动操作	无	无	1
END（结束）	输入输出处理，程序回到第 0 步	├──[END]┤	无	1

1. 空操作指令

（1）若在程序中加入 NOP 指令，则改动或追加程序时，可以减少步序号的改变。

（2）若将 LD、LDI、ANB、ORB 等指令换成 NOP 指令，电路构成将有较大的变化。

（3）执行程序全清除操作后，全部指令都变为 NOP。

2. 程序结束指令 END

PLC 按照循环扫描的工作方式，首先进行输入处理，然后再进行程序处理，当处理到 END 指令时，即进行输出处理。所以，若在程序中写入 END 指令，则 END 指令后的程序不再执行。若不写入 END 指令，则从用户程序存储器的第一步执行到最后一步，因此，若将 END 指令放在程序结束处，则只执行第一步到 END 之间的程序，这样可以缩短扫描周期。

十一、MEP、MEF 指令

MEP、MEF 是使逻辑运算结果脉冲化的指令，不需要指定软元件的编号。

MEP 指令是对该指令之前的触点逻辑运算结果，从 OFF 变为 ON 时，变为导通状态。其动作原理如图 6-16 所示，运算结果上升沿时为 ON。

MEF 指令：是对该指令之前的触点逻辑运算结果，从 ON 变为 OFF 时，变为导通状态。其动作原理如图 6-17 所示，运算结果下降沿时为 ON。

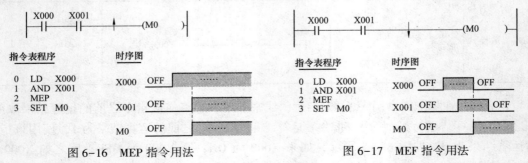

图 6-16　MEP 指令用法　　　　　　图 6-17　MEF 指令用法

注 FX$_{3U}$具有 MEP 和 MEF 指令功能，FX$_{2N}$及以下 PLC 没有 MEP 和 MEF 指令。

第二节　基本指令典型编程实例

【例 6-4】　设计用 PLC 控制数码管循环显示数字 0~9。控制要求如下：

（1）按下启动按钮后，数码管从 0 开始显示，1s 后显示 1，再过 1s 后显示 2，……，显示 9，1s 后再重新显示 0，如此循环。

（2）当按下停止按钮后，数码管熄灭。

7 段数码管实际上是由 7 只发光二极管组成，要显示 0~9 的数字，首先确定数字与 7 只发光管（即 PLC 的输出控制点）的关系，如图 6-18 所示。如要显示数字 0，则需要 a、b、c、d、e、f 管亮，则对应的 PLC 的需驱动的输出点为 Y1、Y2、Y3、Y4、Y5、Y6。

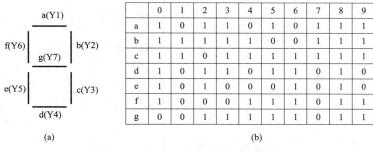

	0	1	2	3	4	5	6	7	8	9
a	1	0	1	1	0	1	0	1	1	1
b	1	1	1	1	1	0	0	1	1	1
c	1	1	0	1	1	1	1	1	1	1
d	1	0	1	1	0	1	1	0	1	0
e	1	0	1	0	0	0	1	0	1	0
f	1	0	0	0	1	1	1	0	1	1
g	0	0	1	1	1	1	1	0	1	1

(a)　　　　　　　　(b)

图 6-18　数字与输出点的对应关系图

（a）数码管；（b）数字与输出点的对应关系

另外，可把一个周期的控制任务分解为 10 步，第一步是显示数字 0，时间为 1s；第二步显示数字 1，时间为 1s；一直到第十步显示数字 9，时间为 1s。通过循环这 10 步来实现本程序的编写。

X0：启动按钮；

X1：停止控制；

Y1~Y7：数码管 a~g。

根据系统控制要求，PLC 的 I/O 接线图如图 6-19 所示，控制程序如图 6-20 所示。

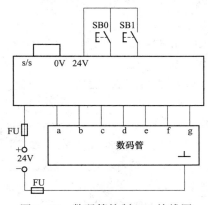

图 6-19　数码管控制 I/O 接线图

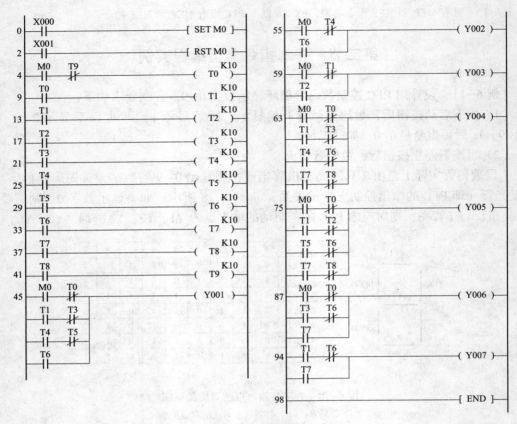

图 6-20　数码管控制程序

【例 6-5】　控制三相异步电机丫/△降压启动，其主电路如图 6-21 所示。要求按下启动按钮后，电机绕组丫接法启动 KM1 和 KM2 动作，6s 后 KM2 断开，再过 1s 后 KM3 接通绕组组成△接法。

I/O 分配如下。

启动按钮 SB2：X000；

停止按钮 SB1：X001；

热继电器 FR：X002；

Y000：KM1；

Y001：KM2；

Y002：KM3。

I/O 接线图如图 6-22（a）图所示，控制程序如图 6-22（b）所示。

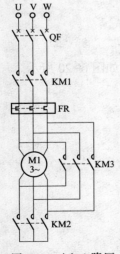

图 6-21　丫/△降压
启动主电路

【例 6-6】　对如图 6-23 所示十字路口交通灯进行编程控制，该系统输入信号有：一个启动按钮 SB1 和一个停止按钮 SB2，输出信号有东西向红灯、绿灯、黄灯，南北向红灯、绿灯、黄灯。控制要求如下：按下启动按钮，信号灯系统按图 6-24 所示要求开始工作（绿灯闪烁的周期为 1s），并能循环运行。按一下停止按钮，所有信号灯都熄灭。

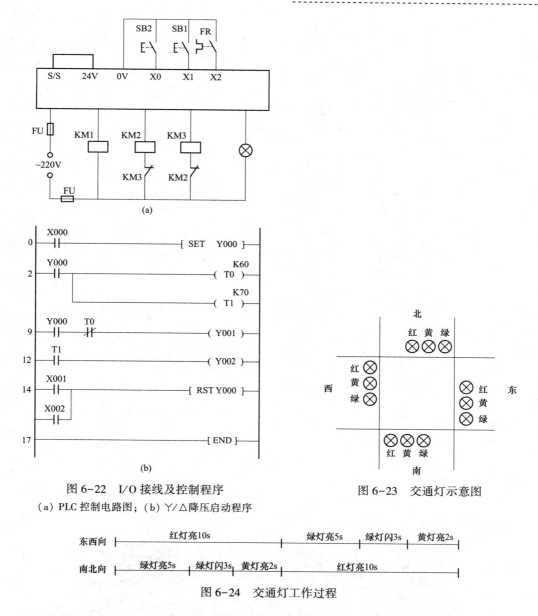

图 6-22　I/O 接线及控制程序

（a）PLC 控制电路图；（b）Y/△降压启动程序

图 6-23　交通灯示意图

| 东西向 | 红灯亮10s | | 绿灯亮5s | 绿灯闪3s | 黄灯亮2s |
| 南北向 | 绿灯亮5s | 绿灯闪3s | 黄灯亮2s | 红灯亮10s | |

图 6-24　交通灯工作过程

I/O 接线图如图 6-25 所示，控制程序如图 6-26 所示。

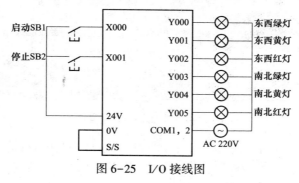

图 6-25　I/O 接线图

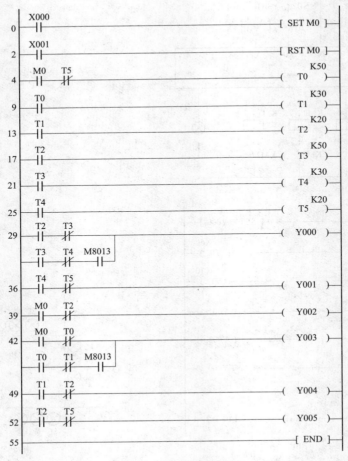

图 6-26　交通灯控制程序

【例 6-7】　车库自动门的控制，如图 6-27 所示。

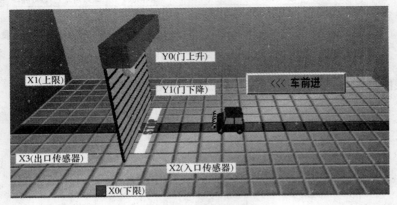

图 6-27　车库自动门示意图

（1）当汽车开到门前时，门自动打开。当汽车经过门后，门自动关闭；

（2）当开门开到上限位 X001 为 ON 时，门不再打开，开门结束；

（3）当关门关到下限位 X000 为 ON 时，门不再关闭，关门结束；

（4）当汽车处在检测范围入口传感器（X002）和出口传感器中（X003）的时候，门将不再关闭。

分析：当车开进时，通过 X002 的上升沿信号触发电动机正转实现开门，当门开到上限位 X001 动作时，开门结束，电动机停止。当车进去后，通过 X003 的下降沿信号触发电机反转实现关门，关到当下限位 X000 动作时，关门结束，电机停止。当车开出时，通过 X003 的上升沿信号触发电动机正转实现开门，当门开到上限位 X001 动作时，开门结束，电机停止。当车出来后，通过 X002 的下降沿信号触发电动机反转实现关门，关到当下限位 X000 动作时，关门结束，电机停止。

系统 I/O 接线图如图 6-28 所示，控制程序如图 6-29 所示，通过数脉冲次数的方法来设计程序。关门的条件是用 X002 和 X003 产生的第二个下降沿来触发。

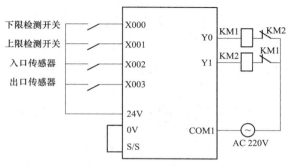

图 6-28　I/O 接线图

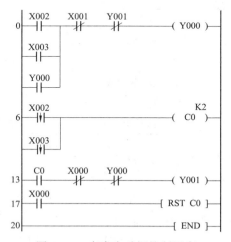

图 6-29　车库自动门控制程序

67

第七章

步 进 指 令 及 其 应 用

顺序功能图 SFC 用于编制复杂的顺控程序，该图较直观，也被越来越多的电气技术人员所接受。FX 有两条简单的步进指令，其目标元件为状态器，可用类似于顺序功能图 SFC 语言的状态转移图方式编程。本节主要介绍步进指令及编程方法。

第一节 状 态 转 移 图

状态转移图也称为功能图。一个控制过程可以分为若干个阶段，每个阶段称为状态。状态与状态之间由转换分隔，相邻的状态具有不同的动作。当相邻两状态之间的转换条件得到满足时，就实现转换，即上面状态的动作结束而下一状态的动作开始。可用状态转移图来描述控制系统的控制过程，状态转移图具有直观、简单的特点，是设计 PLC 顺序控制程序的一种有力工具。

状态器是构成状态转移图的基本的软元件。FX 系列 PLC 状态继电器见表 7-1。

表 7-1   **FX 系列 PLC 的状态继电器表**

类别	FX$_{1N}$系列	FX$_{2N}$、FX2$_{2NC}$系列	FX$_{3U}$、FX2$_{3UC}$系列	用途
初始状态	S0~S9，10 点	S0~S9，10 点	S0~S9，10 点	用于 SFC 的初始状态
回原点状态	S10~S19，10 点	S10~S19，10 点	S10~S19，10 点	用于返回原点状态
一般状态	S20~S999，980 点	S20~S499，480 点	S20~S499，480 点	用于 SFC 的中间状态
断电保持状态	S0~S999，1000 点	S500~S899，400 点	S500~S899，400 点	用于保持停电前状态
信号报警状态	无	S900~S999，100 点	S900~S999，100 点	用作报警元件

图 7-1 是一个简单状态转移图实例。状态器用框图表示，框内是状态器元件号，状态器之间用有向线段连接。其中，从上到下、从左到右的箭头可以省去不画，有向线段上的垂直短线和它旁边标注的文字符号或逻辑表达式表示状态转移条件，旁边的线圈是输出信号。

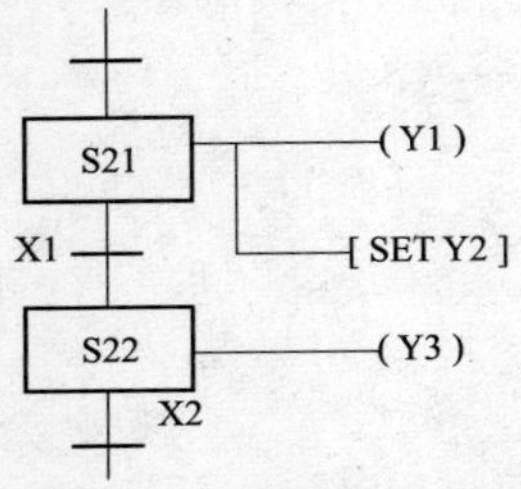

在图 7-1 中，状态器 S21 有效时，输出 Y1、Y2 接通。Y1 用 OUT 指令驱动，Y2 用 SET 指令置位，未复位前 Y2 一直保持接通。程序等待转移条件 X1 动作。当 X1 一接通，状态就由 S21 转到 S22，即 S21 断开，S22 接通。这时 Y1 断开，Y3 接通，Y2 仍保持接通。

```
        ┬
      ┌──┴──┐
      │ S21 │────(Y1)
      └──┬──┘
         │     ─[SET Y2]
    X1 ──┼
         │
      ┌──┴──┐
      │ S22 │────(Y3)
      └──┬──┘
    X2 ──┼
         ┴
```

图 7-1   状态转移图

下面以图 7-2 所示的机械手为例，进一步说明状态转移图。图 7-2 中，机械手将工件从 A 位置向 B 位置移送。机械手的上升、下降与左移、右移都是由双线圈两位电磁阀驱动汽缸来实现的。抓手对物件的松开、夹紧是由一个单线圈两位电磁阀驱动汽缸完成的，只有在电磁阀通电时抓手才能夹紧。该机械手工作原点在左上方，按下降、夹紧、上升、右移、下降、松开、上升、左移的顺序依次运行。

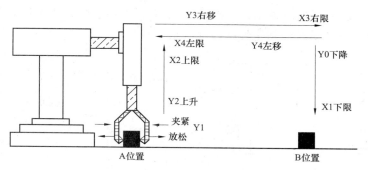

图 7-2　机械手工作示意图

机械手开始是处于原点位置，此时必须是压住左限 X4 和上限 X2，而且手爪是松开；当接收到开始信号时，手臂下降；碰到下限 X1 时，手爪抓紧，抓住工件，延时 1s 后，手臂上升，碰到上限 X2，右移；碰到右限 X3，手臂开始下降；碰到下限 X1 手臂松开，延时 1s，放开工件，手臂上升；碰到上限 X2 开始左移，再碰到左限 X4 完成一个周期。如果是自动运行，就如此循环进行，这样就把工件从 A 位置搬到 B 位置。

图 7-3 所示给出了机械手自动运行方式下的状态转移图。状态图的特点是：由某一状态转移到下一状态后，前一状态自动复位。

在图 7-3 中，S2 为初始状态，用双线框表示。PLC 启动运行时，特殊辅助继电器 M8002 会接通一个脉冲，令状态器 S2 置位。当机械手在原点位置，即 M8044 为 ON 时，状态由 S2 向 S20 转移。下降输出 Y0 动作。当下限位开关 X1 接通时，状态器 S20 向 S21 转移，下降输出 Y0 断开，夹紧输出 Y1 接通并保持。同时启动定时器 T0，1s 后定时器 T0 的接点动作，状态转至 S22，上升输出 Y2 动作。当上限位开关 X2 动作时，状态转移至 S23，右移输出 Y3 动作。右限位开关 X3 接通，转移至 S24 状态，下降输出 Y0 再次动作。当下限位开关 X1 又接通时，状态转移至 S25，使输出 Y1 复位，即抓手松开，同时启动定时器 T1，1s 之后状态转移至 S26，上升输出 Y2 动作。到上限位开关 X2 接通，状态转移至 S27，左移输出 Y4 动作，到达左限位开头 X4 接通，状态返回 S2，又进入下一个循环。

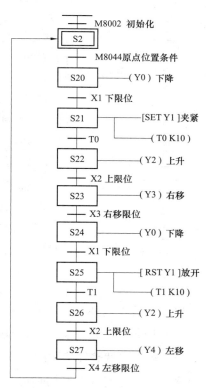

图 7-3　机械手自动运行方式下的状态转移图

第二节 步 进 指 令

一、步进指令

步进指令有两条：STL 和 RET。STL 是步进开始指令，RET 是步进结束指令，如图 7-4 所示是步进指令 STL 的使用说明，状态转移图与梯形图有严格的对应关系。每个状态器有三个功能：驱动有关负载、指定转移目标和指定转移条件。

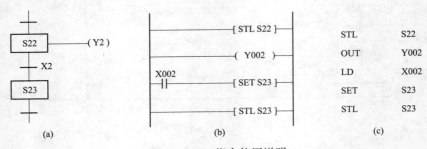

图 7-4　STL 指令使用说明

(a) 状态图；(b) 梯形图；(c) 语句表

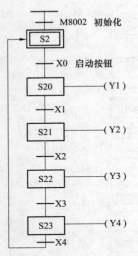

图 7-5　状态转移图

图 7-4 中，STL 接点与母线相连接，与 STL 指令后面的起始接点要使用 LD、LDI 指令。使用 STL 指令使新的状态置位，前一状态自动复位。STL 接点接通后，与此相连的电路就可执行。当 STL 接点断开时，与此相连的电路就停止执行。但要注意：在 STL 接点接通变为断开后，还要执行一个扫描周期。

STL 步进指令仅对状态器有效。STL 指令和 RET 指令是一对步进（开始和结束）指令。在一系列步进指令 STL 后，加上 RET 指令，表明步进功能结束。

二、状态转移图与梯形图的转换

状态转移图编程时可以将其转换成梯形图，再写出语句表。状态转移图如图 7-5 所示，对应的梯形图与语句表如图 7-6 所示。

初始状态的编程要特别注意，最开始运行时，初始状态必须预先驱动，使之处于工作状态。在图 7-5 中，初始状态是由 PLC 从停止→启动运行切换瞬间使特殊辅助继电器 M8002 接通，从而使状态器 S2 置 ON。

除初始状态器外的一般状态器元件必须在其他状态后加入 STL 指令才能驱动，不能脱离状态器用其他方式驱动。编程时必须将初始状态器放在其他状态器之前。

三、多分支状态转移图的处理

多分支状态转移图有两种情况：可选择的分支与汇合、并行的分支与汇合。

(1) 可选择的分支与汇合。当一个程序有多个分支时，各分支之间是"或"的关系，程序运行时只选择运行其中的一个分支，而其他的分支不能运行，称为可选择的分支，选

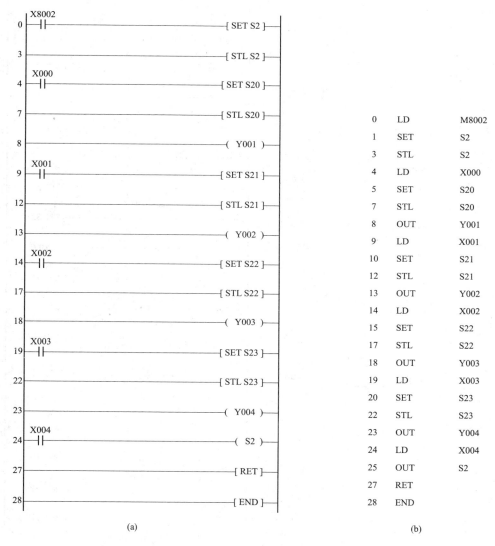

图 7-6　梯形图与语句表

（a）梯形图；（b）语句表

择分支要有选择条件。

如图 7-7 所示是可选择的分支与汇合的状态转移图和梯形图。

分支选择条件 X1 和 X4 不能同时接通。在状态器 S21 时，根据 X1 和 X4 的状态决定执行哪一条分支。当状态器 S22 或 S24 接通时，S21 自动复位。状态器 S26 由 S23 或 S25 转移置位，同时，前一状态器 S23 或 S25 自动复位。图 7-7 对应的语句表如图 7-8 所示。

（2）并行的分支与汇合。当一个程序有多个分支时，各分支之间是"和"的关系，程序运行时要运行完所有的分支，才能汇合，称可并行的分支。

如图 7-9 所示是并行的分支与汇合的状态图和梯形图。当转换条件 X1 接通时，由状态器 S21 分两路同时进入状态器 S22 和 S24，此后系统的两个分支并行工作。图 7-9 中水

71

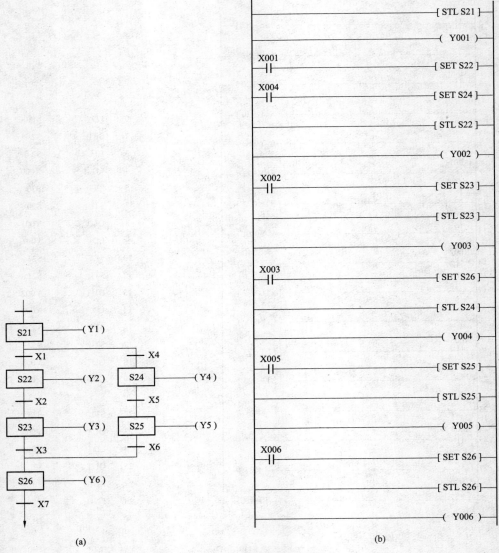

(a)

(b)

图 7-7　可选择的分支与汇合

(a) 转移图；(b) 梯形图

STL	S21		LD	X003
OUT	Y001		SET	S26
LD	X001		STL	S24
SET	S22		OUT	Y004
LD	X004		LD	X005
SET	S24		SET	S25
STL	S22		STL	S25
OUT	Y002		OUT	Y005
LD	X002		LD	X006
SET	S23		SET	S26
STL	S23		STL	S26
OUT	Y003		OUT	Y006

图 7-8　语句表

平双线强调的是并行工作，实际上与一般状态编程一样，先进行驱动处理，然后再进行转换处理，从左到右依次进行。当两个分支都处理完毕后，S23、S25 同时接通，转换条件 X4 也接通时，S26 接通，同时 S23 和 S25 自动复位。多条支路汇合在一起，实际上是 STL 指令连续使用。STL 指令最多可连续使用 8 次。图 7-9 对应的语句表如图 7-10 所示。

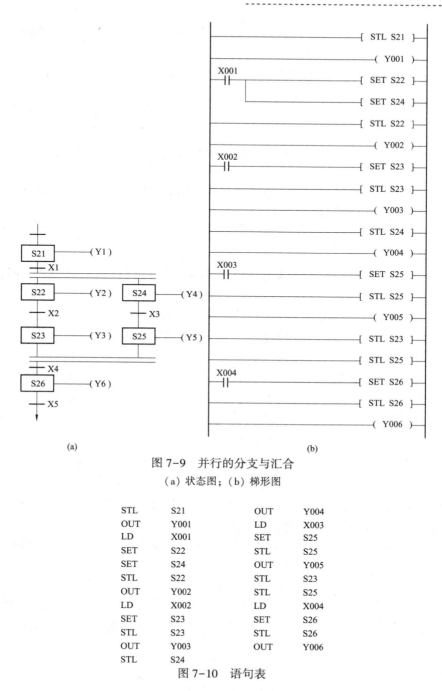

图 7-9 并行的分支与汇合

（a）状态图；（b）梯形图

STL	S21	OUT	Y004
OUT	Y001	LD	X003
LD	X001	SET	S25
SET	S22	STL	S25
SET	S24	OUT	Y005
STL	S22	STL	S23
OUT	Y002	STL	S25
LD	X002	LD	X004
SET	S23	SET	S26
STL	S23	STL	S26
OUT	Y003	OUT	Y006
STL	S24		

图 7-10 语句表

第三节 步进指令编程举例

一、步进指令编程注意事项

（1）与 STL 步进触点相连的触点应使用 LD 或 LDI 指令。

（2）初始状态可由其他状态驱动，但运行开始时，必须用其他方法预先作好驱动，否则状态流程不可能向下进行。

（3）STL触点可以直接驱动或通过别的触点驱动Y、M、S、T等元件的线圈和应用指令。

（4）由于CPU只执行活动步对应的电路块，因此，使用STL指令时允许双线圈输出，这点在应用时特别方便。

（5）在步的活动状态的转移过程中，相邻两步的状态继电器会同时ON一个扫描周期，可能会引发瞬时的双线圈问题。

（6）并行流程或选择流程中每一分支状态的支路数不能超过8条，总的支路数不能超过16条。

（7）若为顺序不连续转移（即跳转），不能使用SET指令进行状态转移，应改用OUT指令进行状态转移。

（8）STL触点右边不能紧跟着使用入栈（MPS）指令。STL指令不能与MC、MCR指令一起使用。在FOR、NEXT结构中、子程序和中断程序中，不能有STL程序块，但STL程序块中可允许使用最多4级嵌套的FOR、NEXT指令。

（9）需要在停电恢复后继续维持停电前的运行状态时，可使用S500~S899停电保持状态的锁存继电器。

二、步进指令应用举例

【例7-1】 设计一个用PLC控制的将工件从A点移到B点的机械手的控制系统（见图7-2）。其控制要求如下：

（1）手动操作，每个动作均能单独操作，用于将机械手复位至原点位置。

（2）连续运行，在原点位置按启动按钮时，机械手按图7-2连续工作一个周期，一个周期的工作过程是：原点→下降→夹紧（1s）→上升→右移→下降→放松（1s）→上升→左移到原点。若机械手起始位置不在原点，则不能开始连续运行。

编程思路：设计两段步进程序，一段用来实现手动操作，一段用来实现连续运行。用一个三位二对触头的转换开关来实现手动、连续、停止之间的切换。该转换开关的二对触头分别接于PLC的X20和X21。当X20为ON时进行手动操作，当X21为ON时进行连续运行，当X20、X21都为OFF时处于停止。由X20的上升沿触发手动操作程序，由X21的上升沿触发连续运行程序。用S0作为手动操作步进程序的初始状态器，手动操作程序中只用到了S0一个状态器。S1作为连续运行进步程序的初始状态器，I/O分配见表7-2。

表7-2 机械手I/O分配

输入信号		输出信号	
开关	输入继电器	输出继电器	负载
转换开关（手动）	X20	Y0	下降
转换开关（自动）	X21	Y1	夹紧
上限位开关	X2	Y2	上升
下限位开关	X1	Y3	右移

续表

输入信号		输出信号	
右限位开关	X3	Y4	左移
左限位开关	X4		
手动上升	X5		
手动左移	X6		
手动放松	X7		
手动下降	X10		
手动右移	X11		
手动夹紧	X12		

I/O 接线图如图 7-11 所示。

编写的 PLC 控制程序如图 7-12 所示。程序中的 ZRST 指令为区间复位指令，ZRST S0 S30 的意思是把由 S0~S30 的状态器全部复位，M0 为 ON 说明机械手在左上角的原点位置。

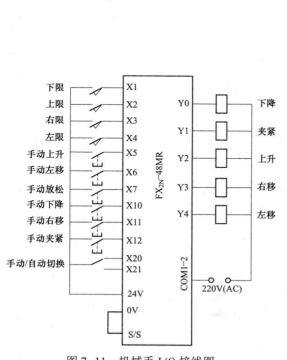

图 7-11 机械手 I/O 接线图

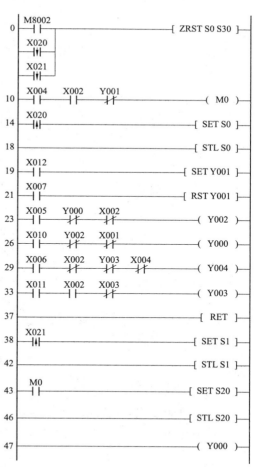

图 7-12 机械手控制程序（一）

75

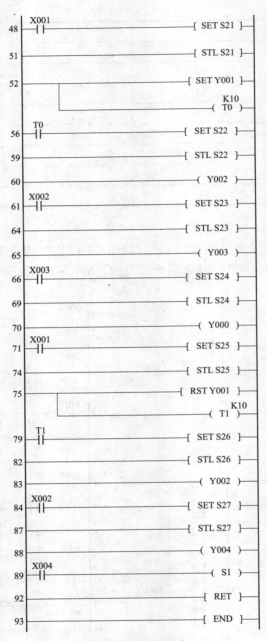

图7-12 机械手控制程序（二）

【例7-2】 PLC在搅拌设备上的应用。控制要求如下：按照该生产线的工艺要求，要求大搅拌机能实现手动调速与自动操作。手动操作时，能调整电机转向与转速。自动操作时能实现如图7-13所示的工作过程，并循环执行。根据工艺要求，设计出的操作界面如图7-14所示。

按照控制要求，设计的PLC与变频器电路图如图7-15所示。其中手动、自动操作转换开关和正反转操作转换开关都是三个位置两个触头的转换开关。电位器用来对电机进行

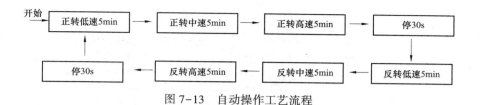

图 7-13 自动操作工艺流程

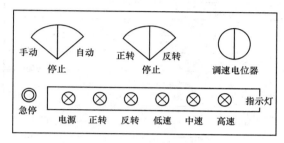

图 7-14 控制操作界面

手动调速,带急停与指示功能。图 7-15 中 KA 为中间继电器,用 KA 的常开触头控制接触器 KM 线圈,再用 KM 主触头控制变频器的三相电源进线。X0、X1 为手动、自动操作转换开关上的触头,X2、X3 为正反转操作转换开关上的两个触头。Y0 控制变频器正转输出,Y1 控制变频器反转输出,Y2、Y3、Y4 分别控制高、中、低三挡速度。Y11~Y15 分别用来控制各个指示灯。

PLC 控制程序如图 7-16 所示。

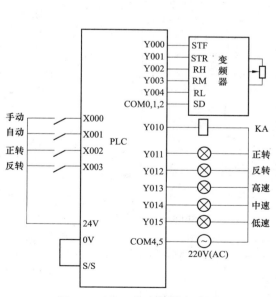

图 7-15 PLC 与变频器电路图

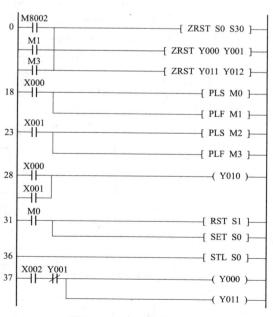

图 7-16 PLC 程序(一)

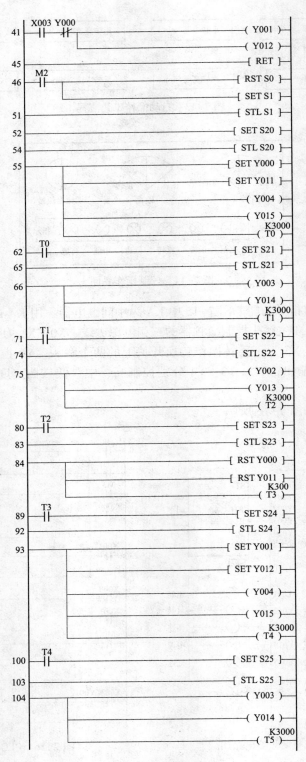

图 7-16　PLC 程序（二）

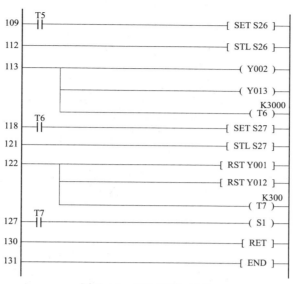

图 7-16 PLC 程序（三）

【例 7-3】 工业洗衣机的控制。设计一个用 PLC 控制的工业洗衣机的控制系统。其控制要求如下：

启动后，洗衣机进水，高水位开关动作时，开始洗涤。正转洗涤 20s，暂停 3s 后反转洗涤 20s，暂停 3s 再正向洗涤，如此循环 3 次，洗涤结束，然后排水，当水位下降到低水位时进行脱水（同时排水），脱水时间是 10s，这样完成一个大循环，经过 3 次大循环后洗衣结束，全过程结束，自动停机。

I/O 分配如下。

X000：启动按钮，X001：停止开关，X002：高水位开关，X003：低水位开关；

Y000：进水电磁阀，Y001：排水电磁阀，Y002：脱水电磁阀，Y003：报警指示，

Y004：电动机正转，Y005：电动机反转。

I/O 接线图如图 7-17 所示。

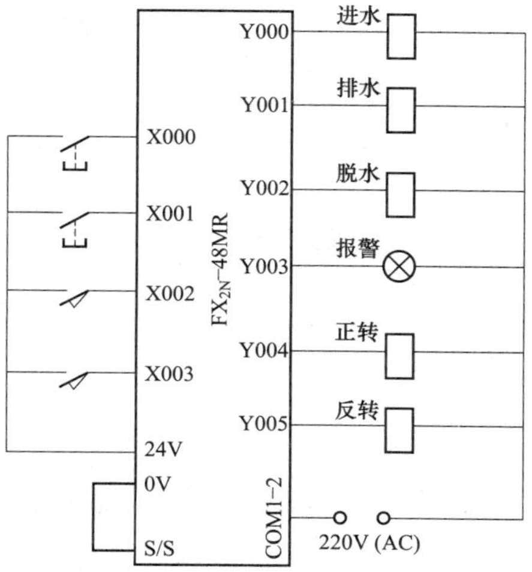

按题意编写控制流程的状态转移图如图 7-18 所示，对应的 PLC 程序如图 7-19 所示。

图 7-17 工业洗衣机的 I/O 接线图

【例 7-4】 大小铁球分拣系统。

控制要求：容器里装有大小不同的两种球，要求用一个简易的机械手把两种球分开，大球装在一个容器里，小球装在另一个容器里，其原理如图 7-20 所示。

各元器件及 I/O 分配说明如下。

SQ1：X001 左限位；

SQ2：X002 下限位；当磁铁 Y1 碰到大球时，该限位不能接上，碰到小球时该限位接通，所以可以判断是捡到大球还是小球；

79

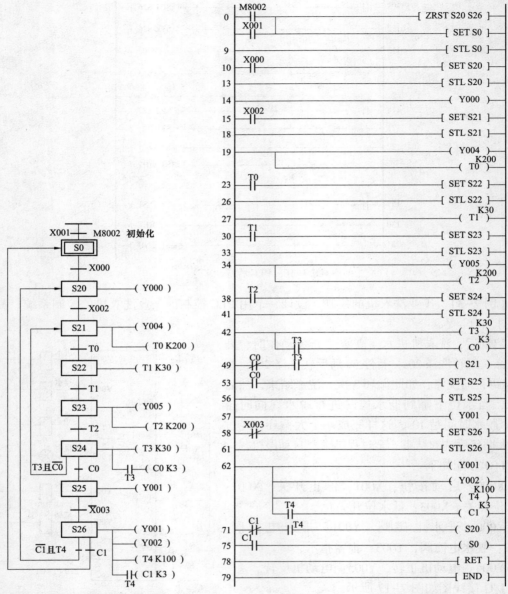

图 7-18 工业洗衣的状态转移图

图 7-19 工业洗衣机控制程序

SQ3：X003 上限位，上端原点限位；

SQ4：X004 放小球限位；

SQ5：X005 放大球限位；

PS0：X000 接近开关；判断容器里是否有球，如果没球，机械手停止工作；

SB1：X012 启动按钮；

Y000：手臂下降；

Y001：电磁铁线圈；

Y002：手臂上升；

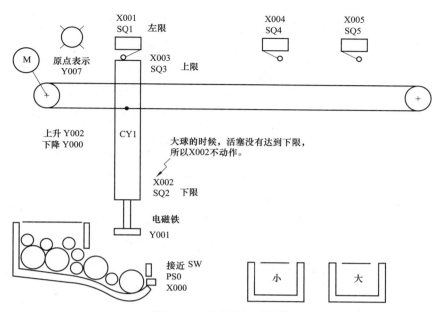

图 7-20 铁球分拣系统图

Y003：手臂右移；

Y004：手臂左移；

Y007：原点显示。

状态转移图如图 7-21 所示，PLC 控制程序如图 7-22 所示。

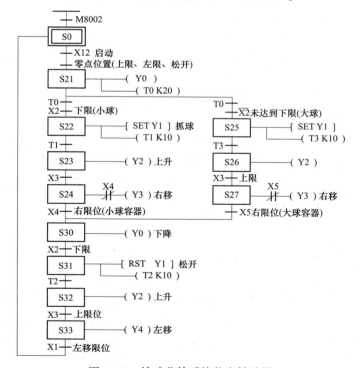

图 7-21 铁球分拣系统状态转移图

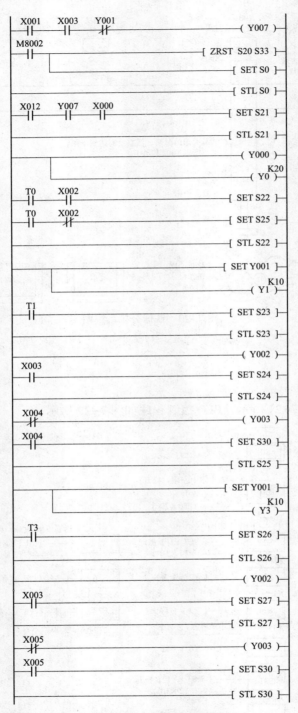

图 7-22　大小铁图分拣系统控制程序（一）

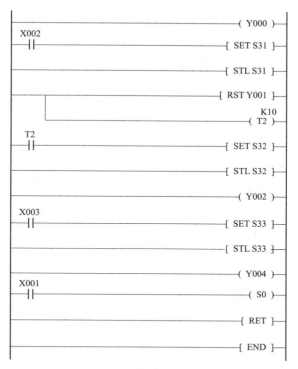

图 7-22　大小铁图分拣系统控制程序（二）

【例7-5】 用步进指令设计一个电镀槽生产线的控制程序。

控制要求：具有手动控制和自动控制功能，手动控制时，各动作能分别操作；自动控制时，按下启动按钮后，从原点开始按图7-23所示的流程运行一周回到原点；图中SQ1~SQ4为行车进退限位开关，SQ5、SQ6为吊钩上、下限位开关。

I/O分配如下。

X0：自动/手动转换，X1：右限位，X2：第二槽限位，X3：第三槽限位，X4：左限位，X5：上限位，X6：下限位，X7：停止，X10：自动位启动，X11：手动向上，X12：手动向下，X13：手动向右，X14：手动向左，Y0：吊钩上，Y1：吊钩下，Y2：行车右行，Y3：行车左行，Y4：原点指示。

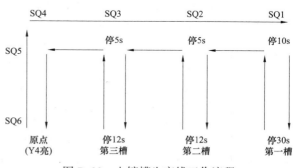

图 7-23　电镀槽生产线工作流程

I/O接线图如图7-24所示。

PLC控制程序如图7-25所示，可运用跳转指令来编写手动/自动程序。当X0断开时，为手动运行，此时从CJP0指令至P0处的程序，即手动程序没有跳转，扫描执行，扫描至FEND时从头开始重新扫描。当X0接通时，手动程序段被跳转，未被扫描，此时执行自动程序（在主程序中未详细列出）。自动程序的状态转移图如图7-26所示。

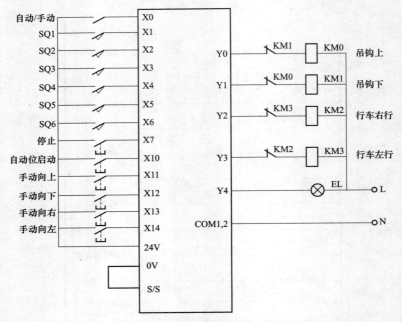

图 7-24　电镀槽生产线 I/O 接线图

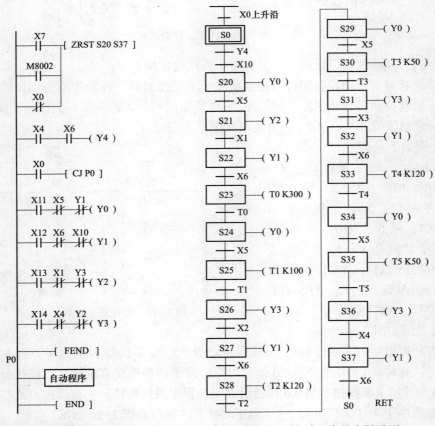

图 7-25　电镀槽生产线控制主程序　　　　图 7-26　自动程序状态转移图

第四节　SFC　编　程

在 FX 系列 PLC 中，可以使用 SFC（Sequential Function Chart，顺序功能图）实现顺控。用 SFC 程序可以以便于理解的方式表现基于机械动作的各工序的作用和整个控制流程。另外，SFC 程序与梯形图程序可以相互转换。

在 SFC 程序中，将状态 S 视为一个控制工序，对其输入条件和输出控制的顺序进行编程。工序推进后，前工序不再执行，因此可以通过各个工序的简单顺序来控制设备的运行。

SFC 程序中，用状态表示机械运行的各个工序。

当状态为 ON 时，与此连接的梯形图（内部梯形图）动作；当状态为 OFF 时，与此连接的内部梯形图不动作。

当各状态之间设置的条件（转移条件）被满足时，下一个状态变为 ON，此前为 ON 的状态变为 OFF。（转移动作）

在状态的转移过程中，仅仅在一瞬间（1 个运算周期）两个状态会同时变 ON。

转移前的状态在转移后的在下一个运算周期被 OFF（复位）。

不能重复使用同一个状态编号。

一、SFC 程序的创建步骤

1. 动作实例

用一启动按钮 SB 控制电机的正反转，电机拖动一台车前进后退。控制要求如下：

（1）按下启动按钮 SB 后，台车前进，限位开关 LS1 动作后，立即后退。

（LS1 通常为 OFF，只在到达前进限位处为 ON。其他的限位开关也相同。）

（2）通过后退，限位开关 LS2 动作后，停止 5s 以后再次前进，到限位开关 LS3 动作时，立即后退。

（3）此后，限位开关 LS2 动作时，驱动台车的电动机停止。

（4）一连串的动作结束后，再次启动，则重复执行上述的动作。

控制示意图如图 7-27 所示。

图 7-27　控制示意图

2. 工序图的创建

按照下述的步骤，创建如图 7-28 所示的工序图。

（1）将上述事例的动作分成各个工序，按照从上至下动作的顺序用矩形表示。

（2）用纵线连接各个工序，写入工序推进的条件。执行重复动作的情况下，在一连串的动作结束时，用箭头表示返回到哪个工序。

（3）在表示工序的矩形的右边写入各个工序中执行的动作。

3. 软元件的分配

为已经创建好的工序图分配 PLC 的软元件。按以下顺序和规定进行分配。分配好的工序图如图 7-29 所示。

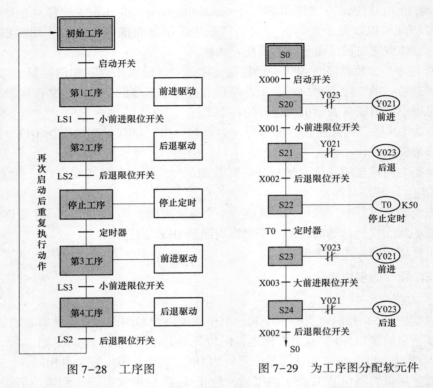

图 7-28　工序图　　　　图 7-29　为工序图分配软元件

（1）请给表示各个工序的矩形分配状态器 S。此时，请给初始工序中分配初始状态（S0～S9）。第 1 个工序以后，请任意分配除去初始状态以外的状态编号（S20～S899 等）。

（状态编号的大小与工序的顺序无关。）在状态中，还包括即使停电也能记忆住其动作状态的停电保持用状态。此外，S10～S19 是在使用 IST 指令（FNC 60）时作为特殊目的使用。

（2）请给转移条件分配软元件（按钮开关以及限位开关连接的输入端子编号以及定时器编号）。转移条件中可以使用常开触点和常闭触点。此外，有多个条件时，也可以使用 AND 梯形图和 OR 梯形图。

（3）请对各个工序执行的动作中使用的软元件（外部设备连接的输出端子编号及定时器编号）进行分配。可编程控制器中备有多个定时器、计数器、辅助继电器等器件，可以自由地使用。此外使用了定时器 T0，这个定时器是按 0.1s 时钟动作的，所以当设定值为 K50 时，线圈被驱动 5s 后输出触点动作。

此外，有多个需要同时驱动的负载、定时器和计数器时，也可以在 1 个状态中分配多个梯形图。

（4）执行重复动作以及工序的跳转时使用「┕」，请指定要跳转的目标状态编号。在这个例子中，仅仅说明了 SFC 程序的制作步骤，实际上，要使 SFC 的程序运行，还需要将初始状态置 ON 的梯形图。请使用继电器梯形图编写使初始状态置 ON 的程序。

此时，为了使状态置 ON，请使用 SET 指令，如图 7-30 所示。

4. 在编程软件中输入程序

（1）输入使初始状态置 ON 的梯形图。在这个例子的梯形图块中，使用了当可编程序控制器从 STOP 变为 RUN 时，仅瞬间动作的辅助继电器 M8002，使初始状态 S0 被置位（ON）。

（2）在 GX—Developer 中输入程序时，请把继电器梯形图的程序写入到梯形图块中，把 SFC 的程序写入到 SFC 块中。表示状态内的动作的程序及转移条件，被作为状态以及转移条件的内部梯形图处理。分别使用继电器梯形图编程。

对于不属于 SFC 的回路，则使用继电器梯形图写入梯形图块中，如图 7-31 所示。

图 7-30　使用 SET 指令　　　　图 7-31　用于使初始状态置 ON 的程序

请将 SFC 的程序写入到 SFC 块中，如图 7-32 所示。

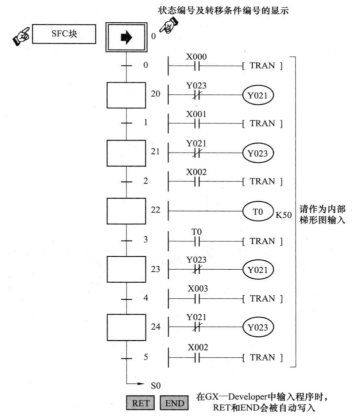

图 7-32　将 SFC 的程序写入到 SFC 块

二、SFC 程序软件操作

1. 简单流程结构

（1）新建 SFC 程序。启动 GX—Developer 编程软件，单击菜单"工程—创建工程"或

"工程—新建工程"项，如图 7-33 所示，选择 PLC 所属系统和类型，在程序类型中选择 SFC，在工程设置项中设置好工程名和保存路径，单击"确定"按钮。弹出如图 7-34 所示的块列表窗口。

图 7-33 创建新工程

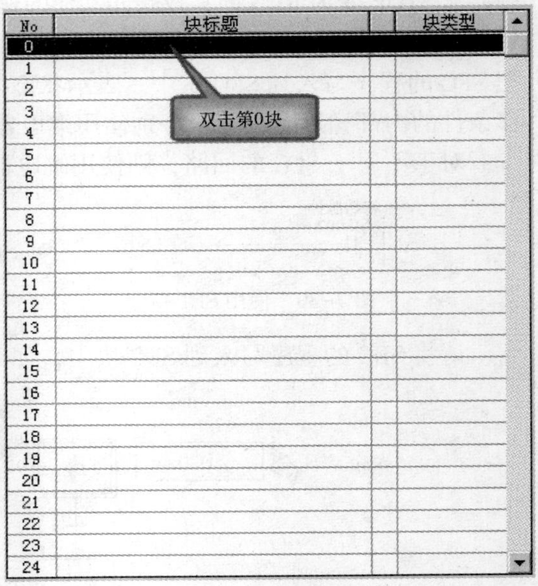

图 7-34 块列表窗口

（2）编辑激活初始状态程序。在块列表窗口中，双击第 0 块或其他块后，会弹出块信息设置对话框，如图 7-35 所示。选择块的类型 SFC 块或梯形图块。SFC 程序由初始状态开始，初始状态必须激活，而激活的通用方法可用一段梯形图程序。且这一段梯形图程序放在 SFC 程序的开头部分。所以此处在对话框中选择"梯形图块"，在块标题栏中，填写该块的说明标题，也可以为空。

图 7-35 块信息设置对话框

在块对话框中，单击"执行"按钮，弹出梯形图编辑窗口，如图 7-36 所示。在右边的梯形图编辑窗口中输入启动初始状态的梯形图程序。按 F4 快捷键完成对梯形图程序的变换。

（3）编辑 SFC 块程序。完成了程序的第 0 块（梯形图块）编辑后，双击工程数据列表

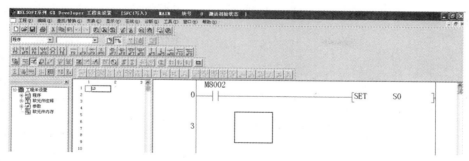

图 7-36　激活初始状态程序

窗口中的"程序 \ MAIN",返回块列表窗口。如图 7-37 所示。

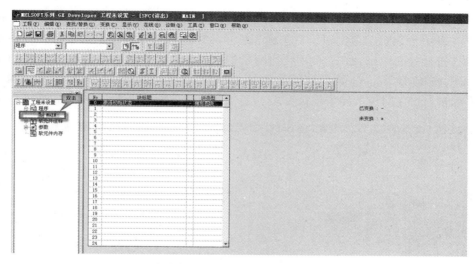

图 7-37　返回块列表窗口

在块列表窗口中,双击第二行,在弹出的块信息设置对话框中对第 1 块进行设置,在块类型中选择"SFC 块"。如图 7-38 所示。单击"执行"按钮,弹出 SFC 程序编辑窗口,如图 7-39 所示,窗口中光标变为空心矩形。

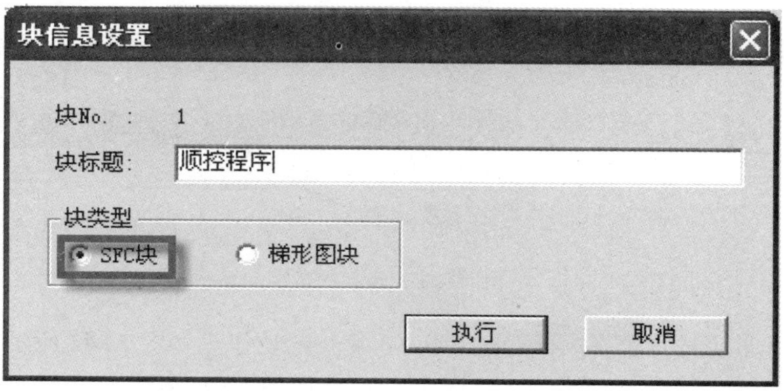

图 7-38　块信息设置

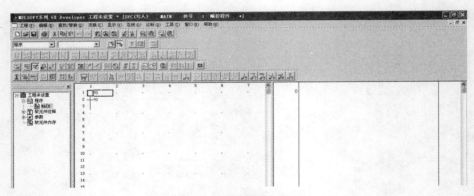

图 7-39　SFC 程序编辑窗口

1）转移条件的编辑。SFC 程序中的每一个状态或转移条件都是以 SFC 符号的形式出现在程序中，每一个 SFC 符号都对应有图标和标号。在 SFC 程序编辑窗口中将光标移到第一个转移条件符号处并单击，在右侧将出现梯形图编辑窗口，在此输入使状态转移的梯形图程序，如图 7-40 所示。符号 TRAN 表示转移（Transfer）。编辑转移条件后按 F4 变换，SFC 程序编辑窗口中对应的问号消失。

图 7-40　转移条件的编辑

2）通用状态的动作编辑。

插入状态和编辑动作。如图 7-41 所示，在光标处左键双击，就会弹出如图 7-41 所示的 SFC 符号输入对话框，设置插入步 STEP10。单击"确定"按钮，就可以插入步 S10。

图 7-41　插入状态

在状态 S10 激活时，如要执行需把 Y0～Y3 复位的动作。如图 7-42 所示，把光标移到状态 10 处，在右边编辑对应动作的程序，对应的程序如图 7-42 所示。

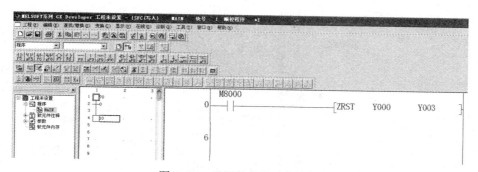

图 7-42　通用状态的动作编辑

在 SFC 程序编辑窗口中把光标下移到方向线底端，然后按 F5 快捷键，弹出步序输入设置对话框。如图 7-43 所示。输入步序标号后单击"确定"按钮，这时光标将自动向下移动，可看到步序标号前面有一个问号，表明该步梯形图还没编辑。将光标移到步序标号后的步符号处，在步符号上单击后右边的窗口将变为可编辑状态。

图 7-43　通用状态的动作编辑

3）循环或周期性的工作编辑。SFC 程序中跳转（JUMP），如返回初始状态或程序中的选择分支，编辑的方法是把光标移动到方向线的最下端，按 F8 或单击左键，在弹出的对话框中填入要跳转到的目的步序标号，然后单击"确定"按钮，如图 7-44 所示。若进行状态复位操作，则图 7-44 中"步属性"选择"R"。跳转步编辑后界面如图 7-45 所示，在窗口中可看到，在有跳转返回指向的步序标号框图中多出一个小黑点，这说明此工序步是跳转返回的目标步，为我们阅读 SFC 程序提供了方便。

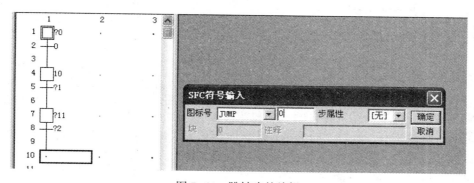

图 7-44　跳转步的编辑

91

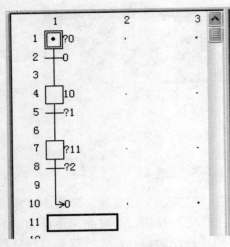

图 7-45　跳转步编辑后界面

当所有 SFC 程序编辑好之后，单击 F4 对 SFC 程序进行变换。经过变换的程序就可进行仿真实验或写入 PLC 调试运行。

单击菜单"工程—编辑数据—改变程序类型"，就可以实现 SFC 程序到顺序控制梯形图的转换。

2. 复杂流程结构

复杂流程结构是指状态与状态之间有多个工作流程的 SFC 程序。多个工作流程之间通过并联方式进行连接，而并联连接的流程又可以分为选择性分支、并行分支、选择性汇合、并行汇合等几种连接方式。

（1）输入并行分支。在图 7-46 中，在光标位置双击鼠标左键，弹出 SFC 符号输入对话框。

在图标号中选择"＝＝D"。单击"确定"按钮，完成后界面如图 7-47 所示。

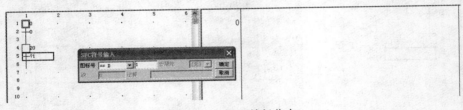

图 7-46　插入并行分支

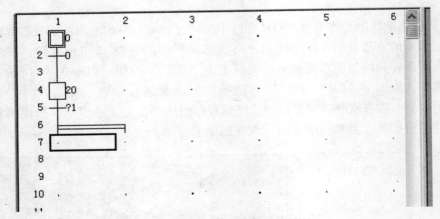

图 7-47　插入并行分支后的界面

分别在两个分支下面输入各自的状态和转移条件，如图 7-48 所示。

（2）输入分支汇合。在图 7-49 中，将光标移至 S23 的下面，双击左键弹出 SFC 符号输入对话框，选择"＝＝C"项，单击"确定"按钮返回，如图 7-49 所示，就实现了分支的汇合。

（3）输入选择性分支。在图 7-50 中，将光标移到步序号 27 的下面左键双击，弹出

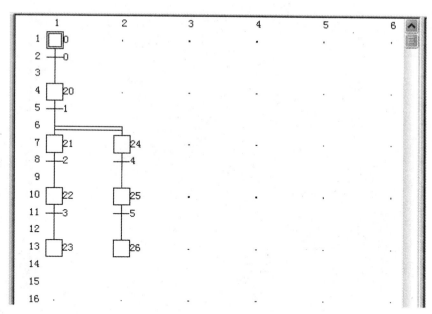

图 7-48 SFC 并行分支状态

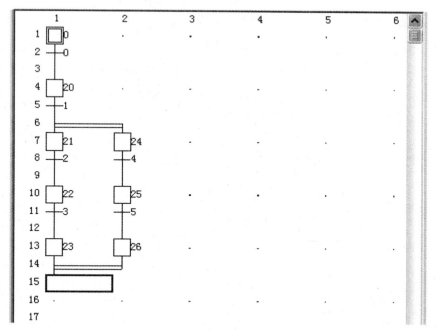

图 7-49 分支汇合

SFC 符号输入对话框，在图标号处选择"—— D"，单击"确定"按钮返回 SFC 程序编辑区，这样一个选择性分支就被输入，如图 7-51 所示。

选择性汇合如图 7-52 所示，在相应的 SFC 符号输入对话框中设置图标号为"—— C"即可。

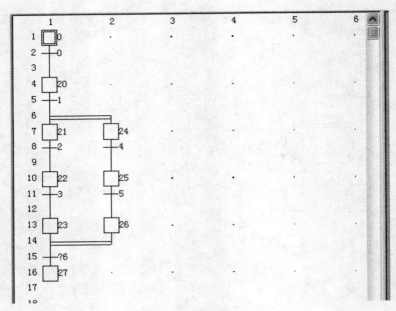

图 7-50　选择性分支（一）

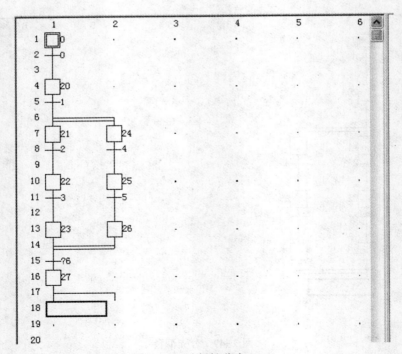

图 7-51　选择性分支（二）

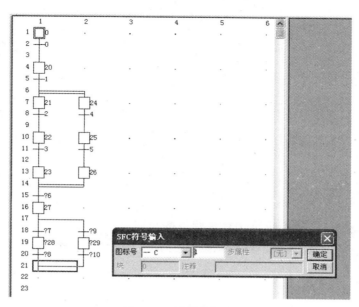

图 7-52 选择性汇合

第八章

功 能 指 令 及 其 应 用

FX 系列 PLC 除了基本指令、步进指令外，还有许多功能指令。功能指令实际上就是许多功能不同的子程序。FX 系列 PLC 的功能指令可分为程序控制类、数据传送类、比较类、四则运算类、逻辑运算类、特殊函数类、移位与循环类、数据处理类、高速处理类、外部输入输出处理类和设备通信类等。具体的功能指令分类见表 8-1。

表 8-1　　　　　　　　　　　　功能指令分类表

序号	命令	序号	命令
1	数据传送指令	10	字符串处理指令
2	数据转换指令	11	程序流程控制指令
3	比较指令	12	I/O 刷新指令
4	四则运算指令	13	时钟控制指令
5	逻辑运算指令	14	脉冲输出·定位指令
6	特殊函数指令	15	串行通信指令
7	旋转指令	16	特殊功能模块/单元控制指令
8	移位指令	17	文件寄存器/扩展文件寄存器的控制指令
9	数据处理指令	18	其他的方便指令

第一节　数 制 与 数 制 转 换

一、数制与数制转换

按进位的原则进行计数，称为进位计数制，简称"数制"或"进制"。在日常生活中经常要用到数制，通常以十进制进行计数，除了十进制计数以外，还有许多非十进制的计数方法。例如，60 分钟为 1 小时，用的是 60 进制计数法；1 星期有 7 天，是 7 进制计数法；1 年有 12 个月，是 12 进制计数法。当然，在生活中还有许多其他各种各样的进制计数法。

在计算机系统中多采用二进制，其主要原因在于其电路设计简单、运算简单、工作可靠、逻辑性强。不论是哪一种数制，其计数和运算都有共同的规律和特点。

数制的进位遵循逢 N 进一的规则，其中 N 是指数制中所需要的数字字符的总个数，称为基数。例如，十进制数用 0~9 10 个不同的符号来表示数值，10 就是数字字符的总个数，也是十进制的基数，表示逢十进一。

任何一种数制表示的数都可以写成按位权展开的多项式之和，位权是指一个数字在某个固定位置上所代表的值，处在不同位置上的数字符号所代表的值不同，每个数字的位置决定了它的值或者位权。而位权与基数的关系是：各进制中位权的值是基数的若干次幂。如十进制数 730.28 可以表示为

$$(730.28)_{10} = 7×10^2+3×10^1+0×10^0+2×10^{-1}+8×10^{-2}$$

位权表示法的原则是数字的总个数等于基数，每个数字都要乘以基数的幂次，而该幂次是由每个数所在的位置所决定的。排列方式是以小数点为界，整数自右向左依次为 0 次方、1 次方、2 次方、……，小数自左向右依次为负 1 次方、负 2 次方、负 3 次方、……。

各进制含义如下：

（1）十进制数，逢十进一，由数字 0~9 组成。

（2）二进制数，逢二进一，由数字 0、1 组成。

（3）十六进制数，逢十六进一，由数字 0~9、A~F 组成。

将数由一种数制转换成另一种数制称为数制间的转换。由于计算机采用二进制，但用计算机解决实际问题时对数值的输入输出通常使用十进制，这就有一个十进制向二进制转换或由二进制向十进制转换的过程。也就是说，在使用计算机进行数据处理时首先必须把输入的十进制数转换成计算机所能接受的二进制数；计算机在运行结束后，再把二进制数转换为人们所习惯的十进制数输出。这两个转换过程完全由计算机系统自动完成，不需人们参与。

十进制数与非十进制数相互转换有以下几种情况：

（1）十进制整数转换为二进制数的方法。用十进制整数除 2 取余数，逆序排列。

如：$(11)_{10} = (1011)_2$

（2）二进制整数转换十六进制数的方法。二进制数从右向左 4 位一组分开，高位不足 4 位用零补足 4 位，然后分别把每组换成十六进制数，连起来即为所求的十六进制数。

如：$(110\ 1101\ 0101)_2 = (6D5)_{16}$

（3）十六进制整数转换为二进制数的方法：把十六进制的每一位转换成 4 位的二进制数，连起来即为对应的二进制数。

如：$(57A)_{16} = (0101\ 0111\ 1010)_2$

二、BCD 码

在一些数字系统，如计算机和数字式仪器中，往往采用二进制码表示十进制数。通常，把用一组四位二进制码来表示一位十进制数的编码方法称作 BCD 码（Binary Code Decimal）。

4 位二进制码共有 16 种组合，可从中取 10 种组合来表示 0~9 这 10 个数，根据不同的选取方法，可以编制出很多种 BCD 码，其中 8421BCD 码最为常用。十进制数与 8421BCD 码的对应关系见表 8-2。

表 8-2　　　　　　　　　十进制数与 8421BCD 码对应表

十进制数	0	1	2	3	4	5	6	7	8	9
8421 码	0000	0001	0010	0011	0100	0101	0110	0111	1000	1001

如：十进制数 7256 化成 8421 码为 0111 0010 0101 0110。

三、数值规定

对于 16 位或 32 位的整数，规定最高位为符号位，当最高位为 0 表示正数，最高位为 1 表示负数。如图 8-1 中 D0 的 16 位图，最高位 b15 为 0，所以 D0 为一个正数。

其值为：$1×2^0+0×2^1+1×2^2+0×2^3+\cdots+0×2^{13}+1×2^{14}$

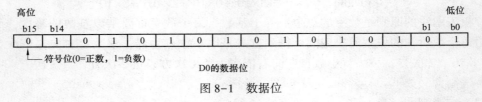

图 8-1　数据位

第二节　功能指令的基本格式

FX 系列功能指令格式采用梯形图和指令助记符相结合的形式，如图 8-2 所示，这是一条传送指令，K125 是源操作数，D20 是目标操作数，X001 是执行条件。当 X001 接通时，就把常数 125 送到数据寄存器 D20 中去。

一、功能指令的表示形式

功能指令按功能号 FNC00～FNC＊＊＊编排。每条功能指令都有一个指令助记符，有的功能指令只需指定助记符，但大部分功能指令在指定助记符的同时还需要指定操作元件，操作元件由 1~4 个操作数组成。功能指令的表示如图 8-3 所示。

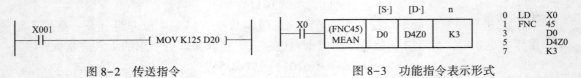

图 8-2　传送指令　　　　　　　　　图 8-3　功能指令表示形式

在图 8-3 中，这是一条求平均值的功能指令，其功能号为 FNC45，助记符为 MEAN。D0 为源操作数的首元件，K3 为源操作数的个数（3 个），D4Z0 为目标地址，存放计算的结果。

［S·］叫做源操作数，其内容不随指令执行而变化，在可利用变址修改软元件的情况下，用加"·"符号的［S·］表示，源操作数的数量多时，用［S1·］［S2·］等表示。

［D·］叫做目标操作数，其内容随指令执行而改变，如果需要变址操作时，用加"·"的符号［D·］表示，目标操作数的数量多时，用［D1·］［D2·］等表示。

［n·］叫做其他操作数，它既不是源操作数，又不是目标操作数，常用来表示常数或者作为源操作数或目标操作数的补充说明。可用十进制 K、十六进制 H 和数据寄存器 D 来表示。在需要表示多个这类操作数时，可用［n1］、［n2］等表示，若具有变址功能，可用加"·"的符号［n·］表示。此外，其他操作数还可用［m］来表示。

二、数据长度

功能指令可处理 16 位数据和 32 位数据，例如，在图 8-4 中，在功能指令 MOV 前加

D，即 DMOV 指令，表示处理 32 位数据。处理 32 位数据时，用元件号相邻的两个元件组成元件对，元件对的首地址用奇数、偶数均可。

图 8-4　数据长度说明

另外要注意的是，32 位计数器 C200～C255 的当前值不能用作 16 位数据的操作数，只能用作 32 位数据操作数。

三、指令类型

FX 系列 PLC 的功能指令有连续执行型和脉冲执行型两种形式。在指令助记符后加 P 表示脉冲执行型指令。

连续执行型指令如图 8-5 所示，当 X001 为 ON 时，DMOV 指令在每个扫描周期都被执行一次。

脉冲执行型指令如图 8-6 所示，MOVP 指令仅在当 X000 由 OFF 转变为 ON 时执行一次，以后就不再执行。

图 8-5　连续执行型指令举例　　　　　　　图 8-6　脉冲执行型指令举例

P 和 D 可同时使用，如 DMOVP 表示 32 位数据的脉冲执行方式。某些指令如 XCH、INC、DEC、ALT 等，用连续执行方式或脉冲执行方式时要特别注意，因为不同的方式会得到不同的执行结果。

四、操作数

操作数按功能分有源操作数、目标操作数和其他操作数；按组成形式分为位元件、字元件和常数。

（1）位元件和字元件。只处理 ON/OFF 状态的元件称为位元件，如 X、Y、M、S 等。另外，T、C 的触头也是位元件。处理数据的元件称为字元件，如 T（定时器的当前值）、C（计数器的当前值）、D 等。但由位元件也可构成字元件进行数据处理，位元件组合用 Kn 加首元件号表示。

（2）位元件的组合。4 个位元件为一组组合成单元。KnM0 中的 n 是组数，16 位操作时为 K1～K4，32 位操作时为 K1～K8。如 K2M0 表示由 M0～M7 组成的 8（2 组 * 4 位 = 8 位）位数据，M0 是低位，M7 是高位。K4M10 表示由 M10～M25 组成的 16（4 组 * 4 位 = 16 位）位数据，M10 是最低位，M25 是高位。

当一个 16 位的数据传送到 K1M0、K2M0、K3M0 时，只传送相应的低位数据，较高位的数据不传送。32 位数据传送类似。

被组合的位元件的首元件号可以是任意的，但习惯上采用以 0 结尾的元件，如 X0、

X10 等。

（3）变址寄存器。变址寄存器是用来修改操作对象的元件号，其操作方式与普通数据寄存器一样。对于 16 位的指令，可用 V 或 Z 表示。对于 32 位指令，V、Z 自动组合成对使用，V 为高 16 位，Z 为低 16 位。

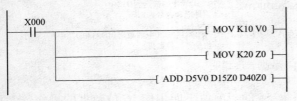

图 8-7 变址寄存器举例

如图 8-7 所示，当 X000 为 ON 时，把 K10 传送到 V0，K20 传送到 Z0，所以 V0 的数据为 10，Z0 的数据为 20。当执行（D5V0）+（D15Z0）→（D40Z0）时，即执行（D15）+（D35）→（D60），若改变 V0、Z0 的值，则可完成不同数据寄存器的求和运算。这样，使用变址寄存器可以使编程简化。

第三节 程序流程指令及其应用

PLC 用于程序流程控制的常用功能指令共 10 条，如表 8-3 所示。

表 8-3 程序流程指令表

FNC No.	指令记号	符号	功能
00	CJ	┤├──[CJ | Pn]	条件跳转
01	CALL	┤├──[CALL | Pn]	子程序调用
02	SRET	──[SRET]	子程序返回
03	IRET	──[IRET]	中断返回
04	EI	──[EI]	允许中断
05	DI	──[DI]	禁止中断
06	FEND	──[FEND]	主程序结束
07	WDT	┤├──[WDT]	看门狗定时器
08	FOR	──[FOR | S]	循环范围的开始
09	NEXT	──[NEXT]	循环范围的结束

一、条件跳转指令 CJ

（1）指令格式。该指令的指令名称、助记符、功能号、操作数和程序步长如表8-4所示。

表 8-4　　　　　　　　　　　　　条件跳转指令表

指令名称	功能号与助记符	操作数〔D·〕	程序步长
条件跳转	FNC00　CJ	P0～P4095，P63 即是 END 所在步，不需要标记	16 位：3 步，标号 P：1 步

（2）指令说明。

1）CJ 为条件跳转指令，如图8-8所示，若 X000 为 ON，程序跳转到标号 P1 处；若 X000 为 OFF，则按顺序执行程序，这称为条件跳转。当执行条件为 M8000 时，称为无条件跳转。

2）在图8-8中，若整个程序中 Y1 的线圈只出现了一次，则当 X000 接通发生跳转时，Y001 保持跳转前的状态。定时器、计时器也类似。

3）在使用跳转指令时，只要保证在一个周期同样的线圈不扫描多次，允许使用多线圈输出，这为我们编写程序带来了方便。

4）指令中的跳转标记 P□□不可重复使用，但两条跳转指令可以使用同一跳转标记。

5）使用 CJP 指令时，跳转只执行一个扫描周期。

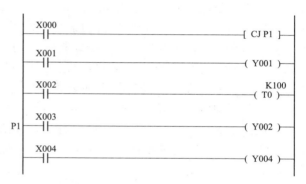

图 8-8　跳转指令的应用

【例 8-1】　用跳转指令编定以下程序：控制两只灯，分别接于 Y000、Y001。控制要求如下：

（1）要求能实现自动控制与手动控制的切换，切换开关接于 X000，若 X000 为 OFF 则为手动操作，若 X000 为 ON，则切换到自动运行；

（2）手动控制时，能分别用一个开关控制它们的启停，两个灯的启停开关分别为 X001、X002；

（3）自动运行时，两只灯能每隔 1s 交替闪亮。

分析控制要求，我们可以采用跳转指令来编写控制程序，当 X000 为 OFF 时，把自动程序跳过，只执行手动程序；当 X000 为 ON 时，把手动程序跳过，只执行自动程序。设计的程序如图8-9所示。

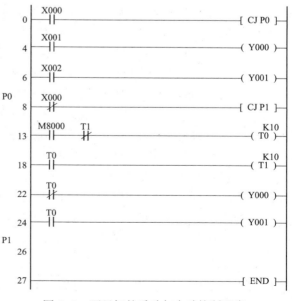

图 8-9　两只灯的手动与自动控制程序

101

二、子程序调用指令 CALL 和子程序返回指令 SRET

（1）指令格式。该指令的指令名称、助记符、功能号、操作数和程序步长如表 8-5 所示。

表 8-5　　　　　　　　　　　　　　　子程序指令表

指令名称	功能号与助记符	操作数［D·］	程序步长
子程序调用	FNC01　CALL	指针 P0~P62，P64~P4095 可嵌套 5 级	16 位：3 步，标号 P：1 步
子程序返回	FNC02　SRET	无操作数	1 步

（2）指令说明。子程序是为一些特定的控制目的编制的相对独立的程序。为了区别于主程序，规定在程序编写时，将主程序排在前边，子程序排在后面，并以主程序结束指令 FEND（FNC06）将这两部分程序隔开。

子程序指令在梯形图中的表示如图 8-10 所示。图 8-10 中，子程序调用指令 CALL 安排在主程序中，X001 是子程序执行的条件，当 X001 置 1 时，执行指针标号为 P10 的子程序一次。子程序 P10 安排在主程序结束指令 FEND 之后，标号 P10 和子程序返回指令 SRET 之间的程序构成 P10 子程序的内容，当执行到返回指令 SRET①时，返回主程序。若主程序带有多个子程序或子程序中嵌套子程序时，子程序可依次列在主程序结束指令之后，并以不同的标号相区别。如图 8-10 中第一个子程序又嵌套第二个子程序，当第一个子程序执行中 X030 为 ON 时，调用标号 P11 开始的第二个子程序，执行到 SRET②时，返回第一个子程序断点处继续执行。这样在子程序内调用指令可达 4 次，整个程序嵌套可多达 5 次。

下面分析一下子程序执行的意义。在图 8-10 中，若调用指令改为非脉冲执行指令 CALL P10，当 X001 置 1 并保持不变时，每当程序执行到该指令时，都转去执行 P10 子程序，遇到 SRET 指令即返回原断点继续执行原程序。而在 X001 置 0 时，程序的扫描就仅在主程序中进行。子程序的这种执行方式在对有多个控制功能需依一定的条件有选择地实现时，是有重要意义的，它可以使程序的结构简洁明了。编程时将这些相对独立的功能都设置成子程序，而在主程序中再设置一些入口条件对这些子程序的控制就可以了。当有多个子程序排列在一起时，标号和最近的一个子程序返回指令构成一个子程序。

【例 8-2】　某化工反应装置完成多液体物料的化合工作，连续运行。使用 PLC 完成物料的比例投入及送出，并完成反应装置温度的控制工作。反应物料的比例投入根据装置内酸碱度经运算控制有关阀门的开启程度实现，反应物的送出以进入物料的量经运算控制出阀门的开启程度实现。温度控制使用加温及降温设备，温度需维持在一个区间内。在设计程序的总体结构时，将运算为主的程序内容做为主程序；将加温及降温等逻辑控制为主的程序作为子程序。子程序的执行条件 X010 及 X011 为温度高限位继电器及温度低限位继电器输入信号。如图 8-11 所示为该程序结构示意图。

三、中断指令

（1）指令格式。该指令的指令名称、助记符、功能号、操作数和程序步长如表 8-6 所示。

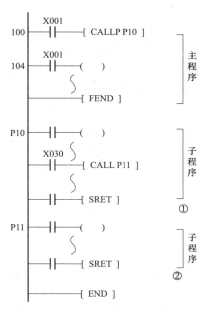

图 8-10 子程序在梯形图中的表示

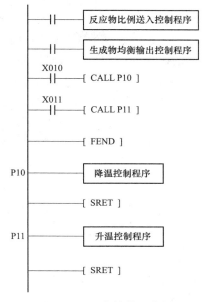

图 8-11 程序结构示意图

表 8-6 中断指令表

指令名称	功能号与助记符	操作数〔D·〕	程序步长
中断返回指令	FNC03 IRET	无	16 位：1 步
允许中断指令	FNC04 EI	无	1 步
禁止中断指令	FNC05 DI	无	1 步

（2）中断指针 I。中断是计算机所特有的一种工作方式。主程序在执行过程中，中断主程序的执行去执行中断子程序。与前面所谈的子程序一样，中断子程序也是为某些特定的控制功能而设定的。和普通子程序不同的是，这些特定的控制功能都有一个共同的特点，即要求响应时间小于机器的中断源，FX 系列 PLC 有三类中断源：输入中断、定时器中断和计数器中断。为了区别不同的中断及在程序中标明中断的入口，规定了中断指针标号。FX 系列 PLC 中断指针 I 的地址如表 8-7 所示，并且不能重复。

表 8-7 FX 系列 PLC 中断指针表

分支用指针	中断用指针		
	输入中断用	定时器中断用	计数器中断用
P0 ～ P127 128 点	I00□（X000） I10□（X001） I20□（X002） I30□（X003） I40□（X004） I50□（X005） 6 点	16□□ 17□□ 18□□ 3 点	I010 I020 I030 I040 I050 I060 6 点

1）输入中断指针。输入中断指针表示的格式如图8-12所示。六个输入中断指针仅接收对应特定输入地址号X000～X005的信号触发，才执行中断子程序，不受PLC扫描周期的影响。由于输入中断处理可以处理比扫描周期还短的信号，因而PLC厂家在制造中已对PLC做了必要的优先处理和短时脉冲处理的控制使用。

如I001在输入X000从OFF→ON变化时，才执行由该指针作为标号的中断程序，并在执行中断返回指令IRET处返回。

2）定时器中断。定时器中断用指针格式表示如图8-13（a）所示。用于需要指定中断时间执行中断子程序或不受PLC扫描周期影响的循环中断处理控制程序。

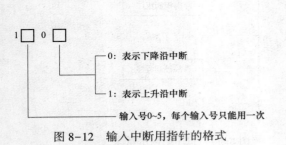

图8-12 输入中断用指针的格式

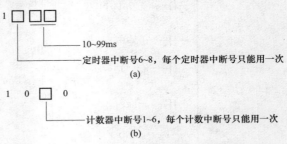

图8-13 定时器、计数器中断指针的格式
（a）定时器中断用指针的格式表示意义；
（b）计数器中断用指针的格式表示意义

定时器中断为机内信号中断。由指定编号为I6～I8的专用定时器控制。设定时间在10～99ms范围每一个设定周期就中断一次。

如I610为每隔10ms就执行标号为I610后面的中断程序一次，在中断返回指令IRET处返回。

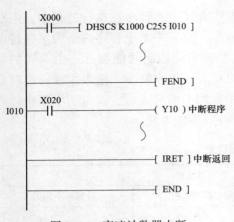

图8-14 高速计数器中断

3）计数器中断指针。计数器中断用指针的格式如图8-13（b）所示。根据PLC内部的高速计数器的比较结果，执行中断子程序，用于优先控制利用高速计数器的计数结果。该指针的中断动作要与高速计数比较置位指令HSCS组合使用。

在图8-14中，当高速计数器C255的当前值与K1000相等时，发生中断，中断指针指向中断程序，执行中断程序后返回原来的程序。

以上讨论的中断用指针的动作会受到机器内特殊辅助继电器M8050～M8059的控制，如表8-8所示，它们若接通，则中断禁止。如M8059接通，则计数器中断全部禁止。

（3）中断指令使用说明。中断指令使用如图8-15所示。从图8-15中可以看出，中断程序作为一种子程序安排在主程序结束指令之后。程序中允许中断指令EI及不允许中断指令DI间的区别表示可以开放中断的程序段。主程序带有多个中断子程序时，中断标号和与其最近的一处中断返回指令构成一个中断子程序。FX型PLC可实现不多于二级的中断嵌套。

表 8-8　　　　　　　　　　特殊辅助继电器中断禁止控制

编号	名称	备注
M8050	I00□禁止	输入中断禁止
M8051	I10□禁止	
M8052	I20□禁止	
M8053	I30□禁止	
M8054	I40□禁止	
M8055	I50□禁止	
M8056	I60□禁止	定时器中断禁止
M8057	I70□禁止	
M8058	I80□禁止	
M8059	I010~I060 禁止	计数器中断禁止

另外，一次中断请求，中断程序一般仅能执行一次。

（4）中断指令的执行过程及应用。

1）外部中断子程序。如图 8-16 所示是带有外部输入中断子程序的梯形图。在主程序段程序执行中，特殊辅助继电器 M8050 为 0 时，标号为 I001 的中断子程序允许执行，该中断在输入口 X000 送入上升沿信号时执行。上升沿信号出现一次，该中断执行一次，执行完毕后即返回主程序。中断子程序的内容为当 X010 为 ON 时，Y010 也为 ON。

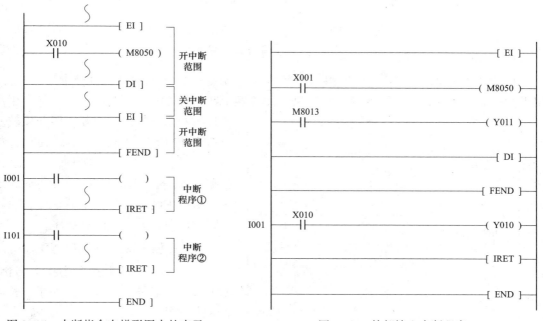

图 8-15　中断指令在梯形图中的表示　　　　图 8-16　外部输入中断程序

外部中断常用来引入发生频率高于机器扫描频率的外控信号，或用于处理那些需要快速响应的信号。如在可控整流装置中，取自同步变压器的触发同步信号可以把专用输入端子引入 PLC 作为中断源，并以此信号作为移相角的计算起点。

2）时间中断子程序。如图 8-17 所示为一段试验性质的时间中断子程序。中断标号 I610 的中断序号为 6，时间间隔为 10ms。从梯形图的程序来看，每执行一次中断程序将向数据存储器 D0 加 1，当加到 1000 时，M2 为 ON 使 Y2 置 1，为了验证中断程序执行的正确性，在主程序段中设有定时器 T0，设定值为 100，并用此定时器控制 Y001，这样当 X001 由 ON 变为 OFF 并经历 10s 后，Y001 及 Y002 应同时置 1。

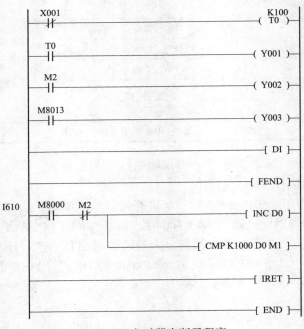

图 8-17　定时器中断子程序

3）计数器中断子程序。根据 PLC 内部的高速计数器的比较结果，执行中断子程序，用于优先控制利用高速计数器的计数结果。计数器中断指针 I0□0（□为 1~6）是利用高速计数的当前值进行中断，要与比较置位指令 FNC53（HSCS）组合使用，如图 8-18 所示。在图 8-18 中，当高速计数器 C255 的当前值与 K100 相等时，发生中断，中断指针指向中断程序，执行中断程序后，返回原断点程序。

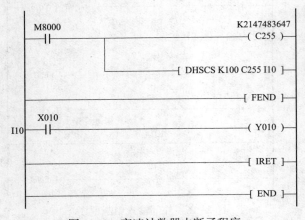

图 8-18　高速计数器中断子程序

四、主程序结束指令 FEND

（1）主程序结束指令的指令名称、助记符、功能号、操作数和程序步长如表 8-9 所示。

（2）指令使用说明。在多次使用 FEND 指令的场合，在最后的 FEND 指令与 END 指令之间对子程序和中断子程序编程，并一定要有返回指令。

表 8-9 　　　　　　　　　　　　　　　**主程序结束指令表**

指令名称	功能号与助记符	操作数 [D·]	程序步长
主程序结束指令	FNC06　FEND	无	1 步

如图 8-19 所示是 FEND 指令的应用举例。由图 8-19 可见，当 X010 为 OFF 时，不执行跳转指令，仅执行第一主程序；当 X010 为 ON 时，执行跳转指令，跳转到指针标号 P20 处，执行第二个主程序，在这个主程序中，若 X011 为 OFF，仅执行第二个主程序，若 X011 为 ON，调用指针号为 P21 的子程序，结束后，通过 SRET 指令返回原断点，继续执行第二个主程序。

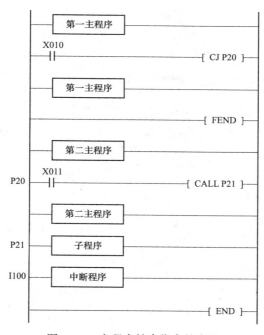

图 8-19　主程序结束指令的应用

五、监视定时器刷新指令 WDT

（1）监视定时器刷新指令的指令名称、助记符、功能号、操作数和程序步长如表 8-10 所示。

表 8-10 　　　　　　　　　　　　　　　**监视定时器刷新指令表**

指令名称	功能号与助记符	操作数 [D·]	程序步长
监视定时器刷新 Watch Dog Timer	FNC07　WDT	无	1 步

（2）指令使用说明。WDT 指令是顺控程序中执行监视定时器刷新的指令。它有脉冲执行型和连续执行型两种形式。如图 8-20 所示，当 X000 为 ON 时，WDT 指令每周期都要执行监视定时器的刷新。

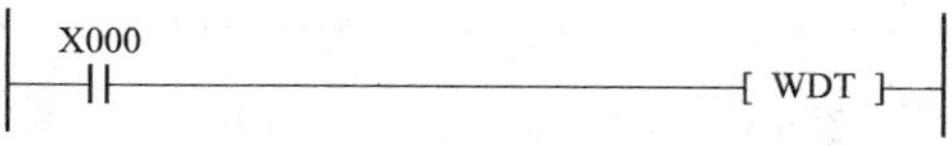

在 PLC 的运算周期（0~END 或 FEND 指令执行时间）超过 200ms 时，PLC 的 CPU-ELED

图 8-20　监视定时器刷新指令

发光二极管灯亮，停机。因此可在程序的中间插入 WDT 指令。图 8-21 是将一个 240ms 程序一分为二的例子，在这个大于 PLC 运算周期的程序中，在它的中间插入 WDT 指令，则前半部分与后半部分都在 200ms 以下，这样就不会报警停机了。另外，在使用模拟单元、定位、M-NET/MINI 用的接口单元的情况下，可编程序控制器运算后，需要将这些特殊单元、电路块内的缓冲存储区初始化，这时在连接的特殊单元与电路块较多的情况下，初始化时间会过长，产生 WDT 错误，因此在程序中的初始步附近进行监视定时器的刷新。

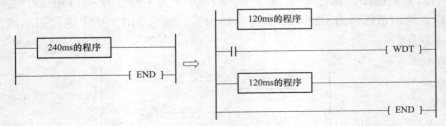

图 8-21　应用监视定时器指令将程序一分为二

WDT 指令也可以用于跳转子程序和循环子程序中进行编程。

刷新监视定时器也可以改变监视定时器的时间设定。如图 8-22 所示是将监视定时器设定时间为 300ms，监视定时器时间更新应用 WDT 指令不编入程序的情况下，END 处理时，D8000 值才有效。

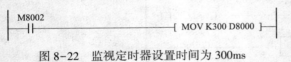

图 8-22　监视定时器设置时间为 300ms

如下所示的情况，会产生看门狗定时器错误，所以在起始步的附近请输入下面的程序，以延长看门狗定时器时间，或是错开 FROM/TO 指令的执行时序。

1）连接较多个特殊扩展设备时的注意事项。在连接了较多数量的特殊扩展设备（定位、凸轮开关、模拟量、链接等）的系统中，可编程控制器运行时被执行的缓冲存储区的初始化时间会变长，运算时间会延长，因此有时会出现看门狗定时器出错。

2）较多个 FROM/TO 指令同时驱动时的注意事项。执行多个 FROM/TO 指令，传送多个缓冲存储区的时候，运算时间会延长，因此有时会出现看门狗定时器出错。

3）高速计数器（软件计数器）较多时的注意事项。编写多个高速计数器，同时对高频进行计数时，运算时间会延长，因此有时会出现看门狗定时器出错。

六、程序循环指令

（1）程序循环指令的指令名称、助记符、功能号、操作数和程序步长如表 8-11 所示。

表 8-11　　　　　　　　　　　　　　程序循环指令表

指令名称	功能号与助记符	操作数［S·］	程序步长
循环开始指令	FNC08　FOR	K、H、KnX、KnY、KnM、KnS、T、C、D、V、Z、U□ \ G□	3 步（嵌套 5 层）
循环结束指令	FNC09　NEXT	无	1 步

（2）指令使用说明。循环指令由 FOR 和 NEXT 两条指令构成，这两条指令总是成对出现的。如图 8-23 所示，图中有三条 FOR 指令和三条 NEXT 指令相互对应，构成三层循环，

这样的嵌套可达五层。在图 8-23 中相距最近的 FOR 指令和 NEXT 指令是一对,构成最内层循环①;其次是中间的一对指令构成中循环②,再就是最外层一对指令构成外循环③。每一层循环间包括了一定的程序,这就是所谓程序执行过程中需依一定的次数循环的部分。循环的次数由 FOR 指令的 K 值给出,K = 1 ~ 32767,若给定为 –32767 ~ 0 时,作 K = 1 处理。该程序中内层循环①程序是向数据存储器 D100 中加 1,若循环值从输入端设定为 4,

它的中层②循环值 D3 中为 3,最外层③循环值为 4。循环嵌套程序的执行总是从最内层开始。当程序执行到内循环程序段时先向 D100 中加 4 次 1,然后执行中层循环,中层循环要将内层的过程执行 3 次,执行完成后 D100 中的值为 12。最后执行最外层循环,即将内层及中层循环再执行 4 次。从以上的分析可看出,多层循环间的关系是循环次数相乘的关系,这样,本例中的加 1 指令在一个扫描周期中就要向 D100 中加入 48 个 1 了。

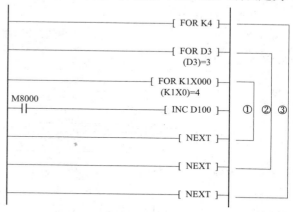

图 8-23 循环指令使用说明

七、程序控制指令与程序结构

程序是由一条条的指令组成的,一定的指令集合总是完成一定的功能。当功能控制要求复杂,程序变得庞大时,就要求将一定功能的指令块合理地组织起来,这就是程序的结构。

程序结构应方便程序的编写,有利于阅读理解程序,即程序的可读性要好。好的程序结构,能使 PLC 的运行效率提高。

常见的程序结构类型有以下几种。

(1)简单结构。这是小程序的常用结构,也叫做线性结构。指令平铺直叙地写下来,执行时也是直线地运行下去,程序中也会分一些段。简单结构的特点是每个扫描周期中每一条指令都要被扫描。

(2)有跳越及循环的简单结构。由控制要求出发,程序需要有选择地执行时,采用跳转指令。如自动、手动程序段的选择,初始化程序段和工作程序段的选择。这时在某个扫描周期中就不一定是全部指令被扫描到,而是有选择地执行。被跳过的指令不被扫描,循环用于当需要多次执行某段程序时。

(3)组织模块式结构。组织模块式结构的程序则存在并列结构。组织模块式程序可分为组织块和功能块两部分。组织块专门解决程序流程问题,常作为主程序。功能块则独立地解决局部的、单一的功能,相当于一个个的子程序。前面讨论过的子程序及中断程序常用来编制组织模块式结构的程序。

组织模块式程序结构为编程提供了清晰的思路。各程序块的功能不同,编程时就可以集中精力解决局部问题。组织块主要解决程序的入口控制,子程序完成单一的功能,程序的编制无疑得到了简化。

第四节　传送与比较类指令及其应用

　　FX 系列 PLC 数据传送比较类指令包含有比较指令、区间比较指令、传送与移位传送指令、取反传送指令、块传送指令、多点传送指令、数据交换指令、BCD 转换指令、BIN转换指令等，见表 8-12。

表 8-12　　　　　　　　　　　　　传送比较类指令

FNC No.	指令记号	符号	功能
10	CMP	⊣⊢──── CMP S1 S2 D	比较
11	ZCP	⊣⊢── ZCP S1 S2 S D	区间比较
12	MOV	⊣⊢──── MOV S D	传送
13	SMOV	⊣⊢── SMOV S m1 m2 D n	位移动
14	CML	⊣⊢──── CML S D	反转传送
15	BMOV	⊣⊢── BMOV S D n	成批传送
16	FMOV	⊣⊢── FMOV S D n	多点传送
17	XCH	⊣⊢──── XCH D1 D2	交换
18	BCD	⊣⊢──── BCD S D	BCD 转换
19	BIN	⊣⊢──── BIN S D	BIN 转换

一、比较指令

（1）比较指令的指令名称、助记符、功能号、操作数和程序步长如表 8-13 所示。

表 8-13　　　　　　　　　　　　　比较指令表

指令名称	功能号与助记符	操作数			程序步长
		[S1·]	[S2·]	[D·]	
比较指令	FNC10　CMP	K、H、KnX、KnY、KnM、KnS、T、C、D、V、U□\G□	Y、M、S、D□.b	CMP、CMPP 7 步 DCMP、DCMPP 13 步

　　（2）指令使用说明。比较指令 CMP 是将源操作数 [S1·] 与 [S2·] 的数据进行比

较，在其大小一致时，目标操作数［D·］动作，如图 8-24 所示，数据比较是进行数值大小的比较（即带符号比较）。所有的源数据均按二进制处理。当比较指令的操作数不完整，或指定的操作数的元件号超出了允许范围等情况时，用比较指令就会出错。目标软元件指定 M0 时，M0、M1、M2 自动被占用。

　　当 X000 断开时，即使 CMP 指令不执行，M0~M2 保持 X000 断开前的状态。如果要清除比较结果，可以采用 RST 指令进行复位，如图 8-25 所示。

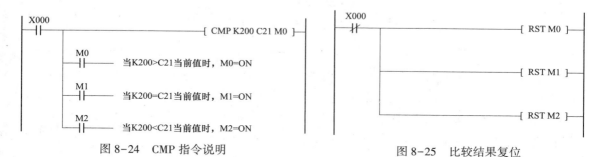

图 8-24　CMP 指令说明　　　　　　　图 8-25　比较结果复位

二、区间比较指令

（1）区间比较指令的指令名称、助记符、功能号、操作数和程序步长如表 8-14 所示。

表 8-14　　　　　　　　　　　　　区间比较指令表

指令名称	功能号与助记符	操作数				程序步长
		［S1·］	［S2·］	［S·］	［D·］	
区间比较指令	FNC11　ZCP	K、H、KnX、KnY、KnM、KnS、T、C、D、V、Z、U□\G□			Y、M、S、D□.b	ZCP、ZCPP 9 步DZCP、DZCPP 17 步

（2）指令使用说明。如图 8-26 所示是区间比较指令 ZCP 的使用说明。该指令是将一个数据［S·］与上、下两个源数据［S1·］和［S2·］间的数据进行代数比较（即带符号比较），在其比较的范围内对应目标操作数中 M3、M4、M5 软元件动作。［S1·］的数据应小于或等于［S2·］的数据。若［S1·］的数据比［S2·］的数据大，则［S2·］的数据被看做与［S1·］的数据一样大。

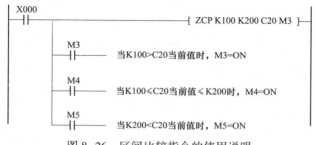

图 8-26　区间比较指令的使用说明

　　当 X000 断开时，即使 ZCP 指令不执行，M3~M5 保持 X000 断开前的状态。在不执行指令清除比较结果时，可采用 RST 指令进行比较结果复位。

三、传送指令

（1）传送指令的指令名称、助记符、功能号、操作数和程序步长如表8-15所示。

表8-15　　　　　　　　　　传送指令表

指令名称	功能号与助记符	操作数		程序步长
		[S·]	[D·]	
传送指令	FNC12　MOV	K、H、KnX、KnY、KnM、KnS、T、C、D、V、Z、U□\G□	KnY、KnM、KnS、T、C、D、V、Z、U□\G□	MOV、MOVP 5步 DMOV、DMOVP 9步

（2）指令使用说明。传送指令MOV的使用说明如图8-27所示。当X000=ON时，源操作数[S·]中的常数K100传送到目标操作软元件D10中。当指令执行时，常数K100自动转换成二进制数传送至D10中。当X000断开指令不执行时，D10中数据保持不变。

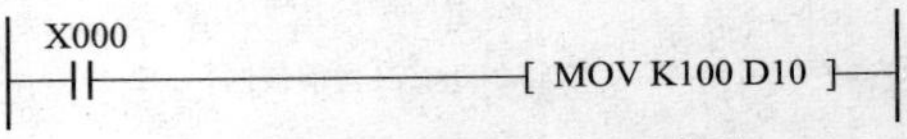

```
X000
─┤├────────────────[ MOV K100 D10 ]
```

图8-27　传送指令使用说明

四、移位传送指令

（1）移位传送指令的指令名称、助记符、功能号、操作数和程序步长如表8-16所示。

表8-16　　　　　　　　　　传送比较指令表

指令名称	功能号与助记符	操作数					程序步
		[S·]	m1	m2	[D·]	n	
移位传送比较指令	FNC13 SMOV	KnX、KnY、KnM、KnS、T、C、D、V、Z、U□\G□	K、H=1~4	K、H=1~4	KnY、KnM、KnS、T、C、D、V、Z、U□\G□	K、H=1~4	SMOV、SMOVP 11步

（2）指令使用说明。SMOV指令是进行数据分配与合成的指令。该指令是将源操作数中二进制（BIN）码自动转换成BCD码，按源操作数中指定的起始位m1和移位的位数m2向目标操作数中指定的起始位n进行移位传送，目标操作数中未被移位传送的BCD位，数值不变，然后再自动转换成二进制（BIN）码，如图8-28所示。

源操作数为负以及BCD码的值超过9999都将出现错误。

（3）移位传送指令应用举例。如图8-29所示是三位BCD码数字开关与不连续的输入端连接实现数据的组合。由图8-29中程序可知，数字开关经X020~X027输入的2位BCD码自动以二进制形式存入D2中的低八位；而数字开关经X000~X003输入的1位BCD码自动以二进制存入D1中的低四位。通过移位传送指令将D1中最低

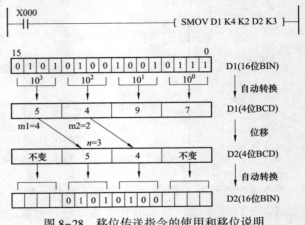

图8-28　移位传送指令的使用和移位说明

位的 BCD 码传送到 D2 中的第 3 位（BCD 码），并自动以二进制存入 D2，实现了数据组合。

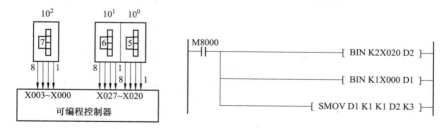

图 8-29　数字开关的数据组合

五、取反传送指令

（1）取反传送指令的指令名称、助记符、功能号、操作数和程序步长如表 8-17 所示。

表 8-17　　　　　　　　　　　　取反传送指令表

指令名称	功能号与助记符	操作数		程序步长
		[S·]	[D·]	
取反传送指令	FNC14　CML	K、H、KnX、KnY、KnM、KnS、T、C、D、V、Z、U□\G□	KnY、KnM、KnS、T、C、D、V、Z、U□\G□	CML、CLMP 5 步 DCML、DCMLP 9 步

（2）指令使用说明。该指令的使用说明如图 8-30 所示，其功能是将源数据的各位取反（0 变为 1，1 变为 0）向目标传送。若将常数 K 用于源数据，则自动进行二进制数变换。常用于 PLC 输出的逻辑进行取反输出的情况。

六、块传送指令

（1）块传送指令的指令名称、助记符、功能号、操作数和程序步长如表 8-18 所示。

（2）指令使用说明。BMOV 指令是从源操作数指定的软元件开始的 n 点数据传送到指定的目标操作数开始的 n 点软元件，如果元件号超出允许的元件号范围，数据仅传送到允许的范围内，如图 8-31 所示。

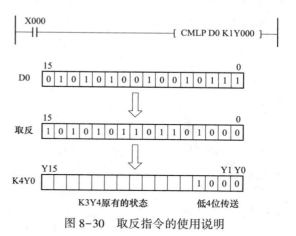

图 8-30　取反指令的使用说明

表 8-18　　　　　　　　　　　　块传送指令表

指令名称	功能号与助记符	操作数			程序步长
		[S·]	[D·]	n	
块传送指令	FNC15　BMOV	KnX、KnY、KnM、KnS、T、C、D、U□\G□	KnY、KnM、KnS、T、C、D、U□\G□	K、H ≤512	BMOV、BMOVP 7 步

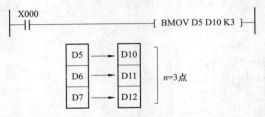

图 8-31　块传送指令的使用说明

七、多点传送指令

（1）多点传送指令的指令名称、助记符、功能号、操作数和程序步长如表 8-19 所示。

表 8-19　　　　　　　　　　　　　　　　多点传送指令表

指令名称	功能号与助记符	操作数			程序步长
		[S·]	[D·]	n	
多点传送指令	FNC16　FMOV	K、H、KnX、KnY、KnM、KnS、T、C、D、V、Z、U□\G□	KnY、KnM、KnS、T、C、D、U□\G□	K、H≤512	FMOV、FMOVP 7步DFMOV、DFMOVP 13步

（2）指令使用说明。FMOV 指令是将源操作数指定的软元件的内容向以目标操作数指定的起始软元件的 n 点软元件传送，n 点软元件的内容都一样。如图 8-32 所示，当 X000 为 ON 时，K10 传送到 D1~D5 中。如果目标操作数指定的软元件号超出允许的元件号范围，数据仅传送到允许的范围内。

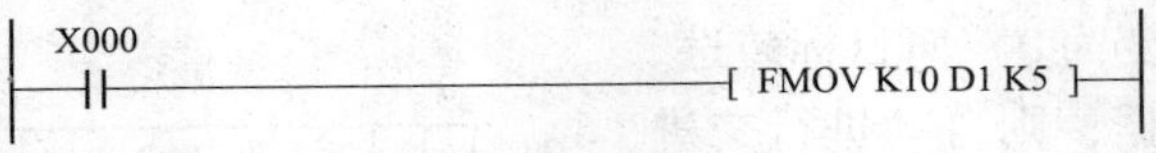

```
  X000
───┤├──────────────────────[ FMOV K10 D1 K5 ]──
```

图 8-32　多点传送使用说明

八、数据交换指令

（1）数据交换指令的指令名称、助记符、功能号、操作数和程序步长如表 8-20 所示。

表 8-20　　　　　　　　　　　　　　　　数据交换指令表

指令名称	功能号与助记符	操作数		程序步长
		[D1·]	[D2·]	
数据交换指令	FNC17　XCH	KnY、KnM、KnS、T、C、D、V、Z、U□\G□	KnY、KnM、KnS、T、C、D、V、Z、U□\G□	XCH、XCHP　5步DXCH、DXCHP 9步

（2）指令使用说明。XCH 指令是在指定的目标软元件间进行数据交换，使用说明如图 8-33 所示。在指令执行前，目标元件 D10 和 D11 中的数据分别为 100 和 130；当 X000=ON，数据交换指令 XCH 执行后，目标元件 D10 和 D11 中的数据分别为 130 和 100，即 D10 和 D11 中的数据进行了交换。

若要实现高八位与低八位的数据交换，可采用高、低位交换特殊继电器 M8160 来实现。如图 8-34 所示，当 M8160 为 ON，目标元件为同一地址号时（不同地址号，错误标号继电器 M8067 接通，不执行指令），16 位数据进行高八位与低八位的交换；如果是 32 位指令作用与此相同，实现这种功能与高低位字节交换指令 FNC147（SWAP）功能相同。

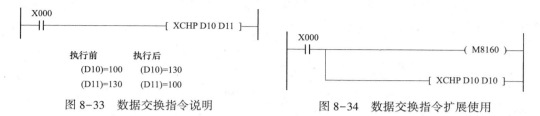

图 8-33 数据交换指令说明   图 8-34 数据交换指令扩展使用

九、BCD 码转换指令

（1）BCD 码转换指令的指令名称、助记符、功能号、操作数和程序步长如表 8-21所示。

表 8-21   BCD 码转换指令表

指令名称	功能号与助记符	操作数		程序步长
		[S·]	[D·]	
BCD 码转换	FNC18 BCD	KnX、KnY、KnM、KnS、T、C、D、V、Z、U□﹨G□	KnY、KnM、KnS、T、C、D、V、Z、U□﹨G□	BCD、BCDP 5 步 DBCD、DBCDP 9 步

（2）指令使用说明。BCD 码转换指令是将源元件中的二进制数转换成 BCD 码送到目标元件中。BCD 码转换指令的说明如图 8-35 所示。当 X000=ON 时，源元件 D12 中的二进制数转换成 BCD 码送到目标元件 Y000~Y007 中，可用于驱动七段数码显示器。

图 8-35 BCD 码转换指令使用说明

如果是 16 位操作，转换的 BCD 码若超出 0~9999 范围，将会出错；如果是 32 位操作，转换结果超出 0~99999999 的范围时，将会出错。

BCD 码转换指令常用于 PLC 的二进制数变为七段显示等需要用 BCD 码向外部输出的场合。

十、BIN 转换指令

（1）BIN 转换指令的指令名称、助记符、功能号、操作数和程序步长如表 8-22 所示。

表 8-22   BIN 转换指令表

指令名称	功能号与助记符	操作数		程序步长
		[S·]	[D·]	
BIN 转换	FNC19 BIN	KnX、KnY、KnM、KnS、T、C、D、V、Z、U□﹨G□	KnY、KnM、KnS、T、C、D、V、Z、U□﹨G□	BIN、BINP 5 步 DBIN、DBINP 9 步

（2）指令使用说明。BIN 转换指令是将源元件中 BCD 码转换成二进制数送到目标元件中。源数据范围：16 位操作为 0~9999，32 位操作为 0~99999999。

BIN 指令的使用如图 8-36 所示，当 X010 为 ON 时，源元件 X000~X007 中的 BCD 码转换成二进制送到目标元件 D12 中去。

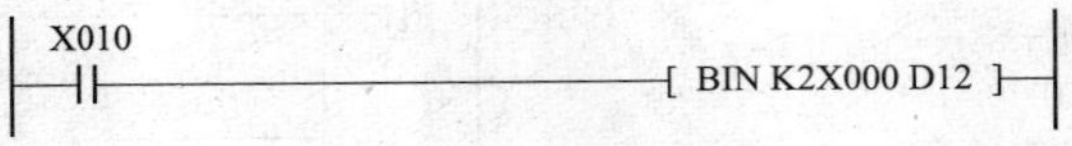

```
  X010
──┤├──────────────────────────[ BIN K2X000 D12 ]──
```

图 8-36　BIN 转换指令使用说明

如果源数据不是 BCD 码，M8067 为 ON（运算错误），M8068（运算错误锁存）为 OFF。

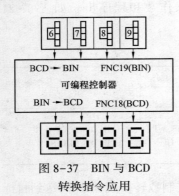

图 8-37　BIN 与 BCD 转换指令应用

如图 8-37 所示是用七段显示器显示数字开关输入 PLC 中的 BCD 码数据。在采用 BCD 码的数字开关向 PLC 输入时，要用 BIN 转换指令；若要输出 BCD 码到七段显示器时，应采用 BCD 转换指令。

【例 8-3】　用传送指令编写控制程序，实现对三相异步电动机的丫/△降压启动。

设启动按钮为 X000，停止按钮为 X001；主电路电源接触器 KM1 接于 Y000，电动机丫形接法接触器 KM2 接于 Y001，电动机 △ 形接法接触器 KM3 接于 Y002。启动时，Y000、Y001 为 ON，电动机丫接法启动，6s 后，Y000 继续为 ON，断开 Y001，再过 1s 后接通 Y000、Y002。按下停止按钮时电动机停止。

控制程序如图 8-38 所示。

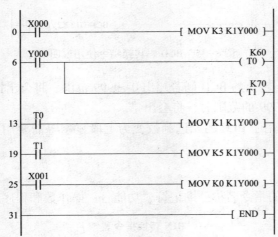

图 8-38　三相异步电动机的丫/△降压启动控制程序

【例 8-4】　应用计数器与比较指令，构成 24h 可设定定时时间的定时控制器，控制要求如下：

（1）早上 6：30，电铃（Y000）每秒呼一次，响 6 次后自动停止；

（2）9：00~17：00，启动住宅报警系统（Y001）；

（3）晚上 6：00 开园内照明（Y002）；

（4）晚上 10：00 关园内照明（Y002 断开）。

使用时，在 0：00 启动定时器。

编写控制程序如图 8-39 所示。X000 为启停开关，X001 为 15min 快速调整与实验开关。时间设定值为钟点数乘以 4。

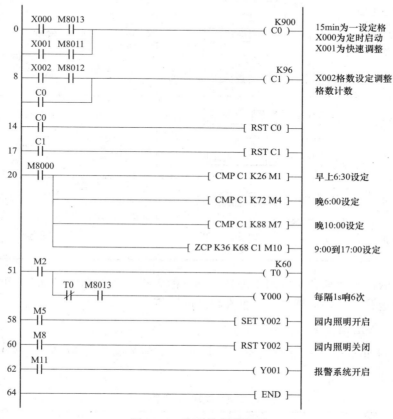

图 8-39 定时控制梯形图

第五节 算术与逻辑运算指令及其应用

算术与逻辑运算指令是基本运算指令，可完成四则运算和逻辑运算，可通过运算实现数据的传送、变位及其他控制功能，见表 8-23。

表 8-23　　　　　　　　　　　基本运算指令表

FNC No.	指令记号	符号	功能
20	ADD	ADD S1 S2 D	BIN 加法
21	SUB	SUB S1 S2 D	BIN 减法

续表

FNC No.	指令记号	符号	功能
22	MUL	─┤├──┤ MUL S1 S2 D ├	BIN 乘法
23	BIV	─┤├──┤ DIV S1 S2 D ├	BIN 除法
24	INC	─┤├──┤ INC D ├	BIN 加一
25	DEC	─┤├──┤ DEC D ├	BIN 减一
26	WAND	─┤├──┤ WAND S1 S2 D ├	逻辑与
27	WOR	─┤├──┤ WOR S1 S2 D ├	逻辑或
28	WXOR	─┤├──┤ WXOR S1 S2 D ├	逻辑异或
29	NEG	─┤├──┤ NEG D ├	求补码

PLC 有整数四则运算和实数四则运算两种，前者指令较简单，参加运算的数据只能是整数。而实数运算是浮点运算，是一种高精度的运算。

一、二进制加法指令

（1）二进制加法指令的指令名称、助记符、功能号、操作数和程序步长如表 8-24 所示。

表 8-24　　　　　　　　　　　二进制加法指令表

指令名称	功能号与助记符	操作数			程序步长
		[S1·]	[S2·]	[D·]	
二进制加法	FNC20　ADD	K、H、KnX、KnY、KnM、KnS、T、C、D、V、Z、U□/G□		KnY、KnM、KnS、T、C、D、V、Z、U□/G□	ADD、ADDP 7 步 DADD、DADDP 13 步

（2）指令使用说明。ADD 加法指令是将指定的源元件中的二进制数相加，结果送到指定的目标元件中。ADD 加法指令的使用说明如图 8-40 所示。

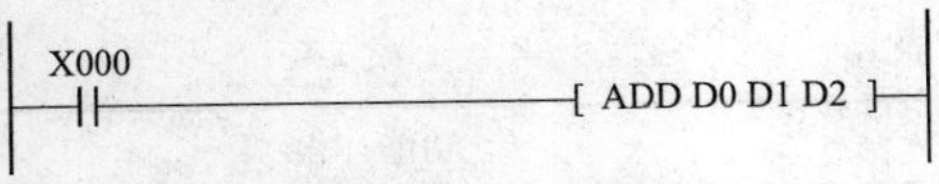

```
  X000
───┤├─────────────[ ADD D0 D1 D2 ]
```

图 8-40　二进制加法指令

当执行条件 X000 由 OFF 变为 ON 时，（D0）+（D1）的结果存入 D2 中。运算是代数运算，如 5+（-3）=2。

ADD 加法指令有 3 个常用的辅助寄存器：M8020 为零标志位，M8021 为借位标志位，M8022 为进位标志位。如果运算结果为 0，则零标志位 M8020 置 1；如果运算结果超过

32767（16位）或214748367（32位）则进位标志M8022置1；如果运算结果小于-32767（16位）或-2147483647（32位），则借位标志M8021置1。

 注意： 对于16位的加法操作时，32767+1的结果为0，-32768+（-1）的结果也为0。

在32位运算中，被指定的起始字元件是低16位元件，而下一个字元件为高16位元件，如D0（D1）。

源和目标可以用相同的元件号。若源和目标元件号相同而采用连续执行的加法指令时，加法的结果在每个扫描周期都会改变。若采用脉冲执行型指令时，如图8-41所示，当X1从OFF变为ON时，D0的数据加1，这与INCP指令的执行结果相似，不同之处在于同ADD指令时，零位、借位、进位标志按上述方法置位。

图8-41 二进制加法指令

二、二进制减法指令

（1）二进制减法指令的指令名称、助记符、功能号、操作数和程序步长如表8-25所示。

表8-25 二进制乘法指令表

指令名称	功能号与助记符	操作数			程序步长
		[S1·]	[S2·]	[D·]	
二进制减法	FNC21　SUB	K、H、KnX、KnY、KnM、KnS、T、C、D、V、Z、U□/G□		KnY、KnM、KnS、T、C、D、V、Z、U□/G□	SUB、SUBP 7步 DSUB、DSUBP 13步

（2）指令使用说明。SUB指令是将指定的源元件中的二进制数相减，结果送到指定的目标元件中去。SUB减法指令的说明如图8-42所示。

```
 X000
──┤├────────────────[ SUB D10 D12 D14 ]──
```

图8-42 二进制减法指令

当执行条件X000由OFF变为ON时，（D10）-（D12）的值存入D14中。运算是代数运算，如5-8=-3。

各种标志的动作、32位运算中软元件的指定方法、连续执行型和脉冲执行型的差异等均与加法指令相同。

三、二进制乘法指令

（1）二进制乘法指令的指令名称、助记符、功能号、操作数和程序步长如表8-26所示。

表8-26 二进制乘法指令表

指令名称	功能号与助记符	操作数			程序步长
		[S1·]	[S2·]	[D·]	
二进制乘法	FNC22　MUL	K、H、KnX、KnY、KnM、KnS、T、C、D、Z、U□/G□		KnY、KnM、KnS、T、C、D、Z（限16位）、U□/G□	MUL、MULP 7步 DMUL、DMULP 13步

（2）指令使用说明。MUL乘法指令是将指定的源元件中的二进制数相乘，结果送到指定的目标元件中去。它分为16位和32位操作两种情况。

16位运算MUL乘法指令使用说明如图8-43所示，当X000由OFF变为ON时，(D10)乘以(D12)，将计算结果存入(D15，D14)。源操作数是16位，目标操作数是32位。

32位运算如图8-44所示，当执行条件X000由OFF变为ON时，(D1，D0)乘以(D3，D2)，将计算结果存入(D7，D6，D5，D4)中。源操作数是32位，目标操作数是64位。

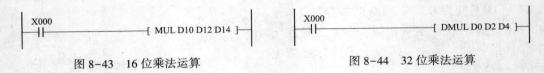

图8-43　16位乘法运算　　　　　　　　　图8-44　32位乘法运算

四、二进制除法指令

（1）二进制除法指令的指令名称、助记符、功能号、操作数和程序步长如表8-27所示。

表8-27　　　　　　　　　　　　二进制除法指令表

指令名称	功能号与助记符	操作数			程序步长
		[S1·]	[S2·]	[D·]	
二进制除法	FNC23　DIV	K、H、KnX、KnY、KnM、KnS、T、C、D、Z、U□/G□		KnY、KnM、KnS、T、C、D、Z（限16位）、U□/G□	DIV、DIVP 7步DDIV、DDIVP 13步

（2）指令使用说明。DIV除法指令是将指定的源元件中的二进制数相除，[S1·]为被除数，[S2·]为除数，商送到指定的目标元件[D·]中去，余数送到目标元件[D·]+1的元件中。它也分为16位和32位两种运算情况。

如图8-45所示是DIV除法指令16位运算，当执行条件X000由OFF变为ON时，(D0)除以(D2)，计算结果商存入D4中，余数存入D5中。若(D0)=19，(D2)=3，则商(D4)=6，余数(D5)=1。

如图8-46所示是32位除法运算，当执行条件X001由OFF变为ON时，(D1，D0)除以(D3，D2)，计算结果商存入(D5，D4)，余数存入(D7，D6)中。

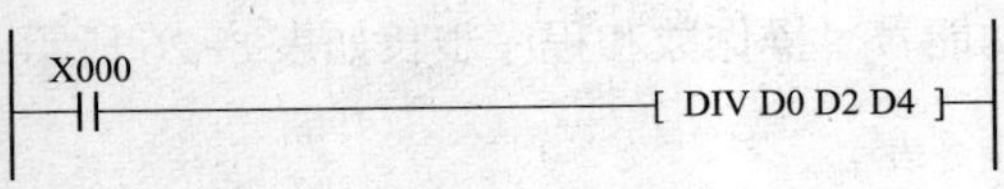

```
  X000                                          X001
───┤├──────────────────[ DIV D0 D2 D4 ]      ───┤├──────────────────[ DDIV D0 D2 D4 ]
```

图8-45　16位除法运算 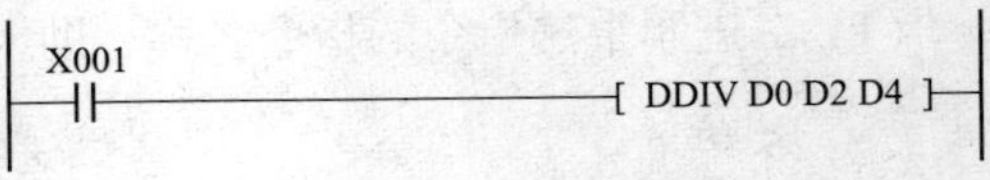　　　　　　　　　图8-46　32位除法运算

商与余数的二进制最高位为符号位，0为正，1为负。被除数或除数中有一个为负数时，商为负数；被除数为负数时，余数为负数。

五、二进制加1指令

（1）二进制加1指令的指令名称、助记符、功能号、操作数和程序步长如表8-28

120

所示。

表 8-28   **二进制加 1 指令表**

指令名称	功能号与助记符	操作数	程序步长
		[D・]	
加 1 指令	FNC24 INC	KnY、KnM、KnS、T、C、D、V、Z、U□/G□	INC、INCP 3 步 DINC、DINCP 5 步

（2）指令使用说明。加 1 指令的说明如图 8-47 所示。当 X000 由 OFF 变为 ON 时，由 [D・] 指定的元件 D0 中的二进制数加 1 存入 D0。其中 D0 既是源操作数又是目标操作数。

若用连续指令时，每个扫描周期都会加 1。

16 位运算时，+32767 加 1 则变为-32768，但标志位不动作。同样，在 32 位运算时，+2147483647 再加 1 变为-2147483647，标志位不动作。

图 8-47 加 1 指令使用说明

六、二进制减 1 指令

（1）二进制减 1 指令的指令名称、助记符、功能号、操作数和程序步长如表 8-29 所示。

表 8-29   **二进制减 1 指令表**

指令名称	功能号与助记符	操作数	程序步长
		[D・]	
减 1 指令	FNC25 DEC	KnY、KnM、KnS、T、C、D、V、Z、U□/G□	DEC、DECP 3 步 DDEC、DDECP 5 步

（2）指令使用说明。减 1 指令的说明如图 8-48 所示。当 X000 由 OFF 变为 ON 时，由 [D・] 指定的元件 D0 中的二进制数减 1 存入 D0。其中 D0 既是源操作数又是目标操作数。

图 8-48 减 1 指令使用说明

若用连续指令时，每个扫描周期都会减 1。

16 位运算时，-32768 减 1 则变为+32767，但标志位不动作。同样，在 32 位运算时，-2147483648 再减 1 变为+2147483647，标志位不动作。

七、逻辑字与、或、异或指令

（1）逻辑字与、或、异或指令的指令名称、助记符、功能号、操作数和程序步长如表 8-30 所示。

表 8-30   **逻辑运算指令表**

指令名称	功能号与助记符	操作数			程序步长
		[S1・]	[S2・]	[D・]	
逻辑字与	FNC26 AND	K、H、KnX、KnY、KnM、KnS、T、C、D、Z、U□/G□	KnY、KnM、KnS、T、C、D、Z、U□/G□	WAND、WANDP 7 步 DANDC、DANDP 13 步

指令名称	功能号与助记符	操作数			程序步长
		[S1·]	[S2·]	[D·]	
逻辑字或	FNC27 OR	K、 H、 KnX、 KnY、 KnM、KnS、T、C、D、Z、U□/G□		KnY、 KnM、 KnS、 T、 C、 D、 Z、 U□/G□	WOR、WORP 7 步 DORC、DORP 13 步
逻辑字异或	FNC28 XOR	K、 H、 KnX、 KnY、 KnM、KnS、T、C、D、Z、U□/G□		KnY、 KnM、 KnS、 T、 C、 D、 Z、 U□/G□	WXOR、WXORP 7 步 DXORC、DXORP 13 步

（2）指令使用说明。逻辑字与指令的使用说明如图 8-49 所示，当 X000 为 ON 时，[S1·]指定的 D10 和 [S2·] 指定的 D12 内数据按各位对应进行逻辑字与运算，结果存于由 [D·] 指定的元件 D14 中。若 D10 中的数据为 0101 0011 1100 1011，D12 中的数据为 1100 0011 1010 0111，则执行逻辑字与指令后的结果 0100 0011 1000 0011 存入 D14 中。

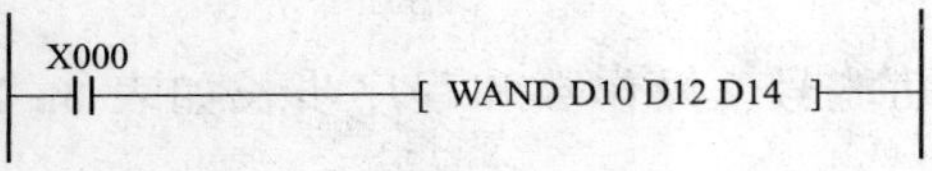

```
  X000
──┤├──────────────[ WAND D10 D12 D14 ]──
```

图 8-49 逻辑字与指令使用说明

逻辑字或指令的使用说明如图 8-50 所示，当 X000 为 ON 时，[S1·] 指定的 D10 和[S2·]指定的 D12 内数据按各位对应进行逻辑字或运算，结果存于由 [D·] 指定的元件 D14 中。若 D10 中的数据为 0101 0011 1100 1011，D12 中的数据为 1100 0011 1010 0111，则执行逻辑字或指令后的结果 1101 0011 1110 1111 存入 D14 中。

逻辑字异或指令的使用说明如图 8-51 所示，当 X000 为 ON 时，[S1·] 指定的 D10 和 [S2·] 指定的 D12 内数据按各位对应进行逻辑字异或运算，结果存于由 [D·] 指定的元件 D14 中。若 D10 中的数据为 0101 0011 1100 1011，D12 中的数据为 1100 0011 1010 0111，则执行逻辑字异或指令后的结果 1001 0000 0110 1100 存入 D14 中。

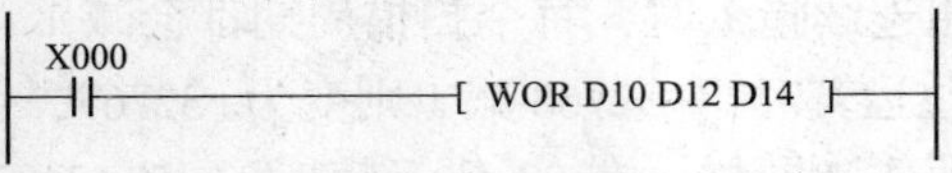

```
  X000                                        X000
──┤├──────────[ WOR D10 D12 D14 ]──       ──┤├──────────[ WXOR D10 D12 D14 ]──
```

图 8-50 逻辑字或指令使用说明 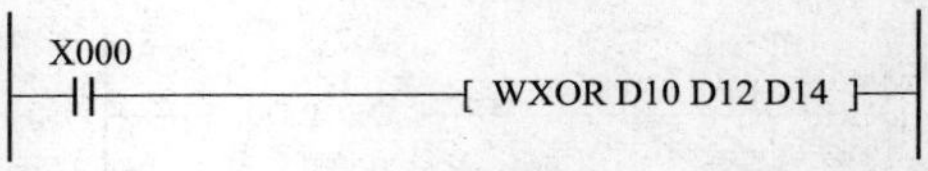   图 8-51 逻辑字异或指令使用说明

八、求补码指令

（1）求补码指令的指令名称、助记符、功能号、操作数和程序步长如表 8-31 所示。

表 8-31   求补码指令表

指令名称	功能号与助记符	操作数	程序步长
		[D·]	
求补码指令	FNC29 NEG	KnY、KnM、KnS、T、C、D、V、Z、U□/G□	NEG、NEGP 3 步 DNEG、DNEGP 5 步

（2）指令使用说明。求补码指令仅对负数求补码，其使用说明如图 8-52 所示，当 X000 由 OFF 变为 ON 时，由 [D·] 指定的元件 D10 中的二进制负数按位取反后加 1，求

得的补码存入 D10 中。

若执行指令前 D10 中的二进制数为 1001 0011 1100 1110，则执行完 NEGP 指令后 D10 中的二进制数变为 0110 1100 0011 0010。

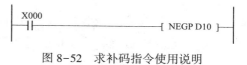

图 8-52　求补码指令使用说明

 注意：若使用的是连续指令时，则在各个扫描周期都执行求补运算。

【例 8-5】　编程实现 $\dfrac{25X}{3}+12$ 算式的运算。式中"X"代表通过拨码开关从 K4X0 输入的 BCD 码数。运算结果送输出口 K4Y0，以 BCD 码的格式进行显示。（设 $25X$ 的值在 $0\sim +32\ 767$）

 分析：首先把从 K4X0 输入的 BCD 码数转换成二进制数，再通过乘法指令、除法指令及加法指令进行运算，运算结果再转化为 BCD 码送至 K4Y0。梯形图如图 8-53 所示。

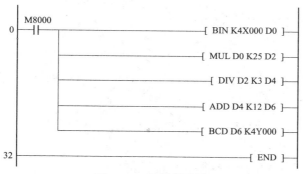

图 8-53　运算梯形图

【例 8-6】　利用乘除法指令实现灯组的移位控制。

采用乘除法指令实现灯组的移位循环。有一组灯共 15 个分别接于 Y000 至 Y016。要求：当 X000 为 ON 时，灯正序每隔 1s 单个移位，并循环。当 X001 为 ON 且 Y000 为 OFF 时，灯反序每隔 1s 单个移位，直至 Y000 为 ON，停止。

该程序利用乘 2、除 2 实现目标数据中"1"的移位。程序如图 8-54 所示。

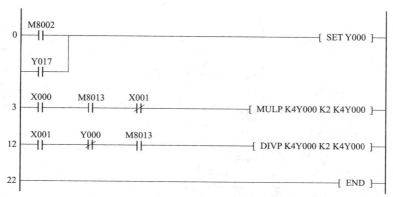

图 8-54　灯组移位控制梯形图

【例8-7】 D0 中存有一个 0~9999 的二进制数，试编写程序把 D0 中的百位数字取出来存入 D10 中。若 D0 的数为 9876，则把该数的百位即 8 存入 D10 中。

分析：首先把 D0 转换成 BCD 码存入 D1 中。D0 的百位存在 D1 的 bit8~bit11 中，然后把这四位取出最后存入至 D10 的低 4 位中。程序如图 8-55 所示。

【例8-8】 D0 中存有一个 0~9999 的二进制数，试编写程序把 D0 中的千位与百位数字保留，十位与个位变为 0 后存入 D10 中。若 D0 的数为 9876，则把 9800 存入 D10 中。

分析：首先把 D0 转换成 BCD 码存入 D1 中。然后把 D1 中的低 8 位变成 0，再转化成二进制数存入 D10 中。程序如图 8-56 所示。

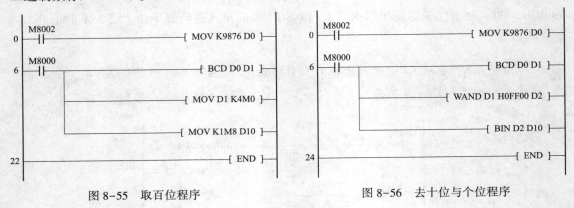

图 8-55　取百位程序　　　　　　　　图 8-56　去十位与个位程序

第六节　循环与移位指令及其应用

FX 系列 PLC 循环与移位指令有循环移位、位移位、字移位及先入先出的 FIFO 指令等十种，其中循环移位分为带进位循环及不带进位的循环，位或字移位有左移和右移之分，指令见表 8-32。

表 8-32　　　　　　　　　　循环与移位指令

FNC No.	指令记号	符号	功能
30	ROR	⊢⊢ [ROR D n]	循环右移
31	ROL	⊢⊢ [ROL D n]	循环左移
32	RCR	⊢⊢ [RCR D n]	带进位循环右移
33	RCL	⊢⊢ [RCL D n]	带进位循环左移
34	SFTR	⊢⊢ [SFTR S D n1 n2]	位右移
35	SFTL	⊢⊢ [SFTL S D n1 n2]	位左移

续表

FNC No.	指令记号	符号	功能
36	WSFR	─┤├──[WSFR │ S │ D │ n1│ n2]	字右移
37	WSFL	─┤├──[WSFL │ S │ D │ n1│ n2]	字左移
38	SFWR	─┤├──[SFWR │ S │ D │ n]	移位写入 [先入先出/先入后出控制用]
39	SFRD	─┤├──[SFRD │ S │ D │ n]	移位读出 [先入先出控制用]

从指令的功能来说，循环移位是指数据在本字节或双字内的移位，是一个环形移位。而非循环移位是线性的移位，数据移出部分将丢失，移入部分从其他数据获得。移位指令可用于数据的2倍乘除处理，形成新数据。字移位和位移位不同，它可用于字数据在存储空间里的位置调整等功能。先入先出FIFO指令可用于数据的管理。

一、循环右移和循环左移指令

（1）循环右移和循环左移指令的指令名称、助记符、功能号、操作数和程序步长如表8-33所示。

表 8-33 循环右移和循环左移指令表

指令名称	功能号与助记符	操作数		程序步
		[D·]	n	
循环右移	FNC30 ROR	KnY、KnM、KnS、T、C、D、V、Z、U□/G□	K、H $n \leq 16$（16位） $n \leq 32$（32位）	ROR、RORP 5步 DROR、DRORP 9步
循环左移	FNC31 ROL			ROL、ROLP 5步 DROL、DROLP 9步

（2）指令使用说明。循环右移指令可以使16位数据、32位数据向右循环移位，其使用说明如图8-57所示，当X000由OFF变为ON时，[D·]指定的元件内各位数据向右移n位，最后一次从低位移出的状态存于进位标志M8022中。

循环左移指令可以使16位数据、32位数据向左循环移位，其使用说明如图8-58所示，当X000由OFF变为ON时，[D·]指定的元件内各位数据向左移n位，最后一次从高位移出的状态存于进位标志M8022中。

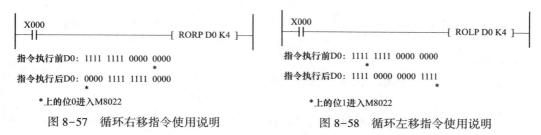

图 8-57 循环右移指令使用说明　　　　图 8-58 循环左移指令使用说明

用连续指令执行时，循环移位操作每个周期执行一次。

在指定位软元件的场合下，只有K4（16位）或K8（32位）有效，如K4Y0、K8M0。

二、带进位循环右移和循环左移指令

（1）带进位循环右移和循环左移指令的指令名称、助记符、功能号、操作数和程序步长如表8-34所示。

表8-34　　　　　　　　带进位循环右移和循环左移指令表

指令名称	功能号与助记符	操作数		程序步长
		[D·]	n	
循环右移	FNC32　RCR	KnY、KnM、KnS、T、C、D、V、Z、U□/G□	K、H　n≤16（16位）　n≤32（32位）	RCR、RCRP 5步　DRCR、DRCRP 9步
循环左移	FNC33　RCL			RCL、RCLP 5步　DRCL、DRCLP 9步

（2）指令使用说明。带进位循环右移指令可以使16位数据、32位数据向右循环移位，其使用说明如图8-59所示，当X000由OFF变为ON时，M8022驱动之前的状态首先被移入[D·]，且[D·]内各位数据向右移n位，最后一次从低位移出的状态存于进位标志M8022中。

带进位循环左移指令可以使16位数据、32位数据向左循环移位，其使用说明如图8-60所示，当X000由OFF变为ON时，M8022驱动之前的状态首先被移入[D·]，且[D·]内各位数据向左移n位，最后一次从高位移出的状态存于进位标志M8022中。

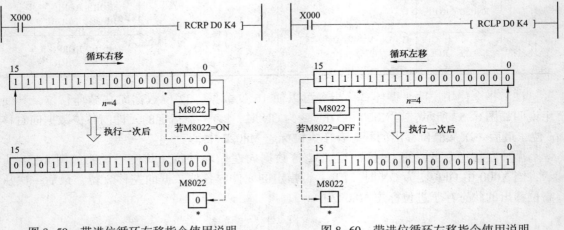

图8-59　带进位循环右移指令使用说明　　　图8-60　带进位循环左移指令使用说明

三、位右移与位左移指令

（1）位右移与位左移指令的指令名称、助记符、功能号、操作数和程序步长如表8-35所示。

（2）指令使用说明。位移位指令是对[D·]所指定的n1个位元件连同[S·]所指定的n2个位元件的数据右移或左移n2位，其说明如图8-61所示。图8-61（a）是位右移

126

表 8–35 位右移与位左移指令表

指令名称	功能号与助记符	操作数				程序步长
		[S·]	[D·]	n1	n2	
位右移	FNC34　SFTR	X、Y、M、 S、D□.b	Y、M、 S、D□.b	K、H n2≤n1≤1024		SFTR　9步 SFTRP　9步
位左移	FNC35　SFTL					SFTL　9步 SFTLP　9步

指令的梯形图，当 X000 由 OFF 变为 ON 时，[D·] 内 M0～M15 的 16 位数据连同 [S·] 内的 X000～X003 的 4 位元件的数据向右移 4 位，X000～X003 的 4 位数据从 [D·] 的高位端移入，而 [D·] 的低位 M0～M3 数据移出（溢出）。图 8-61（b）的位左移指令的梯形图移位原理与位右移指令类同。

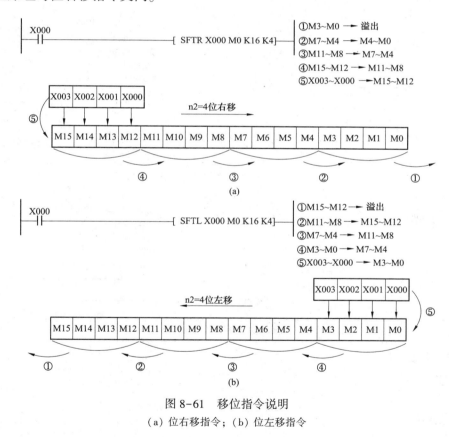

图 8-61　移位指令说明

（a）位右移指令；（b）位左移指令

四、字右移与字左移指令

（1）字右移与字左移指令的指令名称、助记符、功能号、操作数和程序步长如表 8-36 所示。

（2）指令使用说明。字移位指令是对 [D·] 所指定的 n1 个字元件连同 [S·] 所指定的 n2 个字元件右移或左移 n2 个字数据，其使用说明如图 8-62 所示。图 8-62（a）是字

表 8-36　　　　　　　　　　　　　字右移与字左移指令表

指令名称	功能号与助记符	操作数				程序步长
		[S·]	[D·]	n1	n2	
字右移	FNC36　WSFR	KnX、KnY、KnM、KnS、T、C、D、U□/G□	KnY、KnM、KnS、T、C、D、U□/G□	K、H n2 ≤ n1 ≤1024		WSFR、WSFRP　9步
字左移	FNC37　WSFL					WSFL、WSFLP　9步

右移指令的梯形图，当 X000 由 OFF 变为 ON 时，［D·］内 D10~D25 的 16 个字数据连同［S·］内的 D0~D3 的 4 个字数据向右移 4 个字，D0~D3 的 4 个字数据从［D·］的高字端移入，而 D10~D13 数据被移出（溢出）。图 8-62（b）字左移指令的梯形图移位原理与字右移指令类同。

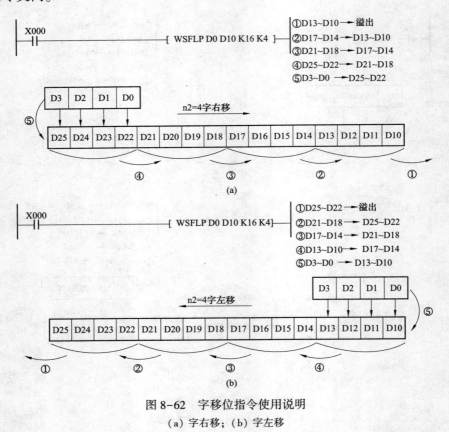

图 8-62　字移位指令使用说明

(a) 字右移；(b) 字左移

五、FIFO 写入/读出指令

（1）FIFO 写入/读出指令的指令名称、助记符、功能号、操作数和程序步长如表 8-37 所示。

（2）指令使用说明。SFWR 指令是先进先出控制数据写入指令，其使用说明如图 8-63（a）所示，图中 $n=10$ 表示［D·］中从 D1 开始有 10 个连续元件，且 D1 中内容被指定作为数

表 8-37　　　　　　　　　　　　　　　　　　**FIFO 写入/读出指令表**

指令名称	功能号与助记符		操作数			程序步长
		[S·]	[D·]		n	
先进先出写入	FNC38　SFWR	K、H、KnX、KnY、KnM、KnS、T、C、D、V、Z、U□/G□	KnY、KnM、KnS、T、C、D、U□/G□		K、H 2≤n≤512	SFWR、SFWRP 7 步
先进先出读出	FNC39　SFRD	K、H、KnX、KnY、KnM、KnS、T、C、D、U□/G□	KnY、KnM、KnS、T、C、D、V、Z、U□/G□			SFRD、SFRDP 7 步

据写入个数的指针，初始应置零。当 X000 由 OFF 变为 ON 时，则将 [S·] 所指定的 D0 的数据存储到 D2 内，[D·] 所指定的指针 D1 的内容为 1。若改变 D0 的数据，当 X000 再由 OFF 变为 ON 时，则将 D0 的数据存入 D3 中，D1 的内容变为 2。依次类推，当 D1 内的数据超过 $n-1$ 时，则上述操作不再执行，进位标志 M8022 动作。

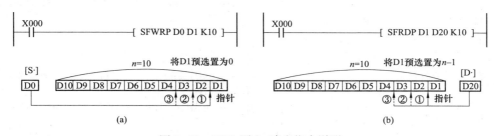

图 8-63　FIFO 写入/读出指令说明

（a）FIFO 写入指令使用说明；（b）FIFO 读出指令使用说明

SFRD 指令是先进先出控制数据读出指令，其说明如图 8-63（b）所示。图中 $n=10$ 表示 [S·] 中从 D1 开始有 10 个连续元件，且 D1 中内容被指定作为数据读出个数的指针，初始应置 $n-1$。当 X000 由 OFF 变为 ON 时，将 D2 的数据传送到 D20 内，与此同时，指针 D1 的内容减 1，D3~D10 的数据向右移。当 X0 再由 OFF 变为 ON 时，D2 的数据（原 D3 中的内容）传送到 D20 内，D1 的内容再减 1。依次类推，当 D1 的内容减为 0 时，则上述操作不再执行，零位标志 M8020 动作。

【例 8-9】　八只灯分别接于 K2Y0，要求当 X000 为 ON 时，灯每隔 1s 轮流亮，并循环。即第一只灯亮 1s 后灭，接着第二只灯亮 1s 后灭……，当第八只灯亮 1s 灭后，再接着第一只灯亮，如此循环。当 X000 为 OFF 时，所有灯都灭。

分析：用位左循环指令来编写程序，但因该指令只对 16 位或 32 位来进行循环操作，所以用 K4M10 来进行循环，每次移 2 位。然后用 M10 控制 Y000，M12 控制 Y001，M14 控制 Y002……，M24 控制 Y007。控制程序如图 8-64 所示。

【例 8-10】　有 10 只灯分别接于 Y000~Y007，要求 8 只灯每隔 1s 顺序点亮，逆序熄灭，再循环。即当 X000 为 ON 时，第一只灯亮，1s 后第二只也亮，再过 1s 后第三只灯也亮，最后全亮。当第八只灯亮 1s 后，从第八只灯开始灭，过 1s 后第七只灯也灭，最后全熄灭。当第一只灯熄灭 1s 后再循环上述过程。当 X000 为 OFF，8 只灯全部熄灭。

分析：8 只灯顺序点亮时用 SFTL 指令每隔 1s 写入一个为 1 的状态。逆序熄灭时用

SFTR 指令每隔 1s 写入一个为 0 的状态。程序如图 8-65 所示。

【例 8-11】 有一传感器检测到某控制量的值存入 D0 中。现要求每秒计算一次测量值与前 1s 测量值的差值。试编程实现这一算法。

分析：传感器检测的数据由 D0 处产生，由于 D0 的数据是随着时间动态变化的。现要计算本次测量值与上一秒测量值的差值，可用字左移指令 WSFL，把 D0 处产生的据进行存储，再进行计算。程序如图 8-66 所示。

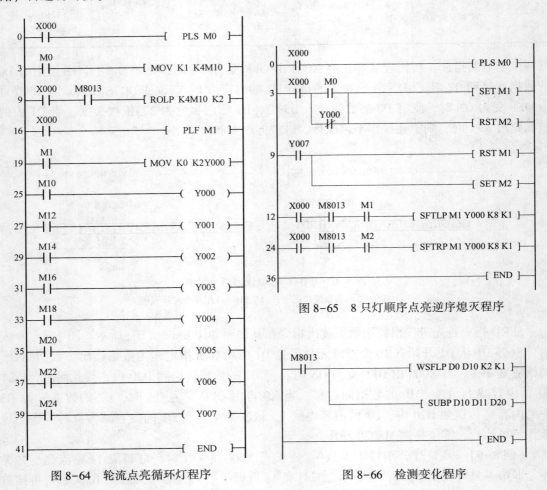

图 8-64 轮流点亮循环灯程序

图 8-65 8 只灯顺序点亮逆序熄灭程序

图 8-66 检测变化程序

第七节 数据处理类指令及其应用

数据处理指令有区间复位指令、编码、译码指令及平均值计算指令等。其中区间复位指令可用于数据区的初始化，编码、译码指令可用于字元件中某个置 1 位的位码的编译，指令见表 8-38。

一、区间复位指令

（1）区间复位指令的指令名称、助记符、功能号、操作数和程序步长如表 8-39 所示。

表 8-38   区间复位指令

FNC No.	指令记号	符号	功能
40	ZRST	⊢⊣├─[ZRST D1 D2]	成批复位
41	DECO	⊢⊣├─[DECO S D n]	译码
42	ENCO	⊢⊣├─[ENCO S D n]	编码
43	SUM	⊢⊣├─[SUM S D]	ON 位数
44	BON	⊢⊣├─[BON S D n]	ON 位的判定
45	MEAN	⊢⊣├─[MEAN S D n]	平均值
46	ANS	⊢⊣├─[ANS S m D]	信号报警器置位
47	ANR	⊢⊣├─[ANR]	信号报警器复位
48	SQR	⊢⊣├─[SQR S D]	BIN 开平方
49	FLT	⊢⊣├─[FLT S D]	BIN 整数→2 进制浮点数转换

表 8-39   区间复位指令表

指令名称	功能号与助记符	操作数		程序步长
		[D1·]	[D2·]	
区间复位	FNC40 ZRST	Y、M、S、T、C、D、U□/G□（D1 元件号≤D2 元件号）		ZRST、ZRSTP 5 步

（2）指令使用说明。区间复位指令也称为成批复位指令，使用说明如图 8-67 所示。当 M8002 由 OFF 变为 ON 时，执行区间复位指令。位元件 M500~M599 成批复位，字元件 C235~C255 成批复位，状态器 S0~S127 成批复位。

目标操作数 [D1·] 和 [D2·] 指定的元件应为同类软元件，[D1·] 指定的元件号应小于 [D2·] 指定的元件号。若 [D1·] 指定的元件号大于 [D2·] 指定的元件号，则只有对 [D1·] 指定的元件被复位。

该指令为 16 位处理指令，但是可在 [D1·]、[D2·] 中指定 32 位计数器。需要

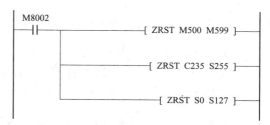

图 8-67　区间复位指令的使用说明

注意的是不能混合指定，即要么全部是 16 位计数器，要么全部是 32 位计数器。

二、解码指令

（1）解码指令的指令名称、助记符、功能号、操作数和程序步长如表 8-40 所示。

表 8-40 解码指令表

指令名称	功能号与助记符	操作数			程序步长
		[S·]	[D·]	n	
解码指令	FNC41 DECO	K、H、X、Y、M、S、T、C、D、V、Z、U□/G□	Y、M、S、T、C、D、U□/G□	K、H $n=1\sim8$	DECO、DECOP 7步

（2）指令使用说明。

1）当 [D·] 是 Y、M、S 位元件时，解码指令根据 [S·] 指定的起始地址的 n 位连续的位元件所表示的十进制码值 Q，对 [D·] 指定的 2^n 位目标元件的第 Q 位（不含目标元件位本身）置1，其他位置0。使用说明如图 8-68（a）所示，图中 3 个连续源元件数据十进制码 $Q=2^1+2^0=3$，因此从 M10 开始的第 3 位 M13 为 1。

当 $n=0$ 时，程序不操作；$n=1\sim8$ 以外时，出现运算错误；$n=8$ 时，[D·] 的位数为 $2^8=256$。

驱动输入为 OFF 时，不执行指令，上一次解码输出置1的位保持不变。

 注意：若指令为连续执行型，则在各个扫描周期都执行。

2）当 [D·] 是字元件时，DECO 指令以源 [S·] 所指定字元件的低 n 位所表示的十进制码 Q，对 [D·] 指定的目标字元件的第 Q 位（不含最低位）置1，其他位置0。如图 8-68（b）所示，图中源数据 $Q=2^1+2^0=3$，因此 D1 的第 3 位为 1。当源数据为 Q=0 时，第 0 位置 1。

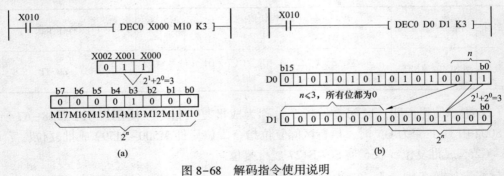

图 8-68 解码指令使用说明

（a）[D·] 为位元件 $n\leqslant8$；（b）[D·] 为字元件 $n\leqslant4$

当 $n=0$ 时，程序不执行；n 在 1~4 以外时，出现运算错误；当 $n\leqslant4$ 时，则在 [D·] 的 $2^4=16$ 位范围解码；当 $n\leqslant3$ 时，在 [D·] 的 $2^3=8$ 位范围解码，高 8 位均为 0。

驱动输入为 OFF 时，不执行指令，上一次解码输出置1的位保持不变。

 注意：若指令是连续执行型，则在各个扫描周期都会执行。

三、编码指令

（1）编码指令的指令名称、助记符、功能号、操作数和程序步长如表 8-41 所示。

表 8-41　　　　　　　　　　　　　　编码指令表

指令名称	功能号与助记符	操作数			程序步长
		[S·]	[D·]	n	
编码指令	FNC42　ENCO	X、Y、M、S、T、C、D、V、Z、U□/G□	T、C、D、V、Z、U□/G□	K、H $n=1\sim8$	ENCO、ENCOP　7步

（2）指令使用说明。

1）当 [S·] 是位元件时，以源操作数 [S·] 指定的位元件为首地址、长度为 2^n 的位元件中，指令将最高置 1 的位号存放到目标 [D·] 指定的元件中，[D·] 指定元件中数值的范围由 n 确定。使用说明如图 8-69（a）所示，图中源元件的长度为 2^n（此时 $n=3$，$2^3=8$）位，即 M10~M17，其最高置 1 位是 M13 即第 3 位。将"3"对应的二进制数存放到 D10 的低 3 位中。

当源操作数的第一个（即第 0 位）位元件为 1 时，即 [D·] 中存入 0。当源操作数中无 1 时，出现运算错误。

当 $n=0$ 时，程序不执行；$n>8$ 时，出现运算错误；$n=8$ 时，[S·] 中位数为 $2^8=256$。驱动输入为 OFF 时，不执行指令，上次编码输出保持不变。

　注意：若指令是连续执行型，则在各个扫描周期都执行。

2）当 [S·] 是字元件时，在其可读长度为位 2^n 位中，最高置 1 的位被存放到目标 [D·] 指定的元件中，[D·] 中数值的范围由 n 确定。使用说明如图 8-69（b）所示，图中源字元件的可读长度为 $2^n=2^3=8$ 位，其最高置 1 位是第 3 位。将"3"（二进制数）存放到 D1 的低 3 位中。

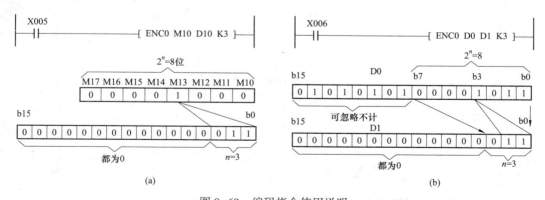

图 8-69　编码指令使用说明

（a）[S·] 为位元件 $n\leqslant8$；（b）[S·] 为字元件 $n\leqslant4$

当源操作数的第一位（即第 0 位）为 1 时，即 [D·] 中存入 0。当源操作数中无 1 时，出现运算错误。

当 $n=0$ 时，程序不执行；n 在 14 以外时，出现运算错误；$n=4$ 时，［S·］中位数为 $2^4=16$。

驱动输入为 OFF 时，不执行指令，上次编码输出保持不变。

 注意：若指令是连续执行型，则在各个扫描周期都执行。

四、求置 ON 位总和指令

（1）求置 ON 位总和指令的指令名称、助记符、功能号、操作数和程序步长如表 8-42 所示。

表 8-42 　　　　　　　　　　　求置 ON 位总和指令表

指令名称	功能号与助记符	操作数		程序步长
		［S·］	［D·］	
求置 ON 位总和指令	FNC43　SUM	K、H、KnX、KnY、KnM、KnS、T、C、D、V、Z、U□/G□	KnY、KnM、KnS、T、C、D、V、Z、U□/G□	SUM、SUMP　5 步 DSUM、DSUMP　9 步

（2）指令使用说明。求置 ON 位总和指令是将源操作数 ［S·］ 指定元件中置 1 的总和存入目标操作数 ［D·］。使用说明如图 8-70 所示。图中源元件 D0 中有 9 个位为 1，当 X000 为 ON 时，将 D0 中置 1 的总和 9 存入目标元件 D2 中。若 D0 中为 0，则 0 标志 M8020 动作。

若使用 DSUM 或 DSUMP 指令，是将 32 位数据中置 1 的位数之和写入到目标操作数。

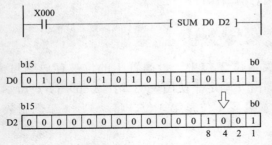

图 8-70　求置 ON 位总和指令使用说明

五、ON 位判断指令

（1）ON 位判断指令的指令名称、助记符、功能号、操作数和程序步长如表 8-43 所示。

表 8-43 　　　　　　　　　　　ON 位判断指令表

指令名称	功能号与助记符	操作数			程序步长
		［S·］	［D·］	n	
ON 位判断指令	FNC44　BON	K、H、KnX、KnY、KnM、KnS、T、C、D、V、Z、U□/G□	Y、M、S、D□.b	K、H $n=0\sim15$（16 位）$n=0\sim31$（32 位）	BON、BONP 7 步 DBON、DBONP 13 步

（2）指令使用说明。ON 位判断指令可对 ［D·］ 指定的位元件来判断源 ［S·］ 中第 n 位是否为 ON。若为 ON，［D·］ 指定的位元件动作，反之则为 OFF。使用说明如图 8-71 所示，当 X000 为 ON 时，判断 D10 中第 15 位，若为 1，则 M0 为 ON，反之为 OFF。X000 变为 OFF 时，M0 状态不变化。

执行 16 位指令时，$n=0\sim15$，执行 32 位指令时，$n=0\sim31$。

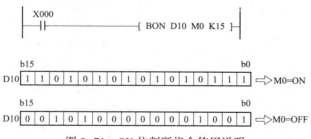

图 8-71　ON 位判断指令使用说明

六、平均值指令

（1）平均值指令的指令名称、助记符、功能号、操作数和程序步长如表 8-44 所示。

表 8-44　　　　　　　　　　　平均值指令表

指令名称	功能号与助记符	操作数			程序步长
		[S·]	[D·]	n	
平均值指令	FNC45　MEAN	KnX、　KnY、KnM、KnS、T、C、D、U□/G□	KnY、　KnM、KnS、T、C、D、V、Z、U□/G□	K、H $n=1\sim64$	MEAN、MEANP 7 步 DMEAN、DMEANP 7 步

（2）指令使用说明。平均值指令 MEAN 是将［S·］指定的 n 个（元件）源操作数据的平均值（用 n 除代数和）存入目标操作数［D·］中，舍去余数。MEAN 指令的说明如图 8-72 所示。

当 n 超出元件规定地址号范围时，n 值自动减小；n 在 $1\sim64$ 以外时，会发生错误。

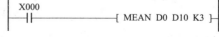

$$\frac{(D0)+(D1)+(D2)}{3} \rightarrow (D10)$$

图 8-72　平均值指令的使用说明

七、标志置位和复位指令

（1）标志置位和复位指令的指令名称、助记符、功能号、操作数和程序步长如表 8-45 所示。

表 8-45　　　　　　　　　　　标志置位和复位指令表

指令名称	功能号与助记符	操作数			程序步长
		[S·]	M	[D·]	
标志置位	FNC46　ANS	T T0~T199	$M=1\sim32767$（100ms 单位）	S（S900~S999）	ANS 7 步
标志复位	FNC47　ANR	—			ANR、ANRP 1 步

（2）指令使用说明。标志置位指令是驱动信号报警器 M8048 动作的方便指令，当执行条件为 ON 时，［S·］中定时器定时 m（100ms 单位）后，［D·］指定的标志状态寄存器置位，同时 M8048 动作。使用说明如图 8-73 所示，若 X000 与 X001 同时接通 1s 以上，则 S900 被置位，同时 M8048 动作，定时器复位。以后即使 X000 或 X001 为 OFF，S900 置位的状态不变。若 X000 与 X001 同时接通不满 1s 变为 OFF，则定时器复位，S900 不置位。

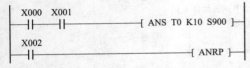

图 8-73　标志置位和复位指令使用说明

标志复位指令可将被置位的标志状态寄存器复位。使用说明如图 8-73 所示，当 X002 为 ON 时，如果有多个标志状态寄存器动作，则将动作的新地址号的标志状态复位。

若采用连续型 ANR 指令，X002 为 ON 时，则在每个扫描周期中按顺序对标志状态寄存器复位，直至 M8018 为 OFF。

八、二进制平方根指令

（1）二进制平方根指令的指令名称、助记符、功能号、操作数和程序步长如表 8-46 所示。

表 8-46　　　　　　　　　　　　　　二进制平方根指令表

指令名称	功能号与助记符	操作数范围		程序步长
		[S·]	[D·]	
二进制平方根	FNC48　SQR	K、H、D、U□/G□	D、U□/G□	SQR、SQRP　5步 DSQR、DSQRP 9步

（2）指令使用说明。该指令可用于计算二进制平方根。要求 [S·] 中只能是正数，若为负数，错误标志 M8067 动作，指令不执行。使用说明如图 8-74 所示，计算结果舍去小数取整。如 D10 为 10 时，执行该指令后，D12 中为 3。舍去小数时，借位标志 M8021 为 ON。如果计算结果为 0 时，零标志 M8020 动作。

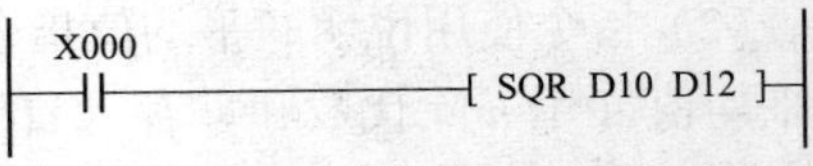

九、二进制整数与二进制浮点数转换指令

（1）二进制整数与二进制浮点数转换指令的指令名称、助记符、功能号、操作数和程序步长如表 8-47 所示。

```
      X000
───────┤├────────────────────────[ SQR D10 D12 ]──
```

图 8-74　二进制平方根指令使用说明

表 8-47　　　　　　　　　　　二进制整数与二进制浮点数转换指令表

指令名称	功能号与助记符	操作数范围		程序步长
		[S·]	[D·]	
二进制整数与二进制浮点数转换	FNC49　FLT	D、U□/G□	D、U□/G□	FLT、FLTP 5步 DFLT、DFLTP 9步

（2）指令使用说明。该指令是二进制整数与二进制浮点数转换指令。常数 K、H 在各浮点计算指令中自动转换，在 FLT 指令中不作处理。

指令的使用说明如图 8-75 所示，该指令在 M8023 作用下可实现可逆转换。图 8-75（a）是 16 位转换指令，若 M8023 为 OFF，当 X000 接通时，则将源元件 D10 中的 16 位二进制整数转换为二进制浮点数，存入目标元件（D13，D12）中。图 8-75（b）是 32 位指令，若 M8023 为 ON，则将源元件（D11，D10）中的二进制浮点数转换为 32 位二进制整数（小数点后的数舍去）。

【例 8-12】　用 DECO 指令实现步进电动机的正反转和调速控制。

（1）步进电动机的工作方式。

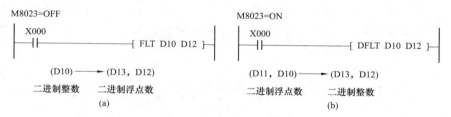

图 8-75　二进制整数与二进制浮点数转换指令说明

（a）16 位指令转换；（b）32 位指令转换

　　步进电动机是纯粹的数字控制电动机，它将电脉冲信号转变成角位移，即给一个脉冲信号，步进电动机就转动一个角度。三相步进电动机的工作方式有单三拍、双三拍和三相六拍之分。

　　1）单三拍工作方式。三相步进电动机如果按 A-B-C-A 方式循环通电工作，就称这种工作方式为单三拍工作方式。其中"单"指的是每次对一相通电，"三拍"指的是磁场旋转一周需要换相三次，这时转子转动一个齿距角。

　　2）双三拍工作方式。每次对两相同时通电，即所谓"双"；磁场旋转一周需要换相三次，即所谓"三拍"，这时，转子转动一个齿距角。在双三拍工作方式中，步进电动机正转的通电顺序为：AB-BC-CA，反转的通电顺序为：BA-AC-CB。

　　3）三相六拍工作方式。通电顺序为 A-AB-B-BC-C-CA-A，即以一相和两相间隔轮流通电的方式运行，这样三相绕组的六种不同的通电状态组成一个循环，步进电动机的这种运行方式称为三相六拍。

　　（2）控制要求。以三相六拍步进电动机为例，要求 PLC 产生脉冲序列，作为步进电动机驱动电源功放电路的输入。脉冲正序列为 A-AB-B-BC-C-CA，脉冲反序列为 CA-C-BC-B-AB-A。

　　X000 接正转开关；

　　X001 接反转开关；

　　Y000 控制接通 A 相；

　　Y001 控制接通 B 相；

　　Y002 控制接通 C 相。

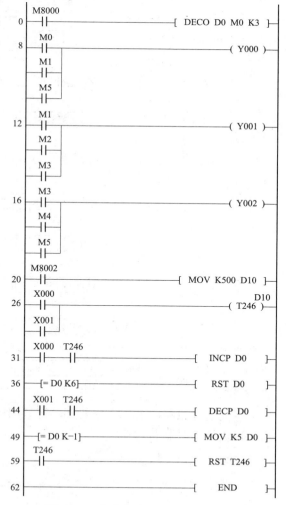

图 8-76　步进电动机正反转控制程序

（3）程序分析。步进电动机正反转控制如图 8-76 所示。程序中采用积算定时器 T246 为脉冲发生器，因继电器输出类型的 PLC，其通断频率过高有可能损坏 PLC，故设定值为 K200~K1000，定时为 200~1000ms。

第八节　高速处理类指令及其应用

高速处理指令可以按最新的输入/输出信息进行程序控制，并能有效利用数据高速处理能力进行中断处理。高速处理类指令见表 8-48。

表 8-48　　　　　　　　　　　高速处理类指令

NFC No.	指令记号	符号	功能
50	REF	┤├──[REF | D | n]	输入输出刷新
51	REFF	┤├──[REFF | n]	输入刷新（带滤波器设定）
52	MTR	┤├──[MTR | S | D1 | D2 | n]	矩阵输入
53	HSCS	┤├──[HSCS | S1 | S2 | D]	比较置位（高速计数器用）
54	HSCR	┤├──[HSCR | S1 | S2 | D]	比较复位（高速计数器用）
55	HSZ	┤├──[HSZ | S1 | S2 | S | D]	区间比较（高速计数器用）
56	SPD	┤├──[SPD | S1 | S2 | D]	脉冲密度
57	PLSY	┤├──[PLSY | S1 | S2 | D]	脉冲输出
58	PWM	┤├──[PWM | S1 | S2 | D]	脉宽调制
59	PLSR	┤├──[PLSR | S1 | S2 | S3 | D]	带加减速的脉冲输出

配有高速计数器的 PLC，一般都具有利用软件调节部分输入口滤波时间及对一定的输入输出口进行即时刷新的功能。

一、输入/输出刷新指令

（1）输入/输出刷新指令的指令名称、助记符、功能号、操作数和程序步长如表 8-49 所示。

（2）指令使用说明。该指令可用于对指定的输入及输出口立即刷新。在运行过程中，若需要最新的信息以及希望立即输出运算结果时，可以使用输入输出刷新指令。

表 8-49　　　　　　　　　　　输入/输出刷新指令表

指令名称	功能号与助记符	操作数范围		程序步长
		[D·]	n	
输入/输出刷新	FNC50　REF	X、Y	K、H n 为 8 的倍数	REF、REFP 7 步

指令使用说明如图 8-77 所示，图 8-77（a）为输入刷新，对输入点 X010～X017 的 8 个点刷新。图 8-77（b）为输出刷新，对 Y000～Y007、Y010～Y017、Y020～Y027 的 24 个点刷新。

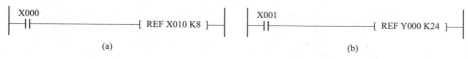

(a)　　　　　　　　　　　　　　　　　　　　(b)

图 8-77　输入/输出刷新指令使用说明

(a) 输入刷新；(b) 输出刷新

在指令中指定 [D·] 的元件首地址时，应为 X000、X010…，Y000、Y010、Y020…。刷新点数应为 8 的倍数，此外的其他数值都是错误的。

二、滤波调整指令

（1）该指令的指令名称、助记符、功能号、操作数和程序步长如表 8-50 所示。

表 8-50　　　　　　　　　　　滤波调整指令表

指令名称	功能号与助记符	操作数范围	程序步长
		n	
滤波调整指令	FNC51　REFF	K、H n 为 0～60ms	REFF、REFFP 7 步

（2）指令使用说明。滤波调整指令可用于对 X000～X017 输入口的输入滤波器 D8020 的滤波时间调整。

1）当 X000～X017 的输入滤波器设定初值为 10ms 时，可用 REFF 指令改变滤波初值时间，也可以用 MOV 指令改写 D8020 滤波时间。

2）当 X000～X017 用作高速计数输入，或用于速度检测信号，或用作中断输入时，输入滤波器的时间常数自动设置为 50μs。

滤波调整指令的使用说明如图 8-78 所示，当 X010 为 ON 时，将 X000～X017 输入滤波器 D8020 中滤波时间调整为 1ms。

三、矩阵输入指令

（1）该指令的指令名称、助记符、功能号、操作数和程序步长如表 8-51 所示。

（2）指令使用说明。该指令可以将 8 点输入与 n 点输出构成 8 行 n 列的输入矩阵，从输入端快速、批量接收数据。

1）指令表中 [S·] 只能指定 X000、X010、X020 等最低位为 0 的 X 作起始点，占用连续点输入，通常选用 X010 以后的输入点，若选用输入 X000～X017 虽可以加快存储速度，

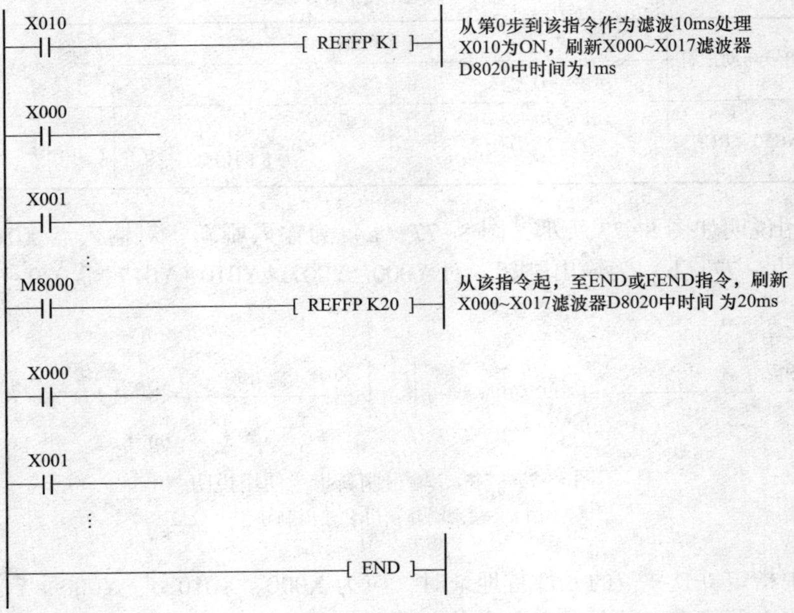

图 8-78　滤波调整指令使用说明

表 8-51　矩阵输入指令表

指令名称	功能号与助记符	操作数范围				程序步长
		[S·]	[D1·]	[D2·]	n	
矩阵输入指令	FNC52　MTR	X	Y	Y、M、S	K、H n 为 2~8	MTR 9 步

但会因输出晶体管还原时间长和输入灵敏度高而发生误输入，这时必须在晶体管输出端与 COM 之间接 3.3kΩ/0.5W 电阻。

2）[D1·] 只能指定 Y000、Y010、Y020 等最低位为 0 的 Y 作起始点，占用 n 点晶体管型输出点。

3）[D2·] 可指定 Y、M、S 作为存储单元，下标起点应为 0，数量为 8×n。因此，使用该指令最大可以用 8 点输入和 8 点输出存储 64 点输入信号。

指令使用说明如图 8-79 所示，图 8-132（a）指令中 $n=3$，是一个 8 点输入、3 点输出，可以存储 24 点输入的矩阵。图 8-79（b）是指令的矩阵电路，3 点输出 Y020、Y021、Y022 依次反复为 ON，每一次第一列、第二列、第三列的输入依次反复存储，依次存入 M30~M37、M40~M47、M50~M57 中。存储顺序如图 8-79（c）所示。驱动条件应采用 M8000，PLC 运行中，常置于 ON 状态，以确保指令正常工作。

四、高速计数器比较置位和比较复位指令

（1）该指令的指令名称、助记符、功能号、操作数和程序步长如表 8-52 所示。

（2）指令使用说明。高速计数器比较置位和比较复位指令用于需要立即向外输出高速计数器的当前值与设定值比较结果时置位、复位的场合。

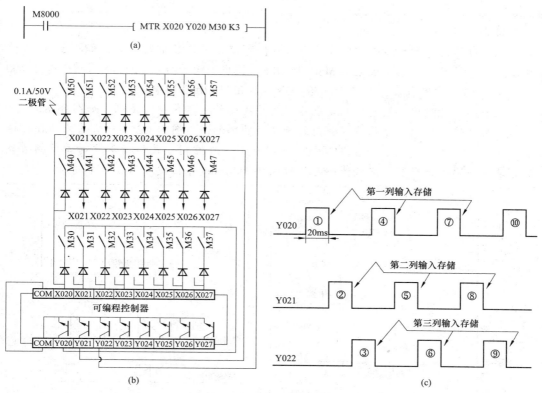

图 8-79　矩阵输入指令使用说明

（a）矩阵输入指令使用说明；（b）矩阵电路；（c）矩阵输入存储顺序

表 8-52　　　　　　　　　　　　高速计数器比较置位和比较复位指令表

指令名称	功能号与助记符	操作数范围			程序步长
		[S1·]	[S2·]	[D·]	
比较置位	FNC53　HSCS	K、H、KnX、KnY、KnM、KnS、T、C、D、Z、U□/G□	C235～C255	Y、M、S I010～I060	(D) HSCS13 步
比较复位	FNC54　HSCR			Y、M、S 可同 [S2·]	(D) HSCR13 步

　　如图 8-80（a）所示为高速计数器比较置位指令的梯形图，程序中当 C255 的当前值由 99 或 101 变为 100 时，Y010 立即置 1。如图 8-80（b）所示为高速计数器比较复位指令的梯形图，C255 的当前值由 199 或 201 变为 200 时 Y010 立即复位。

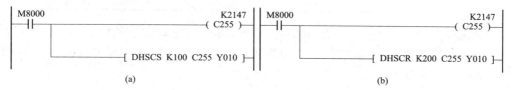

图 8-80　高速计数器比较置位和比较复位指令使用说明

（a）高速计数器比较置位指令使用说明；（b）高速计数器比较复位指令使用说明

说明：

（1）高速计数器比较置位指令中［D·］可以指定计数中断指针，如图8-81（a）所示。如果计数中断禁止继电器 M8059＝OFF，图中高速计数器 C255 的当前值等于100时，执行 I010 中断程序；如果 M8059＝ON，则 I010～I060 均中断禁止。

（2）高速计数器比较复位指令也可以用于高速计数器本身的复位。如图8-81（b）所示是用高速计数器产生脉冲，并能自行复位的梯形图。图中 C255 当前值为 300 时接通，当前值为 400 时，C255 立即复位，这种采用一般控制方式和指令控制方式相结合的方法，使高速计数器的触点依一定的时间要求接通或复位便可形成脉冲波形。

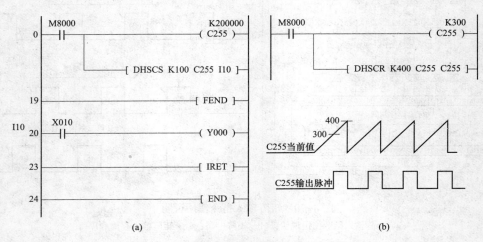

图8-81　高速计数器比较置位、复位指令的使用

（a）高速计数器比较置位指令的中断操作；（b）高速计数器自复位用以产生脉冲

五、高速计数器区间比较指令

（1）该指令的指令名称、助记符、功能号、操作数和程序步长如表8-53所示。

表 8-53　　　　　　　高速计数器区间比较指令表

指令名称	功能号与助记符	操作数范围			程序步长
		［S1·］／［S2·］ ［S1·］≤［S2·］	［S·］	［D·］	
区间比较指令	FNC55　HSZ	K、H、KnX、KnY、KnM、KnS、T、C、D、Z、U□/G□	C C235～C255	Y、M、S	（D）HSZ 13 步

（2）指令使用说明。图8-82所示是高速计数器区间比较指令的梯形图。该图中高速计数器 C251 的当前值小于 1000 时，Y000 置 1；大于等于 1000 小于等于 2000 时，Y001 置1；大于 2000 时，Y002 置 1。

六、高速计数器比较指令的使用说明

（1）高速计数器比较置位、比较复位和区间比较三条指令是高速计数器的 32 位专用控

制指令，使用这些指令时，梯形图中应含有计数器设定值，明确被选用的计数器。当不涉及计数器触点控制时，计数器的设定值可设为计数器计数最大值或任意高于控制数值的数据。

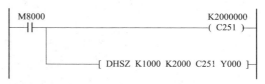

图 8-82 高速计数器区间比较指令的使用说明

（2）在同一程序中如多处使用高速计数器控制指令，其被控对象输出继电器的编号的高 2 位应相同，以便在同一中断处理过程中完成控制。例如，使用 Y000 时，应为 Y000~Y007；使用 Y010 时，应为 Y010~Y017 等。

（3）特殊辅助继电器 M8025 是高速计数器指令的外部复位标志。PLC 一运行，M8025就置 1，高速计数器的外部复位端 X001 若送入复位脉冲，高速计数比较指令指定的高速计数器立即复位。因此，高速计数器的外部复位输入端 X001 在 M8025 置 1，且使用高速计数比较指令时，可作为计数器的计数起始控制。

（4）高速计数比较指令是在外来计数脉冲作用下以比较当前值与设定值的方式工作的。当不存在外来计数脉冲时，可使用传送类指令修改当前值或设定值，但指令所控制的触点状态不会变化。在存在外来脉冲时使用传送指令修改当前值或设定值，在修改后的下一个扫描周期脉冲到来后执行比较操作。

七、脉冲密度指令

（1）该指令的指令名称、助记符、功能号、操作数和程序步长如表 8-54 所示。

表 8-54 脉冲密度指令表

指令名称	功能号与助记符	操作数范围			程序步长
		[S1·]	[S2·]	[D·]	
脉冲密度指令	FNC56 SPD	X X = X0~X5	K、H、KnX、KnY、KnM、KnS、T、C、D、V、Z、U□/G□	T、C、D、V、Z	SPD 7 步

（2）指令使用说明。脉冲密度指令可用于从指令指定的输入口输入计数脉冲，在规定的计数时间里，统计输入脉冲数的场合，如统计转速脉冲等。指令使用说明如图 8-83所示。

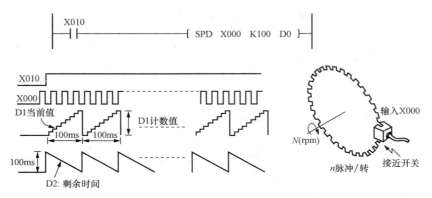

图 8-83 脉冲密度指令使用说明

脉冲密度指令在 X010 由 OFF 变为 ON 时，在 [S1·] 指定的 X000 口输入计数脉冲，在 [S2·] 指定的 100ms 时间内，[D·] 指定 D1 对输入脉冲计数，将计数结果存入 [D·] 指定的首地址单元 D0 中，随之 D1 复位，再对输入脉冲计数，D2 用于测定剩余时间。D0 中的脉冲值与旋转速度成比例，速度与测定的脉冲关系为

$$N=\frac{60\ (D0)}{n\times t}\times10^{3}\ (r/min)$$

式中 n——每转的脉冲数；

t—— [S2·] 指定的测时间，ms。

从 X000~X005 输入的最高计数频率与一相高速计数器处理相同。

【例 8-13】 用一编码器来检测一电机转速，若电机每转一转编码器产生 2 个脉冲，试用 SPD 指令编写程序，计算电动机的转速。

分析：把编码器产生的高速脉冲从 X0 口输入。在上述的转速公式中，$n=2$，可令 $t=100ms$（当然也可设成其他值），计算得出的转速值数据存于 D10。

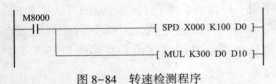

图 8-84 转速检测程序

$(D10)=300\ (D0)$ 单位为 r/min

程序如图 8-84 所示。

八、脉冲输出指令

（1）该指令的指令名称、助记符、功能号、操作数和程序步长如表 8-55 所示。

表 8-55   **脉冲输出指令表**

指令名称	功能号与助记符	操作数范围			程序步长
		[S1·]	[S2·]	[D·]	
脉冲输出指令	FNC57 PLSY	K、H、KnX、KnY、KnM、KnS、T、C、D、V、Z、U□/G□		只能指定晶体管型 Y0 或 Y1	PLSY 7 步 DPLSY 13 步

（2）指令使用说明。该指令可用于指定频率、产生定量脉冲输出的场合。使用说明如图 8-85 所示，图中 [S1·] 用以指定频率，范围为 2~20kHz；[S2·] 用以指定产生脉冲数量，16 位指令指定范围为 1~32 767，32 位指令指定范围为 1~2 147 483 647。[D·] 用以指定输出脉冲的 Y 号（仅限于指定晶体管型 Y0、Y1），输出的脉冲高低电平各 50%。在图 8-85 中，X010 为 OFF 时，输出中断，再置为 ON 时，从初始状态开始动作。当发出连续脉冲，X010 为 OFF 时，输出也为 OFF。输出脉冲数量存于 D8137、D8136 中。

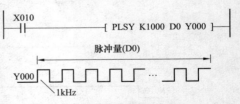

图 8-85 脉冲输出指令使用说明

设定脉冲量输出结束时，指令执行结束标志 M8029 动作。[S1·] 中的内容在指令执行中可以变更，但 [S2·] 的内容不能变更。另外，当 [S2·] 的值为 0 时，则会连续输出脉冲，无数量限制。

九、脉宽调制指令

（1）该指令的指令名称、助记符、功能号、操作数和程序步长如表 8-56 所示。

表 8-56   脉宽调制指令表

指令名称	功能号与助记符	操作数范围			程序步长
		[S1·]	[S2·]	[D·]	
脉宽调制指令	FNC58 PWM	K、H、KnX、KnY、KnM、KnS、T、C、D、V、Z、U□/G□		只能指定晶体管型 Y0～Y2，高速输出模块可用 Y3	PWM 7 步

（2）指令使用说明。该指令可用于指定脉冲宽度、脉冲周期、产生脉宽可调脉冲输出的场合。使用说明如图 8-86 所示，图中 [S1·] 指定 D10 存放脉冲宽度 t，t 可在 0～32 767ms 范围内选取，但不能大于其周期。其中 D10 的内容只能在 [S2·] 指定的脉冲周期 $T_0 = 50$ 内变化，否则会出现错误，T_0 可在 0～32 767ms 范围内选取；[D·] 指定脉冲输出 Y 号（仅限于指定晶体管型 Y0、Y1）为 Y000。当 X010 为 ON 时，Y000 输出为 ON/OFF 脉冲，脉冲调调制比为 t/T_0，可进行中断处理。

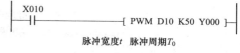

脉冲宽度 t 脉冲周期 T_0

图 8-86   脉宽调制指令使用说明

十、可调速脉冲输出指令

（1）该指令的指令名称、助记符、功能号、操作数和程序步长如表 8-57 所示。

表 8-57   脉宽调制指令表

指令名称	功能号与助记符	操作数范围				程序步长
		[S1·]	[S2·]	[S3·]	[D·]	
可调速脉冲输出指令	FNC59 PLSR	K、H、KnX、KnY、KnM、KnS、T、C、D、V、Z、U□/G□			只能指定晶体管型 Y0 或 Y1	PLSR 9 步 DPLSR 17 步

（2）指令使用说明。该指令是带有加减速功能的传送脉冲输出指令。其功能是对所指定的最高频率进行加速，直到达到所指定的输出脉冲数，再进行定减速。

图 8-87（a）梯形图中，当 X010 置于 OFF 时，中断输出，再置为 ON 时，从初始动作开始定加速，达到所指定的输出脉冲数时，再进行定减速，其波形图如图 8-87（b）所示。

梯形图中各操作数的设定内容如下：

1）[S1·] 为最高频率，设定范围为 10Hz～20kHz，并以 10 的倍数指定，若指定 1 位数时，则结束运行。在达到指定的脉冲数后进行定减速时，按指定的最高频率的 1/10 作为减速时的一次变速量，一次变速量应设定在步进电动机不失调的范围。

2）[S2·] 是总输出脉冲数，设定范围为：16 位运算指令是 110～32 767；32 位运算指令是 110～2 147 483 647。若设定不满 110 时，脉冲不能正常输出。

3）[S3·] 是加减速时间（ms）。加减速时间相等，加减速时间设定范围为：5000ms

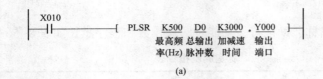

(a)

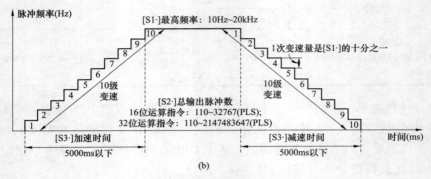

(b)

图 8-87　可调速脉冲输出指令使用说明

（a）可调速脉冲输出指令使用说明；（b）可调速脉冲输出指令加减速原理

以下应按以下①~③的条件设定：

①　加减速时间设定在 PLC 的扫描时间最大值（D8012 值以上）的 10 倍以上，若设定不足 10 倍时，加减速不一定计时。

②　加减速时间最小值设定应大于下式，即

$$［S3·］>90000／［S1·］×5$$

若小于上式最小值，加减速时间的误差增大，此外，设定不到 90000／［S1·］值时，在 90000／［S1·］值时结束运行。

③　加减速时间最大值设定应小于下式，即

$$［S3·］<［S2·］／［S1·］×818$$

④　加减数的变速次数固定在 10 次。

若不能按以上条件设定时，应降低［S1·］设定的最高频率。

［D·］指定脉冲输出 Y 地址号，只能指定 Y000 或 Y001，并且 PLC 输出要为晶体管输出型。输出频率为 2~20kHz。若指令设定的最高频率、加减速时的变速速度超过此范围时，自动在该输出范围内调低或进位。

PLSR 指令输出的脉冲数存入以下特殊数据寄存器中：Y000 输出脉冲数存入 D8141（高位）、D8140（低位）中；Y001 输出脉冲数存入 D8143（高位）、D8142（低位）；PLSR、PLSY 两指令输出的总脉冲数对 Y000、Y001 输出脉冲的累计存入 D8137（高位）、D8136（低位）中。

第九节　方便指令及其应用

方便指令是为了在复杂的程序中使用最简单的控制方式的指令，包括状态初始化、查找数据、特殊定时器、交替输出、斜坡指令等，如表 8-58 所示。

表 8-58　　　　　　　　　　　　　　　　**方便指令及功能**

FNC No.	指令记号	符号	功能
60	IST	`IST S D1 D2`	初始化状态
61	SER	`SER S1 S2 D n`	数据检索
62	ABSD	`ABSD S1 S2 D n`	凸轮控制绝对方式
63	INCD	`INCD S1 S2 D n`	凸轮控制相对方式
64	TTMR	`TTMR D n`	示教定时器
65	STMR	`STMR S m D`	特殊定时器
66	ALT	`ALT D`	交替输出
67	RAMP	`RAMP S1 S2 D n`	斜坡信号
68	ROTC	`ROTC S m1 m2 D`	旋转工作台控制
69	SORT	`SORT S m1 m2 D n`	数据排序

一、状态初始化指令

（1）该指令的指令名称、助记符、功能号、操作数和程序步长如表 8-59 所示。

表 8-59　　　　　　　　　　　　　　　　**状态初始化指令表**

指令名称	功能号与助记符	操作数范围			程序步长
		[S·]	[D1·]	[D2·]	
脉冲输出指令	FNC60　IST	X、Y、M、D□.b	S20~S899 [D1·] < [D2·]		IST 7 步

（2）指令使用说明。该指令可以对步进梯形图中的状态初始化和一些特殊辅助继电器进行自动切换控制。使用说明如图 8-88 所示。

指令中 [S·] 指定运行模式的初始输入，在图 8-88 中，元件功能如下。

X020：手动操作控制；

X021：返回原点操作；

X022：单步操作控制；

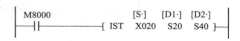

图 8-88　状态初始化指令使用说明

X023：单循环操作；

X024：自动循环控制；

X025：返零启动；

X026：自动操作启动；

X027：停止；

S20：指定自动模式中的实用状态的最小步序号；

S40：指定自动模式中实用状态的最大步序号。

当 M8000 为 ON，执行 IST 指令时，下列元件被自动切换控制。但是，M8000 为 OFF 时，下列单元状态清除。

禁止转移 M8040：所有状态被禁止；

转移开始 M8041：从初始状态转移；

启动脉冲 M8042：输出脉冲；

S0：手动操作初始状态；

S1：回零点初始化状态；

S2：自动操作初始状态。

STL 监测有效 M8047：动作时将 S0 至 S899 的状态按顺序存入 D8040～D8047 中。

注意事项如下：

1）使用 IST 指令时，PLC 自动将 S10～S19 作为回零作用。因此在编程中请勿将这些状态作为普通状态使用。另外，PLC 还将 S0～S9 作为状态初始化处理，其中 S0、S1、S2 作为上述的手动操作、回零、自动操作使用。

2）IST 指令应在状态 S0、S1、S2 等的一系列 STL 指令之前先编程。

3）为了防止上面指定的 X020～X024 同时为 ON，必须采用转换开关。

4）若复原完毕继电器 M8043 未动作时，手动（X020）、回原点（X021）、自动（X022、X023、X024）之间进行切换动作时，则所有输出全为 OFF。反之，M8043 动作，输出按指令要求回原点。

【例 8-14】 机械手传送工件示意图如图 8-89 所示，面板布置如图 8-90 所示，机械手控制要求如下：

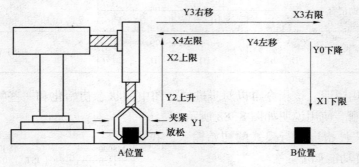

图 8-89 机械手示意图

（1）可手动操作，每个动作均能单独操作，用于将机械手复归至原点位置；

（2）可单周期运行，在原点位置按启动按钮时，机械手按图 8-89 连续工作一个周期，一个周期的工作过程是：原点→下降→夹紧（1s）→上升→右移→下降→放松（1s）→上升→左移到原点。若机械手起始位置不在原点，则不能开始连续运行；

（3）可实现单步运行，即每按一下单步运行按钮，机械手走一步；

（4）可实现连续运行，即完成一个周期运行后自动进入下一个周期的运行；

（5）可实现回原点，要求机械手回原点后才可实现自动运行。

用 IST 指令来实现手动控制、单步运行、单周期自动运行、连续运行功能的切换。控制面板如图 8-90 所示。

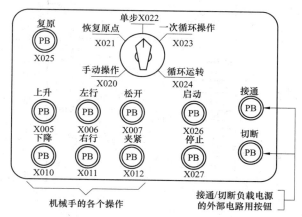

图 8-90　机械手控制面板

编写出步进状态初始化、手动操作、回原点、自动运行（包括单步、单周期循环、连续运行）四部分梯形图程序，如图 8-91 所示，完整程序如图 8-92 所示。

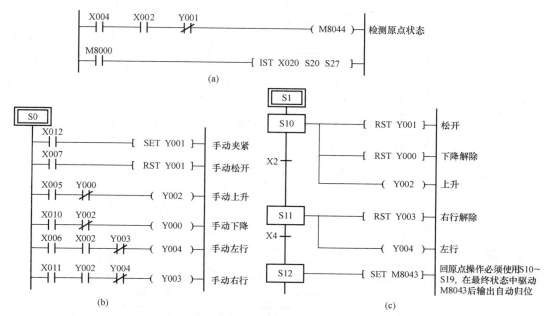

图 8-91　机械手状态初始化、手动操作、回原点、自动运行图（一）

（a）初始化程序；（b）手动操作程序；（c）回原点操作程序

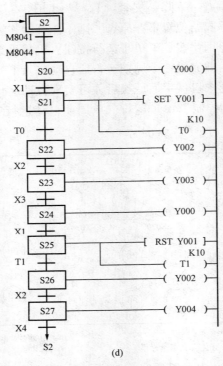

(d)

图 8-91 机械手状态初始化、手动操作、回原点、自动运行图（二）

（d）自动运行

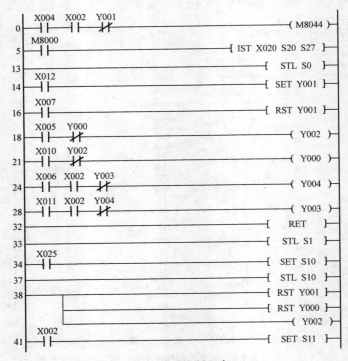

图 8-92 机械手控制程序（一）

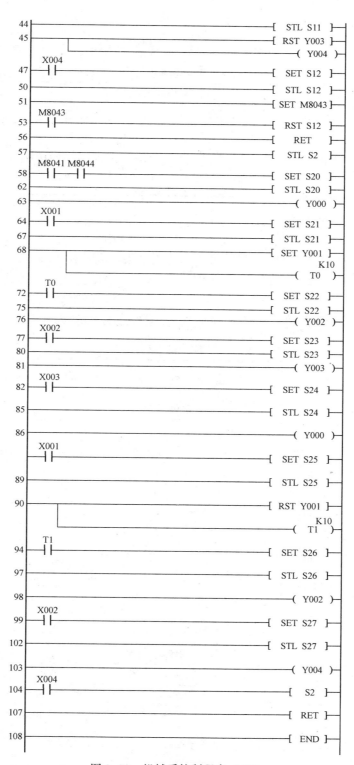

图 8-92 机械手控制程序（二）

二、查找数据指令

（1）该指令的指令名称、助记符、功能号、操作数和程序步长如表 8-60 所示。

表 8-60　　　　　　　　　　　　　　　　　查找数据指令表

指令名称	功能号与助记符	操作数范围				程序步长
		[S1·]	[S2·]	[D·]	n	
查找数据指令	FNC61 SER	KnX、KnY、KnM、KnS、T、C、D、U□/G□	K、H、KnX、KnY、KnM、KnS、T、C、D、V、Z、U□/G□	KnY、KnM、KnS、T、C、D、U□/G□	K、H、D 16位：1~256 32位：1~128	SER、SERP 9 步 DSER、DSERP 17 步

（2）指令使用说明。指令如图 8-93 所示。

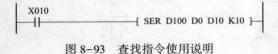

图 8-93　查找指令使用说明

表 8-61 是检索构成原理表，表 8-62 是检索结果的内容存入表，由表 8-62 可知，以 [D·] 中 D10 为起始的 5 个元件中，可存入与 D0 相同数据个数及首、末位置，最小值、最大值的位置。若不存在相同数据时，则 D10、D11、D12 中存入 0。

表 8-61　　　　　　　　　　　　　　　　　检索构成原理表

被检索器件	被检索数据	比较数据	数据位置	最大值	相同数据	最小值
D100	(D100) = K100		0		相同	
D101	(D101) = K111		1			
D102	(D102) = K100		2		相同	
D103	(D103) = K98		3			
D104	(D104) = K123	(D0) = K100	4			
D105	(D105) = K66		5			最小
D106	(D106) = K100		6		相同	
D107	(D107) = K95		7			
D108	(D108) = K210		8	最大		
D109	(D109) = K88		9			

表 8-62　　　　　　　　　　　　　　　　　检索结果内容存入表

器件号	内容	备注
D10	3	相同数据个数
D11	0	相同数据位置（首次）
D12	6	相同数据位置（末次）
D13	5	最小值最终位置
D14	8	最小值最终位置

应当注意的是，指令只进行代数上的大小比较，不进行复数比较。

三、交替输出指令

（1）该指令的指令名称、助记符、功能号、操作数和程序步长如表8-63所示。

表8-63　　　　　　　　　　　　交替输出指令表

指令名称	功能号与助记符	操作数范围 [D·]	程序步长
交替输出指令	FNC66　ALT	Y、M、S、D□.b	ALT、ALTP 3步

（2）指令使用说明。ALT指令的意义为：每一次控制触点从OFF变为ON时，目标元件的输出状态取反。此指令在程序运行每个周期均有效。

如图8-94为ALT指令的使用说明，执行情况为：

每次X000从OFF变为ON，M0输出状态取反；每次M0从OFF变为ON，M1输出状态取反；每次M1从OFF变为ON，M2输出状态取反。其执行时序图如图8-95所示。

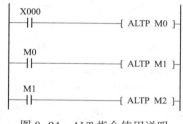

图8-94　ALT指令使用说明

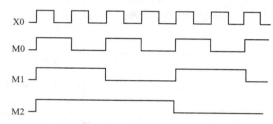

图8-95　ALT指令执行时序图

四、旋转工作台控制指令

（1）该指令的指令名称、助记符、功能号、操作数和程序步长如表8-64所示。

表8-64　　　　　　　　　　　　旋转工作台控制指令表

指令名称	功能号与助记符	操作数范围				程序步长
		[S·]	m1	m2	[D·]	
旋转工作台控制指令	FNC68　ROTC	D，3个连续元件	K、H	K、H	Y、M、S、D□.b 8个连续元件	ROTC 9步

（2）指令使用说明。ROTC指令是将旋转工作台的工作位置移动到指定位置的指令，该指令在程序中只能用一次。指令使用如图8-96所示，旋转工作台如图8-97所示。

ROTC指令中数m1=10为旋转工作台每旋转一周，编码器输出的脉冲数，或称圆周分割数。m2=2为

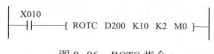

图8-96　ROTC指令

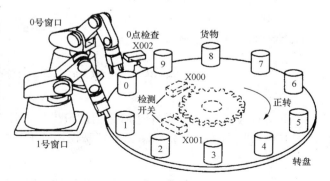

图8-97　旋转工作台示意图

153

设定工作台低速区间数，到达目的位置时需要在距目的位置 1.5 倍的固定位置间开始减速的脉冲数，m2≤m1。D200 作为计数寄存器使用，表示在"零点"的当前位置，D201 为相对于"零点"的目标位置用户定义，D202 为指定取出工件号寄存器。目标元件 M0 为以 M0 开始的连续 8 个位元件，其中：

M0：A 相脉冲信号，由检测开关 X000 输入；

M1：B 相脉冲信号，由 X001 输入；

M2：零点检测信号，由 X002 输入；

M3：高速正转；

M4：低速正转：

M5：停止；

M6：低速正转；

M7：高速正转。

M0、M1、M2 为预先创建分别由输入 X000、X001、X002 驱动，程序如图 8-98 所示。M3～M7 为当 X010 为 ON 时驱动 ROTC 指令自动得到的执行结果。

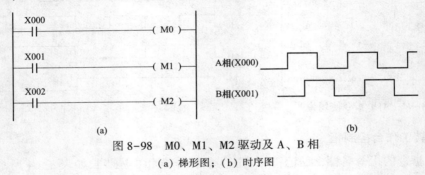

图 8-98　M0、M1、M2 驱动及 A、B 相

(a) 梯形图；(b) 时序图

当 X010 为 ON、零点检测信号 X002 为 ON 时，M2＝1，计数寄存器 D200 的内容清零，为工件转到零点检测点进行计数。

设旋转工作台每旋转一周，编码器发出 500 个脉冲，工作台有 10 个位置，编号为 0～9，则当工作台从一个位置移动到下一个位置时，编码器发出 50 个脉冲。设原点编号为 0 则从编号 7 移动到编号 3，ROTC 指令中的参数为：

$[D\cdot]+1=50\times3=150$ 个脉冲

$[D\cdot]+2=50\times7=350$ 个脉冲

$m1=500$

$m2=50\times1.5=75$ 个脉冲

第十节　外部 I/O 设备指令及其应用

外部 I/O 设备指令主要是使 PLC 通过最少量的外部接线和程序，就可以进行较复杂的控制。其中包括为了控制特殊单元和特殊模块的 FROM 和 TO 指令，如表 8-65 所示。

一、数字开关指令

（1）该指令的指令名称、助记符、功能号、操作数和程序步长如表 8-66 所示。

表 8-65　　　　　　　　　　　　　　　　　外部 I/O 设备指令

FNC No.	指令记号	符号	功能
70	TKY	TKY S D1 D2	数字键输入
71	HKY	HKY S D1 D2 D3	16 键输入
72	DSW	DSW S D1 D2 n	数字式开关
73	SEGD	SEGD S D	七段码译码
74	SEGL	SEGL S D n	七段码时分显示
75	ARWS	ARWS S D1 D2 n	箭头开关
76	ASC	ASC S D	ASCII 数据输入
77	PR	PR S D	ASCII 码打印
78	FROM	FROM m1 m2 D n	BFM 的读出
79	TO	TO m1 m2 S n	BFM 的写入

表 8-66　　　　　　　　　　　　　　　　　数字开关指令表

指令名称	功能号与助记符	操作数范围				程序步长
		[S·]	[D1·]	[D2·]	n	
数字开关指令	FNC72　DSW	X 4 个连号	Y 4 个连号	T、C、D、V、Z、U□ \ G□	K、H 1 或 2	DSW 9 步

（2）指令使用说明。DSW 指令是输入 BCD 码开关数据的指令，可用来读入 1 组或 2 组 4 位数字开关的设置值。在一个程序中，此指令可以使用两次。指令的使用说明如图 8-99 所示，X010 指定 X010、X011、X012、X013 四位输入点，Y010 指定以 Y010 开始的连续 4 位输出选通点，D0 指定数据存储元件，K1 指定数字开关的组数为 1 组。

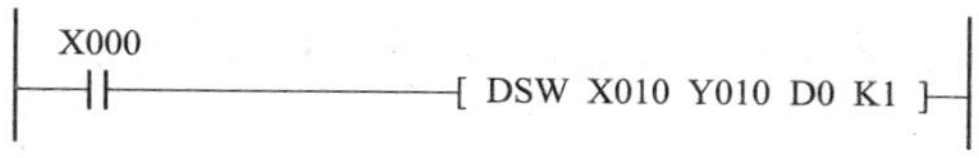

DSW 常使用在晶体管输出的 PLC（源型输入、漏型输出），其外部接线如图 8-100 所示，

```
  X000
───┤├───────────────────[ DSW X010 Y010 D0 K1 ]─
```

图 8-99　DSW 指令

当 $n=1$ 时，使用一组拨码开关输入；当 $n=2$ 时，使用两组拨码开关输入。第一组连接 X010～X013 的 BCD4 位数字开关的数据，根据 Y010～Y013 顺序读入，以 BIN 值存入到目标元件 [D2·]。第二组连接 X014～X017 的 BCD4 位数字开关的数据，根据 Y010～Y013

顺序读入，以 BIN 值存入到目标元件 ［D2·］＋1 中。

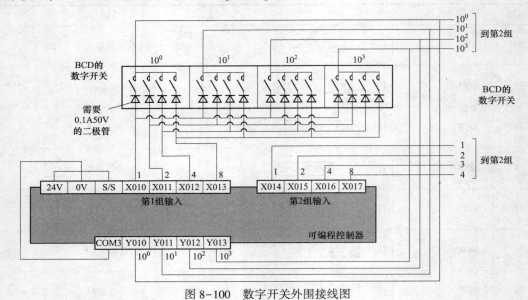

图 8-100　数字开关外围接线图

　　DSW 指令可以作为多重扫描输入。每一次读操作完成后执行结束，标志 M8029 被置位。

　　二、七段码译码指令

　　（1）该指令的指令名称、助记符、功能号、操作数和程序步长如表 8-67 所示。

表 8-67　　　　　　　　　　　　　　　　七段码译码指令表

指令名称	功能号与助记符	操作数范围		程序步长
		［S·］	［D·］	
七段码译码	FNC73　SEGD	K、 H、 KnX、 KnY、KnM、 KnS、T、 C、D、V、Z、U□ \ G□	KnY、KnM、 KnS、T、C、D、V、Z、U□ \ G□	SEGD、SEGDP 5 步

　　（2）指令使用说明。七段码译码指令是驱动 1 位七段码显示十六进制数据指令。使用说明如图 8-101 所示，其中 ［S·］ 指定的软元件存储待显示数据，该元件低 4 位（只用低 4 位）存放的是待显示的十六进制。译码后的七段码存于 ［D·］ 指定元件的低 8 位中，高 8 位保持不变。译码表如表 8-68 所示，表中 B0 是位元件的起始号（如 Y0）或字元件的最低位。

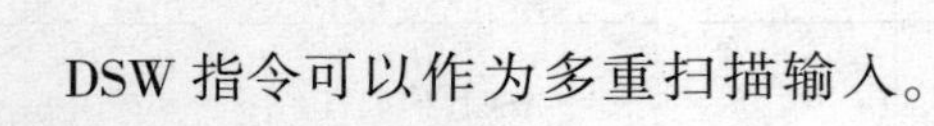

```
   X000                    ［S·］ ［D·］
───┤ ├───────────────┤ SEGD  D0   K2Y000 ├
```

图 8-101　七段码译码指令使用说明

　　三、带锁存的七段码显示指令

　　（1）该指令的指令名称、助记符、功能号、操作数和程序步长如表 8-69 所示。

　　（2）指令使用说明。

　　1）图 8-102 为 SEGL 指令程序，SEGL 的意义是将十进制数 ［S·］ 写到一组 4 路扫描的软元件 ［D·］ 中，驱动由 4 个七段码显示单元组成的显示器中。本指令最多可以带两

表 8-68 七段码译码表

[S·] 十六进制	[S·] 二进制	7段码组合数字	[D·] B7	[D·] B6	[D·] B5	[D·] B4	[D·] B3	[D·] B2	[D·] B1	[D·] B0	显示数据
0	0000		0	0	1	1	1	1	1	1	0
1	0001		0	0	0	0	0	1	1	0	1
2	0010		0	1	0	1	1	0	1	1	2
3	0011		0	1	0	0	1	1	1	1	3
4	0100		0	1	1	0	0	1	1	0	4
5	0101		0	1	1	0	1	1	0	1	5
6	0110		0	1	1	1	1	1	0	1	6
7	0111		0	0	1	0	0	1	1	1	7
8	1000		0	1	1	1	1	1	1	1	8
9	1001		0	1	1	0	1	1	1	1	9
A	1010		0	1	1	1	0	1	1	1	A
B	1011		0	1	1	1	1	0	0	0	B
C	1100		0	0	1	1	1	0	0	1	C
D	1101		0	1	0	1	1	1	1	0	D
E	1110		0	1	1	1	0	0	0	1	E
F	1111		0	1	1	1	0	0	0	1	F

七段码显示位示意: B0(顶), B5(左上) B6(中) B1(右上), B4(左下) B2(右下), B3(底)

表 8-69 七段码译码指令表

指令名称	功能号与助记符	操作数范围 [S·]	操作数范围 [D·]	操作数范围 n	程序步长
带锁存的七段码显示指令	FNC74 SEGL	K、H、KnX、KnY、KnM、KnS、T、C、D、V、Z、U□\G□	Y	A、H n=0~7	SEGL、SEGLP 5 步

组显示器。显示器共享选通脉冲输出信号 [D·] +4~ [D·] +7，图 8-103 中为 Y004~Y007。第一组的数据由 Y000~Y003 输出，第二组的数据由 Y010~Y013 输出。图 8-103 为应用 SEGL 指令的外围接线图。

```
 X000
 ─┤├─                                    ─[ SEGL D0 Y000 K0 ]┤├─
```

图 8-102 带锁存七段码显示指令

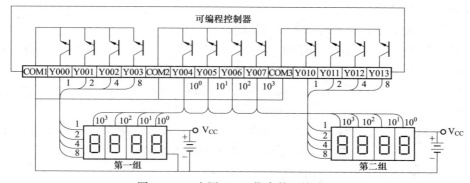

图 8-103 应用 SEGL 指令外围接线图

2）当 $n=0\sim3$ 时，为四位一组，D0 为二进制数，经 BCD 换算，最大范围为 $0\sim9999$，由 Y000～Y003 输出。当 $n=4\sim7$，为四位二组，D0 向 Y000～Y003 输出，D1 向 Y010～Y013 输出，选通脉冲信号 Y004～Y007 共用，按顺序输出。当完成对位数输出后，完成标志 M8029 置1。

3）参数 $n=0\sim7$，其选择按 PLC 的正负逻辑和七段码的正负逻辑来决定。

① PLC 的正负逻辑。对 NPN 晶体管输出型，内部逻辑为 1 时，输出为低电平，称为负逻辑；对 PNP 晶体管输出型，内部逻辑为 1 时，输出为高电平，称为正逻辑。

② 选通脉冲信号逻辑。当该信号为高电平时，数据被锁存并保持，逻辑为 1（正逻辑）；当该信号为低电平时，数据被锁存并保持，逻辑为 1（负逻辑）。

③ 数据输入信号逻辑。当有效数据（BCD 数据）保持高电平逻辑为 1（正逻辑）；当有效数据（BCD 数据）保持低电平逻辑为 1（负逻辑）。

④ n 值的选取与选通逻辑、数据逻辑的关系如表 8-70 所示。

表 8-70　　　　带锁存七段码显示指令中参数 n 的选择

数据输入	选通脉冲信号	参数 n	
		四位一组	四位二组
一致	一致	0	4
	不一致	1	5
不一致	一致	2	6
	不一致	3	7

四、ASCII 码转换指令

（1）该指令的指令名称、助记符、功能号、操作数和程序步长如表 8-71 所示。

表 8-71　　　　　　　　ASCII 码转换指令表

指令名称	功能号与助记符	操作数范围		程序步长
		[S·]	[D·]	
ASCII 码转换指令	FNC76　ASC	字母数字，一次能转换 8 位字符	T、C、D 使用四个连续地址	ASC　11 步

（2）指令使用说明。

1）数字 0～9，字母 A～Z 的 ASCII 码如表 8-72 所示。

2）ASC 指令的含义。将源操作数 [S·] 的最大 8 位数字字母转变为 ASCII 码存储在目标元件 [D·] 中，目标元件由 4 个连续地址的元件组成。

3）在图 8-104 中，当 X000 接通，将 ABCDEFGH 转换成 ASCII 码存储在目标元件 D300～D303 中，其低 8 位、高 8 位存储的内容如表 8-73 所示。

4）如果特殊辅助继电器 M8161 置位后，执行 ASC 指令，则向目标操作数 [D·] 只传送 8 位，占用 D300～D307 共 8 个与传送字符相同数目的元件，如表 8-74 所示。

五、BFM 读出/写入指令（FROM）

（1）该指令的指令名称、助记符、功能号、操作数和程序步长如表 8-75 所示。

表 8-72　　　　　　　　　　　　数字 0~9，字母 A~Z 的 ASCII 码

十进制	ASCII 码（十六进制）	英文字母	ASCII 码（十六进制）	英文字母	ASCII 码（十六进制）
0	30	A	41	N	4E
1	31	B	42	O	4F
2	32	C	43	P	50
3	33	D	44	Q	51
4	34	E	45	R	52
5	35	F	46	S	53
6	36	G	47	T	54
7	37	H	48	U	55
8	38	I	49	V	56
9	39	J	4A	W	57
		K	4B	X	58
		L	4C	Y	59
		M	4D	Z	5A

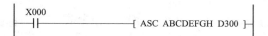

图 8-104　ASC 指令

表 8-73　　　　　　　　目标文件中低 8 位和高 8 位存储的内容

目标元件	高 8 位	低 8 位
D300	42（B）	41（A）
D301	44（D）	43（C）
D302	46（F）	45（E）
D303	48（H）	47（G）

表 8-74　　　　　　　　　与传送字符相同数目的元件

目标元件	高 8 位	低 8 位
D300	00	41（A）
D301	00	42（B）
D302	00	43（C）
D303	00	44（D）
D304	00	45（E）
D305	00	46（F）
D306	00	47（G）
D307	00	48（H）

表 8-75   BFM 读出/写入指令表

指令名称	功能号与助记符	操作数范围				程序步长
		m1	m2	[D·] / [S·]	n	
BFM 读出	FNC78 FROM	K、H m1 = 0~7 特殊单元 模块号	K、H m2 = 0~31 BFM 号	KnY、KnM、KnS、T、C、D、V、Z	K、H 16 位： n = 1~32;	FROM、FROMP 9 步； DFROM、DFROMP 17 步
BFM 写入	FNC79 TO			K、H、KnX、KnY、KnM、KnS、T、C、D、V、Z	32 位： n = 1~16 传送字点数	TO、TOP 9 步；DTO、DTOP 17 步

（2）指令使用说明。FX$_{2N}$系列 PLC 最多可连接 8 个特殊功能模块，并且赋予模块号，模块号从最靠近 PLC 基本单元开始顺序编号，依次为 NO.0~NO.7，模块号可供 FROM/TO 指令指定哪个模块工作。有些特殊模块内有 32 个 16 位 RAM，称为缓冲存储器（BFM），缓冲存储器编号范围为 0~31 号，其内容根据各模块而定。

FROM 指令具有将特殊模块号中的缓冲存储器（BFM）的内容读到可编程序控制器的功能。16 位 BFM 读出指令梯形图如图 8-105 所示。当驱动条件 X000 为 ON 时，指令根据 m1 指定的 NO.1 特殊模块，对 m2 指定的 #29 缓冲存储器（BFM）内 16 位数据读出并传送到 PLC 的 K4M0 中。若 X000 为 OFF，不执行读出传送，传送地点的数据不变，脉冲型指令 FROMP 执行后也一样。

TO 指令具有从 PLC 对特殊模块缓冲存储器（BFM）写入数据的功能。32 位 BFM 写入指令梯形图如图 8-106 所示。当驱动条件 X000 为 ON 时，指令将 [S·] 指定的（D1、D0）中 32 位数据写入 m1 指定的 NO.1 特殊模块中的 13、12 号缓冲存储器（BFM）。若 X000 为 OFF，不执行写入传送，传送地点的数据不变，脉冲型指令 TOP 执行后也一样。

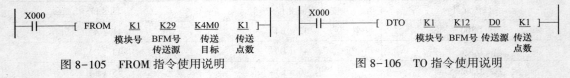

图 8-105 FROM 指令使用说明   图 8-106 TO 指令使用说明

注意事项如下：

（1）当 16 位指令对 BFM 处理时，传送点数 n 是点对点的单字传送。如图 8-107（a）所示是 16 位指令 $n=5$ 的传送示意图；当 32 位指令对 BFM 处理时，指令中 m2 指定的起始号是低 16 位的 BFM 号，其后续号为高 16 位的 BFM，传送点 n 是对与对之间的双字传送，如图 8-107（b）所示是 32 位指令 $n=2$ 的传送示意图。

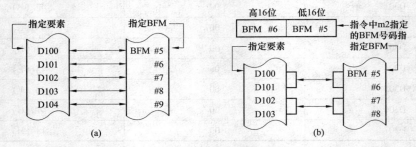

图 8-107 16/32 位指令对 BFM 处理时传送点 n 的定义

（a）16 位指令 $n=5$ 的传送；（b）32 位指令 $n=2$ 的传送

（2）FROM/TO 指令的执行受中断允许继电器 M8028 的约束。当 M8028 为 OFF 时，FROM/TO 指令执行过程中为自动中断禁止状态，输入中断、定时中断不能执行。此期间发生的中断，只有在 FROM/TO 指令执行完毕后才能执行，FROM/TO 在中断程序中也可以使用。当 M8028 为 ON 时，FROM/TO 执行过程中，中断发生时，立即执行中断，但在中断程序中，不能使用 FROM、TO 指令。

第十一节　外部串联接口设备控制指令及其应用

外部串联设备控制指令是对连接串行口的特殊附件进行控制的指令。运用 RS-232、RS-422、RS-485 通道，可以很容易配置一个与外部计算机进行通信的系统，PLC 接受系统中各种控制信息，处理后转换为 PLC 中软元件的状态和数据；PLC 又可以将所有软元件的数据和状态送往计算机，由计算机采集这些数据进行分析及运行状态监控，用计算机改变 PLC 的初始值和设定值，从而实现计算机与 PLC 的控制。外部串联设备控制指令包括串行数据传送、十六进制数与 ASCII 码转换指令、PID 运算指令等，如表 8-76 所示。

表 8-76　　　　　　　　　　　外部串联设备控制指令

FNC No.	指令记号	符号	功能
80	RS	RS S m D n	串行数据传送
81	PRUN	PRUN S D	8 进制位传送
82	ASCI	ASCI S D n	HEX→ASCII 的转换
83	HEX	HEX S D n	ASCII→HEX 的转换
84	CCD	CCD S D n	校验码
85	—		
86	—		
87	RS2	RS2 S m D n n1	串行数据传送 2
88	PID	PID S1 S2 S3 D	PID 运算
89	—		

一、串行数据传送指令

（1）该指令的指令名称、助记符、功能号、操作数和程序步长如表 8-77 所示。

（2）指令使用说明。该指令可以与所使用的功能扩展板如 FX_{2N}485-BD 通信模块进行发送接收串行数据。RS 指令的使用说明如图 8-108 所示。在图 8-108 中，[S·] 指定发

表 8-77 串行数据传送指令表

指令名称	功能号与助记符	操作数范围				程序步长
		[S·]	m	[D·]	n	
串行数据传送指令	FNC80 RS	D	K、H、D m=0~256	D	K、H、D n=0~256	RS 9步

送数据单元的首地址，m 指定发送数据的长度（也称点数），[D·] 指定接收数据的首地址，n 指定接收数据的长度。

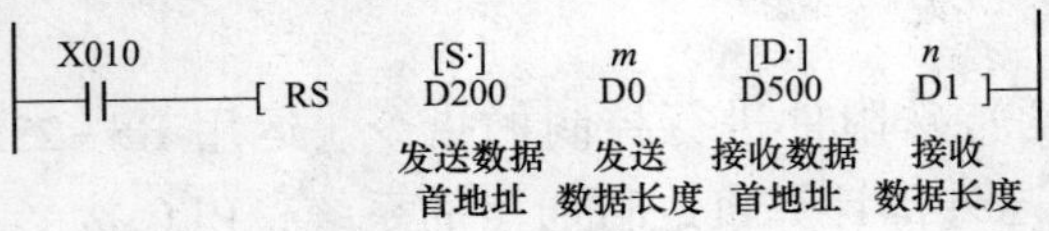

```
X010
─┤├──────[ RS    D200    D0     D500    D1 ]
              [S·]    m     [D·]     n
            发送数据  发送   接收数据  接收
            首地址  数据长度 首地址  数据长度
```

图 8-108　RS 指令使用说明

1）RS 指令传送数据格式的设定。RS 指令传送数据格式是通过特殊数据寄存器 D8120 来设定的。D8120 中存放着两个串行通信设备数据传送的波特率、停止位和奇偶校验等参数，通过 D8120 中位组合来选择数据传送格式的设定。D8120 通信格式如表 8-78 所示。

表 8-78 D8120 通信格式表

位号	名称	内容	
		0（位 OFF）	1（位 ON）
b0	数据长	7 位	8 位
b1 b2	奇偶性	b2, b1 (0, 0): 无 (0, 1): 奇数（ODD） (1, 1): 偶数（EVEN）	
b3	停止位	1 位	2 位
b4 b5 b6 b7	传送速率 （bit/s）	b7, b6, b5, b4 (0, 0, 1, 1): 300 (0, 1, 0, 0): 600 (0, 1, 0, 1): 1, 200 (0, 1, 1, 0): 2, 400	b7, b6, b5, b4 (0, 1, 1, 1): 4, 800 (1, 0, 0, 0): 9, 600 (1, 0, 0, 1): 19, 200
b8	起始位	无	有（D8124）初始值：STX（02H）
b9	终止符	无	有（D8125）初始值：ETX（03H）
b10 b11	控制线	无顺序 b11, b10 (0, 0): 无<RS-232C 接口> (0, 1): 普通模式<RS-232C 接口> (1, 0): 互锁模式<RS-232C 接口> (1, 1): 调制解调器模式<RS-232C 接口>, RS-485 接口 计算机连接通信 b11, b10 (0, 0): RS-485 接口 (1, 0): RS-232 接口	
b12 b13 b14 b15		不可使用	

D8120 通信格式只有在 RS 指令驱动时间内设置才有效，其设置用 MOV 指令，如图 8-109 所示，图中 H38F 转化成二进制为 0000 0011 1000 1111，通信格式含义为：数据长度为 8 位，偶校验，停止位为 2 位，波特率为 9600b/s，有起始符 STX 和终止符 ETX。

2）8 位操作模式与 16 位操作模式。在 RS 指令中指定缓冲区时，要先选择是 8 位模式还是 16 位模式。8 位模式还是 16 位模式是由特殊辅助继电器 M8161 来决定的。当 M8161 为 OFF 时，为 16 位通信模式，即传送或接收 16 位数据，软元件的两个字节都要使用。当 M8161 为 ON 时，为 8 位通信模式，即发送或接收时只用软元件的低 8 位。

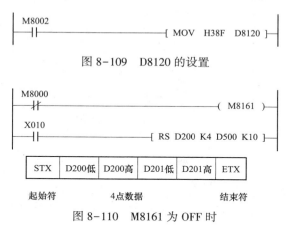

图 8-109　D8120 的设置

如图 8-110 所示，由于 M8161 为 OFF，则为 16 位通信模式，当 X010 为 ON 时，PLC 执行 RS 指令。

图 8-110　M8161 为 OFF 时

RS 指令传送 16 位数据过程及动作时序如图 8-111 所示，说明如下：

① 驱动输入 X010 为 ON，PLC 处于发送接收等状态。

② 在接收等待状态或接收完毕状态，用 SET 指令使传送请求标志 M8122 置 ON，D200 发送 4 点数据（即 4 个 8 位字节数据），D8122 中存入的发送字节数递减，到 0 时发送完毕，M8122 自动复位。

③ PLC 接收数据，D8123 中的字节数从 0 递增，直到其接收完毕，这期间，发送待机标志 M8121 为 ON，且不能发送数据。

④ 接收数据结束后，接收完毕标志 M8123 由 OFF 变为 ON。在将传送接收数据送至其他寄存地址后，在顺控程序中要对 M8123 复位，才能再次转为接收等状态。

⑤ 若接收点数 n＝0，执行 RS 指令时，M8123 不运行，也不会转为接收等待状态，只有 n≥1，M8123 由 ON 转为 OFF 时，才能转为接收待机状态。

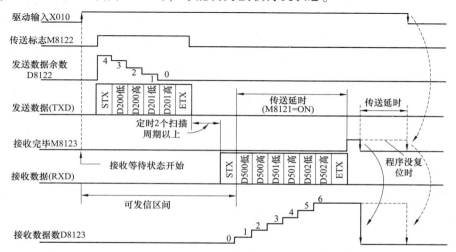

图 8-111　RS 指令传送 16 位数据过程及动作时序

⑥ 若 M8161 为 ON，仅对 16 位数据的低 8 位数据传送，高 8 位数据忽略不传送。

⑦ 在接收发送过程中若发生错误，M8063 为 ON，把错误内容存入 D8063。

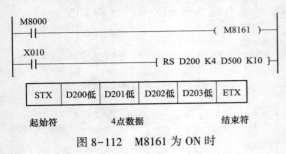

图 8-112 M8161 为 ON 时

如图 8-112 所示，由于 M8161 为 ON，则为 8 位通信模式，当 X010 为 ON 时，PLC 执行 RS 指令。

【例 8-15】 将数据寄存器 D200 ~ D204 中的 10 个数据按 16 位数据传送模式发送出去，并将接收的数据存入 D70 ~ D74 中。

程序如图 8-113 所示。

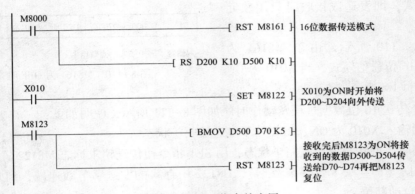

图 8-113 RS 指令的应用

二、十六进制数与 ASCII 码转换指令

（1）该指令的指令名称、助记符、功能号、操作数和程序步长如表 8-79 所示。

表 8-79 十六进制数与 ASCII 码转换指令表

指令名称	功能号与助记符	操作数范围			程序步长
		[S·]	[D·]	n	
十六进制数转换成 ASCII 码转换指令	FNC82 ASCI	K、H、KnX、KnY、KnM、KnS、T、C、D、V、Z、U□\G□	KnY、KnM、KnS、T、C、D、U□\G□	K、H n = 1~255	ASCI、ASCIP 7 步
ASCII 码转换成十六进制数转换指令	FNC83 HEX	K、H、KnX、KnY、KnM、KnS、T、C、D、U□\G□	KnY、KnM、KnS、T、C、D、V、Z、U□\G□		HEX、HEXP 7 步

（2）指令使用说明。

1）ASCI 指令。ASCI 指令的含义是读取源操作数 [S·] 为首地址的元件的 n 个十六进制字符，并转换成对应的 ASCII 码，然后向目标操作数 [D·] 指定的软元件的低 8 位、高 8 位传送。

如图 8-114 所示为十六进制转换成 ASCII 码的例子。图 8-114 中 M8161 为 8 位/16 位操作模式切换元件。当 M8161 为 OFF 时，为 16 位操作模式，按下 X002，将 4 个十六进制字符 0ABC 转换成对应的 ASCII 码，向目标元件 D200、D201 的低 8 位、高 8 位传送。程序执行结果如下：

D200 =（H41 H30）=（0100 0001 0011 0000）= 16688

D201 =（H43 H42）=（0100 0011 0100 0010）= 17218

当 M8161 为 ON 时，为 8 位操作模式，程序执行结果为：

D200 =（H30）=（0011 0000）= 48

D201 =（H41）=（0100 0001）= 65

D202 =（H42）=（0100 0010）= 66

D203 =（H43）=（0100 0011）= 67

2）HEX 指令。HEX 指令是从源操作数［S·］为首地址开始读入 n 个字节的 ASCII 数据字节，并转换成相应的十六进制字符，然后存入目标操作数［D·］的元件中。当 M8161 为 ON 时，为 8 位模式，只读源元件的低 8 位字节；当 M8161 为 OFF 时，为 16 位模式，读软元件的整个字（高、低位字节）。

如图 8-115 所示为 HEX 指令用法示例。图 8-168 中如 M8161 为 OFF，按下 X002，执行 ASC 指令将 8 个数字字母 0ABC0000 转换为 ASCII 码，存入 D100~D103 中，如表 8-80 所示。

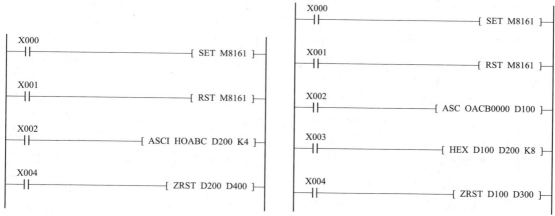

图 8-114　ASCI 指令使用举例　　　　图 8-115　HEX 指令使用举例

表 8-80　　　　　　　　　　执行 ASC 指令后的存储结果

元件	高 8 位	低 8 位	十进制数
D100	H41（A）	H30（0）	16 688
D101	H43（C）	H42（B）	17 218
D102	H30（0）	H30（0）	12 336
D103	H30（0）	H30（0）	12 336

合上 X003，执行 HEX 指令，将高低 8 位的 ASCII 码（16 位数据），每 4 位向目标操作数 D200、D201 传送，执行结果如表 8-81 所示。

表 8-81 执行 HEX 指令后的结果

元件					十进制数
			传送字符		
D200	0000	0000	0000	0000	0
D201	0000 (0)	1010 (A)	1011 (B)	1100 (C)	2748

三、校验码

（1）该指令的指令名称、助记符、功能号、操作数和程序步长如表 8-82 所示。

表 8-82 校验码指令表

指令名称	功能号与助记符	操作数范围			程序步长
		[S·]	[D·]	n	
校验码	FNC84 CCD	KnX、KnY、KnM、KnS、T、C、D、U□\G□	KnY、KnM、KnS、T、C、D、U□\G□	K、H、D n=1~256	CCD、CCDP 7 步

（2）指令使用说明。

1）奇偶校验。在通信的串行传输过程中，由于干扰的存在，可能会使某个 0 变为 1，或某个 1 变为 0，这种情况称为误码。发现传输过程中的这种错误，称为检错。最简单的检错方法是奇偶校验。奇偶校验是在传送字符的各位之外，再传送一位奇偶校验位，可采用奇校验或偶校验。

奇校验：所有传送的数位（含字符的各数位）中，1 的个数为奇数，如：若 8 位数据中 1 的个数和为偶数，加一个 1，变为奇数，所以校验位为 1；若 8 位数据中 1 的个数和为奇数，加一个 0，仍为奇数，所以校验位为 0。偶校验：所有传送的数位（含字符的各数位）中，1 的个数为偶数，如：若 8 位数据中 1 的个数和为偶数，加一个 0，仍为偶数，所以校验位为 0；若 8 位数据中 1 的个数和为奇数，加一个 1，变为偶数，所以校验位为 1。

2）CCD 指令。CCD 指令的含义为对一个字节（8 位）的数据堆栈，从其首址 [S·] 开始对整个数据堆栈求和，并对各字节进行位组合的水平校验，将数据堆栈的总和放到目标元件 [D·] 中，其校验结果存放到 [D·] +1 元件中。水平校验指的是对数据堆栈中对应位数 1 的个数，1 的个数如果为奇数，校验 1；如果为偶数，校验 0。

图 8-116 中，当 X010 接通时，对 [S·] 首址 D100 开始的 n=10 位数据进行校验。将其数据总和放到 D0，水平校验放到 D1 中。

图 8-117 中，M8161 为 OFF 状态，使用 16 位转换模式，即传送的数据位放在 D100、D101 的高低 8 位中，D100、D101 的数据及执行 CCD 指令后 D0、D1 的数据如表 8-83 所示。

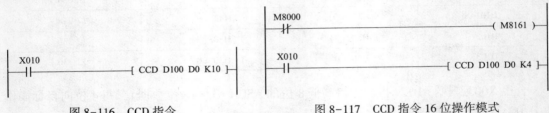

图 8-116 CCD 指令 　　　　　　图 8-117 CCD 指令 16 位操作模式

表 8-83　　　　　　　　　　　　　使用 16 位转换模式后数据存储情况

[S·]	数据内容
D100 低 8 位	K100 = 01100100
D100 高 8 位	K111 = 01101111
D101 低 8 位	K98 = 01100010
D101 高 8 位	K66 = 01000010
D0 中总和	K375
D1 中校验码	00101011

　　图 8-118 中，M8161 为 ON 状态，使用 8 位转换模式，即传送的数据位放在 D100、D101、D102、D103 的低 8 位中，D100、D101、D102、D103 低 8 位的数据及执行 CCD 指令后 D0、D1 的数据如表 8-84 所示。

表 8-84　　　　　　　　　　　　　执行 CCD 指令后的数据

[S·]	数据内容
D100 低 8 位	K100 = 01100100
D101 低 8 位	K111 = 01101111
D102 低 8 位	K98 = 01100010
D103 低 8 位	K66 = 01000010
D0 中总和	K375
D1 中校验码	00101011

四、PID 回路运算指令

　　PID 是模拟量控制系统常用的控制算法，其中 P 为比例调节，I 为积分调节，D 为微分调节。PID 是用一个确定偏差作为校正，再用校正值作用于系统，并使之达到目标值的方法。PID 是一种动态偏差校正系统。

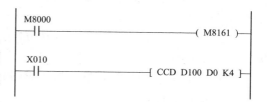

图 8-118　CCD 指令 8 位操作模式

　　（1）该指令的指令名称、助记符、功能号、操作数和程序步长如表 8-85 所示。

表 8-85　　　　　　　　　　　　　PID 回路运算指令表

指令名称	功能号与助记符	操作数范围				程序步长
		[S1·]	[S2·]	[S3·]	[D·]	
PID 回路运算指令	FNC88　PID	D、U□\G□	D、U□\G□	D，25 个连续号	D、U□\G□	PID 9 步

　　（2）指令使用说明。在图 8-119 中源 [S1·] 设定的 D0 为设定目标值（SV），[S2·] 设定的 D1 为实际测量值（PV），[S3·] 设定的 D100~D106 为 PID 设定的控制参数，PID 运算后

图 8-119　PID 指令

的结果存入到目标操作数 D150 中。

参数［S3·］占用了连续的 25 个数据寄存器。如图 8-119 所示中占用 D100~D124。

1）控制参数的设定。控制用参数设定值需在 PID 运算开始前，通过 MOV 指令写入。控制参数［S3·］的 25 个连续的数据寄存器名称、参数设定内容如下。

［S3·］：采样时间（T_s）。设定范围为 1~32 767ms（若设定值比运算周期短，无法执行）。

［S3·］+1：动作方向（ACT）。bit0 = 0：正向动作，bit0 = 1：反向动作；bit1 = 0：无输入变量报警，bit1 = 1：输入变量报警有效；bit2 = 0：无输出变量报警，bit2 = 1：输出变量报警有效；bit3：不可设置；bit4 = 0：不执行自动调节，bit4 = 1：执行自动调节；bit5 = 0：不设定输出值上下限，bit5 = 1：输出上下限设定有效；bit6~bit15：不可使用。

> **注意**：bit5 与 bit2 不能同时为 ON。

［S3·］+2：输入滤波常数（α）设定范围 0~99%。

［S3·］+3：比例增益（K_p），设定范围 1%~32 767%。

［S3·］+4：积分时间（T_I），设定范围 0~32 767（×100ms）。

［S3·］+5：微分增益（K_D），设定范围 0~100%。

［S3·］+6：微分时间（T_D），设定范围 0~32 767（×100ms）。

［S3·］+7~［S3·］+19：PID 运算内部占用处理。

［S3·］+20：输入变化量（增加方向），报警设定值 0~32 767［动作方向（ACT）的 bit1 = 1 有效］。

［S3·］+21：输入变化量（减少方向），报警设定值 0~32 767［动作方向（ACT）的 bit1 = 1 有效］。

［S3·］+22：输出变化量（增加方向），报警设定值 0~32 767［动作方向（ACT）的 bit2 = 1，bit5 = 0 有效］。

［S3·］+23：输出变化量（减少方向），报警设定值 0~32 767［动作方向（ACT）的 bit2 = 1，bit5 = 0 有效］。

［S3·］+24：报警输出，bit0 = 1 变化量（增加方向）溢出报警［动作方向（ACT）的 bit1 = 1 或 bit2 = 1 有效］。bit1 = 1 输入变化量（减少方向）溢出报警，bit2 = 1 输出变化量（增加方向）溢出报警，bit3 = 1 输出变化量（减少方向）溢出报警。

2）控制参数说明。PID 指令可同时多次执行，但要注意，用于动运算的［S3·］、［D·］元件号码不能重复。PID 指令在定时中断、子程序、步进梯形图、跳转指令中也可使用，在这些情况下，执行 PID 指令前要清除［S3·］+7 后再使用。

采样时间 T_s 的最大误差为：-（1 个扫描周期+1ms）~+（1 个扫描周期）。采样时间值较小时，建议使用恒定扫描模式，或在定时器中断程序中编程。输入滤波常数具有使测定值平滑变化的效果。微分增益具有缓和输出值剧烈变化的效果。

3）PID 参数的整定。实验凑试法的整定步骤为"先比例，再积分，最后微分"。

① 整定比例控制。将比例控制作用由小变到大，观察各次响应，直至得到反应快、超调小的响应曲线。

② 整定积分环节。若在比例控制下稳态误差不能满足要求，需加入积分控制。

先将步骤①中选择的比例系数减小为原来的 50%～80%，再将积分时间设置一个较大值，观测响应曲线。然后减小积分时间，加大积分作用，并相应调整比例系数，反复试凑至得到较满意的响应，确定比例和积分的参数。

③ 整定微分环节。若经过步骤②，PI 控制只能消除稳态误差，而动态过程不能令人满意，则应加入微分控制，构成 PID 控制。

先置微分时间 $T_D = 0$，逐渐加大 T_D，同时相应地改变比例系数和积分时间，反复试凑至获得满意的控制效果和 PID 控制参数。

第十二节　浮点运算指令

浮点运算包括二进制浮点数比较、转换、四则运算、开方和三角函数等。浮点运算指令的用法与二进制整数运算指令的用法相似，不同的是浮点运算指令中用到的数据为带小数点的浮点数，且浮点数操作指令为 32 位操作，其助记符一般为二进制整数运算类指令前加 E。浮点运算指令如表 8-86 所示。

表 8-86　　　　　　　　　　　　浮点运算指令

FNC No.	指令记号	符号	功能
110	ECMP	⊣⊢——[ECMP S1 S2 D]	二进制浮点数比较
111	EZCP	⊣⊢——[EZCP S1 S2 S D]	二进制浮点数区间比较
112	EMOV	⊣⊢——[EMOV S D]	二进制浮点数数据传送
113	—		
114	—		
115	—		
116	ESTR	⊣⊢——[ESTR S1 S2 D]	二进制浮点数→字符串的转换
117	EVAL	⊣⊢——[EVAL S D]	字符串→二进制浮点数的转换
118	EBCD	⊣⊢——[EBCD S D]	二进制浮点数→十进制浮点数的转换
119	EBIN	⊣⊢——[EBIN S D]	十进制浮点数→二进制浮点数的转换
120	EADD	⊣⊢——[EADD S1 S2 D]	二进制浮点数加法运算
121	ESUB	⊣⊢——[ESUB S1 S2 D]	二进制浮点数减法运算
122	EMUL	⊣⊢——[EMUL S1 S2 D]	二进制浮点数乘法运算

FNC No.	指令记号	符号	功能
123	EDIV	EDIV S1 S2 D	二进制浮点数除法运算
124	EXP	EXP S D	二进制浮点数指数运算
125	LOGE	LOGE S D	二进制浮点数自然对数运算
126	LOG10	LOG10 S D	二进制浮点数常用对数运算
127	ESQR	ESQR S D	二进制浮点数开方运算
128	ENEG	ENEG D	二进制浮点数符号翻转
129	INT	INT S D	二进制浮点数→BIN 整数的转换
130	SIN	SIN S D	二进制浮点数 SIN 运算
131	COS	COS S D	二进制浮点数 COS 运算
132	TAN	TAN S D	二进制浮点数 TAN 运算
133	ASIN	ASIN S D	二进制浮点数 SIN^{-1} 运算
134	ACOS	ACOS S D	二进制浮点数 COS^{-1} 运算
135	ATAN	ATAN S D	二进制浮点数 TAN^{-1} 运算
136	RAD	RAD S D	二进制浮点数角度→弧度的转换
137	DEG	DEG S D	二进制浮点数弧度→角度的转换
138	—		
139	—		

例如，二进制浮点比较指令助记为 ECMP，其用法如图 8-120 所示，其中 D11、D10 存储一个二进制浮点数，D21、D20 存储一个二进制浮点数，即一个浮点数要用双字来存储。

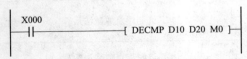

图 8-120　二进制浮点比较指令的用法

当（D11，D10）> （D21，D20）时，M0=ON；

当（D11，D10）= （D21，D20）时，M1=ON；

当（D11，D10）< （D21，D20）时，M2=ON。

第十三节　时钟运算指令及其应用

时钟运算包含对 PLC 内置的实时时钟进行时间校准和时间数据比较等运算。时钟运算指令如表 8-87 所示。

表 8-87   时钟运算指令

FNC No.	指令记号	符号	功能
160	TCMP	┤├── TCMP S1 S2 S3 S D ├	时钟数据比较
161	TZCP	┤├── TZCP S1 S2 S D ├	时钟数据区间比较
162	TADD	┤├── TADD S1 S2 D ├	时钟数据加法运算
163	TSUB	┤├── TSUB S1 S2 D ├	时钟数据减法运算
164	HTOS	┤├── HTOS S D ├	时、分、秒数据的秒转换
165	STOH	┤├── STOH S D ├	秒数据的［时、分、秒］转换
166	TRD	┤├── TRD D ├	时钟数据的读出
167	TWR	┤├── TWR S ├	时钟数据的写入
168	—		
169	HOUR	┤├── HOUR S D1 D2 ├	计时表

一、时钟数据读取指令

（1）该指令的指令名称、助记符、功能号、操作数和程序步长如表 8-88 所示。

表 8-88   时钟数据读取指令表

指令名称	功能号与助记符	操作数范围		程序步长
		［D·］		
时钟数据读取指令	FNC166　TRD	D、U□\G□，7个连续号		TRD（P）3 步

（2）指令使用说明。如图 8-121 所示为 TRD 指令的用法。TRD 指令的作用是将 PLC 的实时

图 8-121　TRD 指令

时钟数据（年、月、日、时、分、秒、星期）送目标操作数 [D·] +0~ [D·] +6 中。

PLC 保持时间数据的源为 D8013~D8019 特殊数据寄存器，执行 TRD 指令的含义是将源数据送目标元件如下：

动作功能	元件	项目	时间数据	→	元件	项目
	D8018	年（公历）	0~99	→	D0	年（公历）
	D8017	月	1~12	→	D1	月
读取内置实	D8016	日	1~31	→	D2	日
时计时器中时	D8015	时	0~23	→	D3	时
间数据	D8014	分	0~59	→	D4	分
	D8013	秒	0~59	→	D5	秒
	D8019	星期	0（日）~6（六）	→	D6	星期

年的设定范围为 00~99，即表示 2000~2099。

若 PLC 当前时钟为 2008 年 7 月 20 日 10 时 20 分 10 秒、星期日，则执行图 8-121 的程序，当 X000 为 ON 时的结果为：D0=08，D1=7，D2=20，D3=10，D4=20，D5=10，D6=0。

二、时钟数据写入指令

（1）该指令的指令名称、助记符、功能号、操作数和程序步长如表 8-89 所示。

表 8-89　　　　　　　　　　　　时钟数据写入指令表

指令名称	功能号与助记符	操作数范围 [S·]	程序步长
时钟数据写入指令	FNC167　TWR	D、C、T\ U□\ G□，7 个连续号	TWR（P）3 步

（2）指令使用说明。如图 8-122 所示为 TWR 指令的用法。TWR 指令的作用是将设定的时钟数据 D10~D16 写入到 PLC 的实时时钟数据存储器 D8013~D8019 中。

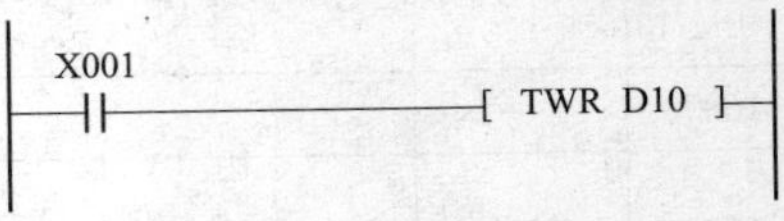

执行 TWR 指令时，将新设定的时钟数据存入到 PLC 实时数据存储器中对应如下所示：

```
X001
 ├┤                          [ TWR D10 ]
```

图 8-122　TWR 指令

动作功能	元件	项目	时间数据	→	元件	项目
	D10	年（公历）	0~99	→	D8018	年（公历）
	D11	月	1~12	→	D8017	月
写入内置实	D12	日	1~31	→	D8016	日
时计时器中时	D13	时	0~23	→	D8015	时
间数据	D14	分	0~59	→	D8014	分
	D15	秒	0~59	→	D8013	秒
	D16	星期	0（日）~6（六）	→	D8019	星期

【例 8-16】 将 2005 年 9 月 18 日星期六 18 时 28 分 38 秒写入到 PLC 的实时时钟数据存储器中。

编写程序如图 8-123 所示，按 X000，输入时钟数据；按 X001，将此数据写入到 PLC 的实时时钟数据寄存器中。按 X003，将 PLC 当前时钟数据读出存入到 D10 ～ D16 中。按 X002，M8017 为 ON 时，有±30s 的修正操作。

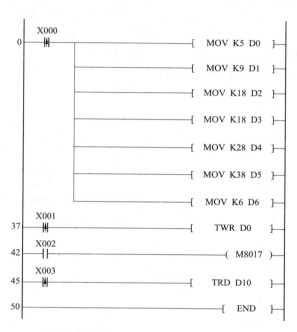

图 8-123 例题程序

如不使用时间写入指令 TWR 写入时钟数据，也可用 MOV 指令把数据直接传送至 D8013 ～ D8019，但需要把 M8015 置为 ON，当 M8015 由 ON 变为 OFF 时，新时间便开始生效。

三、时钟数据比较指令

（1）该指令的指令名称、助记符、功能号、操作数和程序步长如表 8-90 所示。

表 8-90　　　　　　　　　　时钟数据比较指令表

指令名称	功能号与助记符	[S1·]	[S2·]	[S3·]	[S·]	[D·]	程序步长
时钟数据比较指令	FNC160 TCMP	K、H、KnX、KnY、KnM、KnS、T、C、D、V、Z、U□\G□			T、C、D、U□\G□	Y、M、S、D□.b 连续 3 个元件	TCMP （P）11 步

（2）指令使用说明。时钟数据比较指令如图 8-124 所示，TCMP 指令的作用是将基准时间 [S1·]、[S2·]、[S3·]（时、分、秒）与时钟数据 [S·]、[S·]+1、[S·]+2（时、分、秒）比较，比较的结果放在以 [D·] 为首址的连续 3 个元件中。当 [S1·]、[S2·]、

[S3·] > [S·]、[S·] +1、[S·] +2 时，[D·] 为 ON；当 [S1·]、[S2·]、[S3·] = [S·]、[S·] +1、[S·] +2 时，[D·] +1 为 ON；当 [S1·]、[S2·]、[S3·] < [S·]、[S·] +1、[S·] +2 时，[D·] +2 为 ON。

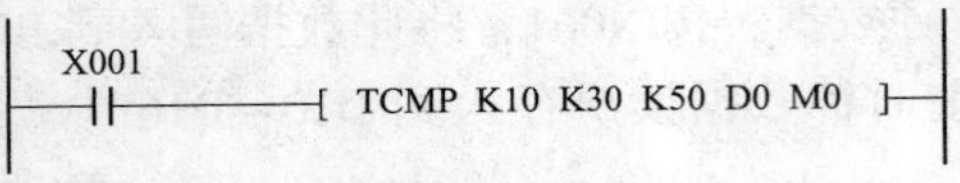

```
  X001
  ─┤├─────────────[ TCMP K10 K30 K50 D0 M0 ]─
```
图 8-124   TCMP 指令

时的设定范围为 0～23，分的设定范围为 0～59，秒的设定范围为 0～59。

【例 8-17】 某通风系统要求每天 7：30 开第一台电动机（Y1），10：00 开第二台电动机（Y2），16：30 关第一台电动机（Y1），23：30 关第二台电动机（Y2）。试用时钟指令编写程序。

程序如图 8-125 所示。用时钟数据比较指令去进行时间判断。

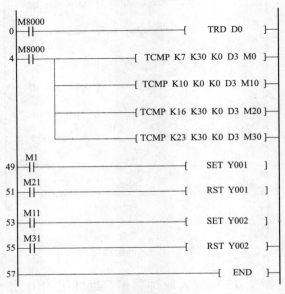

图 8-125   例题程序

四、时钟数据区间比较指令

（1）该指令的指令名称、助记符、功能号、操作数和程序步长如表 8-91 所示。

表 8-91   时钟数据区间比较指令表

指令名称	功能号与助记符	操作数范围				程序步长
		[S1·]	[S2·]	[S·]	[D·]	
时钟数据区间比较指令	FNC161　TZCP	T、C、D [S1·] ≤ [S2·]			Y、M、S 连续 3 个元件	TCMP（P）11 步

（2）指令使用说明。时钟数据区间比较指令如图 8-126 所示，TZCP 指令的 [S1·]、[S2·]、[S3·] 的含义如下：

1）[S1·]、[S1·] +1、[S1·] +2 是以时、分、秒方式指定比较基准时间下限。

2）[S2·]、[S2·] +1、[S2·] +2 是以时、分、秒方式指定比较基准时间上限。

3）[S·]、[S·] +1、[S·] +2 是以时、分、秒方式指定时钟数据。

4)［D·］、［D·］+1、［D·］+2 是根据比较结果的连续 3 位元件 ON/OFF 输出。当［S·］＞［S1·］时，［D·］为 ON；当［S1·］≤［S·］≤［S2·］时，［D·］+1 为 ON；当［S·］＜［S2·］时，［D·］+2 为 ON。

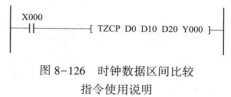

图 8-126　时钟数据区间比较
指令使用说明

第十四节　格雷码变换指令

格雷码变换指令常用于绝对型旋转编码器的绝对位置检测的格雷码。

一、格雷码变换指令

（1）该指令的指令名称、助记符、功能号、操作数和程序步长如表 8-92 所示。

表 8-92　格雷码变换指令表

指令名称	功能号与助记符	操作数		程序步长
		［S·］	［D·］	
格雷码变换指令	FNC170　GRY	K、H、KnX、KnY、KnM、KnS、T、C、D、V、Z	KnY、KnM、KnS、T、C、D、V、Z	GRY（P）5 步，DGRY（P）9 步

（2）指令使用说明。格雷码的特点是：相邻两个代码之间仅有一位不同，其余各位均相同。如计数电路按格雷码计数时，会减少出错的可能性。格雷码属无权码，它有多种代码形式，其中常用的一种是循环码。表 8-93 给出了 0~31 的格雷码编码表。

表 8-93　0~31 的格雷码编码表

十进制数	格雷码	十进制数	格雷码	十进制数	格雷码	十进制数	格雷码
0	0000	8	1100	16	11000	24	10100
1	0001	9	1101	17	11001	25	10101
2	0011	10	1111	18	11011	26	10111
3	0010	11	1110	19	11010	27	10110
4	0110	12	1010	20	11110	28	10010
5	0111	13	1011	21	11111	29	10011
6	0101	14	1001	22	11101	30	10001
7	0100	15	1000	23	11100	31	10000

从表 8-93 中可以看出，不仅相邻两个代码之间仅有一位不同，而且首末两个代码（如 0、15 或 16、31）也仅有一位不同，构成一种循环。

格雷码变换指令如图 8-127 所示，执行该指令时，K1234 自动转换为二进制数，再将二进制数变换为格雷码得如图所示的转换结果。

二、格雷码逆变换指令

（1）该指令的指令名称、助记符、功能号、操作数和程序步长如表 8-94 所示。

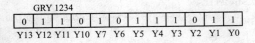

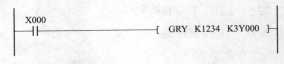

图8-127　GRY指令

表8-94　　　　　　　　　　　　　格雷码逆变换指令表

指令名称	功能号与助记符	操作数		程序步长
		[S·]	[D·]	
格雷码逆变换指令	FNC171　GBIN	K、H、KnX、KnY、KnM、KnS、T、C、D、V、Z	KnY、KnM、KnS、T、C、D、V、Z	GBIN（P）5步DBIN（P）9步

图8-128　GBIN指令

（2）指令使用说明。如图8-128所示为格雷码逆变换指令，其作用是将源[S·]的格雷码变换为二进制数据并传送到目标元件[D·]中。当X000为ON时，将K3Y0的格雷码变换为二进制数据并传送到D10。若K3Y0为011010111011，则转化后D10为10011010010。

第十五节　触点比较指令

触点比较指令包括连接母线触点比较指令、串联连接指令和并联连接指令。

一、连接母线触点比较指令

（1）连接母线触点比较指令助记符及功能号如表8-95所示。

表8-95　　　　　　　　　　　　　连接母线触点比较指令表

指令名称	功能号	操作数			程序步长
		[S1·]	[S2·]	导通条件	
LD=	FNC224	K、H、KnX、KnY、KnM、KnS、T、C、D、V、Z、U□\G□		[S1·] = [S2·]	16位：5步32位：9步
LD>	FNC225			[S1·] > [S2·]	
LD<	FNC226			[S1·] < [S2·]	
LD<>	FNC228			[S1·] <> [S2·]	
LD≤	FNC229			[S1·] ≤ [S2·]	
LD≥	FNC230			[S1·] ≥ [S2·]	

（2）指令使用说明。在如图8-129所示程序中，若D0=3，则Y000为ON，若D0≠3，则Y000为OFF。

176

图8-129 连接母线形触点比较指令说明

二、串联连接触点比较指令

（1）串联连接触点比较指令助记符及功能如表8-96所示。

表8-96 串联连接触点比较指令表

指令名称	功能号	操作数			程序步长
		[S1·]	[S2·]	导通条件	
AND=	FNC232			[S1·] = [S2·]	
AND>	FNC233			[S1·] > [S2·]	
AND<	FNC234	K、H、KnX、KnY、KnM、		[S1·] < [S2·]	16位：5步
AND<>	FNC236	KnS、T、C、D、V、Z、U□\G□		[S1·] <> [S2·]	32位：9步
AND≤	FNC237			[S1·] ≤ [S2·]	
AND≥	FNC238			[S1·] ≥ [S2·]	

（2）指令使用说明。在如图8-130所示程序中，若D0大于3，则Y000为ON，若D0不大于3，则Y000为OFF。

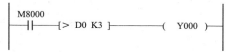

图8-130 串联连接触点比较指令说明

三、并联连接触点比较指令

（1）并联连接触点比较指令助记符及功能号如表8-97所示。

表8-97 并联连接触点比较指令表

指令名称	功能号	操作数			程序步长
		[S1·]	[S2·]	导通条件	
OR=	FNC240			[S1·] = [S2·]	
OR>	FNC241			[S1·] > [S2·]	
OR<	FNC242	K、H、KnX、KnY、KnM、		[S1·] < [S2·]	16位：5步
OR<>	FNC244	KnS、T、C、D、V、Z、U□\G□		[S1·] <> [S2·]	32位：9步
OR≤	FNC245			[S1·] ≤ [S2·]	
OR≥	FNC246			[S1·] ≥ [S2·]	

（2）指令使用说明。在如图8-131所示程序中，当X000为OFF，若D0大于3，则Y000为ON。若X000为OFF，D0不大于3，则Y000为OFF。

图8-131 并联连接触点比较指令说明

177

第十六节　定　位　指　令

FX$_{3U}$PLC 提供了使用可编程控制器内部的脉冲输出功能进行定位控制的指令，包括带 DOG 搜索的原点回归指令、原点回归指令、中断定位指令、表格设定定位指令、读出 ABS 当前值指令、可变速脉冲输出指令、相对定位指令、绝对定位指令等，具体如表 8-98 所示。

表 8-98 　　　　　　　　　　定位指令

FNC No.	指令记号	符号	功能
150	DSZR	⊣⊢ DSZR S1 S2 D1 D2	带 DOG 搜索的原点回归
151	DVIT	⊣⊢ DVIT S1 S2 D1 D2	中断定位
152	TBL	⊣⊢ TBL D n	表格设定定位
153	—		
154	—		
155	ABS	⊣⊢ ABS S D1 D2	读出 ABS 当前值
156	ZRN	⊣⊢ ZRN S1 S2 S3 D	原点回归
157	PLSV	⊣⊢ PLSV S D1 D2	可变速脉冲输出
158	DRVI	⊣⊢ DRVI S1 S2 D1 D2	相对定位
159	DRVA	⊣⊢ DRVA S1 S2 D1 D2	绝对定位

在执行定位指令的过程中（脉冲输出过程中），请避免 RUN 中写入，否则会导致脉冲输出减速停止或立即停止。

一、带 DOG 搜索的原点回归指令

带 DOG 搜索的原点回归指令，是执行原点回归，使机械位置与 PLC 内的位置当前值寄存器一致的指令。

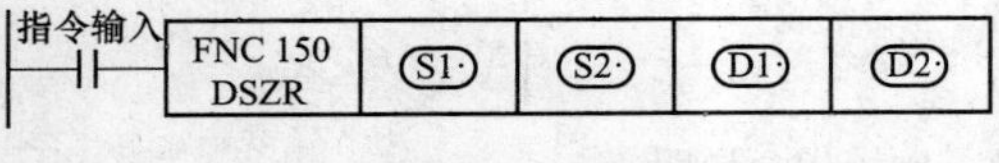

指令输入 ⊣⊢ FNC 150 DSZR S1 S2 D1 D2

1. 指令格式

带 DOG 搜索的原点回归指令格式如图 8-132所示。

图 8-132　带 DOG 搜索的原点回归指令格式

指令的助记符及功能号如表 8-99 所示。

表 8-99　　　　　　　　　　带 DOG 搜索的原点回归指令表

指令名称	功能号与助记符	操作数范围				程序步长
		[S1·]	[S2·]	[D1·]	[D2·]	
带 DOG 搜索的原点回归	FNC150 DSZR	X、Y、M、T、D□.b	X	Y	Y、M、T、D□.b	DSZR 9 步

2. 指令使用说明

图 8-131 中的各操作数的作用如表 8-100 所示。

表 8-100　　　　　　　　　　　各操作数的作用

操作数种类	内容	数据类型
(S1·)	指定输入近点信号（DOG）的软元件编号	位
(S2·)	指定输入零点信号的输入编号	
(D1·)	指定输出脉冲的输出编号	
(D2·)	指定旋转方向信号的输出对象编号	

指令说明如下：

（1）[S2·] 操作数只能指定 X0～X7。

（2）[D2·] 操作数请指定晶体管输出型 PLC 的 Y0、Y1、Y2。或是高速输出模块的 Y0～Y3。

二、中断定位指令

中断定位指令是执行中断定长进给的指令。

1. 指令格式

中断定位指令的指令格式如图 8-133 所示。

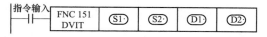

图 8-133　中断定位指令的指令格式

指令的助记符及功能号如表 8-101 所示。

表 8-101　　　　　　　　　　　中断定位指令表

指令名称	功能号与助记符	操作数范围				程序步长
		[S1·]	[S2·]	[D1·]	[D2·]	
中断定位指令	FNC151 DVIT	K、H、KnY、KnM、KnS、T、C、D、U□\G□	K、H、KnY、KnM、KnS、T、C、D、U□\G□	Y	Y、M、S、D□.b	16 位指令：DVIT 9 步 32 位指令：DDVIT 17 步

2. 指令使用说明

指令各操作数的作用如表 8-102 所示。

指令使用说明如下：

（1）[S1·] 操作数 16 位设定范围为 -32 768～32 767，32 位运算范围为 -999 999～999 999（0 除外）。

179

表 8-102　　　　　　　　　　　　各操作数的作用

操作数种类	内容	数据类型
(S1·)	指定中断后的输出脉冲数（相对地址）	BIN 16/32 位
(S2·)	指定输出脉冲频率	
(D1·)	指定输出脉冲的输出编号	位
(D2·)	指定旋转方向信号的输出对象编号	

（2）〔S2·〕操作数 16 位设定范围为 10~32 767Hz，PLC 基本单元的 32 位设定范围为 10~100 000Hz，高速输出模块的 32 位设定范围为 10~200 000Hz。

三、原点回归指令

1. 指令格式

原点回归指令，是执行原点回归，使机械位置与 PLC 内的位置当前值寄存器一致的指

| 指令输入 | FNC 156 ZRN | (S1·) | (S2·) | (D3·) | (D·) |

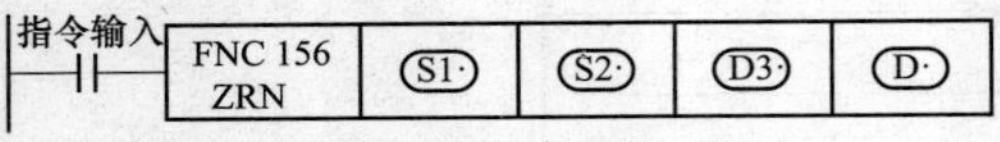

图 8-134　原点回归指令格式

令。若需要 DOG 搜索功能时，请使用 DSZR 指令。指令格式如图 8-134 所示。

指令的助记符及功能号如表 8-103 所示。

表 8-103　　　　　　　　　　　　原点回归指令表

指令名称	功能号与助记符	操作数范围				程序步长
		〔S1·〕	〔S2·〕	〔S3·〕	〔D·〕	
原点回归指令	FNC156 ZRN	K、H、KnY、KnM、KnS、T、C、D、U□\G□	K、H、KnY、KnM、KnS、T、C、D、U□\G□	X、Y、M、S、D□.b	Y	16 位指令：ZRN 9 步 32 位指令：DZRN 17 步

2. 指令使用说明

指令各操作数的作用如表 8-104 所示。

表 8-104　　　　　　　　　　　　各操作数的作用

操作数种类	内容	数据类型
(S1·)	指定开始原点回归时的速度	BIN 16/32 位
(S2·)	指定爬行速度〔10~32 767（Hz）〕	
(D1·)	指定要输入近点信号（DOG）的输入编号的软元件编号	位
(D·)	指定要输出脉冲的输出编号	

指令使用说明如下：

（1）〔S1·〕操作数 16 位设定范围为 10~32 767（Hz），PLC 基本单元的 32 位设定范围为 10~100 000（Hz），高速输出模块的 32 位设定范围为 10~200 000（Hz）。

（2）〔D·〕操作数请指定晶体管输出型 PLC 的 Y0、Y1、Y2。或是高速输出模块的 Y0~Y3。

（3）原点回归通常有以下三种方法：

1）伺服电动机寻找原点时，当碰到原点开关时，马上减速停止，以此点为原点。

2）回原点时直接寻找编码器的 Z 相信号，当有 Z 相信号时，马上减速停止。这种回原

方法一般只应用在旋转轴，且回原速度不高，精度也不高。

3）典型的近点挡块式原点回归：

当按定位指令装置的原点回归模式启动原点回归时，伺服电机以原点回归速度向原点回归方向移动，当 DOG 信号为 ON 以后，减速为爬行速度继续移动。在 DOG 信号 OFF 之后，第一个 Z 相脉冲信号，即零点信号出现即为原点。近点挡块式原点回归工作示意图如图 8-135 所示。

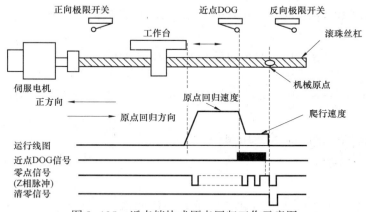

图 8-135　近点挡块式原点回归工作示意图

原点回归时所需要的原点回归方向、原点回归速度、爬行速度的值都是设定在定位指令装置的参数中或原点回归数据中。原点回归速度需设定在伺服电机的额度转速以内。爬行速度一般设定为在停止时对机械没有冲击的充分低的速度（比如 100r/min）。在零点信号检测到的同时给伺服电机发出清零信号，所以在一瞬间停止。

四、可变速脉冲输出指令

1. 指令格式

可变速脉冲输出指令用于输出带旋转方向的可变速脉冲的指令。指令格式如图 8-136 所示。

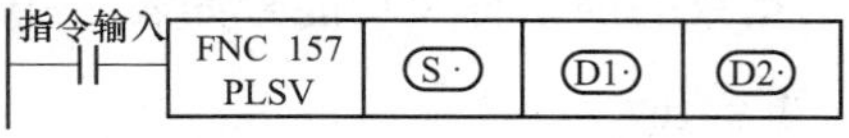

指令的助记符及功能号如表 8-105 所示。

图 8-136　可变速脉冲输出指令格式

表 8-105　　　　　　　　　　　　可变速脉冲输出指令表

指令名称	功能号与助记符	操作数范围			程序步长
		[S·]	[D1·]	[D2·]	
可变速脉冲输出指令	FNC157　PLSV	K、H、KnY、KnM、KnS、T、C、D、U□\G□	Y	Y、M、S、D□.b	16 位指令：PLSV 9 步 32 位指令：DPLSV 17 步

2. 指令使用说明

指令各操作数的作用如表 8-106 所示。

表 8-106　　　　　　　　　　　　各操作数的作用

操作数种类	内容	数据类型
S·	指定输出脉冲频率的软元件编号	BIN 16/32 位

操作数种类	内容	数据类型
D1	指定要输出脉冲的输出编号	位
D2	指定旋转方向信号的输出对象编号	

指令使用说明如下：

（1）［S1·］操作数 16 位设定范围为 -32 768 ~ 32 767（0 除外），PLC 基本单元的 32 位设定范围为 -100 000 ~ 100 000（0 除外），高速输出模块的 32 位设定范围为 -200 000 ~ 200 000（0 除外）。

（2）［D1·］操作数请指定晶体管输出型 PLC 的 Y0、Y1、Y2。或是高速输出模块的 Y0 ~ Y3。

（3）执行 PLSV 指令，如图 8-137 所示，［S·］指定脉冲的频率，［D·］指定脉冲的输出端口。

（4）指令执行结束的标志位使用 M8029。

五、相对定位指令

1. 指令说明

相对定位指令是以相对驱动方式执行单速定位的指令，用带正/负的符号指定从当前位置开始的移动距离的方式，也称为增量（相对）驱动方式。

相对定位指令的指令格式如图 8-138 所示。

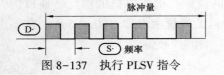

图 8-137　执行 PLSV 指令　　　　图 8-138　相对定位指令的指令格式

指令的助记符及功能号如表 8-107 所示。

表 8-107　　　　　　　　　　　　相对定位指令表

指令名称	功能号与助记符	操作数范围				程序步长
		［S1·］	［S2·］	［D1·］	［D2·］	
相对定位指令	FNC158 DRVI	K、H、KnY、KnM、KnS、T、C、D、U□ \ G□	K、H、KnY、KnM、KnS、T、C、D、U□ \ G□	Y	Y、M、S、D□.b	16 位指令：DRVI 9 步 32 位指令：DDRVI 17 步

2. 指令使用说明

指令各操作数的作用所示：

（1）［D1·］操作数请指定晶体管输出型 PLC 的 Y0、Y1、Y2。或是高速输出模块的 Y0 ~ Y3。

（2）［S1·］操作数 16 位设定范围为 -32 768 ~ 32 767（0 除外），32 位设定范围为 -999 999 ~ 999 999（0 除外），设定脉冲数量。

（3）［S2·］操作数 16 位运算时范围为 10 ~ 32 767，PLC 基本单元的 32 位设定范围为 10 ~ 100 000（0 除外），高速输出模块的 32 位设定范围为 10 ~ 200 000（0 除外），设定脉冲频率。

六、绝对定位指令

1. 指令说明

绝对定位指令是以绝对驱动方式执行单速定位的指令，用指定从原点（零点）开始的移动距离的方式，也称为绝对驱动方式。

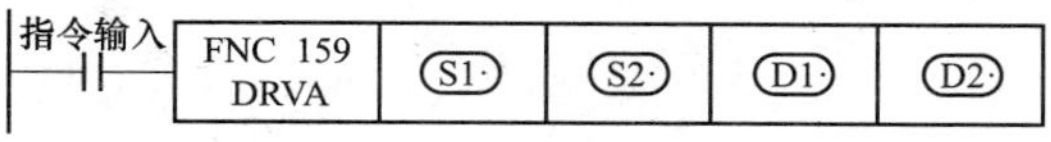

绝对定位指令的指令格式如图 8-139 所示。

指令输入	FNC 159 DRVA	S1·	S2·	D1·	D2·

图 8-139　绝对定位指令的指令格式

指令的助记符及功能号如表 8-108 所示。

表 8-108　　　　　　　　　　绝对定位指令表

指令名称	功能号与助记符	操作数范围				程序步
		[S1·]	[S2·]	[D1·]	[D2·]	
绝对定位指令	FNC159 DRVA	K、H、KnY、KnM、KnS、T、C、D、U□\G□	K、H、KnY、KnM、KnS、T、C、D、U□\G□	Y	Y、M、S、D□.b	16 位指令：DRVA 9 步 32 位指令：DDRVA 17 步

2. 指令使用说明

指令各操作数的作用如表 8-109 所示。

表 8-109　　　　　　　　　　指令各操作数的作用

操作数种类	内容	数据类型
S1·	指定输出脉冲数（绝对地址）	BIN 16/32 位
S2·	指定输出脉冲频率※2	
D1·	指定输出脉冲的输出编号	位
D2·	指定旋转方向信号的输出对象编号	

（1）[D1·] 操作数请指定晶体管输出型 PLC 的 Y0、Y1、Y2。或是高速输出模块的 Y0~Y3。

（2）[S1·] 操作数 16 位设定范围为 -32768~32767（0 除外），32 位设定范围为 -999999~999999（0 除外）。

（3）[S1·] 操作数 16 位运算时范围为 10~32767，PLC 基本单元的 32 位设定范围为 10~100000（0 除外），高速输出模块的 32 位设定范围为 10~200000（0 除外）。

第九章

变频调速基础知识

第一节 交流异步电动机调速原理

一、异步电动机旋转原理

异步电动机的电磁转矩是由定子主磁通和转子电流相互作用产生的。如图9-1所示，

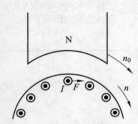

图9-1 异步电动机旋转原理

磁场以 n_0 转速顺时针旋转，转子绕组切割磁力线，产生转子电流，通电的转子绕组相对磁场运动，产生电磁力。电磁力使转子绕组以转速 n 旋转，方向与磁场旋转方向相同，旋转磁场实际上是三个交变磁场合成的结果。这三个交变磁场应满足以下条件：

（1）在空间位置上互差 $\frac{2\pi}{3}$ rad 电度角，这由定子三相绕组的布置来确定；

（2）在时间上互差 $\frac{2\pi}{3}$ rad 相位角（或1/3周期），这由通入的三相交变电流来保证。

产生转子电流的必要条件是转子绕组切割定子磁场的磁力线。因此，转子的转速 n 低于定子磁场的转速 n_0，两者之差称为转差，有

$$\Delta n = n_0 - n$$

转差与定子磁场转速（常称为同步转速）之比，称为转差率，即

$$s = \Delta n / n_0$$

同步转速 n_0 为

$$n_0 = 60f/p$$

式中，f 为输入电流的频率；p 为旋转磁场的极对数。

由此可得转子的转速为

$$n = 60f(1 - s)/p$$

二、异步电动机调速

由转速 $n = 60f(1 - s)/p$ 可知异步电动机调速有以下几方法。

1. 改变磁极对数 p（变极调速）

定子磁场的极对数取决于定子绕组的结构。所以要改变 p，必须将定子绕组制为可以换接成两种或两种以上磁极对数的特殊形式。通常一套绕组只能换接成两种磁极对数。

变极调速的主要优点是设备简单、操作方便、机械特性较硬、效率高、既适用于恒转矩调速，又适用于恒功率调速；其缺点是为有极调速，且极数有限，因而只适用于不需平滑调速的场合。

2. 改变转差率 s（变转差率调速）

以改变转差率为目的调速方法有：定子调压调速、转子变电阻调速、电磁转差离合器调速等。

（1）定子调压调速。当负载转矩一定时，随着电动机定子电压的降低，主磁通减少，转子感应电动势减少，转子电流减少，转子受到的电磁力减少，转差率 s 增大，转速减小，从而达到速度调节的目的；同理，定子电压升高，转速增加。

调压调速的优点是调速平滑，采用闭环系统时，机械特性较硬，调速范围较宽；缺点是低速时，转差功率损耗较大，功率因素低，电流大，效率低。调压调速既非恒转矩调速，也非恒功率调速，比较适合于风机、泵类特性的负载。

（2）转子变电阻调速。当定子电压一定时，电动机主磁通不变，若减小转子电阻，则转子电流增大，转子受到的电磁力增大，转差率减小，转速升高；同理增大定子电阻，转速降低。转子变电阻调速的优点是设备和线路简单，投资不高，但其机械特性较软，调速范围受到一定限制，且低速时转差功率损耗较大，效率低，经济效益差。目前，转子变电阻调速只在一些调速要求不高的场合采用。

（3）电磁转差离合器调速。异步电动机电磁转差离合器调速系统以恒定转速运转的异步电动机为原动机，通过改变电磁转差离合器的励磁电流进行速度调节。

电磁转差离合器由电枢和磁极两部分组成，二者之间没有机械的联系，均可自由旋转。离合器的电枢与异步电动机转子轴相连并以恒速旋转，磁极与工作机械相连。

电磁转差离合器的工作原理如图 9-2 所示，如果磁极内励磁电流为零，电枢与磁极间没有任何电磁联系，磁极与工作机械静止不动，相当于负载被"脱离"；如果磁极内通入直流励磁电流，磁极即产生磁场，电枢由于被异步电动机拖动旋转，因而电枢与磁极间有相对运动而在电枢绕组中产生电流，并产生力矩，磁极将沿着电枢的运转方向而旋转，此时负载相当于被"合上"，调节磁极内通入的直流励磁电流，就可调节转速。

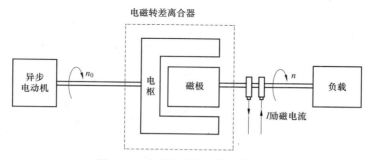

图 9-2　电磁转差离合器工作原理

电磁转差离合器调速的优点是控制简单，运行可靠，能平滑调速，采用闭环控制后可扩大调速范围，常用于通风类或恒转矩类负载；其缺点是低速时损耗大，效率低。

3. 改变频率 f（变频调速）

当极对数 p 和转差率 s 不变时，电动机转子转速与定子电源频率成正比，因此，连续改变供电电源的频率，就可以连续平滑的调节电动机的转速。

异步电动机变频调速具有调速范围广、调速平滑性能好、机械特性较硬的优点，可以方便地实现恒转矩或恒功率调速。

第二节 变 频 调 速

一、变频器与逆变器、斩波器

变频调速是以变频器向交流电动机供电，并构成开环或闭环系统。变频器是把固定电压、固定频率的交流电变换为可调电压、可调频率的交流电的变换器，是异步电动机变频调速的控制装置。逆变器是将固定直流电压变换成固定的或可调的交流电压的装置（DC—AC变换）。将固定直流电压变换成可调的直流电压的装置称为斩波器（DC—DC变换）。

二、变压变频调速

在进行电动机调速时，通常要考虑的一个重要因素是，希望保持电动机中每极磁通量为额定值，并保持不变。

如果磁通太弱，即电动机出现欠励磁，将会影响电动机的输出转矩，有转矩公式为

$$T_M = K_T \Phi_M I_2 \cos\varphi_2$$

式中，T_M 为电磁转矩；Φ_M 为主磁通；I_2 为转子电流；$\cos\varphi_2$ 为转子回路功率因素；K_T 为比例系数。

由上式可知，电动机磁通的减小，势必造成电动机电磁转矩的减小。

由于设计时，电动机的磁通常接近饱和值，如果进一步增大磁通，将使电动机铁芯出现饱和，从而导致电动机中流过很大的励磁电流，增加电动机的铜损耗和铁损耗，严重时会因绕组过热而损坏电动机。因此，在改变电动机频率时，应对电动机的电压进行协调控制，以维持电动机磁通的恒定。为此，用于交流电气传动中的变频器实际上是变压（Variable Voltage，VV）变频（Variable Frequency，VF）器，即VVVF。所以，通常也把这种变频器叫做VVVF装置或VVVF。

三、变频器的分类

1. 按变频器主电路结构形式分类

按变频器主电路的结构形式可分为交—直—交变频器和交—交变频器。交—直—交变频器首先通过整流电路将电网的交流电整流成直流电，再由逆变电路将直流电逆变为频率和幅值均可变的交流电。交—直—交变频器主电路结构如图9-3所示。

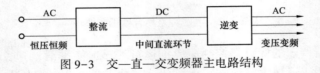

图9-3 交—直—交变频器主电路结构

交—交变频器把一种频率的交流电直接变换为另一种频率的交流电，中间不经过直流

环节。它的基本结构如图9-4所示。

常用的交—交变频器输出的每一相都是一个两组晶闸管整流装置反并联的可逆线路。正、反向两组按一定周期相互切换，在负载上就获得交变的输出电压 u_0。输出电压 u_0 的幅值决定于各组整流装置的控制角 α，输出电压 u_0 的频率决定于两组整流装置的切换频率。如果控制角 α 一直不变，则输出平均电压是方波，要得到正弦波输出，就需在每一组整流器导通期间不断改变其控制角。

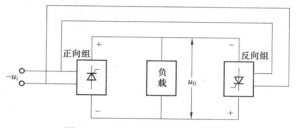

图9-4　交—交变频器电路结构

对于三相负载，交—交变频器其他两相也各用一套反并联的可逆线路，输出平均电压相位依次相差120°。

交—交变频器由其控制方式决定了它的最高输出频率只能达到电源频率的 $1/3 \sim 1/2$，不能高速运行，这是它的主要缺点。但由于没有中间环节，不需换流，提高了变频效率，并能实现四象限运行，因而多用于低速大功率系统中，如回转窑、轧钢机等。

2. 按变频电源的性质分类

按变频电源的性质可分为电压型变频器和电流型变频器。对交—直—交变频器，电压型变频器与电流型变频器的主要区别在于中间直流环节采用什么样的滤波器。

电压型变频器的主电路典型形式如图9-5所示。在电路中中间直流环节采用大电容滤波，直流电压波形比较平直，使施加于负载上的电压值基本上不受负载的影响，而基本保持恒定，类似于电压源，因而称之为电压型变频器。

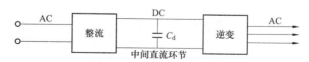

图9-5　电压型变频器的主电路结构

电压型变频器逆变输出的交流电压为矩形波或阶梯波，而电流的波形经过电动机负载滤波后接近于正弦波，但有较大的谐波分量。

由于电压型变频器是作为电压源向交流电动机提供交流电功率的，主要优点是运行几乎不受负载的功率因素或换流的影响；缺点是当负载出现短路或在变频器运行状态下投入负载，都易出现过电流，必须在极短的时间内施加保护措施。

电流型变频器与电压型变频器在主电路结构上基本相似，所不同的是电流型变频器的中间直流环节采用大电感滤波，如图9-6所示，直流电流波形比较平直，使施加于负载上的电流值稳定不变，基本不受负载的影响，其特性类似于电流源，所以称之为电流型变频器。

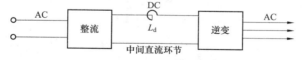

图9-6　电流型变频器的主电路结构

电流型变频器的整流部分一般采用相控整流，或直流斩波，通过改变直流电压来控制直流电流，构成可调的直流电源，达到控制输出的目的。

电流型变频器由于电流的可控性较好，可以限制因逆变装置换流失败或负载短路等引起的过电流，保护的可靠性较高，所以多用于要求频繁加减速或四象限运行的场合。

一般的交—交变频器虽然没有滤波电容，但供电电源的低阻抗使它具有电压源的性质，也属于电压型变频器。也有的交—交变频器用电抗器将输出电流强制变成矩形波或阶梯波，具有电流源的性质，属于电流型变频器。

3. 按 VVVF 调制技术分类

交—直—交变频器按 VVVF 调制技术可分为 PAM 和 PWM 两种。

PAM 是把 VV 和 VF 分开完成的，称为脉冲幅值调制方式，简称 PAM 方式。

PAM 调制方式又分为两种：一种是调压采用可控整流，即把交流电整流为直流电的同时进行相控整流调压，调频采用三相六拍逆变器，这种方式结构简单，控制方便，但由于输入环节采用晶闸管可控整流器，当电压调得较低时，电网端功率因素较低，而输出环节采用晶闸管组成的三相六拍逆变器，每周期换相六次，输出的谐波较大。另一种是采用不可控整流、斩波调压，即整流环节采用二极管不控整流，只整流不调压，再单独设置 PWM 斩波器，用脉宽调压，调频仍采用三相六拍逆变器，这种方式虽然多了一个环节，但调压时输入功率因素不变，克服了上面那种方式中输入功率因数低的缺点。而其输出逆变环节未变，仍有谐波较大的问题。

PWM 是将 VV 与 VF 集中于逆变器一起来完成的，称为脉冲宽度调制方式，简称 PWM 方式。

PWM 调制方式采用不控整流，则输入功率因素不变，用 PWM 逆变同时进行调压和调频，则输出谐波可以减少。

在 VVVF 调制技术发展的早期均采用 PAM 方式，这是由于当时的半导体器件是普通晶闸管等半控型器件，其开关频率不高，所以逆变器输出的交流电压波形只能是方波。而要使方波电压的有效值随输出频率的变化而改变，只能靠改变方波的幅值，即只能靠前面的环节改变中间直流电压的大小。随着全控型快速半导体开关器件 BJT、IGBT、GTO 等的发展，才逐渐发展为 PWM 方式。由于 PWM 方式具有输入功率因数高、输出谐波少的优点，因此在中小功率的变频器中，几乎全部采用 PWM 方式，但由于大功率、高电压的全控型开关器件的价格还较昂贵，因此，为降低成本，在数百千瓦以上的大功率变频器中，有时仍需要使用以普通晶闸管为开关器件的 PAM 方式。

四、变压变频协调控制

进行电动机调速时，为保持电动机的磁通恒定，需要对电动机的电压与频率进行协调控制。对此，需要考虑基频（额定频率）以下和基频以上两种情况。

基频，即基本频率 f_1，是变频器对电动机进行恒转矩控制和恒功率控制的分界线，应按电动机的额定电压（指额定输出电压，是变频器输出电压中的最大值，通常它总是和输入电压相等）进行设定，即在大多数情况下，额定输出电压就是变频器输出频率等于基本频率时的输出电压值，所以，基本频率又等于额定频率 f_N（即与电动机额定输出电压对应的频率）。

异步电动机变压变频调速时，通常在基频以下采用恒转矩调速，基频以上采用恒功率调速。

1. 基频以下调速

在一定调速范围内维持磁通恒定，在相同的转矩相位角的条件下，如果能够控制电动机的电流为恒定，即可控制电动机的转矩为恒定，称为恒转矩控制，即电动机在速度变化的动态过程中，具有输出恒定转矩的能力。

由于恒定 U_1/f_1 控制能在一定调速范围内近似维持磁通恒定，因此恒定 U_1/f_1 控制属于恒转矩控制。

严格地说，只有控制 E_g/f_1 恒定才能控制电动机的转矩为恒定。

（1）恒定气隙磁通 Φ_M 控制（恒定 E_g/f_1 控制）。根据异步电动机定子的感应电动势

$$E_g = 4.44 f_1 N_1 K N_1 \Phi_M$$

式中，E_g 为气隙磁通在每相定子感应的电动势；f_1 为电源频率；N_1 为定子每相绕组串联匝数；K、N_1 为与绕组结构有关的常数；Φ_M 为每极气隙磁通。要保持 Φ_M 不变，当频率 f_1 变化时，必须同时改变电动势 E_g 的大小，使

$$E_g/f_1 = 常值$$

即采用恒定电动势与频率比的控制方式。（恒定 E_g/f_1 控制）

电动机定子电压

$$U_1 = E_g + (r_1 + jx_1)I_1$$

式中，U_1 为定子电压；r_1 为定子电阻；x_1 为定子漏磁电抗；I_1 为定子电流。如果在电压、频率协调控制中，适当地提高电压 U_1，使它在克服定子阻抗压降以后，能维持 E_g/f_1 为恒值，则无论频率高低，每极磁通 Φ_M 均为常值，就可实现恒定 E_g/f_1 控制。

（2）恒定压频比控制（恒定 U_1/f_1 控制）。在电动机正常运行时，由于电动机定子电阻 r_1 和定子漏磁电抗 x_1 的压降较小，可以忽略，则电动机定子电压 U_1 与定子感应电动势 E_g 近似相等，即

$$U_1 \approx E_g$$

则得

$$U_1/f_1 = 常值$$

这就是恒压频比的控制方式。

由于电动机的感应电动势检测和控制比较困难，考虑到在电动机正常运转时电动机的电压和电动势近似相等，因此可以通过控制 U_1/f_1 恒定，以保持气隙磁通基本恒定。

恒定 U_1/f_1 控制是异步电动机变频调速的最基本控制方式，它在控制电动机的电源频率变化的同时控制变频器的输出电压，并使二者之比 U_1/f_1 为恒定，从而使电动机的磁通基本保持恒定。

恒定 U_1/f_1 控制最容易实现，它的变频机械特性基本上是平行下移，硬度也较好，能够满足一般的调速要求，突出优点是可以进行电动机的开环速度控制。

恒定 U_1/f_1 控制存在的主要问题是低速性能较差。这是由于低速时异步电动机定子电阻压降所占比重增大，已不能忽略，电动机的电压和电动势近似相等的条件已不满足，仍按 U_1/f_1 恒定控制已不能保持电动机磁通恒定。电动机磁通的减小，会使电动机电磁转矩减小。因此，在低频运行的时候，要适当的加大 U_1/f_1 的值，以补偿定子压降。

2. 基频以上调速

当电动机的电压随着频率的增加而升高时，若电动机的电压已达到电动机的额定电压，继续增加电压有可能破坏电动机的绝缘。为此，在电动机达到额定电压后，即使频率增加仍维持电动机电压不变。这样，电动机所能输出的功率由电动机的额定电压和额定电流的乘积所决定，不随频率的变化而变化，具有恒功率特性。

在基频以上调速时，频率可以从基频往上增加，但电压却不能超过额定电压，此时，电动机调速属于恒功率调速。

第三节　变频器的作用

变频调速能够应用在大部分的电机拖动场合，由于它能提供精确的速度控制，因此可以方便地控制机械传动的上升、下降和变速运行。变频应用还可以大大地提高工艺的高效性（变速不依赖于机械部分），同时可以比原来的定速运行电动机更加节能。变频器主要有以下作用：

（1）控制电动机的启动电流。当电动机通过工频直接启动时，它将使启动电流达到额定电流的 7~8 倍。这个电流值将大大增加电动机绕组的电应力并产生热量，从而降低电动机的寿命。而变频调速则可以在零速零电压启动（当然可以适当增加转矩提升）。一旦频率和电压的关系建立，变频器就可以按照 V/F 或矢量控制方式带动负载进行工作。使用变频调速能充分降低启动电流，提高绕组承受力，用户最直接的好处就是电动机的维护成本将进一步降低、电动机的寿命则相应增加。

（2）降低电力线路电压波动。在电动机工频启动，电流剧增的同时，电压也会大幅度波动，电压下降的幅度将取决于启动电动机的功率大小和配电网的容量。电压下降将会导致同一供电网络中的电压敏感设备故障跳闸或工作异常，如 PC 机、传感器、接近开关和接触器等均会动作出错。而采用变频调速后，由于能在零频零压时逐步启动，则能最大程度上消除电压下降。

（3）启动时需要的功率更低。电动机功率与电流和电压的乘积成正比，那么通过工频直接启动的电动机消耗的功率将大大高于变频启动所需要的功率。在一些工况下其配电系统已经达到了最高极限，其直接工频启动电动机所产生的电涌就会对同电网上的其他用户产生严重的影响，从而将受到电网运营商的警告，甚至罚款。如果采用变频器进行电动机启停，就不会产生类似的问题。

（4）可控的加速功能。变频调速能在零速启动并按照用户的需要进行光滑地加速，而且其加速曲线也可以选择（直线加速、S 形加速或者自动加速）。而通过工频启动时对电动机或相连的机械部分轴或齿轮都会产生剧烈的振动。这种振动将进一步加剧机械磨损和损耗，降低机械部件和电动机的寿命。另外，变频启动还能应用在类似灌装线上，以防止瓶子倒翻或损坏。

（5）可调的运行速度。运用变频调速能优化工艺过程，并能根据工艺过程迅速改变，还能通过远控 PLC 或其他控制器来实现速度变化。

（6）可调的转矩极限。通过变频调速后，能够设置相应的转矩极限来保护机械不致损坏，从而保证工艺过程的连续性和产品的可靠性。目前的变频技术使得不仅转矩极限可调，甚至转矩的控制精度都能达到 3%~5%。在工频状态下，电动机只能通过检测电流值或热保护来进行控制，而无法像在变频控制一样设置精确的转矩值来动作。

（7）受控的停止方式。如同可控的加速一样，在变频调速中，停止方式可以受控，并且有不同的停止方式可以选择（减速停车、自由停车、减速停车+直流制动），同样它能减少对机械部件和电动机的冲击，从而使整个系统更加可靠，寿命也会相应增加。

（8）节能。离心风机或水泵采用变频器后都能大幅度地降低能耗，这在十几年的工程经验中已经得到了体现。由于最终的能耗是与电动机的转速成立方比，所以采用变频后投资回报就更快，厂家也乐意接受。

（9）可逆运行控制。在变频器控制中，要实现可逆运行控制无需额外的可逆控制装置，只需要改变输出电压的相序即可，这样就能降低维护成本和节省安装空间。

（10）减少机械传动部件。由于目前矢量控制变频器加上同步电动机就能实现高效的转矩输出，从而节省齿轮箱等机械传动部件，最终构成直接变频传动系统。从而就能降低成本和空间，提高设备的性价比。

第十章

三菱FR-A540变频器

本章以三菱 FR-A540 变频器为例，来介绍变频器的接线端子、运行与操作，以及变频器的常用参数。

第一节　端　子　介　绍

学习使用一种变频器，首先要明确了解变频器的各端子的作用，从而按照端子的功能进行电路的设计与连接。三菱 FR-A540 变频器的端子功能图如图 10-1 所示。在图中，◎表示主回路端子，○表示控制输入端子，●表示控制输出端子。

一、主回路端子

主回路端子主要包括交流电源输入、变频器输出等端子，具体说明如表 10-1 所示。

表 10-1　　　　　　　　　　　　　主回路端子说明

端子记号	端子名称	说　明
R, S, T	交流电源输入	连接工频电源。当使用高功率因数转换器时，确保这些端子不连接（FR-HC）
U, V, W	变频器输出	接三相笼型电动机
R1, S1	控制回路电源	与交流电源端子 R、S 连接。在保持异常显示和异常输出时或当使用高功率因数转换器时（FR-HC）时，请拆下 R-R1 和 S-S1 之间的短路片，并提供外部电源到此端子
P, PR	连接制动电阻器	拆开端子 PR-PX 之间的短路片，在 P-PR 之间连接选件制动电阻器（FR-ABR）
P, N	连接制动单元	连接选件 FR-BU 型制动单元或电源再生单元（FR-RC）或高功率因数转换器（FR-HC）
P, P1	连接改善功率因数 DC 电抗器	拆开端子 P-P1 间的短路片，连接选件改善功率因数用电抗器（FR-BEL）
PR, PX	连接内地制动回路	用短路片将 PX-PR 间短路时（出厂设定）内部制动回路便生效（7.5kW 以下装有）
⏚	接地	变频器外壳接地用，必须接大地

变频器电源和电动机的接线如图 10-2 所示，切记变频器电源的输入和输出绝不能接反。

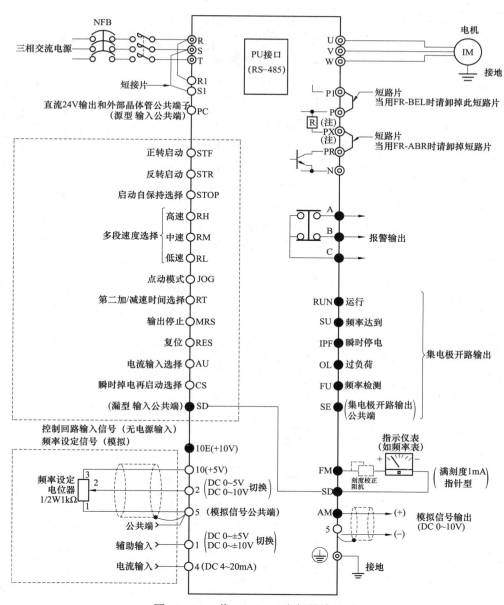

图 10-1　三菱 FR-A540 变频器端子图

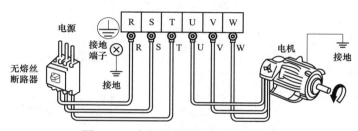

图 10-2　变频器电源与电动机的接线

193

二、输入控制端子

输入控制的功能是向变频器输入各种控制信号，如控制电动机正转或反转、控制变频器的输出频率等功能，端子数量较多，具体说明如表 10-2 所示。

表 10-2 　　　　　　　　　　　　　　　输入控制端子

类型		端子记号	端子名称	说　明	
输入信号	启动接点·功能设定	STF	正转启动	STF 信号处于 ON 便正转，处于 OFF 便停止。程序运行模式时为程序运行开始信号。（ON 开始，OFF 停止）	当 STF 和 STR 信号同时处于 ON 时，相当于给出停止指令
		STR	反转启动	STR 信号 ON 为逆转，OFF 为停止	
		STOP	启动自保持选择	使 STOP 信号处于 ON，可以选择启动信号自保持	
		RH，RM，RL	多段速度选择	用 RH，RM 和 RL 信号的组合可以选择多段速度	输入端子功能选择（Pr.180～Pr.186）用于改变端子功能
		JOG	点动模式选择	JOG 信号 ON 时选择点动运行（出厂设定）。用启动信号（STF 和 STR）可以点动运行	
		RT	第 2 加/减速时间选择	RT 信号处于 ON 时选择第 2 加减速时间。设定了［第 2 力矩提升］［第 2V/F（基底频率）］时，也可以用 RT 信号处于 ON 时选择这些功能	
		MRS	输出停止	MRS 信号为 ON（20ms 以上）时，变频器输出停止。用电磁制动停止电机时，用于断开变频器的输出	
		RES	复位	用于解除保护回路动作的保持状态。使端子 RES 信号处于 ON 在 0.1s 以上，然后断开	
		AU	电流输入选择	只在端子 AU 信号处于 ON 时，变频器才可用直流 4～20mA 作为频率设定信号	输入端子功能选择（Pr.180～Pr.186）用于改变端子功能
		CS	瞬停电再启动选择	CS 信号预先处于 ON，瞬时停电再恢复时变频器便可自动启动。但用这种运行必须设定有关参数，因为出厂时设定为不能再启动	
		SD	公共输入端子（漏型）	接点输入端子和 FM 端子的公共端。直流 24V，0.1A（PC 端子）电源的输出公共端	
		PC	直流 24V 电源和外部晶体管公共端接点输入公共端（源型）	当连接晶体管输出（集电极开路输出），例如可编程控制器时，将晶体管输出用的外部电源公共端接到这个端子时，可以防止因漏电引起的误动作，这端子可用于直流 24V，0.1A 电源输出。当选择源型时，这端子作为接点输入的公共端	
模拟	频率设定	10E	频率设定用电源	10V(DC)，容许负荷电流 10mA	按出厂设定状态连接频率设定电位器时，与端子 10 连接。
		10		5V(DC)，容许负荷电流 10mA	当连接到 10E 时，请改变端子 2 的输入规格
		2	频率设定（电压）	输入 0～5V(DC)［或 0～10V(DC)］时 5V［10V(DC)］对应为最大输出频率。输入输出成比例。用参数单元进行输入直流 0～5V（出厂设定）和 0～10VDC 的切换。输入阻抗 10kΩ，容许最大电压为直流 20V	
		4	频率设定（电流）	DC 4～20mA，20mA 为最大输出频率，输入、输出成比例，只在端子 AU 信号处于 ON 时，该输入信号有效，输入阻抗 250Ω，容许最大电流为 30mA	
		1	辅助频率设定	输入 0～±5V(DC) 或 0～±10V(DC) 时，端子 2 或 4 的频率设定信号与这个信号相加。用参数单元进行输入 0～±5V(DC) 或 0～±10V(DC)（出厂设定）的切换。输入阻抗 10kΩ，容许电压±20V(DC)	
		5	频率设定公共端	频率设定信号（端子 2，1 或 4）和模拟输出端子 AM 的公共端子。请不要接大地	

输入信号出厂设定为漏型逻辑，如要改变控制逻辑，跳线在控制回路端子板的背面，需要移到另一位置。

在漏型逻辑中，输入信号的接线图如图 10-3 所示。信号端子接通时，电流是从相应的输入端子流出。端子 SD 是触点输入信号的公共端。源型逻辑时，端子 PC 是输入信号的公共端。

三、输出控制端子

输出控制端子是变频器向外输出各种输出信号，如向外可输出开关信号驱动外部继电器是否动作、输出模拟量显示当前变频器输出频率等。各输出控制端子具体说明如表 10-3 所示。

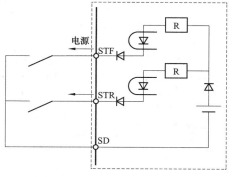

图 10-3　输入端子的接线

表 10-3　　　　　　　　　　　　　　　　输 出 控 制 端 子

类型		端子记号	端子名称	说明	
输出信号	接点	A，B，C	异常输出	指示变频器因保护功能动作而输出停止的转换接点，AC 200V 0.3A，DC 30V 0.3A，异常时：B-C 间不导通（A-C 间导通），正常时：B-C 间导通（A-C 间不导通）	
	集电极开路	RUN	变频器正在运行	变频器输出频率为启动频率（出厂时为 0.5Hz，可变更）以上时为低电平，正在停止或正在直流制动时为高电平。容许负荷为 DC 24V，0.1A	输出端子的功能选择通过（Pr.190~Pr.195）改变端子功能
		SU	频率到达	输出频率达到设定频率的±10%（出厂设定，可变更）时为低电平，正在加/减速停止时为高电平。容许负荷为 DC 24V，0.1A	
		OL	过负荷报警	当失速保护功能动作时为低电平，失速保护解除时为高电平。容许负荷为 DC 24V，0.1A	
		IPF	瞬时停电	瞬时停电，电压不足保护动作时为低电平，容许负荷为 DC 24V，0.1A	
		FU	频率检测	输出频率为任意设定的检测频率以上时为低电平，以下时为高电平，容许负荷为 DC 24V，0.1A	
		SE	集电极开路输出公共端	端子 RUN，SU，OL，IPF，FU 的公共端子	
	脉冲	FM	指示仪表用	可以从 16 种监视项目中选一种作为输出，例如输出频率，输出信号与监视项目的大小成比例	出厂设定的输出项目：频率容许负荷电流 1mA　60Hz 时 1440 脉冲/s
	模拟	AM	模拟信号输出		出厂设定的输出项目：频率输出信号 0 到 DC 10V　容许负荷电流 1mA

端子 SE 是集电极开路输出信号的公共端。输出信号端子接线如图 10-4 所示。

注意：当输出晶体管是由外部电源供电时，请用 PC 端子作为公共端，以防止漏电流产生误动作，不要将变频器 SD 端子与外部电源 0V 端子相连，另外把端子 PC-SD 间作为 DC 24V 电源使用时，不要在变频器外部设置并联电源，否则有可能发生因回流造成的误动作。

四、与 PU 端口的连接

PU 端口是变频器的通信端口，可用该端口接 PU 操作面板，也可用它来实现与外部设备（如 PLC）的 RS-485 通信。

从变频器正面看，PU 端口的针号如图 10-5 所示。

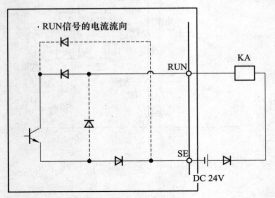

图 10-4 输出端子的接线

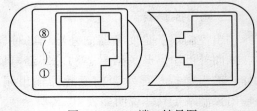

图 10-5 PU 端口针号图
①—SG；②—P5S；③—RDA；④—SDB；
⑤—SDA；⑥—RDB；⑦—SG；⑧—P5S

PU 端口使用时需注意以下两点：

（1）不要将 PU 接口连入计算机的局域网卡，传真机调制解调器或电话类接口。否则，由于电子规格的不同，可能会损坏变频器。

（2）插针 2 和 8（P5S）提供电源给操作面板或参数单元。RS-485 通信时不要用这些插针。

带有 RS-485 接口的 PLC 与多台变频器的网络系统，接线如图 10-6 所示，具体接线图如图 10-7 所示。

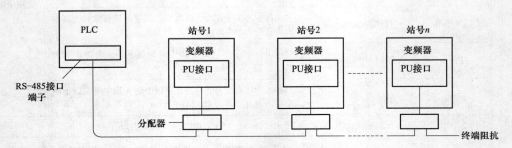

图 10-6 PLC 与多变频器的连接

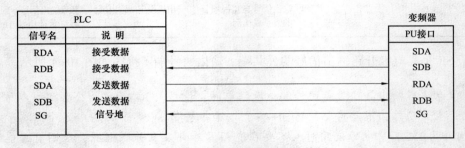

图 10-7 PLC 与变频器的连接

196

带有 RS-232C 接口的计算机与多台变频器的网络系统，如图 10-8 所示。

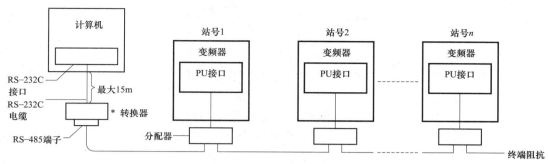

图 10-8　计算机与变频器的连接

第二节　运行与操作

一、变频器的操作模式

三菱变频器常用的操作模式有外部操作模式、PU 操作模式、组合操作模式和通信操作模式等总共四种，各种不同的操作模式规定了控制变频器启停方式、频率给定方式。操作模式的设定是通过设置 Pr.79 参数，具体如表 10-4 所示。

表 10-4　　　　　　　　　　　　　Pr.79 参数与操作方式的设置

Pr.79 设定值	功　　能
0	电源接通时，为外部操作模式 PU 或外部操作可切换
1	PU 操作模式
2	外部操作模式
3	外部/PU 组合操作模式 1 　　运行频率，从 PU（FR-DU04/FR-PU04）设定（直接设定，或 ▲/▼ 键设定）或外部输入信号（仅限多段速度设定） 　　启动信号，外部输入信号（端子 STF, STR）
4	外部/PU 组合操作模式 2 　　运行频率，外部输入信号（端子 2, 4, 1, 点动，多段速度选择） 　　启动信号，从 PU（FR-DU04/FR-PU04）输入（FWD 键，REV 键）
5	程序运行模式 　　可设定 10 个不同的运行启动时间，旋转方向和运行频率各三组 　　运行开始，STF，定时器复位。STR 　　组数选择，RH, RM, RL
6	切换模式 　　运行时可进行 PU 操作，外部操作和计算机通信操作（当用 FR-A5NR 选件时）的切换
7	外部操作模式（PU 操作互锁） 　　X12 信号 ON，可切换到 PU 操作模式（正在外部运行时输出停止） 　　X12 信号 OFF，禁止切换到 PU 操作模式

续表

Pr. 79 设定值	功　能
8	切换到除外部操作模式以外的模式（运行时禁止） X16 信号 ON，切换到外部切换模式 X16 信号 OFF，切换到 PU 切换模式

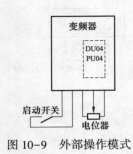

图 10-9　外部操作模式

1. 外部操作模式

　　外部操作模式是变频器出厂时的设置模式。连接到端子板的外部操作信号（频率设定电位器，启动开关等）控制变频器的运行。当电源接通时，启动信号（STF，STR）接通，则开始运行，如图 10-9 所示。变频器通过端子外接了启动开关和电位器，用启动开关控制变频器的启停，用电位器来调节输出频率的大小。

2. PU 操作模式

　　变频器的操作可用 PU 操作面板（FR-DU04/FR-PU04）的键盘进行。在键盘上有正转、反转、停止启动的按键，有频率上升与下降的按键，通过这些按钮可控制变频器运转方式和输出频率的大小。这种模式不需外接操作信号，可立即开始运行，如图 10-10 所示。

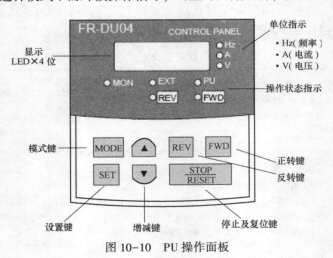

图 10-10　PU 操作面板

3. 外部/PU 组合操作模式

　　组合操作模式有两种不同的组合方式。可按下面两种方法中任一种，用外部和 PU 组合模式操作变频器：

　　（1）当把 Pr. 79 参数设为 3 时，启动信号用外部信号设定，频率设定信号用 PU 操作。

　　（2）当把 Pr. 79 参数设为 4 时，启动信号设定用 PU（FR-DU04/FR-PU04）运行命令键，频率设定信号用外部频率设定电位器设定。

4. 通信操作模式

　　当通过 RS-485 通信电缆将个人计算机连接 PU 接口进行通信操作，或用 PLC 通过 RS-485 控制变频器运行时，可采用通信操作模式。

二、操作面板

1. 操作面板（FR-DU04）

操作面板（FR-DU04）如图 10-11 所示。

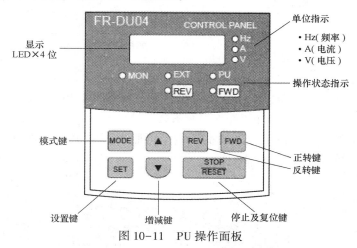

图 10-11　PU 操作面板

PU 操作面板各按键的作用与功能如表 10-5 所示。

表 10-5　　　　　　　　　　　　　　PU 操 作 面 板 的 按 键

按键	说　　　　　明
MODE 键	可用于选择操作模式或设定模式
SET 键	用于确定频率和参数的设定
▲/▼ 键	·用于连续增加或降低运行频率。按下这个键可改变频率。 ·在设定模式中按下此键，则可连续设定参数
FWD 键	用于给出正转指令
REV 键	用于给出反转指令
STOP RESET 键	·用于停止运行。 ·用于保护功能动作输出停止时复位变频器（用于主要故障）

PU 操作面板上的单位和运行状态显示说明如表 10-6 所示。

表 10-6　　　　　　　　　　　　　　单位和运行状态显示

显示	说　　　明	显示	说　　　明
Hz	显示频率时点亮	PU	PU 操作模式时点亮
A	显示电流时点亮	EXT	外部操作模式时点亮
V	显示电压时点亮	FWD	正转时闪烁
MON	监示显示模式时点亮	REV	反转时闪烁

2. MODE 键的监视功能

操作 MODE 键可改变显示模式，具体显示内容如图 10-12 所示，可依次显示监视模式、频率设定模式、参数设定模式、运行模式和帮助模式。

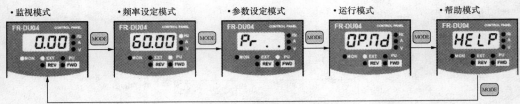

图 10-12   MODE 键的操作

3. 监视显示

监视器显示运转中的指令，EXT 指示灯亮表示外部操作；PU 指示灯亮表示 PU 操作；EXT 和 PU 灯同时亮表示 PU 和外部操作组合方式。

监视器在具体运行中可以更改监视的参数，可监视输出频率、输出电流、输出电压，以及报警监视，具体操作如图 10-13 所示。

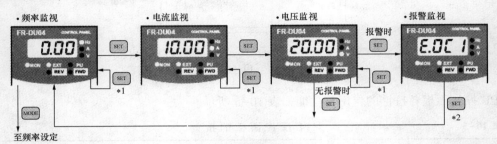

图 10-13   监视显示操作

注意：（1）按下标有 *1 的 SET 键超过 1.5s 能把电流监视模式改为上电监视模式。
（2）按下标有 *2 的 SET 键超过 1.5s 能显示包括最近 4 次的错误指示。
（3）在外部操作模式下转换到参数设定模式。

4. 频率设定

在 PU 操作模式下设定运行频率，具体操作如图 10-14 所示。

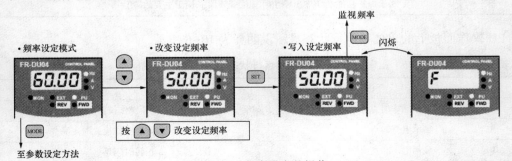

图 10-14   频率设定的操作

说明：（1）一个参数值的设定用键增减。
（2）按下 SET 键 1.5s 写入设定值并更新。

例如，把 Pr. 79 参数设定值从 2 更改为 1 的操作如图 10-15 所示。

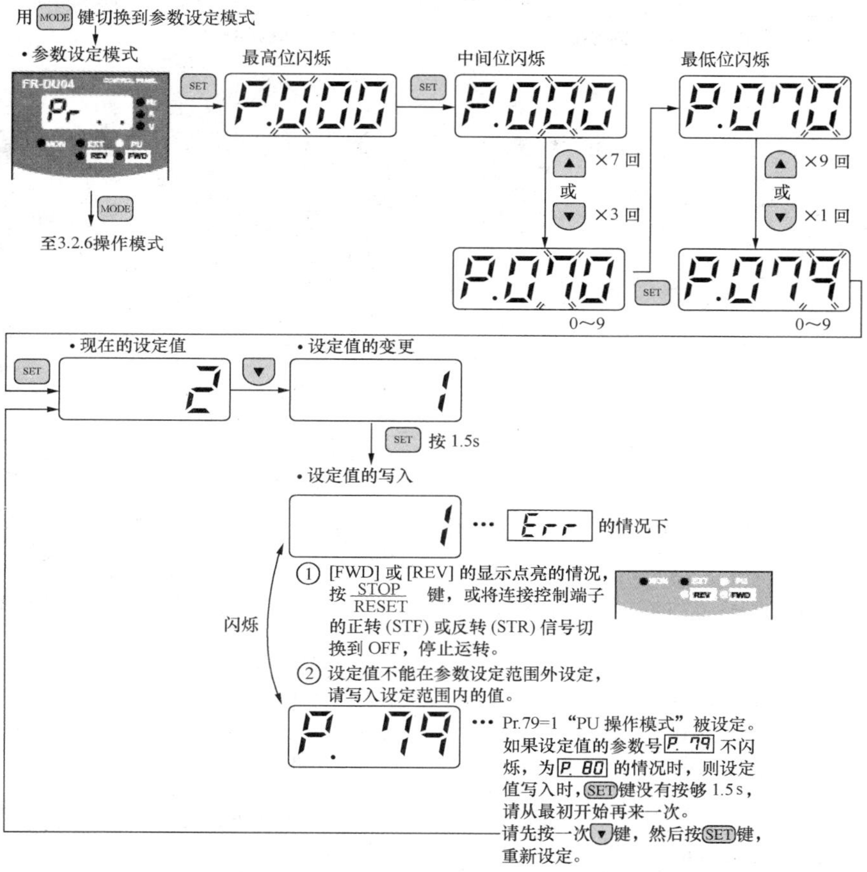

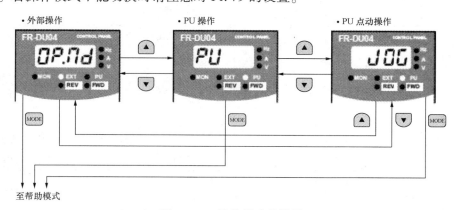

图 10-15　参数设置操作

5. 操作模式设置

操作模式可按如图 10-16 所示操作更改，可在外部操作、PU 操作和点动操作之间进行切换。若操作模式不能切换时请注意对 Pr. 79 的设置。

图 10-16　操作模式的设置

6. 参数恢复到出厂值

有时对使用过的变频器需要把全部参数值和校准值恢复到出厂设置值，首先操作MODE 键进入帮助模式，再按如图 10-17 进行操作。

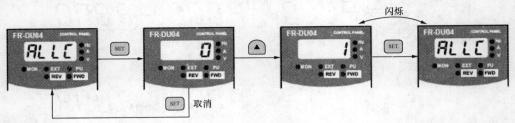

图 10-17　参数恢复到出厂值

第三节　变频器常用参数

变频器常用参数有转矩提升、上/下限频率、基底频率与电压、加/减速时间、电子过电流保护、直流制动、启动频率、点动频率、加/减速曲线频率跳变、频率到达动作范围、输出频率检测等参数。下面对这些主要参数进行介绍。

一、转矩提升

Pr. 0：转矩提升；

Pr. 46：第二转矩提升；

Pr. 112：第三转矩提升。

转矩提升的作用是通过补偿电压降以改善电机在低速范围的转矩降。调整这个参数可以调整低频域电机转矩使之配合负荷并增大启动转矩。

转矩提升参数有三个，通过端子开关能选择三种不同启动转矩中的一种。第二功能参数和第三功能参数需要通过外部输入控制端子（分别为 RT 和 X9 端子）分别来激活，如当RT 接通时，第二功能参数激活，则变频器所有的第二功能参数都被激活。

转矩提升参数的出厂设定与设定范围如表 10-7 所示。

表 10-7　　　　　　　　　　转矩提升参数的出厂设定与设定范围

参数号		出厂设定	设定范围	备注
0	0.4K，0.78K	6%	0~30%	—
	1.5K~3.7K	4%		
	5.5K，7.5K	3%		
	11K 以上	2%		
46		9999	0~30%，9999	9999：功能无效
112		9999	0~30%，9999	9999：功能无效

转矩提升示意图如图 10-18 所示，转矩提升主要是在低频时提升变频器的输出电压来实现，如果没有转矩提升，则变频器输出频率为 0 时，对应的输出电压也为 0，若设置了转矩提升，则对应的输出电压不为 0，实现了低频时的转矩提升。

另外，需注意以下几点：

（1）当 Pr. 80 和 Pr. 81 设定成先进磁通矢量控制模式时，这个参数的设定被忽略。

（2）当变频器到电动机距离太长或电动机在低速转矩不足时，增加此设定。但设定值过大可能会产生过流。

（3）RT、X9 信号为第二和第三功能选择信号，为 ON 时，其他的第二或第三功能参数也有效。Pr. 180~Pr. 186（输入端子功能选择）。RT 和 X9 端子功能选择对应的参数为 Pr. 180~Pr. 186。

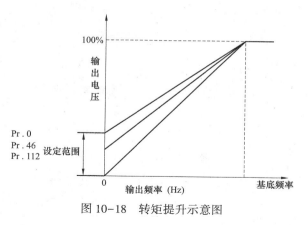

图 10-18　转矩提升示意图

二、上/下限频率

Pr. 1：上限频率；

Pr. 2：下限频率；

Pr. 18：高速上限频率。

上/下限频率可以将输出频率的上限和下限进行钳位。高速上限频率用于高于 120Hz 频率运行的场合。参数的出厂设定和设定范围如表 10-8 所示。

表 10-8　　　　　　　　　　　　　　上/下限频率设定

参数号	出厂设定	设定范围
1	120Hz	0~120Hz
2	0Hz	0~120Hz
18	120Hz	120~400Hz

上/下限频率使用如图 10-19 所示，说明如下：

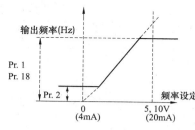

图 10-19　输出频率钳位

（1）用 Pr. 1 设定输出频率的上限，如果频率设定值，高于此设定值，则输出频率被钳位在上限频率。

（2）在 120Hz 以上运行时，用参数 Pr. 18 设定输出频率的上限。当 Pr. 18 被设定时，Pr. 1 自动地变为 Pr. 18 的设定值。或者，Pr. 1 被设定后，Pr. 18 会自动切换到 Pr. 1 的频率。

（3）用 Pr. 2 设定输出频率的下限。

三、基底频率与基底频率电压

Pr. 3：基底频率；

Pr. 19：基底频率电压；

Pr. 47：第二 V/F（基底频率）；

Pr. 113：第三 V/F（基底频率）。

该组参数用于调整变频器输出电压或频率到电动机额定值。当用标准电动机，通常设定为电动机的额定频率。当需要电动机运行在工频电源与变频器切换时，请设定基波频率与电源频率相同。一般情况下设定为50Hz。输出频率与输出电压关系如图10-20所示。

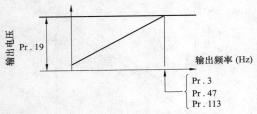

图 10-20　输出电压与输出频率关系

四、加/减速时间

Pr.7：加速时间；

Pr.8：减速时间；

Pr.20：加/减速基准频率；

Pr.21：加/减速时间单位。

该组参数的出厂设定值和设定范围如表10-9所示。

表 10-9　　　　　　　　参数的出厂设定值和设定范围

参数号		出厂设定	设定范围
7	7.5K 以下	5s	0～3600s/0～360s
	11K 以上	15s	
8	7.5K 以下	5s	0～3600s/0～360s
	11K 以上	15s	
20		50Hz	1～400Hz
21		0	0，1

加/减速时间的使用如图10-21所示，具体说明如下：

（1）用Pr.21设定加/减速时间最小设定单位：设定值"0"（出厂设定）时，最小设定单位：0.1s，设定范围为0～3600s；设定值"1"时，最小设定单位：0.01s，设定范围为0到360s。

（2）用Pr7设定从0Hz到达Pr.20所设定频率的加速时间。

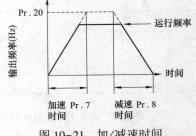

图 10-21　加/减速时间

（3）用Pr.8设定从Pr.20所设定频率到达0Hz的减速时间。

五、电子过电流保护

Pr.9：电子过电流保护。

通过设定电子过电流保护的电流值可防止电机过热，即使在低速运行时电机冷却能力降低时，也可以得到的最优保护特性。

电子过电流保护参数的出厂设定值与设定范围如表10-10所示，使用说明如下：

表 10-10　　　　　　　　电子过电流保护参数

参数号	出厂设定	设定范围
9	额定输出电流	0～500A

（1）设定电动机的额定电流。

（2）当设定为"0"时，电子过电流保护（电机保护功能）无效。

（3）当变频器和电动机容量相差过大和设定过小时，电子过电流保护特性将恶化，在此情况下，请安装外部热继电器。

六、直流制动

Pr.10：直流制动动作频率；

Pr.11：直流制动动作时间；

Pr.12：直流制动电压。

利用设定停止时的直流制动电压，直流制动动作时间和开始制动的频率三个参数，可以调整定位运行等的停止精度或直流制动的运行时间，使之适合负荷的要求。

直流制动三个参数的出厂设定值和设定范围如表10-11所示。

表 10-11 直流制动参数的出厂设定值和设定范围

参数号		出厂设定	设定范围	备注
10		3Hz	0~120Hz，9999	9999：在 Pr.13 设定值或以下动作
11		0.5s	0~10s，8888	8888：当 X13 信号 ON 时动作
12	7.5K 以下	4%	0~30%	
	11K 以上	2%		

直流制动的制动电压、制动频率和制动时间动作关系如图 10-22 所示，具体说明如下：

（1）用 Pr.10 设定直流制动开始应用的频率。当 Pr.10 设定为"9999"时，电动机减速到 Pr.13"启动频率"的设定值时，转为直流制动。

（2）用 Pr.11 设定直流制动的时间. Pr.11 设定为"8888"时，则当 X13 信号 ON 时，直流制动动作。

（3）用 Pr.180 到 Pr.186 中的任意一个参数指定用于 X13 信号输入的端子。

（4）用 Pr.12 设定电源电压的百分数。

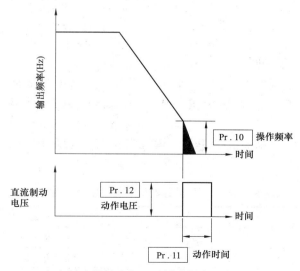

图 10-22 直流制动的制动电压、制动频率和制动时间动作关系

七、启动频率

Pr.13：启动频率。

启动频率能设定在0～60Hz。启动频率是指在启动信号ON时的开始运行输出频率。启动频率的使用如图10-23所示，使用时需注意以下两点：

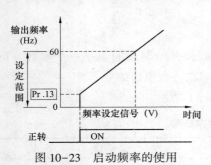

图10-23　启动频率的使用

（1）如果设定频率小于Pr.13"启动频率"的设定值，变频器将不能启动。例如，当Pr.13设定为5Hz时，只有当设定频率达到5Hz时，电动机才能启动运行。

（2）当Pr.13设定值小于Pr.2（下限频率）的设定值时，即使没有指令频率输入，只要启动信号为ON，电动机也可在设定频率下旋转。

八、适用负荷选择

Pr.14：适用负荷选择。

通过这个参数可以选择使用与负载特性最适宜的输出特性（V/F特性）。Pr.14参数设定范围为0～5，分别对应适用的负载如图10-24所示。

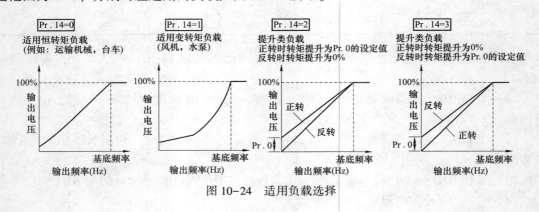

图10-24　适用负载选择

九、点动频率

Pr.15：点动频率；

Pr.16：点动加/减速时间。

外部操作模式时，点动运行用输入端子功能选择点动操作功能，当点动信号ON时，用启动信号（STF，STR）进行启动停止。PU操作模式时用PU面板（FR-DU04）可实行点动操作。

点动运行频率和加/减速时间的出厂设定和设定范围如表10-12所示，具体运行情况如图10-25所示。

表10-12　　　　点动运行频率和加/减速时间的出厂设定和设定范围

参数号	出厂设定	设定范围	备注
15	5Hz	0～400Hz	
16	0.5s	0～3600s	当Pr.21＝0
		0～360s	当Pr.21＝1

十、频率跳变

Pr. 31：频率跳变 1A；

Pr. 32：频率跳变 1B；

Pr. 33：频率跳变 2A；

Pr. 34：频率跳变 2B；

Pr. 35：频率跳变 3A；

Pr. 36：频率跳变 3B。

频率跳变功能用于防止机械系统固有频率产生的共振。可以使其跳过共振发生的频率点，最多可设定三个区域。跳跃频率可以设定为各区域的上点或下点。

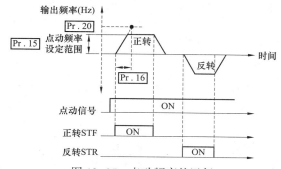

图 10-25　点动频率的运行

频率跳变的运行情况如图 10-26 所示，Pr. 31 ~ Pr. 36 的设定值为频率跳变点，用这个频率运行被跳变的频率区间，可使变频器的输出频率避开这些区间，以上 6 个参数的设定范围为 0~400Hz。

十一、频率到达动作范围

Pr. 41：频率到达动作范围。

输出频率达到设定运行频率的上下一定区间时，频率达到信号（SU）动作。频率到达动作范围可以在设定运行频率的 0~100% 范围内进行调整。此参数用于确认运行频率达到或用作相关设备的起动信号等，该参数的运行情况如图 10-27 所示。

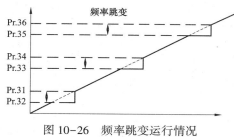

图 10-26　频率跳变运行情况

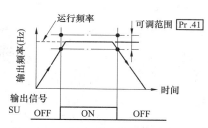

图 10-27　频率到达信号的动作范围

十二、输出频率检测

Pr. 42：输出频率检测；

Pr. 43：反转时输出频率检测；

Pr. 50：第二输出频率检测；

Pr. 116：第三输出频率检测。

当实际运行输出频率超出输出频率检测的设定值，输出频率值信号（FU，FU2，FU3）会有输出。此功能可用于电磁制动器的动作、开启信号等，动作情况如图 10-28 所示。具体说明如下：

（1）可以单独地对设定反转频率检测。对于垂直升降运行中正转（上升）和反转（下降）时电磁制动可设定两个不同的输出频率检测值。

（2）当 Pr. 43 ≠ "9999" 时，Pr. 42 的设定用于正转，Pr. 43 的设定用于反转。

（3）各参数的出厂设定值和设定范围如表 10-13 所示。

（4）各输出信号 FU、FU2、FU3 动作对应的参数如表 10-14 所示，FU2 和 FU3 信号的端子需用 Pr.190 至 Pr.195 设定分配用于输出。

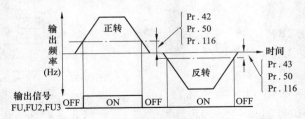

图 10-28　输出频率检测的动作

表 10-13　　　　　　　　　　　　参数的出厂设定值与设定范围

参数号	出厂设定	设定范围	备注
42	6Hz	0~400Hz	
43	9999	0~400Hz，9999	9999：同 Pr.42 设置相同
50	30Hz	0~400Hz	
116	9999	0~400Hz，9999	9999：功能无效

表 10-14　　　　　　　　　　　　输出信号与参数的对应

参数号	输出信号	参数号	输出信号
42	FU	50	FU2
43		116	FU3

十三、监示显示/FM，AM 端子功能选择

Pr.52：DU/PU 主显示数据选择；

Pr.53：PU 水平显示数据选择；

Pr.54：FM 端子功能选择；

Pr.158：AM 端子功能选择；

Pr.55：频率监示基准；

Pr.56：电流监示基准。

该组参数主要用于把变频器内的某个运行参数如输出频率、输出电压等向外进行显示。可以选择显示在操作面板（FR-DU04）或参数单元（FR-PU04）的主显示屏上，也可在参数单元（FR-PU04）的水平仪上显示信号，还可以输出到 FM 和 AM 端子上的信号。

有两种不同的信号对外输出：FM 脉冲串输出端子和 AM 模拟信号输出端子。用 Pr.54 和 Pr.158 选择输出信号，该组参数的出厂设定值与设定范围如表 10-15 所示。

表 10-15　　　　　　　　　　　　参数的出厂设定值与设定范围

参数号	出厂设定	设定范围	参数号	出厂设定	设定范围
52	0	0~20，22~25，100	54	1	1~3，5~14，17，18，21
53	1	0~3，5~14，17，18	158	1	1~3，5~14，17，18，21

该组参数的具体设定如表 10-16 所示，对该表的具体说明如下：

（1）标有×符号的监示项目不能选择。

（2）将 Pr.52 设定为"0"时，可以顺次地用 SHIFT 键选择监示从"输出频率"到"报警显示"。

（3）＊表示 PU 主监示从"频率设定"到"输出端子状态"可以用参数单元（FR-PU04）的"其他监视选择"进行选择。

（4）＊＊表示负荷仪表把 Pr.56 设定的电流值作为 100％，用％表示。

（5）电机转矩的显示仅在使用先进磁通矢量控制时有效。

（6）Pr.52 设定为"23"显示的实际运行时间是用变频器运行时间计算出的（不包括变频器停止时间）。Pr.171 设定为"0"时，则被清除。

（7）当 Pr.53＝"0"时，参数单元水平仪表的显示能抹去。

（8）Pr.53 设定为"1、2、5、6、11、17 或 18"时，可用 Pr.55，Pr.56 设定满刻度值。

（9）累积通电时间和实际运行时间是从 0 到 65535 小时累加，然后清除，再从 0 开始计算。使用操作面板（FR-DU04）时，经过 9999h 以上的情况下表示为「－－－－」。9999h 以上的情况下，用参数单元（FR-PU04）可确认可能。

（10）实际运行时间在变频器运行 1h 以下时不能累加。

（11）当使用操作面板（FR-DU04）时，显示单位只有 Hz、V 或 A。

（12）当使用 FR-A5AP 选件时，方向状态功能正常，如果选件没有用，而将 Pr.52 设定为"22"，显示值为"0"，功能无效。

表 10-16　　　　　　　　　参 数 设 定 与 功 能

信号种类	显示单位	参数设定值				FM、AM 和水平仪的满度量值
		Pr.52		Pr.53	Pr.54	Pr.158
		DU LED	PU 主显示	PU 水平仪	FM 端子	AM 端子	
无显示	—	×	×	0	×	×	—
输出频率	Hz	0/100	0/100	1	1	1	Pr.55
输出电流	A	0/100	0/100	2	2	2	Pr.56
输出电压	V	0/100	0/100	3	3	3	800V
报警显示	—	0/100	0/100	×	×	×	—
频率设定	Hz	5	＊	5	5	5	Pr.55
运行速度	r/min	6	＊	6	6	6	Pr.55 值转换为 Pr.37 值
电机转矩	％	7	＊	7	7	7	适用电机额定转矩×2
整流桥输出电压	V	8	＊	8	8	8	800V
再生制动使用率	％	9	＊	9	9	9	Pr.70
电子过电流保护负荷率	％	10	＊	10	10	10	电子热继电器动作水平
输出电流最大值	A	11	＊	11	11	11	Pr.56
整流桥输出电压最大值	V	12	＊	12	12	12	800V

续表

信号种类	显示单位	参数设定值					FM、AM 和水平仪的满度量值
		Pr. 52		Pr. 53	Pr. 54	Pr. 158	
		DU LED	PU 主显示	PU 水平仪	FM 端子	AM 端子	
输入功率	kW	13	*	13	13	13	变频器额定功率×2
输出功率	kW	14	*	14	14	14	变频器额定功率×2
输入端子状态	—	×	*	×	×	×	—
输出端子状态	—	×	*	×	×	×	—
负荷仪表	%	17	17	17	17	17	Pr. 56
电机励磁电流	A	18	18	18	18	18	Pr. 56
位置脉冲		19	19	×	×	×	
累积通电时间	h	20	20	×	×	×	
基准电压输出	—	×	×	×	21	21	在端子 FM 输出 1440Hz 在端子 AM 输出满刻度电压
方向状态		22	22	×	×	×	
实际运行时间	h	23	23	×	×	×	
电机负荷率	%	24	24	×	×	×	变频器额定电流×2
累积功率	kW	25	25	×	×	×	

当 FM、AM 端子和 PU 水平仪显示选择频率或电流时，设定的基准参考频率或电流。这二个参数的出厂设定值与设定范围如表 10-17 所示，输出显示的线性关系如图 10-29 所示。

表 10-17　　　　　　　　基准参考频率与电流的出厂设定值与设定范围

参数号	出厂设定	设定范围	参数号	出厂设定	设定范围
55	50Hz	0~400Hz	56	额定输出电流	0~500A

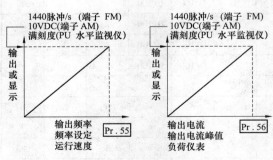

图 10-29　输出显示的线性关系

对于对输出频率、频率设定值、运行速度等参数的监示，可参考表 10-18 进行设置。

表 10-18 运行参数监示的设置

监示基准设定参数	监示内容选择	PU 水平仪监示选择 Pr. 53 设定值	FM 端子功能选择 Pr. 54 设定值	AM 端子功能选择 Pr. 158 设定值
频率监示基准 Pr. 55	输出频率（Hz）	1	1	1
	频率设定值（Hz）	5	5	5
	运行速度（Pr. 37）	6	6	6
电流监示基准 Pr. 56	输出电流（A）	2	2	2
	输出电流最大值（A）	11	11	11
	负荷仪表（A）	17	17	17
	电机励磁电流（A）	18	18	18
用 Pr. 55，Pr. 56 设定		设定使 PU 水平仪表变为满刻度	设定端子 FM 脉冲串输出为 1440 脉冲/s	设定端子 AM 的输出电压为 10V

注意：（1）端子 FM 的最大脉冲串输出为 2400 脉冲/s。如不调整 Pr. 55 时，端子 FM 可能饱和输出，因此，请调整 Pr. 55。

（2）端子 AM 的最大输出电压为 10V。

十四、参数写入禁止选择

Pr. 77：参数写入禁止选择。

当变频器所有参数设置完后，可选择参数写入禁止或允许。此功能用于防止参数值被意外改写。Pr. 77 参数可设为 0、1 或 2，具体设置如表 10-19 所示。

表 10-19 Pr. 77 参数的设置

Pr. 77 设定值	功 能
0	仅限于停止可以写入。 在 PU 模式下，仅限于停止时，参数可以被写入
1	不可写入参数。 Pr. 75，Pr. 77 和 Pr. 79 "运行模式选择" 可写入
2	即使运行时也可以写入

十五、逆转防止选择

Pr. 78：逆转防止选择。

此功能可以防止由于启动信号的误动作产生的逆转事故，用于仅运行在一个方向的机械，例如，风机、泵等。若要求电机的运行只能正转，不能逆转，则可设置本参数。Pr. 78 参数的设置如表 10-20 所示。

表 10-20 Pr. 78 参数的设置

Pr. 78 设定值	功 能
0	正转和逆转均可
1	不可逆转
2	不可正转

十六、OL 信号输出延时

Pr. 157：OL 信号输出延时。

可通过本参数设定过负荷报警信号（OL 信号）是立刻输出，还是发生过负荷状态后持续所设定的时间再输出。Pr. 157 参数的设置如表 10-21 所示。OL 信号的动作示意图如图 10-30 所示。

表 10-21　　　　　　　　　　Pr. 157 参数的设置

Pr. 157 设定值	说　　明
0	立刻输出
0. 1~25	设定时间（s）过后输出
9999	过负荷报警信号不输出

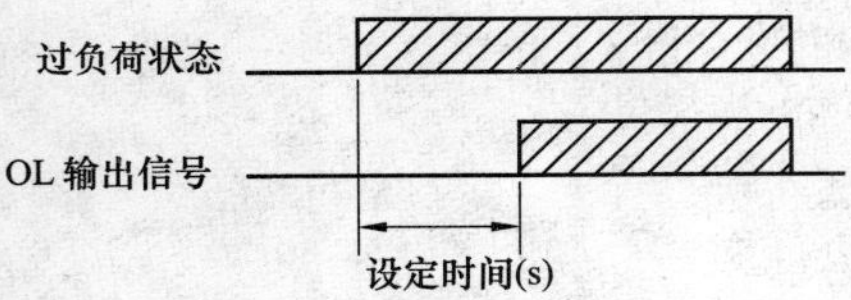

图 10-30　OL 信号的动作示意图

十七、输入端子功能选择

Pr. 180：RL 端子功能选择；

Pr. 181：RM 端子功能选择；

Pr. 182：RH 端子功能选择；

Pr. 183：RT 端子功能选择；

Pr. 184：AU 端子功能选择；

Pr. 185：JOG 端子功能选择；

Pr. 186：CS 端子功能选择。

用以上 7 个参数选择或改变输入端子的功能，这些参数对应的端子符号和出厂设定值如表 10-22 所示。

表 10-22　　　　　　　　参数的初始设定与对应的端子功能

参数号	端子符号	出厂设定	出厂设定端子功能	设定范围
100	RL	0	低速运行指令（RL）	0~99, 9999
181	RM	1	中速运行指令（RM）	0~99, 9999
182	RH	2	高速运行指令（RH）	0~99, 9999
183	RT	3	第二功能选择（RT）	0~99, 9999
184	AU	4	电流输入选择（AU）	0~99, 9999
185	JOG	5	点动运行选择（JOG）	0~99, 9999
186	CS	6	瞬时掉电自动再启动选择（CS）	0~99, 9999

如果要修改端子功能，则设置该端子对应的参数即可。参数的设定值与对应的端子功能如表 10-23 所示。

表 10-23　　　　　　　　设定值与对应的端子功能

设定值	端子名称	功能		相关参数
0	RL	Pr. 59＝0	低速运行指令	Pr. 4~Pr. 6，Pr. 24~Pr. 27，Pr. 232~Pr. 239
		Pr. 59＝1. 2	遥控设定（设定清零）	Pr. 59

续表

设定值	端子名称	功能		相关参数
0	RL	Pr. 79 = 5	程序运行速度组选择	Pr. 79，Pr. 200，Pr. 201～Pr. 210，Pr. 211～Pr. 220，Pr. 221～Pr. 230，Pr. 231
		Pr. 270 = 1. 3	挡块定位选择 0	Pr. 270，Pr. 275，Pr. 276
1	RM	Pr. 59 = 0	中速运行指令	Pr. 4～Pr. 6，Pr. 24～Pr. 27，Pr. 232～Pr. 239
		Pr. 59 = 1. 2	遥控设定（减速）	Pr. 59
		Pr. 79 = 5	程序运行速度组选择	Pr. 79，Pr. 200，Pr. 201～Pr. 210，Pr. 211～Pr. 220，Pr. 221～Pr. 230，Pr. 231
2	RH	Pr. 59 = 0	高速运行指令	Pr. 4～Pr. 6，Pr. 24～Pr. 27，Pr. 232～Pr. 239
		Pr. 59 = 1. 2	遥控设定（加速）	Pr. 59
		Pr. 79 = 5	程序运行速度组选择	Pr. 79，Pr. 200，Pr. 201～Pr. 210，Pr. 211～Pr. 220
3	RT	第 2 功能选择		Pr. 44～Pr. 50
		Pr. 270 = 1. 3	挡块定位选择 1	Pr. 270，Pr. 275，Pr. 276
4	AU	电流输入选择		
5	JOG	JOG 运行选择		Pr. 15，Pr. 16
6	CS	瞬时掉电自动再启动选择		Pr. 57，Pr. 58，Pr. 162～Pr. 165
7	OH	外部热继电器输入 通过设置在外部的加热保护用过电流保护继电器或者电机内置型的温度继电器等的动作停止变频器工作		
8	REX	15 速选择（同 RL，RM，RH 的 3 速组合）		Pr. 4～Pr. 6，Pr. 24～Pr. 27，Pr. 232～Pr. 239
9	X9	第 3 功能选择		Pr. 110～Pr. 116
10	X10	FR-HC 连接（变频器允许运行）		Pr. 30，Pr. 70
11	X11	FR-HC 连接（瞬时掉电检测）		Pr. 30，Pr. 70
12	X12	PU 运行外部互锁		Pr. 79
13	X13	外部直流制动启动		Pr. 10～Pr. 12
14	X14	PID 控制有效端子		Pr. 128～Pr. 134
15	BRI	制动开启完成信号		Pr. 278～Pr. 285
16	X16	PU 运行，外部运行互换		Pr. 79
17	X17	负荷曲线选择正转反转提升		Pr. 14
18	X18	先进磁通失量控制 V/F 控制切换		Pr. 80，Pr. 81，Pr. 89
19	X19	负荷转矩高速频率		Pr. 271～Pr. 274
20	X20	s 字切减速 c 切换端子（仅限实装 FR-A5AP 选项时）		Pr. 380～Pr. 383
22	X22	定向指令（注 11）（仅限实装 FR-A5AP 选项时）		Pr. 350～Pr. 369
23	LX	预备励磁（注 12）（仅限实装 FR-A5AP 选项时）		Pr. 80，Pr. 81，Pr. 359，Pr. 369，Pr. 370
9999		无功能		

十八、输出端子功能选择

Pr.190：RUN 端子功能选择；

Pr.191：SU 端子功能选择；

Pr.192：IPF 端子功能选择；

Pr.193：OL 端子功能选择；

Pr.194：FU 端子功能选择；

Pr.195：A，B，C 端子功能选择。

通过以上 6 个参数可改变开路集电极触点输出端子的功能。这些参数对应的端子符号和出厂设定值如表 10-24 所示。

表 10-24　　　　　　　　　参数的初始设定与对应的端子功能

参数号	端子符号	出厂设定	出厂设定端子功能	设定范围
190	RUN	0	变频器运行	0～1 999 999
191	SU	1	频率到达	0～1 999 999
192	IPF	2	瞬时掉电/低电压	0～1 999 999
193	OL	3	过负荷报警	0～1 999 999
194	FU	4	输出频率检测	0～1 999 999
195	A，B，C	99	报警输出	0～1 999 999

如果要修改端子功能，则设置该端子对应的参数即可。参数的设定值与对应的端子功能如表 10-25 所示。

表 10-25　　　　　　　　　设定值与对应的端子功能

设定值 正逻辑	设定值 负逻辑	信号名称	功能	动作	相关参数
0	100	RUN	变频器运行	运行期间当变频器输出频率上升到超过启动频率时输出	—
1	101	SU	频率到达	参考 Pr.41 "频率到达动作范围"	Pr.41
2	102	IPF	瞬时停电/低电压	当瞬时掉电/低压时输出	—
3	103	OL	过负荷报警	失速防止功能动作期间输出	Pr.22，Pr.23，Pr.66，Pr.148，Pr.149，Pr.154
4	104	FU	频率检测	参考 Pr.42、Pr.43（输出频率检测）	Pr.42，Pr.43
5	105	FU2	第二输出频率检测	参考 Pr.50（第二输出频率检测）	Pr.50
6	106	FU3	第三输出频率检测	参考 Pr.116（第三输出频率检测）	Pr.116
7	107	RBP	再生制动预报警	当再生制动率达到 Pr.70 设定的 85% 时输出	Pr.70
8	108	THP	电子过电流预报警	当电子过电流保护累积值达到设定值的 85% 时输出	Pr.9
9	109	PRG	程序运行模式	程序运行模式时输出	Pr.79，Pr.200～Pr.231
10	110	PU	PU 操作模式	当选择 PU 操作模式时输出	—

设定值		信号名称	功能	动作	相关参数
正逻辑	负逻辑				
11	111	RY	变频器运行准备就绪	当变频器能够由启动信号启动或当变频器运行时出	—
12	112	Y12	输出电流检测	参考 Pr. 150 和 Pr. 151（输出电流检测）	Pr. 150，Pr. 151
13	113	Y13	零电流检测	参考 Pr. 152 和 Pr. 153（零电流检测）	Pr. 152，Pr. 153
14	114	FDN	PID 下限	参考 Pr. 128~Pr. 134（PID 控制）	Pr. 128~Pr. 134
15	115	FUP	PID 上限		
16	116	RL	PID 正-反向输出		
17	—	MC1	工频电源-变频器切换 MC1	参考 Pr. 135~Pr. 139（工频电源-变频器切换）	Pr. 135~Pr. 139
18	—	MC2	工频电源-变频器切换 MC2		
19	—	MC3	工频电源-变频器切换 MC3		
20	120	BOF	请求开启制动	参考 Pr. 278~Pr. 285（顺序抱闸功能）	Pr. 278~Pr. 285
25	125	FAN	风扇故障输出	风扇发生故障时输出	Pr. 244
26	126	FIN	散热片过热预报警	当散热片温度达到散热片过热保护温度的85%时输出	—
27	127	ORA	位置到达	仅当定向时有效。（安装 FR-A5AP 选件）	
28	128	ORM	定向错误		
29	129	Y29	过速度输出	PLG 回馈控制，失量控制时（仅限 FR-A5AP 选项实装时）	—
30	130	Y30	正转中输出		
31	131	Y31	反转中输出		
32	132	Y32	再生状态输出	失量控制时（仅限 FR-A5AP 选项实装时）	
33	133	RY2	运行准备完了 2		
98	198	LF	轻微故障输出	当发生微小故障时输出	—
99	199	ABC	报警输出	当变频器的保护功能动作时输出此信号，并停止变频器的输出（严重故障时）	—
9999	—		没有功能	—	—

十九、停止选择

Pr. 250：停止方式选择。

当运行信号（STF/STR）变为 OFF 时，通过本参数的设置来选择减速停止或惯性停止。该参数的设置如表 10-26 所示，可设置一个停止时间。

表 10-26   **Pr. 250 参数设置**

参数号	出厂设定	设定范围
250	9999	0~100s，9999

（1）当 Pr. 250 = "9999" 时，启动信号变为 OFF，则电动机减速至停止。运行情况如图 10-31 所示。

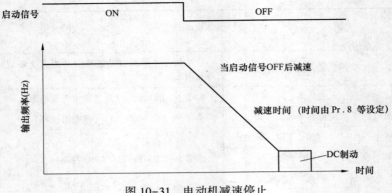

图 10-31　电动机减速停止

（2）Pr. 250 = "9999" 以外的值时，启动信号变为 OFF，经过设定的时间后，输出停止，电动机依靠惯性停止。运行情况如图 10-32 所示。

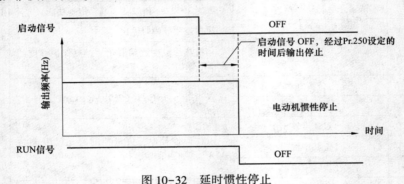

图 10-32　延时惯性停止

第十一章

变频器常用基本控制功能

本章介绍三菱变频器常用的基本控制功能，如多段速控制功能、程序控制功能、遥控功能、模拟量 PID 调节控制功能，以及工频与变频的切换控制。

第一节　多段速控制功能

三菱变频器可以实现的多段速功能有 3 段速控制功能、7 段速控制功能和 15 段速控制功能。

一、多段速控制的参数

多段速控制的参数用到的参数如下：

Pr. 4：多段速度设定（高速）；

Pr. 5：多段速度设定（中速）；

Pr. 6：多段速度设定（低速）；

Pr. 24～Pr. 27：多段速度设定（4~7 段速度设定）；

Pr. 232～Pr. 239：多段速度设定（8~15 段速度设定）。

各参数的出厂设定值与设定范围如表 11-1 所示。如果要实现 3 段速控制，就把 3 段速的运行频率设置于 Pr. 4～Pr. 6 三个参数上，其他参数设定为 9999。如果要实现 7 段速控制，就把 7 段速的运行频率设置于 Pr. 4～Pr. 6、Pr. 24～Pr. 27 7 个参数上，其他参数设定为 9999。如果要实现 15 段速控制，就把 15 段速的运行频率设置于 Pr. 4～Pr. 6、Pr. 24～Pr. 27 和 Pr. 232～Pr. 239 15 个参数上。

表 11-1　　　　　　　　　　　多段速参数的出厂设定与设定范围

参数号	出厂设定	设定范围	备注
4	60Hz	0~400Hz	
5	30Hz	0~400Hz	
6	10Hz	0~400Hz	
24~27	9999	0~400Hz，9999	9999：未选择
232~239	9999	0~400Hz，9999	9999：未选择

二、多段速控制端子与运行频率选择

用以上参数将多种运行速度预先设定，然后用输入端子进行切换选择运行频率。用来

选择运行频率的控制端子有 4 个，分别为 RH、RM、RL 和 REX。多段速控制在外部操作模式或 PU/外部并行模式（Pr.79＝3 或 4）才有效。

另外，REX 端子在变频器的输入端子中是不存在的，需要用 Pr.180～Pr.186 中的任一个参数安排端子用于 REX 信号的输入。

多段速运行频率的选择如图 11-1 所示。频率选择具体如表 11-2 所示。

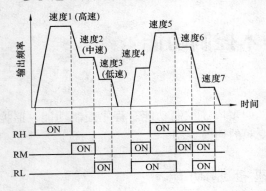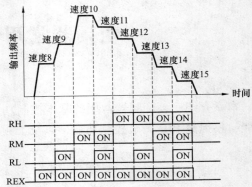

图 11-1　多段速运行频率的选择

表 11-2 　　　　　　　　　　多 段 速 频 率 选 择

输入端子状态				速度选择	对应频率参数
RL	RM	RH	REX		
0	0	1	0	速度 1	Pr. 4
0	1	0	0	速度 2	Pr. 5
1	0	0	0	速度 3	Pr. 6
1	1	0	0	速度 4	Pr. 24
1	0	1	0	速度 5	Pr. 25
0	1	1	0	速度 6	Pr. 26
1	1	1	0	速度 7	Pr. 27
0	0	0	1	速度 8	Pr. 232
1	0	0	1	速度 9	Pr. 233
0	1	0	1	速度 10	Pr. 234
1	1	0	1	速度 11	Pr. 235
0	0	1	1	速度 12	Pr. 236
1	0	1	1	速度 13	Pr. 237
0	1	1	1	速度 14	Pr. 238
1	1	1	1	速度 15	Pr. 239

另外，使用多段速运行功能时，需注意：

（1）在变频器运行期间，每种速度（频率）能在 0～400Hz 范围内被设定。

（2）用 Pr.180～Pr.186 中的任一个参数安排端子用于 REX 信号的输入。当用 Pr.180～Pr.186 改变端子分配时，其他功能可能受到影响。设定前检查相应的端子功能。

（3）多段速度比主速度（端子 2-5，4-5）优先。

（4）多段速度设定在 PU 运行和外部运行中都可以设定。

（5）在三段速控制的场合，2 速以上同时被选择时，低速信号的设定频率优先。

（6）Pr. 24～Pr. 27 和 Pr. 232～Pr. 239 之间的设定没有优先级。

（7）运行其间参数值能被重新设定。

第二节　程序运行功能

变频器按程序运行控制功能运行时，可按照预设定的时钟、运行频率和旋转方向在变频器内部定时器的控制下自动执行运行操作。

一、程序运行控制功能参数

程序运行控制功能参数如下：

Pr. 200：程序运行分/秒选择；

Pr. 201～Pr. 210：程序设定 11～10；

Pr. 211～Pr. 220：程序设定 211～20；

Pr. 221～Pr. 230：程序设定 321～30；

Pr. 231：时间设定。

要使用程序运行功能有效，需设定参数 Pr. 79 ="5"（程序运行），可以在"分/秒"和"小时/分"之间选择程序运行时间单位。

启动时间、旋转方向和运行频率可以定义为一个点，每 10 个点（每一个点对应一个参数）为一组，共分三个组如下，组的选择用输入端子 RH、RM 和 RL 来选择。

1 组：Pr. 201～Pr. 210；

2 组：Pr. 211～Pr. 220；

3 组：Pr. 221～Pr. 230。

用 Pr. 231 设定的时钟为基准开始程序运行。

以上参数的出厂设定值与设定范围如表 11-3 所示。

表 11-3 　　　　　　　　　　参数的出厂设定值与设定范围

参数号	出厂设定	设定范围	备注
200	0	0～3	0, 2［min/s］ 1, 3［h/min］
201～210	0, 9999, 0	0～2 0～400, 9999 0～99.59	0～2：旋转方向 0～400, 9999：频率 0～99.59：时间
211～220	0, 9999, 0	0～2 0～400, 9999 0～99.59	0～2：旋转方向 0～400, 9999：频率 0～99.59：时间
221～230	0, 9999, 0	0～2：旋转方向 0～400, 9999：频率 0～99.59：时间	0～2：旋转方向 0～400, 9999：频率 0～99.59：时间
231	0	0～99.59	

二、参数设置

1. Pr. 200 参数的设置

用 Pr. 200 设定进行程序运行时使用的时间单位。可选择"分/秒"和"小时/分"中的任一种。参数的具体设定与说明如表 11-4 所示。

表 11-4   **Pr. 200 参数**

设定值	说明	设定值	说明
0	min/s 单位（电压监示）	2	min/s 单位（基准时间表示）
1	h/min 单位（电压监示）	3	h/min 单位（基准时间监示表示）

 注意：（1）当在 Pr. 200 中设定"2"或"3"时，参考时间–日期监视画面替代电压监视画面被显示。

（2）当 Pr. 200 的设定改变了，Pr. 201～Pr. 231 的单元设定亦将改变。

2. Pr. 231 参数

变频器有一个内部定时器（RAM）。当在 Pr. 231 中设定了参考时间，程序运行在日期的这一时刻开始。设定的时间范围取决于 Pr. 200 参数的设置，具体如表 11-5 所示。

表 11-5   **Pr. 231 设定的时间范围**

Pr. 200 设定值	Pr. 231 设定范围	Pr. 200 设定值	Pr. 231 设定范围
0	最大 99 分 59 秒	2	最大 99 分 59 秒
1	最大 99 小时 59 分	3	最大 99 小时 59 分

 注意：（1）当开始信号（STF）和组选择信号都被输入时，参考时间回到"0"。当两种信号都接通时，在 Pr. 231 中可设定参考时间。

（2）通过接通定时器的重新设定信号（STR）或者重新设定变频器可以清除参考时间。

（3）在 Pr. 231 中既可设定参考时间值，也可复位回"0"。

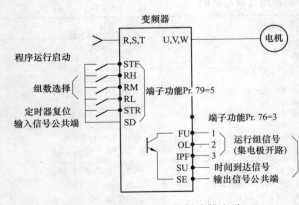

图 11-2   程序运行控制功能电路

三、电路连接

实现程序运行控制功能的电路连接如图 11-2 所示，其中 STF 作为程序运行启动信号，RH、RM 和 RL 分别作为第一组、第二组和第三组的选择信号，STR 是定时器复位信号，SD 为输入信号的公共端。FU、OL 和 1PF 分别为第一组、第二组和第三组的运行输出信号，SU 为时间到达信号输出，SE 为输出信号的公共端。各输入信号与输出信号的说明如表 11-6 和表 11-7 所示。

表 11-6　　　　　　　　　　　　　输 入 信 号 说 明

名称	说明
组信号 RH（组 1） RM（组 2） RL（组 3）	用于选择预定程度运行组
定时器复位信号（STR）	将日期的参考时间置 0
预定程序运行开始信号（STF）	输入开始运行预定程序

表 11-7　　　　　　　　　　　　　输 出 信 号 说 明

名称	说明
时间到达信号（SU）	所选择的组运行完成时输出和定时器复位时清零
组选择信号（FU, OL, IPF）	运行相关组的程序的过程中输出和定时器复位时清零

四、程序运行设置

旋转方向、运行频率和日期的开始时间用 Pr.201～Pr.231 设定。如图 11-3 所示，Pr.201～Pr.230 每个参数都可设定旋转方向、频率和开始时间，具体设置如表 11-8 所示。

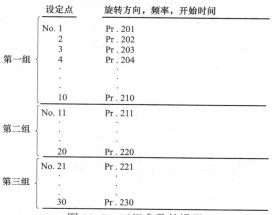

图 11-3　三组参数的设置

表 11-8　　　　　　　　　　　　Pr. 201～Pr. 230 参数设置

参数号	名称	设定范围	出厂设定	备注
201～230	程序运行分/秒选择	0～2	0	旋转方向设定 0：停止，1：正转，2：反转
		0～400Hz	9999	频率设定
		0～99.59	0	日期的时间设定

例如，设定点 No.1 为正转、30Hz、4 点 30 分，设定过程如下：

（1）读 Pr.201 的值。

（2）在 Pr.201 中输入"1"（正转）然后按下 [SET] 键。

（3）输入 30（30Hz）然后按下 [SET] 键。

（4）输入"4.30"再按下 ⌗ 键。

（5）按下 ▲ 键移动到下一个参数（Pr. 202），再按下 ⌗ 键显示当前设定。之后，按 ▲ 键逐步进行下面的参数。

 注意：（1）若要停止，可在旋转方向和频率中写入"0"。若无设定，则设置为"9999"。

（2）如果输入4.80，将会出现错误（超过了59min或者59s）。

假设按表11-9设定程序操作，则运行曲线如图11-4所示。

表11-9 程序运行设定

序号	运行	参数设定值
1	正转，20Hz，1点整	Pr. 201＝1，20，1：00
2	停止，3点整	Pr. 202＝0，0，3：00
3	反转，30Hz，4点整	Pr. 203＝2，30，4：00
4	正转，10Hz，6点整	Pr. 204＝1，10，6：00
5	正转，35Hz，7点30分	Pr. 205＝1，35，7：30
6	停止，9点整	Pr. 206＝0，0，9：00

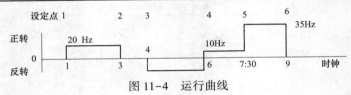

图11-4 运行曲线

五、操作

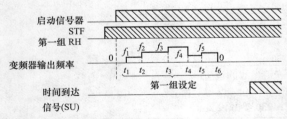

注意：如果定时器复位信号接通（STR），运行不能开始。

图11-5 一组的运行时序图

1. 一般操作

所有准备工作和设定完成后，接通所要选择组的信号（RH、RM和RL中的一个），然后接通开始信号（STF）。这样使内部定时器（参考日期时间）自动被复位，将被按顺序执行的组的运行。当组运行完毕时，将从到时输出端子SU输出一个信号。运行时序图如图11-5所示。

 注意：通过在Pr. 79中设定"5"来运行预定程序。如果在PU运行或者数据通信运行过程中接通任何一个组选择信号，将不能执行预定程序运行。

2. 多个组选择运行

当两个或者更多的组同时被选择时，被选择组的运行按组1、组2、组3的顺序执行。例如，如果组1和组2被选择，组1运行首先被执行，运行结束之后，参考时间复位，组2运行开始，在组2运行完成后到时信号（SU）输出。运行时序如图11-6所示。

3. 一组重复运行电路

一组重复运行电路如图 11-7 所示，把运行结束的输出信号 SU 送至复位信号 STR 上，即可实现重复运行。

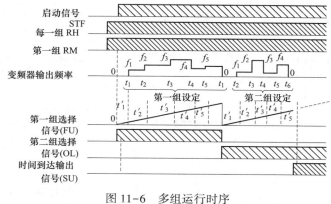

图 11-6　多组运行时序

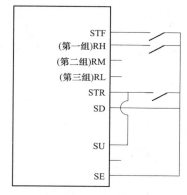

图 11-7　重复运行电路

另外，在变频器在程序运行时需注意以下几点：

（1）如果在执行预定程序过程中，变频器电源断开后又接通（包括瞬间断电），内部定时器将复位，并且若电源恢复变频器亦不会重新启动。要再继续开始运行，则关断预定程序开始信号 STF，然后再打开。（这时，若需要设定日期参考时间时，在设定前应打开开始信号）

（2）当变频器按程序运行接线时，下面的信号是无效的：AU，STOP，2，4，1，JOG。

（3）程序运行过程中。变频器不能进行其他模式的操作。当程序运行开始信号 STF 和定时器复位信号 STR 接通时，运行模式不能在 PU 运行和外部运行之间变换。

第三节　模拟量 PID 控制功能

三菱变频器支持单回路的 PID 控制，可与传感器等组成单回路的 PID 调节控制系统，如控制流量、压力等。

一、变频器 PID 参数

变频器 PID 参数如下：

Pr. 128：PID 动作选择；

Pr. 129：PID 比例常数；

Pr. 130：PID 积分时间；

Pr. 131：上限；

Pr. 132：下限；

Pr. 133：PU 操作时的 PID 目标设定值；

Pr. 134：PID 微分时间。

PID 调节时，由电压输入信号（0~±5V 或 0~±10V）或 Pr. 133 的设定值作为被控量的设定点，用 4~20mA 电流输入信号作为反馈量组成 PID 控制的闭环控制系统。

223

各参数的出厂设定值与设定范围如表 11-10 所示。

表 11-10　　　　　　　　　　PID 参数的出厂设定值与设定范围

参数号	出厂设定	设定范围	备注
128	10	10，11，20，21	
129	100%	0.1~1000%，9999	9999：无比例控制
130	1s	0.1~3600s，9999	9999：无积分控制
131	9999	0~100%，9999	9999：功能无效
132	9999	0~100%，9999	9999：功能无效
133	0%	0~100%	
134	9999	0.01~10.00s，9999	9999：无微分控制

二、PID 控制

1. PID 控制框图

PID 控制框图如图 11-8 所示，把模拟量控制的设定值与反馈值进行偏差计算后送入 PID 控制器中进行 PID 运算，运算后的结果输出到执行器，最终调节电动机的转速，从而调节被控量。

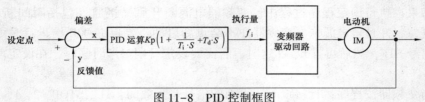

图 11-8　PID 控制框图

K_p—比例常数；T_i—积分时间；S—演算子；T_d—微分时间

2. PID 控制器

PID 控制器常用的控制方式有 PI 控制、PD 控制和 PID 控制。

（1）PI 控制。PI 控制是由比例控制（P）和积分控制（I）组合成的，根据偏差及时间变化，产生一个执行量。PI 运算是 P 和 I 运算之和。对于过程值单步变化的动作如图 11-9 所示。

（2）PD 控制。PD 控制是由比例控制（P）和微分控制（D）组合成的，根据改变动态特性的偏差速率，产生一个执行量。PD 运算 P 和 D 运算之和。对于过程量比例变化的动作如图 11-10 所示。

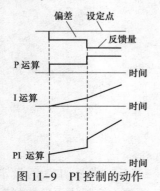

图 11-9　PI 控制的动作

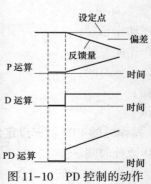

图 11-10　PD 控制的动作

（3）PID 控制。PID 运算是 P、I 和 D 三个运算的总和。

3. 正反馈与负反馈

（1）负反馈。所谓负反馈，是指当偏差 X（设定值－反馈值）为正时，增加执行量（输出频率），如果偏差为负，则减小执行量。典型系统如温度加热系统，动作情况如图 11-11 所示。

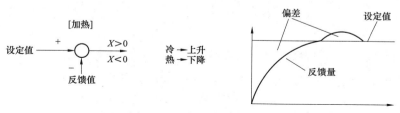

图 11-11　加热负反馈系统

（2）正反馈。所谓正反馈，是指当偏差 X（设定值－反馈量）为负时，增加执行量（输出频率），如果偏差为正，则减小执行量。典型系统如温度冷却系统，动作情况如图 11-12 所示。

图 11-12　冷却正反馈系统

正反馈与负反馈偏差与执行量（输出频率）之间的关系如表 11-11 所示。

表 11-11　　　　　　　　　偏差与执行量之间的关系

反馈类型　　偏差	偏差	
	正	负
负反馈	↗	↘
正反馈	↘	↗

三、电路

若输入为漏型逻辑，实现 PID 控制的电路连接如图 11-13 所示。该图实现了水管管道压力的控制，用变频器调节水泵电机的转速，用压力传感器检测管道压力，设定值用一个电位器调节 0~10V 的电压送入到 2 号和 5 号端子，传感器输出的 4~20mA 的电流信号送到变频器的 4 号和 5 号端子上，偏差信号送至 1 号端子上。

四、I/O 信号

在图 11-13 PID 控制电路中各 I/O 信号的具体说明如表 11-12 所示。

当 X14 信号接通，开始 PID 控制，当信号关断时，变频器的运行不含 PID 的作用。

设定值通过变频器端子 2-5 或从 Pr.133 中设定，反馈值信号通过变频器端子 4-5 输入。

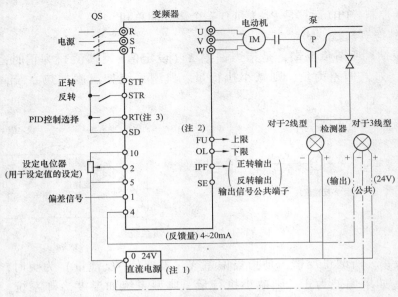

图 11-13   PID 控制电路

表 11-12   **I/O 信 号 说 明**

信号		使用端子	功能	说明	备注	
输入	X14	按照 Pr. 180~186 的设定	PID 控制选择	X14 闭合时选择 PID 控制	设定 Pr. 128 为 10，11，20 和 21 中的任一值	
	2	2	设定值输入	输入 PID 的设定值		
	1	1	偏差信号输入	输入外部计算的偏差信号		
	4	4	反馈量输入	从传感器来的 4~20mA 反馈量		
输出	FUP	按照 Pr. 191~195 的设定	上限输出	输出指示反馈量信号已超过上限值	（Pr. 128 = 20，21）	集电极开路输出
	FDN		下限输出	输出指示反馈量信号已超过下限值		
	RL		正（反）转方向信号输出	参数单元显示"Hi"表示正转（FWD）或显示"Low"表示反转（REV）或停止（STOP）	（Pr. 128 = 10，11，20，21）	
	SE	SE	输出公共端子	FUP，FDN 和 RL 的公共端子		

当输入外部计算偏差信号时，通过端子 1-5 输入，同时，在 Pr. 128 中设定"10"或"11"。

设定值、偏差值与反馈值的设定如表 11-13 所示。

表 11-13   设定值、偏差值与反馈值的设定

项目	输入	说 明	
设定值	通过端子 2-5	设定 0V 为 0%，和 5V 为 100%	当 Pr. 73 设定为"1，3，5，11，13 或 15"时（端子 2 选择为 5V）
		设定 0V 为 0%，和 10V 为 100%	当 Pr. 73 设定为"0，2，4，10，12 或 14"时（端子 2 选择为 10V）
设定值	Pr. 133	在 Pr. 133 中设定设定值（%）	

项目	输入	说　明	
偏差信号	通过端子1-5	设定-5V为-100%，0V为0%，和+5V为+100%	当Pr.73设定为"2，3，5，12，13或15"时（端子1选择为5V）
		设定-10V为-100%，0V为0%，和+10V为+100%	当Pr.73设定为"0，1，4，10，11或14"时（端子1选择为10V）
反馈值	通过端4-5	4mA相当于0%，和20mA相当于100%	

五、参数的设定

PID参数的设定如表11-14所示。Pr.128参数设定闭环控制的反馈类型为正反馈还是负反馈，Pr.129用来设定PID调节的比例范围常数，Pr.130设定PID积分时间常数，Pr.133参数用来用PU设定PID控制的设定值，Pr.134参数用来设定微分时间常数。

表11-14　　　　　　　　　　PID参数的设定

参数号	设定值	名称	说　明		
128	10	选择PID控制	对于加热，压力等控制	偏差量信号输入（端子1）	PID负作用
	11		对于冷却等		PID正作用
	20		对于加热，压力等控制	检测值信号输入（端子4）	PID负作用
	21		对于冷却等		PID正作用
129	0.1~1000%	PID比例范围常数	如果比例范围较窄（参数设定值较小），反馈量的微小变化会引起执行量的很大改变。因此，随着比例范围变窄，响应的灵敏性（增益）得到改善，但稳定性变差，例如，发生振荡。增益K=1/比例范围		
	9999		无比例控制		
130	0.1~3600s	PID积分时间常数	这个时间是指由积分（I）作用时达到与比例（P）作用时相同的执行是量所需要的时间，随着积分时间的减少，到达设定值就越快，但也容易发生振荡		
	9999		无比例控制		
131	0~100%	上限	设定上限，如果检测值超过此设定，就输出FUP信号（检测值的4mA等于0%，20mA等于100%）		
	9999		功能无效		
132	0~100%	下限	设定下限。（如果检测值超出设定范围，则输出一个报警。同样，检测值的4mA等于0%，20mA等于100%）		
	9999		功能无效		
133	0~100%	用PU设定的PID控制设定值	仅在PU操作或PU/外部组合模式下对于PU指令有效。对于外部操作，设定值由端子2-5间的电压决定。（Pr.902值等于0%和Pr.903值等于100%）		
134	0.01~10.00s	PID微分时间常数	时间值仅要求向微分作用提供一个与比例作用相同的检测值。随着时间的增加，偏差改变会有较大的响应		
	9999		无微分控制		

六、操作过程

PID 控制的操作过程按如图 11-14 所示，先设定变频器的 PID 相关参数，然后对各 I/O 端子功能进行设定，再接通 X14 端子即可运行调试。

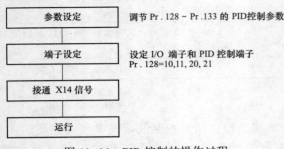

调节 Pr.128 ~ Pr.133 的 PID 控制参数

设定 I/O 端子和 PID 控制端子
Pr.128=10,11, 20, 21

图 11-14　PID 控制的操作过程

七、校准

1. 设定值输入校准

（1）在端子 2-5 间输入电压（例如，0V），使设定值的设定为 0%。

（2）用 Pr.902 校正，此时，输入的频率将作为偏差值 = 0%（例如，0Hz）时变频器的输出频率。

（3）在端子 2-5 间输入电压（例如，5V）使设定值的设定为 100%。

（4）用 Pr.903 校正，此时，输入的频率将作为偏差值 = 100%（例如，50Hz）时变频器的输出频率。

2. 传感器的输出校正

（1）在端子 4-5 间输入电流（例如，4mA）相当于传感器输出值为 0%。

（2）用 Pr.904 进行校正。

（3）在端子 4-5 间输入电流（例如，20mA）相当于传感器输出值为 100%。

（4）用 Pr.905 进行校正。

Pr.904 和 Pr.905 所设定的频率必须与 Pr.902 和 Pr.903 所设定的一致。以上所述的校正如图 11-15 所示。

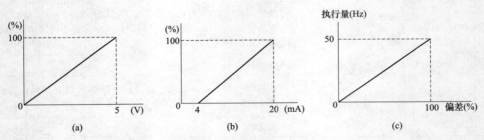

图 11-15　设定值、反馈值与执行量的线性关系
（a）设定值的设定；（b）反馈值；（c）执行量

3. PID 控制校准实例

在 PID 的控制下，假设使用一个 4mA 对应 0℃，20mA 对应 50℃ 的传感器来检测房间温度。设定值通过变频器端子 2-5（0~5V）给定，需控制室温保持在 25℃。

PID 控制校准操作过程如图 11-16 所示。

八、PID 控制说明

（1）PID 控制时，如果进行多段速运行或点动运行，请将 X14 信号 OFF，输入多段速信号或点动信号。

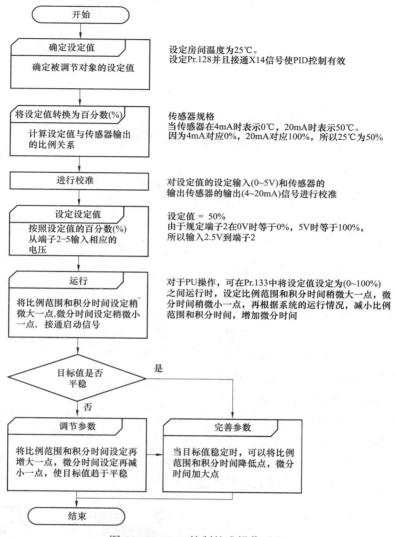

图 11-16 PID 控制校准操作过程

（2）当 Pr. 128 设定为"20"或"21"时，注意，变频器端子 1-5 之间的输入信号将叠加到设定值 2-5 端子之间。

（3）当 Pr. 79 设定为"5"（程序运行模式），则 PID 控制不能执行，并执行程序运行。

（4）当 Pr. 79 设定为"6"（切换模式），则 PID 控制无效。

（5）当 Pr. 22 设定为"9999"时，端子 1 的输入值作为失速防止动作水平，当要用端子 1 的输入作为 PID 控制的修订时，请将 Pr. 22 设定为"9999"以外的值。

（6）当 Pr. 95 设定为"1"（在线自动调整）时，则 PID 控制无效。

（7）当用 Pr. 180～Pr. 186 或 Pr. 190～Pr. 195 改变端子的功能时，其他功能可能会受到影响，在改变设定前请确认相应端子的功能。

（8）选择 PID 控制时，下限频率为 Pr. 902 的频率，上限频率为 Pr. 903 的频率。（Pr. 1 "上限频率"，Pr. 2 "下限频率"的设定也有效。）

第十二章

三菱触摸屏概述

第一节　三菱触摸屏的分类

一、三菱触摸屏类型

三菱的触摸屏（人机界面）主要有三大系列，GOT1000 系列、GOT-F900 系列和GOT-A900 系列。GOT1000 又分为 GT15 和 GT11 两个系列。其中 GT15 为高性能机型，GT11 为基本功能机型。它们均采用 64 位处理器，内置有 USB 接口。对应 GOT1000 系列和 GOT-A900 系列的画面设计软件为 GT Designer2 软件。其中 GOT-F900 系列由于功能比较齐全，价格低廉，性能稳定，所以得到广泛应用，FX-PCS-DU/WIN 软件主要应用于 GOT-F900 系列触摸屏画面设计，GOT-F900 系列触摸屏也可用 GT Designer 来进行设计。

二、GOT-F900 触摸屏的类型和功能

GOT-F900 触摸屏目前常用的有以下几种类型：

（1）F930 GOT。F930 GOT 如图 12-1。F930 GOT 只有 2 色，功能比较简单，主要有数值设置和监控功能，以及一般的开关信号输入和显示功能。

（2）F940 GOT。F940 GOT 如图 12-2 所示。有 2 色和 8 色。是目前最受欢迎得标准尺寸，F940 GOT 是一种具有高级显示功能、报警处理能力及 PLC 顺序程序编辑功能的通用触摸屏。

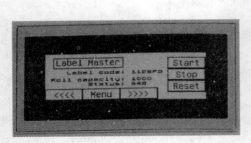

图 12-1　F930 GOT

图 12-2　F940 GOT 显示屏

（3）F940 GOT 手持型。F940 GOT 手持型如图 12-3 所示。这种手持型 GOT 能在一个便携式单元中包含了 F940 GOT 的一切功能，手持型 GOT 可以拿在手中、置于平面或是悬挂墙上，非常适合于不便于固定的场合。

（4）F940 GOT 宽型。F940 GOT 宽型如图 12-4 所示，16 色显示。功能上包含了 F940 GOT 的一切功能，色彩更丰富，宽屏清晰显示器，为在屏幕上显示附加信息或者扩大按钮，便于输入数据提供了便利。

图 12-3　F940 GOT 手持型显示屏　　　图 12-4　F940 GOT 宽型显示屏

三、F900 GOT 型号命名

型号命名提供的信息如下：

F9 □ □ □GOT-○ ○ ○○-○-○-○
　　①②③　　　④⑤　⑥　　⑦⑧⑨

① 2~3inch；

3~4inch；

4~5.7inch（在 F940WGOT 中为 7inch）。

② PLC 的连接规格。

0：RS-422，RS-232 接口。

3：RS-232C×2 通道接口。

在便携式 GOT 情况下，0：RS-422 接口，3：RS-232C 接口。

③ 画面形状。None—标准型；W—宽面型。

④ 画面色彩。

T—TFT 256 色 LCD，S—STN 8 色 LCD，L—STN 黑白色 LCD，D—STN 蓝色 LCD。

⑤ 面板色彩。

W—白色，B—黑色。

⑥ 输入电源规格。

D—24V 直流电，D5—5V 直流电。

⑦ 类型。None—面板表面安装类型，K—附带多种键区。

⑧ None—面板表面安装类型，H—便携式 GOT。

⑨ 海外型号。

E—在系统画面上可以显示英语或者日语。用户画面上可以显示汉语（简/繁）还可以显示韩语及一些西欧国家语言，如法语、德语等。

C—在系统画面上可以显示汉语或者英语。在用户画面上可以显示日语、韩语及一些西欧国家语言，如法语、德语等。

T—在系统画面上只有英语，在用户画面上可以显示英语和汉语（简/繁）。

如：F940GOT-LWD-C。

表示屏幕大小是 5.7inch，接口是一个 RS-422 和一个 RS-232C，画面形状为标准型，色彩是黑白两色，面板为白色，电源规格是直流 24V。面板表面安装类型，系统画面语言可以是汉语，用户画面也可以是汉语或其他国家的语言。

第二节 触摸屏与外围设备的连接

一、F900GOT 的通信接口

F900GOT 各种类型的触摸屏的通信接口如图 12-5 所示。

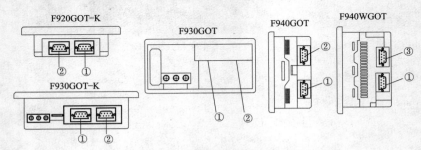

图 12-5 F900GOT 的各型号的通信接口

图中（1）~（3）各接口说明如下：

① 连接 PLC 端口（RS-422）为 9 针 D 型、阴型。可以通过 RS-422 连接 PLC，也可以通过这个端口连接两个或更多个 GOT 模块（F920GOT-K 除外）。

② 连接个人计算机/PLC 端口（RS-232C）为 9 针 D 型、阳型。连接个人计算机利用画面设计软件创建画面数据；也可以利用这个端口连接 PLC 或微机主板（在 F920GOT-K 型中，只有 Q 系列 PLC 能连接）；也可以通过这个端口连接两个或更多个 GOT 模块（通过 RS-232C）、条码阅读器或打印机（F920GOT-K 除外）。

③ 个人计算机端口（RS-232C）9 针 D 型、阳型。连接个人计算机利用画面设计软机创建画面数据，或者连接条码阅读器、打印机。本端口不能用来连接 PLC。

二、F900GOT 和外围设备相连

1. 与 FX 系列 PLC 的连接

（1）CPU 直接连接（RS-422）。F900GOT 连接到 FX 系列 PLC 的编程口。当个人计算机连接到 F900GOT 就可以建立梯形图程序或屏幕设计软件，如图 12-6 所示。

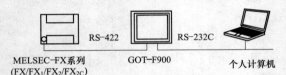

MELSEC-FX系列
(FX/FX₁/FX₂/FX₂C)   GOT-F900   个人计算机

图 12-6 F900GOT 和 PLC 的编程口相连

通过可选的 RS-422 通信板，可以增加一个编程口，因此每一个端口可以连接一个 GOT 或个人计算机（建立梯形图程序或屏幕设计软件，F920GOT-K 除外），如图 12-7 所示。

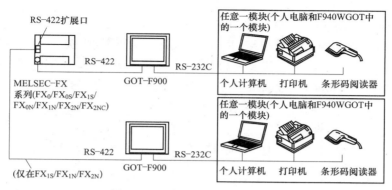

图 12-7　通过 RS-422 连接 GOT

（2）CPU 直接连接（RS-232C）。通过添加 RS-232C 通信板，可以增加编程口，因此每一个端口可以连接一个 GOT 或个人计算机（梯形图程序或屏幕设计软件），（仅当 GOT 装有两个 RS-232 通道时，才可以连接个人计算机、打印机或条码阅读器，F920GOT-K 除外。）如图 12-8 所示。

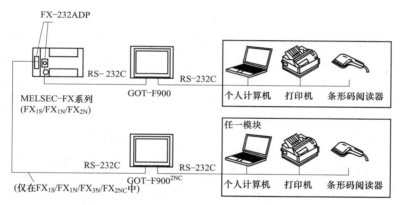

图 12-8　GOT 通过 RS-232C 和外围设备相连

（3）两个或更多个 GOT 模块（F920GOT-K 除外）的连接。至少四个 GOT 模块可以连接到 FX 系列 PLC 的编程口，如图 12-9 所示。

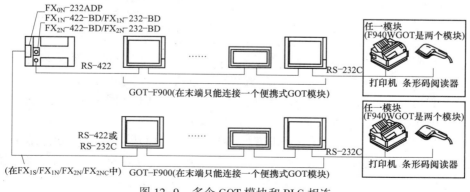

图 12-9　多个 GOT 模块和 PLC 相连

233

2. Q/QnA/A 系列 PLC

（1）CPU 直接连接（RS-422）。F900GOT（F920GOT-K 除外）可以连接到 Q/QnA 系列 PLC 的编程口或运动控制器模块接口。当个人计算机连接到 F900GOT，就可以直接编程，如图 12-10 所示。当串行通信模块和 CPU 模块相连时，F900GOT 只能和两个接口中的一个相连，将两个 F900GOT 连接到一个串行通信模块是不允许的。

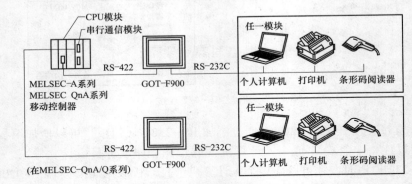

图 12-10　CPU 直接连接（RS-422）

（2）CPU 直接相连（RS-232C）。F900GOT（F920GOT-K 除外）可以连接到 Q 系列 PLC 的编程口或 Q/QnA 系列 PLC 的串行通信模块。当个人计算机连接到 F900GOT，就可以直接编程（仅当 GOT 模块上装有两个 RS-232C 端口时才能连接个人计算机、打印机或条码阅读器）。当串行通信模块和 CPU 模块相连时，F900GOT 只能和两个接口中的一个相连，将两个 F900GOT 连接到一个串行通信模块是不允许的，如图 12-11 所示。

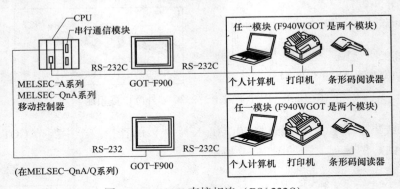

图 12-11　CPU 直接相连（RS-232C）

（3）两个或多个 GOT 模块的连接。在 A/QnA 系列 PLC 中，至多四个 F900GOT（F920GOT-K 除外）模块可以连接到 PLC 的编程接口或串行通信模块接口，如图 12-12 所示。对于串行通信模块，F900GOT 只能连接其中的一个，而不能同时占用两个接口。

3. F900GOT 和 FX 定位模块相连（10GM/20GM）

F900GOT（F920GOT-K 除外）可以直接和 FX 定位模块（10GM/20GM）的编程口（RS-422）相连，通过 GOT 的 RS-232C 接口，可以和个人计算机、打印机或条码阅读器相连，如图 12-13 所示。

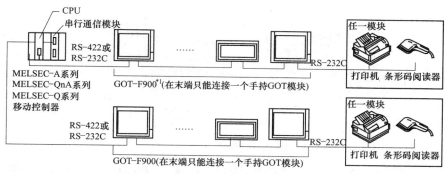

图 12-12 两个或多个 GOT 模块和 PLC 相连

4. F900GOT 和 FREQROL 系列变频器相连

F900GOT（F920GOT-K 除外）和 FREQROL 系列变频器内置的 PU 端口相连，如图 12-14所示。一台 F900GOT 最多可以连接 32 台变频器。

图 12-13　F900GOT 和 FX 定位模块相连　　　图 12-14　F900GOT 和 FREQROL 系列变频器相连

5. 和其他公司的 PLC 相连

（1）欧姆龙 PLC。F900GOT（F920GOT-K 除外）可以连接到 SYSMAC C 系列（C200H/CQM1/CS1）具有上位链接通信功能的端口，如图 12-15 所示。

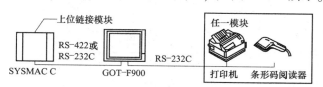

图 12-15　F900GOT 和欧姆龙 PLC 相连

（2）富士电气 PLC。F900GOT（F920GOT-K 除外）可以连接到 FLEX-PC N 系列（NB/NJ/NS）PLC 的链接模块，如图 12-16 所示。

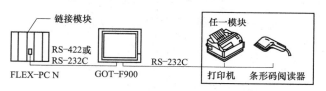

图 12-16　F900GOT 连接富士电气 PLC

（3）西门子 PLC。F900GOT（F920GOT-K 除外）可以通过 HMI 适配器连接到 SIMATIC S7-300 系列 CPU。通过 PC/PPI 电缆连接到 SIMATIC S7-200 系列 CPU，如图 12-17 所示。注意：只有当 GOT 模块装有两块 RS-232C 通道时，才能连接个人计算机、打印机或条码阅读器。

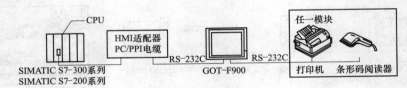

图 12-17　F900GOT 连接西门子 PLC

三、F900GOT 模块通信接口及数据连接线

（1）通信接口的针脚布置。F930GOT/F930GOT-K/F940GOT/F940WGOT 内置的串行接口的针脚布置如图 12-18 所示。

图 12-18　F900GOT 通信接口针脚平面布置图

（a）RS-422，9 针 D-sub，阴型；（b）RS-232C，9 针 D-sbu，阳型

（2）F900GOT 通信接口各针脚的功能见表 12-1。

表 12-1　　　　　　　　　　F900GOT 通信接口各针脚的功能表

D-sub 针脚号	RS-422	RS-232C
1	TXD+（SDA）	NC
2	RXD+（RDA）	RD（RXD）
3	RTS+（RSA）	SD（TXD）
4	CTS+（CSA）	ER（DTR）
5	SG（GND）	SG（GND）
6	TXD-（SDB）	DR（DSR）
7	RXD-（RDB）	RS（RTS）
8	RTS-（RSB）	CS（CTS）
9	CTS-（CSB）	用户不可使用

电脑与触摸屏 RS-232 通信线的连接如图 12-19 所示。

触摸屏 RS-422 与 FX 系列 PLC 的通信线连接如图 12-20 所示。

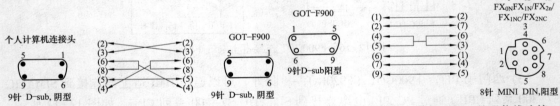

图 12-19　电脑与触摸屏的通信连接　　　图 12-20　触摸屏与 FX 系列 PLC 的通信线连接

第三节 三菱触摸屏仿真软件的安装

三菱 GT Designer2 Version 2 中文版（以下简称 GT 软件），是目前国内比较高的版本，能够对三菱全系列的触摸屏进行编程。和 GT Simulator2 Version 1（GT 模拟仿真）软件以及 GX—Developer、GX Simulator6-C（三菱 PLC 编程及仿真软件）一起安装，能在个人电脑上仿真触摸屏运行，对项目调试带来很大的方便。

GT 软件含有两个文件夹，如图 12-21 所示，其中 GT2-2 是图形编程软件，GT Simulator2 Version 1 是模拟仿真软件。在安装以上软件之前要先装三菱 PLC 编程 GX—Developer 和仿真软件 GX Simulator6-C。安装时打开 GT2-2，该文件又含有两个文件夹，先安装 EnvMEL/SET-

图 12-21 触摸屏仿真软件

UP. EXE，再安装 GTD2/SETUP. EXE。安装完成后再安装 GT Simulator2 Version 1/ SET-UP. EXE。由于该软件仿真运行时，要依靠三菱 PLC 仿真软件（GX—DEVELOPER-V8. 52 和 GX Simulator6-C），所以要把这些文件装在同一目录下，这样整个软件安装完成。单击"开始"→"程序"→"MELSOFT 应用程序"，看到如图 12-22 所示。GX Developer、GT Desinger2 和 GT Simulator2 在同一路径，这样仿真软件可以运行。

图 12-22 软件安装完成后的打开路径

第四节 触摸屏软件画面

一、系统画面的组成

GOT 触摸屏的画面由系统画面和用户画面组成。系统画面是触摸屏制造商设计来监控、报警、数据采集用的，包括监视功能、数据采集功能和报警功能。用户画面是用户根据具体的控制要求设计制作的监控画面，包括显示功能、监视功能、开关功能和数据变更功能。画面的组成如图 12-23 所示。

按触摸屏屏幕左上方（默认位置）的菜单画面呼出键（该键的位置用户可任意设置），即可显示系统画面主菜单。主菜单画面如图 12-24 所示，包括画面状态、HPP 状态、采样状态、报警状态、检测状态和其他状态。

画面状态是用来显示用户画面制作软件（如 GT Designer）制作的画面状态，实现系统画面和用户画面的切换。

HPP 状态是对连接 GOT 的可编程控制器进行程序的读写、编辑、软元件的监视及软元件的设定值和当前值的变更等，其操作类似与 FX-20P 手持式编程器。

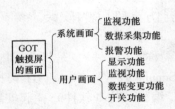

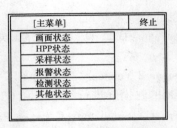

图 12-23　GOT 画面的组成　　　　图 12-24　主菜单画面

采样状态是通过设定采样的条件，将收集到的数据以图表或清单的形式进行显示。

报警状态是触摸屏可以指定可编程控制器位元件（可以是 X、Y、M、S、T、C，但最多 256 个）为报警元素。通过这些位元件的 ON/OFF 状态来显示画面状态或报警状态。

检测状态可以进行用户画面一览显示，可以对数据文件的数据进行编辑，也可以进行触摸键的测试和画面的切换等操作。

其他状态具有设定时间开关、数据传送、打印输出、关键字、动作环境设置等功能，在动作环境设定中可以设定系统语言、连接可编程控制器的类型、通信设置等重要的设定功能。

二、制作用户画面的软件界面

GT 软件的软件界面如图 12-25 所示，包括标题栏、菜单栏、主工具栏、设计画面、工程属性窗口、对象属性窗口等。工具栏又分为视图工具栏和图形对象工具栏等。

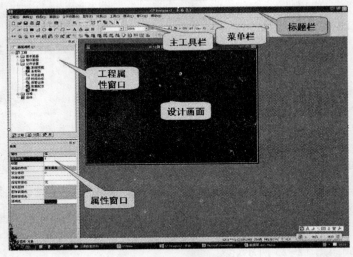

图 12-25　GT 软件的软件界面

视图工具栏上的按钮，可以用来制作一些画面对象，如画一个矩形或圆圈等图形。图形对象工具栏上的按钮，可以用来修改对象的属性，如图 12-26 所示。

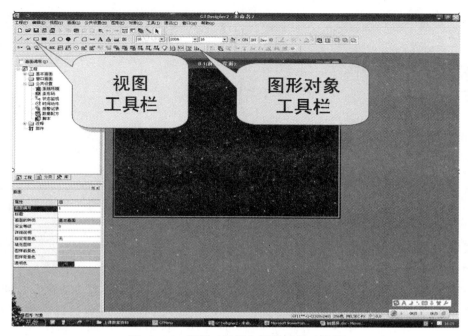

图 12-26　视图工具栏和图形对象工具栏

三菱触摸屏GT软件组态技术

组态软件使用时，首先是建立新工程，然后根据控制要求组态画面和画面中的各种对象。本章以一个实际案例的操作为例来讲解 GT 软件的组态技术。

一、建立新工程

在电脑桌面上，单击"开始"→"程序"→"MELSOFT 应用程序"→"GT Designer2"，打开软件，跳出工程选择对话框，如图 13-1 所示，单击"新建"按钮，出现新建工程向导，如图 13-2 所示，根据向导提示，在该向导中，可以选择触摸屏的类型、PLC 类型、PLC 和触摸屏的连接方式以及画面切换软元件设置。例如，触摸屏的型号选择A960GOT（640×400）、PLC 的型号选择 MELSEC-FX 系列，基本画面切换选择 D0，重叠窗口 1 选择 D1，重叠窗口 2 选择 D2，重叠窗口选择 D3。设置完毕单击结束，跳出画面属性设置对话框，如图 13-3 所示。在基本属性栏设置中，首先设置画面的编号，一般从 1 开始设计画面；第二是在标题栏中输入画面的名称；第三选择画面的种类，可以选择基本画面或窗口画面，如选择窗口画面，可以设置窗口画面的大小，一般小于基本画面，窗口画面相当于是基本画面的补充，比如系统的报警原因，可以设计在窗口画面中，当出现报警条件时，窗口画面自动跳出，表明报警原因。第四是安全等级，缺省是 0 级，0 级没有密码保护功能，除此以外有 1~15 个级别，15 是最高级，每个级别都可以有不同的保护密码。第五是详细说明，可以输入文字说明画面的功能等。第六是指定背景色，可以改变画面的背景色、前景色和填充图案。辅助设置和按键窗口两栏一般不用设置，单击"确定"按钮，画面设置完毕，如图 13-4 所示，其中黑色部分为画面设计区，选择不同型号的触摸屏，设计区的大小不同。

图 13-1　工程选择对话框

图 13-2　新建工程向导

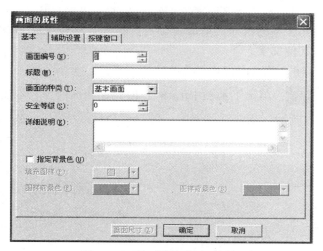

图 13-3　画面属性设置对话框

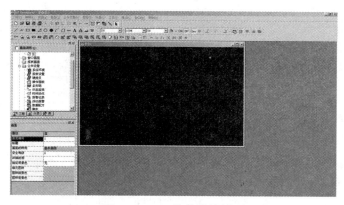

图 13-4　GT 软件设计界面

二、应用案例　星三角降压启动的控制

GT 软件的功能非常强大，使用比较复杂，为了方便说明软件的应用，我们通过案例的应用来说明，下面通过我们熟悉的三相异步电动机的星三角降压启动控制来进行说明。

1. 控制要求

（1）首页设计，利用文字说明工程的名称等信息，触摸任何地方，能进入到操作页面。

（2）操作页面有两按钮，一个是启动按钮，一个是停止按钮；三个指示灯，分别和 PLC 程序中的 Y0、Y1、Y2 相连；启动时间的设置；启动时间显示；为了动态地表示启动过程，可以用棒图和仪表分别来显示启动的过程；两页能自由地切换。

2. 设计过程

（1）设计首页。

1）打开软件，新建文件，如图 13-4 所示。选择触摸屏的型号为 A960GOT（640×400），PLC 的类型为三菱 FX 系列，文件名称是"星三角启动"。

2）文字输入。单击工具栏中的 **A**，此时光标变成了十字交叉，单击画面设计区，跳出如图 13-5 文本输入对话框，在文本输入栏输入文字"星三角降压启动"。选择文本的类型、方向、文本颜色和文本的尺寸，单击"确定"按钮，再把文本移动到适当的位置。同样的方法，可以输入其他文字。

3）设计时钟和日期。单点击工具栏中的快捷工具 ⊘，光标变成十字交叉，在画面设计区单击一下，出现 22:16，单击工具栏中的 ⬉，使光标变回箭头，双击时钟，弹出时刻显示对话框，如图 13-6 所示，在该对话框中，可以选择日期/时刻，数值的尺寸、颜色、图形等。

图 13-5　文本输入对话框

图 13-6　时钟/日期设计对话框

4）画面切换按钮制作。要求在该页面中覆盖一个透明的翻页按钮，这样我们触摸到任何位置都能进行画面切换。单击工具栏中开关按钮 S▾，弹出开关功能选择图 13-7 所示，选择第一行第四个画面切换开关，光标变成十字交叉，在画面设计区单击，出现绿色方框，让光标变回箭头型，双击绿色框，弹出画面设置切换开关对话框，如图 13-8 所示，在该对话框中，切换画面的种类选择"基本画面"；切换到固定画面序号写"2"；按钮的图形选择"无"。点击确定，再把按钮拉到覆盖整个画面的大小。首页制作完成，如图 13-9 所示。

图 13-7　开关功能选择

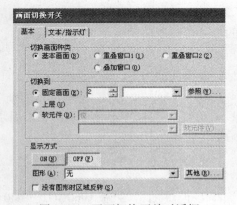

图 13-8　画面切换开关对话框

图 13-9　首页设计

（2）设计操作页面。

　　1）新建页面。单击工具栏 🔲，跳出画面属性对话框，画面编号为 2，标题为操作页面，安全等级为 0，单击"确定"按钮，画面 2 建立完毕。

　　2）制作控制按钮、指示灯。根据 PLC 的控制梯形图，启动按钮为 M0，停止按钮为M1。GT 软件有一个丰富的图库，图库中的图形形象逼真，我们可以直接调图库中的图形作为各种开关、按钮和指示灯等。单击画面左侧 🔧库，跳出库列表框（见图 13-10），列表中有 Lamp（灯）、Switch（开关）、Figure（图形）、Key（键盘）、Special Parts（特殊图形）。双击 Switch（开关），拉出所有有关开关的列表，双击其中任一行，则弹出各种开关的外形，如图 13-11 所示。单击其中任一个开关，把光标移到画面设计区点击，则开关画在了设计区。同样的方法，选择列表中 Lamp，可以在画面中制作各种指示灯，然后在每个按钮和指示灯下标明该器件的功能，如图 13-12 所示。

图 13-10　库列表框

图 13-11　圆形按钮图形

　　3）按钮和 PLC 软元件的连接。以启动按钮 M0 为例，双击图 13-12 中的一个按钮，弹出多用动作开关设置对话框如图 13-13 所示，单击 位(B)，弹出动作（位）设置对话框（见图 13-14），单击 软元件(V)...，选择软元件 M0，动作设置选择点动。单击"确定"按钮，启动按钮 M0 设置完毕。

　　同样的方法，可以设置停止按钮 M1。

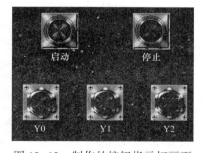

图 13-12　制作的按钮指示灯画面

　　4）指示灯和 PLC 连接。双击指示灯，如 Y0，弹出指示灯显示位对话框，如图 13-15 所示，单击 软元件(V)...，弹出软元件设置对话框，选择 Y0，单击"确定"按钮。元件设置完毕后，在指示灯上能看到该元件的元件明称。用同样的方法，设置 Y1、Y2。

　　5）指示灯和开关的制作还可以通过工具栏中的 S▾ 🔘 制作，其中 S▾ 是设计各种开关按钮，🔘 是制作指示灯，具体操作方法和前面所讲的方法相似。

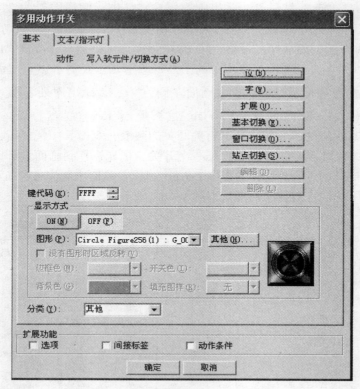

图 13-13　多用动作设置开关对话框

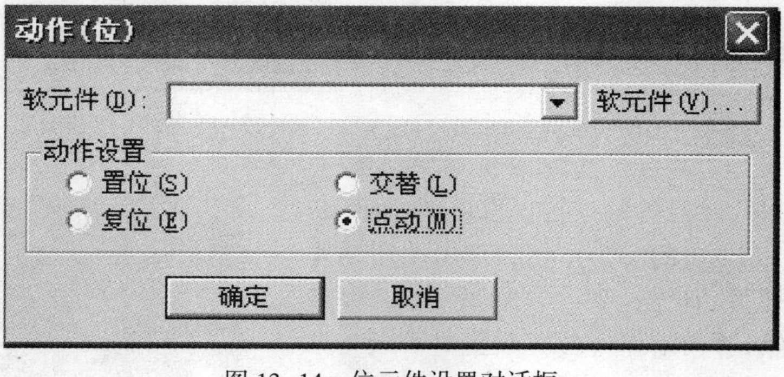

图 13-14　位元件设置对话框

6）数据输入和显示设计。在使用触摸屏时，经常要在触摸屏中设置数据输入到 PLC 中，或把 PLC 中的数据显示出来。本例中是设置 D200，作为星三角形启动的延时时间。单击工具栏中 123 或者 123，光标变成十字交叉，在画面设计区单击一下，出现 012345 数据框，再单击工具栏中的  ，光标变回箭头，双击数据框，弹出数值设置对话框，如图 13-16所示。在该对话框中，首先选择"数值显示/数值输入"。在星三角启动中，D200 的数值需要在触摸屏上设置，所以设置 D200 时，选择"数值输入"。而 T0 的当前值需要显示出来，但不能更改，所以选择"数值显示"。在显示方式栏中，可以设置数据类型，

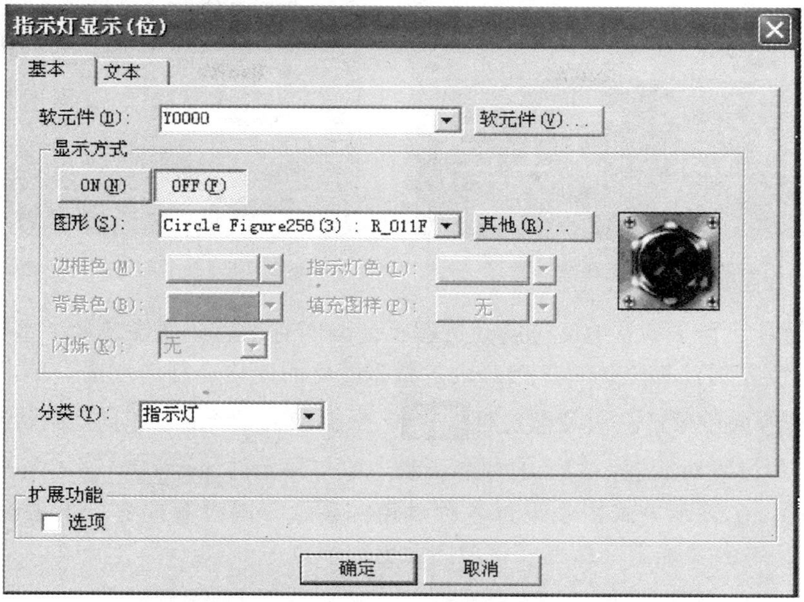

图 13-15 指示灯设置对话框

一般选择"有符号十进制数"。数值颜色、显示位数、数值尺寸、是否闪烁等可以根据自己的需要进行设置，设置完毕单击确定即可，用同样的方法可以设置T0。设置完毕后，在数据框中有软元件的编号（见图13-17），如果是选择"数据输入"，在运行时，单击该数据，会自动跳出一个键盘，如图13-18所示，输入数据，单击  ，就能把数据输入。

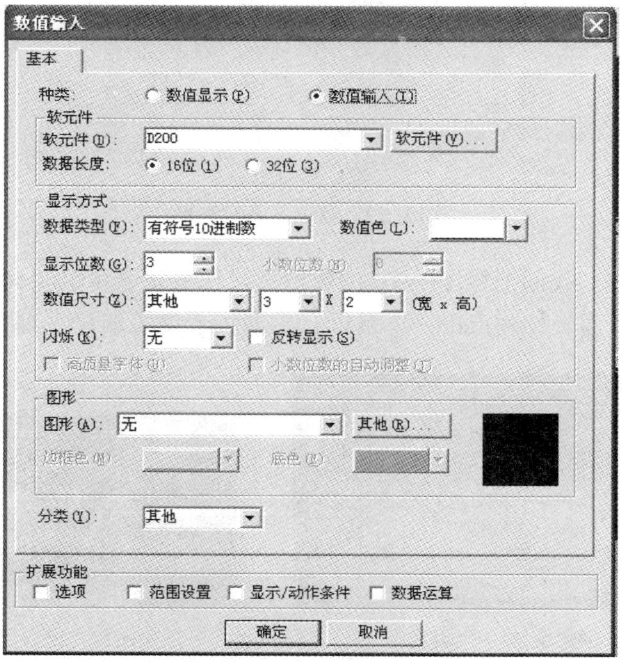

图 13-16 数据设置对话框

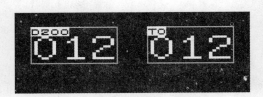

图 13-17　已经建立连接的数据

图 13-18　输入数字的键盘

7）棒图设计。为了动态地反应启动过程，使画面有动感，通常使用一些棒图来表示，本软件中称液位控制，液位会随着 PLC 内的数据变化而变化。制作方法：单击工具栏中的 📏 ，把鼠标在画面中单击，出现液位框 ⊞ ，根据液位填充的方向拉动液位框，双击液位框，弹出液位设置对话框，如图 13-19 所示。单击软元件 软元件(D)... ，在软元件设置对话框中设置 T0，在显示方式栏中设置各种颜色，显示方向设置向右，上限设置为 D200，下限设置为 0，单击"确定"按钮，液位图设置完毕。

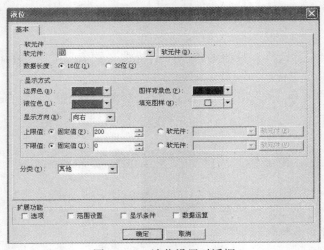

图 13-19　液位设置对话框

8）仪表显示设计。我们把程序中 T0 的数值通过仪表来表示（见图 13-20）。单击工具栏中的仪表 ◔ ，在画面设计区点击一下鼠标，出现一个仪表图标，如图 3-21 所示，双击

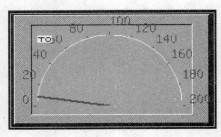

图 13-20　仪表盘

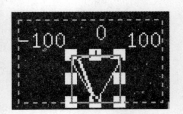

图 13-21　仪表图标

该图标，弹出仪表设置对话框，如图13-22所示，在"基本"项目栏中设置软件名称、显示方式、图形样式等。在"刻读/文本"栏中设置刻度，如图13-23所示。把扩张功能的"选项"构上，在选项栏中设置数据类型和刻度值，如图13-24所示，刻度上限是200，下限是0。

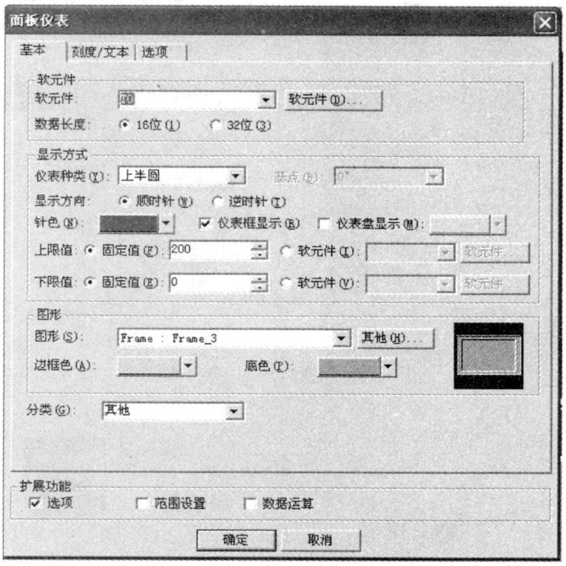

图13-22　仪表设置对话框

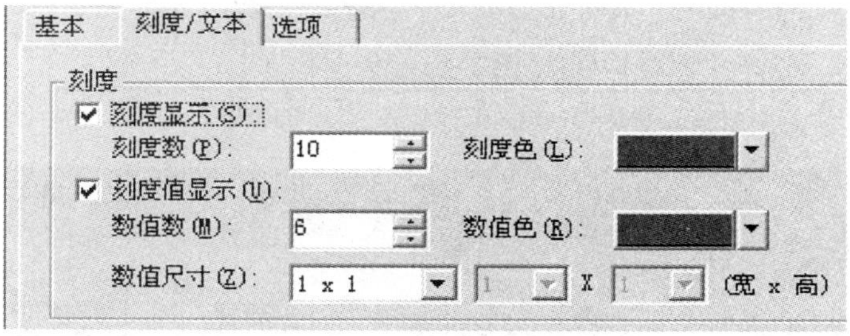

图13-23　仪表的刻度显示

图13-24　仪表的选项栏中设置

9）画面切换按钮制作（见图13-25）。单击工具栏中的开关按钮 s▾，弹出如图13-7所示的开关功能选项，选择第四个画面切换开关 s，单击设计画面，出现开关图形，使光

标变成箭头后双击该图形，弹出画面切换开关设置对话框如图 13-26 所示。在画面种类中

图 13-25　画面切换按钮图

选择"基本画面"；切换固定画面选择"1，首页"。按钮的形状和颜色根据需要进行设置，在本例中选择"Rectangle（1）：rect_ 28"。再单击"文本/指示灯"。在按钮为 OFF 状态时选择显示文本"返回首页"，这样按钮制作完毕。适当整理画面，使各个器件排列整齐美观，单击"保存"按钮，如图 13-27 所示。

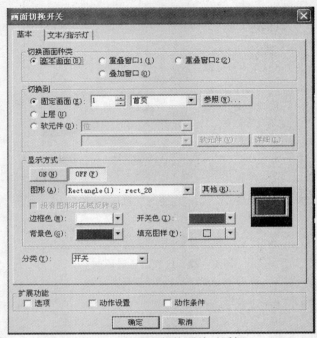

图 13-26　画面切换开关对话框

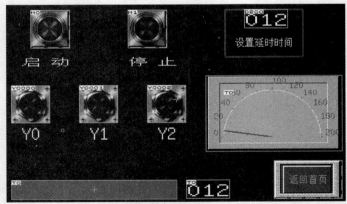

图 13-27　画面 2——操作画面

3. 画面运行

利用 GT 软件进行编程时，设计好画面后，可以先在计算机上仿真调试，调试完毕后，再下载到触摸屏，这样可以节省时间。仿真运行时，必须在计算机上安装好 PLC 软件及的仿真软件（GX—Developer 和 GX Simulator6-C）。仿真运行操作方法如下。

（1）设计好 PLC 的控制程序，并仿真运行。在本例中星三角降压启动控制梯形图如图 13-28 所示。

（2）打开 GT 的模拟仿真软件 GT Simulator2。单击该软件工具栏中的打开按钮 ，根据画面的存储路径，打开已编好的画面，软件自动读取画面，如图 13-29 所示。读取完毕后，就可以运行，用鼠标单击相应的按钮，可以听到"嘀"的声音，说明输入信号已经起作用；单击数据输入，

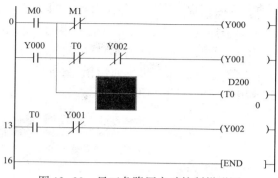

图 13-28 星三角降压启动控制梯形图

会自动跳出键盘。单击键盘上的按钮，就能输入数据。同时还可以监控 PLC 的梯形图，所以调试梯形图和调试画面都非常方便。图 13-30 所示是正在运行的画面。单击 ，可以退出仿真运行，当画面需要更改后，要单击"保存"按钮，再重新读入才能运行。

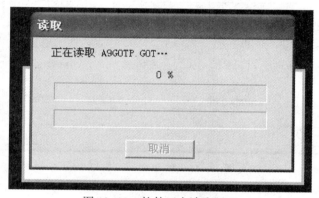

图 13-29 软件正在读取画面

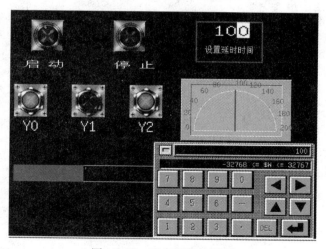

图 13-30 正在运行的画面

（3）画面下载。程序和画面调试完毕后，可以下载到触摸屏上运行。单击菜单栏

通讯 (C) →跟GOT的通讯 (G) 弹出和 GOT 通信设置对话框，如图 13-31，在该对话框中点击"全部选择（A）"，说明把工程中的全部画面和参数下载到触摸屏中，再单击"下载（D）"，弹出如图 13-32 所示正在通信的画面，下载完毕后，就可以在触摸屏上进行操作了。如果在下载过程中出现通信错误，可以单击"通信设置"栏中进行通信设置，主要是进行通信端口的选择（COM 口）。

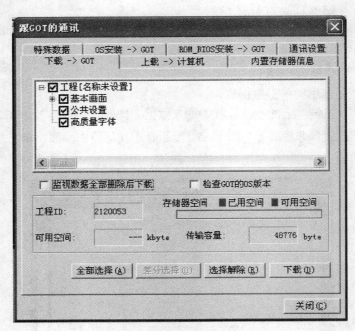

图 13-31 和 GOT 通信窗口

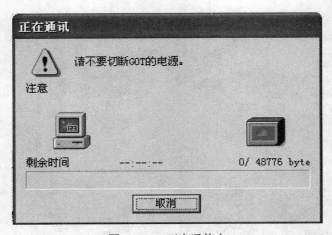

图 13-32 正在通信中

三、页面设置操作

在触摸屏应用中，有时需要设计多种画面，主要有基本画面和窗口画面，这些画面在不同的场合用途不同，基本画面是常用的设计画面，如在上一节所举的案例一中"星三角降压启动"主要是应用基本画面，画面切换主要是采用画面切换按钮，通过手触摸进行操作。但在有的工程中，通常要设计一些报警信息或操作提示等。这些信息通常可用窗口画面来设计，而且当条件满足时这些窗口自动弹出，另外还有些画面需要设置安全等级，只有知道密码才能进行操作。在这个案例中，我们专门介绍这些画面如何设计。

1. 画面切换

新建工程，当弹出"画面切换软元件的设置"对话框时，设置切换画面的软元件，如图 13-33 所示。基本画面用 D0、重叠窗口 1 用 D1、重叠窗口 2 用 D2，叠加窗口用 D3。当 PLC 运行程序时，改变相应的数据寄存器内的数值就能切换的画面。如当 D0=2 时，就能切换的基本画面 2，当 D1=2 时就能切换到窗口画面 2。

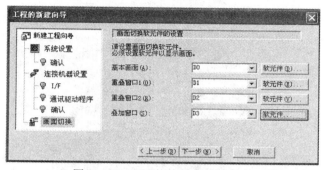

图 13-33　画面切换软元件设置窗

为了说明问题方便，我们设计几个简单的基本画面和窗口画面，然后修改 D0、D1、D2、D3 中的数值，观看画面切换的情况。设计的画面如图 13-34 所示。每个画面中都可以修改 D0、D1、D2、D3 的值。单击"保存"后，就能运行，通过运行我们可以知道，当改变 D0 的数值时，如 D0=1，就切换到基本画面 1；当 D0=2，就切换到基本画面 2。当改变 D1 或 D2 的值，就能翻出窗口画面，如图 13-35 所示。窗口画面所处的位置可以通过拖动窗口画面的蓝条进行移动。单击窗口画面左上角的小方块就能关闭窗口画面，或者把相应的数据寄存器改成 0 也能关闭窗口画面。改变 D3 的数值，弹出重叠画面，重叠画面和窗口画面比较是没有画面框，没有关闭按钮，所以要关闭重叠画面，只有把 D3 改成 0 才行。图 13-36 所示是基本画面上显示重叠画面。

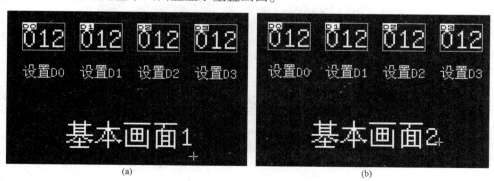

(a)　　　　　　　　　　　　(b)

图 13-34　设计的基本画面和窗口画面（一）

（a）基本画面 1；（b）基本画面 2

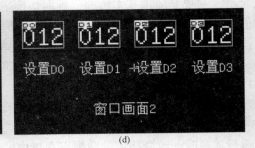

图 13-34 设计的基本画面和窗口画面（二）

（c）窗口画面 1；（d）窗口画面 2

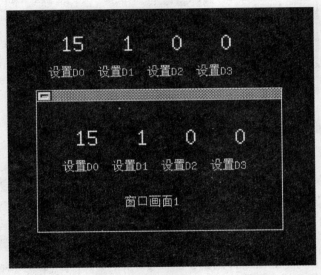

图 13-35 在基本画面上重叠显示窗口画面 1

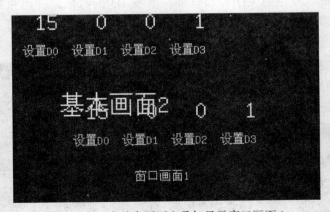

图 13-36 在基本画面上叠加显示窗口画面 1

2. 画面的密码保护

在有些工程中，某些画面需要设置密码保护，只有知道密码才能打开这个画面。三菱公司的触摸屏一般设置了 15 级密码保护，1 是最低级别，15 是最高级别，知道高级别的密码能打开同级别或低级别的画面，相反用低级别的密码就不能打开高级别的画面。画面密码设置方法如下：首先设置画面的安全等级。以我们本节的四个画面为例，我们把基本画面 1 设置成 3 级，密码为 654321；基本画面 2 设置成 15 级，密码为 123456。窗口画面 1 设置成 5 级，密码为 567890；窗口画面 2 设置为 0 级，不需要密码。

打开基本画面 1，在画面的任意地方单击鼠标右键，单击"画面的属性(S)..."，弹出画面属性设置对话框，如图 13-37 所示，在安全等级栏设置安全等级 3。同样的方法设置其他几个画面的安全等级。

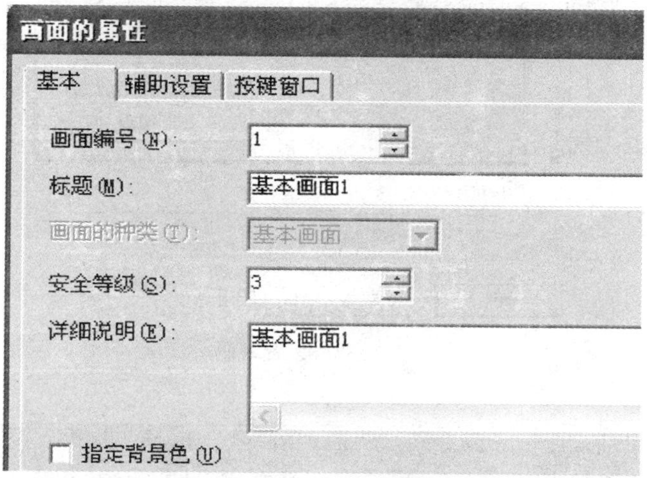

图 13-37 在画面属性对话框中设置安全等级

设置密码。单击菜单栏中的"公共设置（M）"→"系统环境（E）"→"密码"。弹出密码设置对话框，如图 13-38 所示，选中相应的级别，点击 编辑(E)...，跳出密码设置框，在密码栏中输入密码"654321"。单击"确定"按钮，密码框消失，同时在相应的等级栏中出现一串星号＊＊＊＊＊＊＊＊＊，表示密码设置成功。

如果要修改密码，单击 编辑(E)...，跳出密码设置框，输入旧密码，系统确认密码正确后，再重新输入新密码，删除密码也是如此，需要输入旧密码。所以一定要注意，只有知道旧密码才能对密码进行编辑或删除。

3. 打开设置密码的画面

当要打开设置了密码的画面时，会跳出如图 13-39 的画面，提示输入密码，密码输入正确后，提示按左上角的小方块（Please press the Upper left corner），就打开画面，如果密码的级别不够，则打不开画面；密码错误，提示"Unmatched password"密码无效。

4. 密码退出

当打开密码保护画面后，在密码设置时定义的软元件（见图 13-38 中的 D0）就等于画面的等级值，比如画面的安全等级为 3，则 D0＝3。要退出这个密码，可以通过画面返回按钮使 PLC 程序中的 D0 为 0 即可，这样当需要再打开这个画面时，就必须重新输入密码。

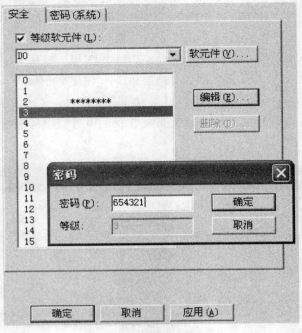

图 13-38　设置密码

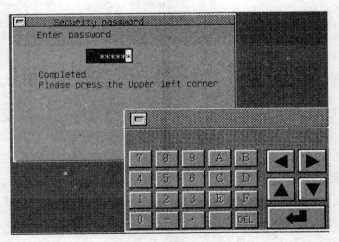

图 13-39　输入密码框

四、触摸屏控制电动机的正反转实训项目

1. 实训器材

（1）可编程控制器 1 台（FX2N-48MR）。

（2）F940-SWD 触摸屏 1 台。

（3）电动机 1 台。

（4）接触器 2 个。

（5）触摸屏用 DC 24V 电源，也可用 PLC 输出 DC 24V。

254

（6）计算机 1 台（已安装 GX 或 GPP 和 GT-Designer 软件）。

（7）导线若干。

2. 实训要求

设计一个用触摸屏控制电动机正反转的控制系统。控制要求如下：

（1）按触摸屏上的"正转起动"按钮，电动机正转运行；按"反转起动"按钮，电动机反转运行。

（2）正转运行或反转运行或停止时均有文字显示。

（3）具有电动机的运行时间设置及运行时间显示功能。

（4）运行时间到或按"停止"按钮，电动机即停止运行。

3. 软元件分配及系统接线图

（1）触摸屏软元件分配。

M100：正转起动；

M101：反转起动；

M102：停止；

D100：运行时间设定；

D102：运行时间显示；

Y0：正转指示；

Y1：反转指示。

（2）PLC 软元件分配。

Y0：正转接触器；

Y1：反转接触器；

M103：停止；

D101：定时器 T0 的设定值。

（3）系统接线图

计算机、PLC、触摸屏系统接线图如图 13-40 所示。

4. 触摸屏画面设计

根据系统的控制要求及触摸屏的软元件分配，触摸屏的画面如图 13-41 所示。

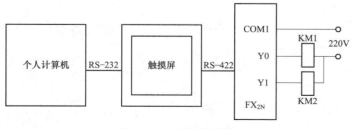

图 13-40　系统连接图

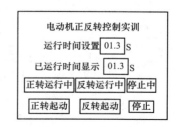

图 13-41　参考画面

5. PLC 程序设计

PLC 程序如图 13-42 所示。

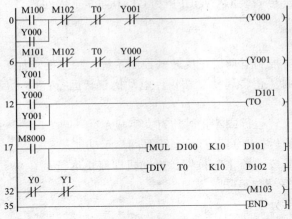

图13-42　PLC程序

6. PLC程序调试

（1）按图13-40连接好通信电缆，即触摸屏RS-232接口与计算机USB接口连接，触摸屏RS-422接口与PLC编程接口连接，然后，写入触摸屏画面和PLC程序。如果无法写入，检查通信电缆连接和触摸屏画面制作软件GT-Designer和PLC编程软件中GPP（或GX Developer）中的通信设置项。

（2）程序和画面写入后，观察触摸屏显示是否与计算机画面一致，如显示"画面显示无效"，则可能是触摸屏中"PLC类型"项不正确，设置为FX类型，再进入"HPP状态"，此时应该可以读出PLC程序，说明PLC与触摸屏通信正常。

（3）返回"画面状态"，将PLC运行开关打至ON，按"正转启动"该键立即变为设定的浅红色，注释文本显示"正转运行中""未反转"，PLC的Y0指示灯亮；按"反转启动"，"正转运行中"消失，同时Y0灭，反转按钮变为设定的浅红色，注释文本显示"未正转""反转运行中"，同时Y1指示灯亮。在正转运行或反转运行时，按"停止"按钮，正转或反转均复位，注释文本显示"未正转""未反转""停止中"，Y0、Y1指示灯不亮。如果输出不正确，检查触摸屏对象属性设置和PLC程序，并检查软元件是否对应。

（4）连接好PLC输出线路和电动机主回路，再运行。

第十四章

模拟量控制技术

要使用 FX 系列 PLC 的模拟量控制，首先需要学习如何使用模拟量模块，如模拟量输入、输出模块。另外还需要用到 PID 控制技术。

第一节　AD、DA 模块

随着 PLC 技术的发展，PLC 在实际生产应用中对模拟量的处理功能也越来越强。模拟量输入/输出模块简称为 AD、DA 模块，分别可以实现模数转换和数模转换。运用 AD、DA 模块，PLC 可方便地实现对模拟量的控制。

FX 系列 PLC 中有关模拟量输入的特殊功能模块有：FX_{2N}-2AD（2 路模拟量输入）、FX_{2N}-4AD（4 路模拟量输入）、FX_{2N}-8AD（8 路模拟量输入）、FX_{2N}-4AD-PT（4 路热电阻直接输入）、FX_{2N}-4AD-TC（4 路热电偶直接输入）、FX_{2N}-2DA（2 路模拟量输出）、FX_{2N}-4DA（4 路模拟量输出）和 FX_{2N}-2LC（2 路温度 PID 控制模块）等，这些模拟可以与 FX_{3U} 的 PLC 配合使用。另外也有专为 FX_{3U} 相配的模块，如 FX_{3U}-4AD、FX_{3U}-4DA 等模块。

可以连接在 FX_{3U} 可编程控制器上的 FX_{2N}、FX_{0N} 用模拟量特殊功能模块如表 14-1 所示。

表 14-1　　　　　　　　　　　　　特 殊 功 能 模 块

FX 系列	型　　号
FX_{3U}用模拟量特殊功能模块	FX_{3U}-4AD、FX_{3U}-4DA
FX_{2N}用模拟量特殊功能模块	FX_{2N}-8AD、FX_{2N}-4AD、FX_{2N}-2AD、FX_{2N}-4DA、FX_{2N}-2DA、FX_{2N}-5A、FX_{2N}-4AD-PT、FX_{2N}-4AD-TC、FX_{2N}-2LC
FX_{0N}用模拟量特殊功能模块	FX_{0N}-3AD

一、FX_{2N}-4AD 模拟量输入模块

FX_{2N}-4AD 模拟量输入模块是 FX 系列专用的模拟量输入模块。该模块有 4 个输入通道（CH），通过输入端子变换，可以任意选择电压或电流输入状态。电压输入时，输入信号范围为 DC-10～+10V，输入阻抗为 200kΩ，分辨率为 5mV；电流输入时，输入信号范围为 DC -20～+20mA，输入阻抗为 250Ω，分辨率为 20μA。

FX_{2N}-4AD 将接收的模拟信号转换成 12 位二进制的数字量，并以补码的形式存于 16 位数据寄存器中，数值范围是-2048～+2047。它的转换时间为 15ms，综合精度为量程的 1%。

FX$_{2N}$-4AD 的工作电源为 DC 24V，模拟量与数字量之间采用光电隔离技术，但各通道之间没有隔离。FX$_{2N}$-4AD 消耗 PLC 主单元或有源扩展单元 5V 电源槽 30mA 的电流。FX$_{2N}$-4AD 占用基本单元的 8 个映像表，即在软件上占 8 个 I/O 点数，在计算 PLC 的 I/O 时可以将这 8 个点作为 PLC 的输入点来计算。

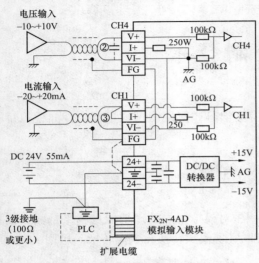

图 14-1   FX$_{2N}$-4AD 接线方式

1. FX$_{2N}$-4AD 的接线

FX$_{2N}$-4AD 的接线如图 14-1 所示，图中模拟输入信号采用双绞屏蔽电缆与 FX$_{2N}$-4AD 连接，电缆应远离电源线或其他可能产生电气干扰的导线。如果输入有电压波动，或在外部接线中有电气干扰，可以接一个 0.1~0.47μF（25V）的电容。如果是电流输入，应将端子 V+ 和 I+ 连接。FX$_{2N}$-4AD 接地端与 PLC 主单元接地端连接，如果存在过多的电气干扰，再将外壳地端 FG 和 FX$_{2N}$-4AD 接地端连接。

2. FX$_{2N}$-4AD 缓冲寄存器（BFM）的分配

FX$_{2N}$-4AD 模拟量模块内部有一个数据缓冲寄存器区，它由 32 个 16 位的寄存器组成，编号为 BFM#0~#31，其内容与作用如表 14-2 所示。数据缓冲寄存器区内容，可以通过 PLC 的 FROM 和 TO 指令来读、写。

表 14-2　　　　　　　　　　　　**FX$_{2N}$-4AD 缓冲寄存器（BFM）的分配表**

BFM 编号	内　　容		备　　注
#0（*）	通道初始化，用 4 位十六位数字 H××××表示，4 位数字从右至左分别控制 1、2、3、4 四个通道		每位数字取值范围为 0~3，其含义如下： 0 表示输入范围为 -10~+10V 1 表示输入范围为 +4~+20mA 2 表示输入范围为 -20~+20mA 3 表示该通道关闭 缺省值为 H0000
#1（*）	通道 1	采样次数设置	采样次数是用于得到平均值，其设置范围为 1~4096，缺省值为 8
#2（*）	通道 2		
#3（*）	通道 3		
#4（*）	通道 4		
#5	通道 1	平均值存放单元	根据#1~#4 缓冲寄存器的采样次数，分别得出的每个通道的平均值
#6	通道 2		
#7	通道 3		
#8	通道 4		
#9	通道 1	当前值存放单元	每个输入通道读入的当前值
#10	通道 2		
#11	通道 3		
#12	通道 4		

续表

BFM 编号	内　　容	备　　注
#13～#14	保留	
#15（＊）	A/D 转换速度设置	设为 0 时：正常速度，15ms/通道（缺省值） 设为 1 时，高速度，6ms/通道
#16～#19	保留	
#20（＊）	复位到缺少值和预设值	缺省值为 0；设为 1 时，所有设置将复位缺省值
#21（＊）	禁止调整偏置和增益值	b1、b0 位设为 1、0 时，禁止； b1、b0 位设为 0、1 时，允许（缺省值）
#22（＊）	偏置、增益调整通道设置	b7 与 b6、b5 与 b4、b3 与 b2、b1 与 b0 分别表示调整通道 4、3、2、1 的增益与偏置值
#23（＊）	偏置值设置	缺省值为 0000，单位为 mV 或 μA
#24（＊）	增益值设置	缺省值为 5000，单位为 mV 或 μA
#25～#28	保留	
#29	错误信息	表示本模块的出错类型
#30	识别码（K2010）	固定为 K2010，可用 FROM 读出识别码来确认此模块
#31	禁用	

注　带（＊）的缓冲寄存器可用 TO 指令写入，其他可用 FROM 指令读出；偏置值是指当数字输出为 0 时的模拟量输入值；增益值是指当数字输出为＋1000 时的模拟量输入值。

零点与增益的调整可采用编程方法设置 BFM#21～#24 的值进行，也可通过调节外部旋钮实现。

当通道预置为－10～＋10V 输入时，预置对应的值为－2000～＋2000；当通道预置为 4～20mA 输入时，预置对应的值为 0～＋1000；当通道预置为－20～＋20mA 输入时，预置对应的值为－1000～＋1000；当然，以上对应数值可重新调整，最大值不超过 4096。

【例 14-1】 如将 FX_{2N}-4AD 模块连接在特殊功能块的 0 号位置，现有两个压力传感器 4～20mA 信号分别送入 FX_{2N}-4AD 的通道 1 和 2，试把两个传感器检测到的数据分别传送到 D100 和 D101。

如图 14-2 所示，先把 FX_{2N}-4AD 的识别码读出，它的识别码为 K2010，放在 BFM#30 中，读出 BFM#30，检测是否与 K2010 相等，如相等则说明 PLC 能识别该模块的连接。

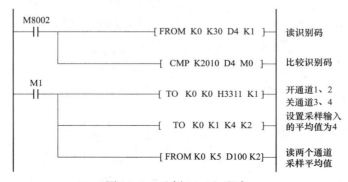

图 14-2　［例 14-1］程序

二、FX$_{2N}$-2DA 模拟量输出模块

FX$_{2N}$-2DA 模拟量输出模块是 FX 系列专用的模拟量输出模块。该模块将 12 位的数字值转换成相应的模拟量输出。FX$_{2N}$-2DA 有 2 路输出通道，通过输出端子变换，也可任意选择电压或电流输出状态。电压输出时，输出信号范围为 DC −10~+10V，可接负载阻抗为 1kΩ~1MΩ，分辨率为 5mV，综合精度为 0.1V；电流输出时，输出信号范围为 DC +4~+20mA，可接负载阻抗不大于 250Ω，分辨率为 20μA，综合精度为 0.2mA。

FX$_{2N}$-2DA 模拟量模块的工作电源为 DC 24V，模拟量与数字量之间采用光电隔离技术。FX$_{2N}$-2AD 模拟量模块的 2 个输出通道，要占用基本单元的 8 个映像表，即在软件上占 8 个 I/O 点数，在计算 PLC 的 I/O 时可以将这 8 个点作为 PLC 的输出点来计算。

1. FX$_{2N}$-2DA 的接线

FX$_{2N}$-2DA 的接线如图 14-3 所示，图中模拟输出信号采用双绞屏蔽电缆与外部执行机构连接，电缆应远离电源线或其他可能产生电气干扰的导线。当电压输出有波动或存在大量噪声干扰时，可以接一个 0.1~0.47μF（25V）的电容。如果是电压输出，应将端子 I+和 VI−连接。FX$_{2N}$-2DA 接地端与 PLC 主单元接地端连接。

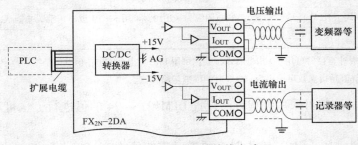

图 14-3　FX$_{2N}$-2DA 接线方式

2. FX$_{2N}$-2DA 的缓冲寄存器（BFM）分配

FX$_{2N}$-2DA 模拟量模块内部有一个数据缓冲寄存器区，它由 32 个 16 位的寄存器组成，编号为 BFM#0~#31，其内容与作用如表 14-3 所示。数据缓冲寄存器区内容可以通过 PLC 的 FROM 和 TO 指令来读、写。

表 14-3　　　　　　　　　FX$_{2N}$-2DA 的缓冲寄存器（BFM）分配表

BFM 编号	内　容		备　注
#0	通道初始化，用 2 位十六位数字 H×× 表示，2 位数字从右至左分别控制 CH1、CH2 两个通道		每位数字取值范围为 0、1，其含义如下： 0 表示输出范围为 −10~+10V 1 表示输入范围为 +4~+20mA
#1	通道 1	存放输出数据	
#2	通道 2		
#3~#4	保留		
#5	输出保持与复位 缺省值为 H00		H00 表示 CH2 保持、CH1 保持 H01 表示 CH2 保持、CH1 复位 H10 表示 CH2 复位、CH1 保持 H11 表示 CH2 复位、CH1 复位

BFM 编号	内　容	备　注
#6～#15	保留	
#16	输出数据的当前值	8 位数据存于 b7～b0
#17	转换通道设置	将 b0 由 1 变成 0，CH2 的 D/A 转换开始 将 b1 由 1 变成 0，CH1 的 D/A 转换开始 将 b2 由 1 变成 0，D/A 转换的低 8 位数据保持
#18～#19	保留	
#20	复位到缺省值和预设值	缺省值为 0；设为 1 时，所有设置将复位缺省值
#21	禁止调整偏置和增益值	b1、b0 位设为 1、0 时，禁止； b1、b0 位设为 0、1 时，允许（缺省值）
#22	偏置、增益调整通道设置	b3 与 b2、b1 与 b0 分别表示调整 CH2、CH1 的增益与偏置值
#23 偏置值设置	偏置值设置	缺省值为 0000，单位为 mV 或 μA
#24	增益值设置	缺省值为 5000，单位为 mV 或 μA
#25～#28	保留	
#29	错误信息	表示本模块的出错类型
#30	识别码（K3010）	固定为 K3010，可用 FROM 读出识别码来确认此模块
#31	禁用	

注意：在该模块中转换数据当前值只能保持 8 位数据，但是在实际转换时要进行 12 位转换，为此，必须进行二次传送，才能完成。

【例 14-2】　利用 FX$_{2N}$-2DA 实现，当 X000 为 ON 时，需要将 D100 中的 12 位数据转换为模拟量，并且在通道 1 中进行输出。程序如图 14-4 所示。

图 14-4　［例 14-2］程序

三、FX₂ₙ-4DA 模拟量输出模块

FX₂ₙ-4DA 模拟量输出模块的部分 BFM 分配表如表 14-4 所示。

表 14-4　　　　　　　　　　　FX₂ₙ-4DA 部分 BFM 分配表

BFM	内　容	BFM	内　容
#0	输出模式选择，出厂设置 H0000	#5	数据保持模式，出厂设置 H0000
#1	CH1 的输出数据	#6、#7	保留
#2	CH2 的输出数据	#29	错误代码
#3	CH3 的输出数据	#30	识别码 K3020
#4	CH4 的输出数据		

表 14-4 说明如下：

FX₂ₙ-4DA 要选择通道，对通道进行初始化。初始化由缓冲器 BFM#0 中 4 位十六进制数字来控制，从右到左第一位字符控制通道 1（CH1），第四位控制通道 4（CH4）等。

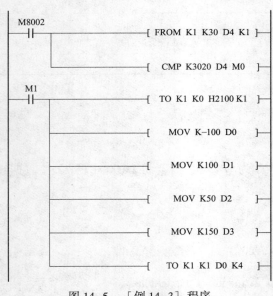

图 14-5　［例 14-3］程序

0 表示设置电压输出（−10～+10V），对应输出数据为−2000～+2000。

1 表示设置电源输出（4～20mA），对应输出数据为 0～1000。

2 表示设置电流输出（0～20mA）对应输出数据为 0～1000。

如：BFM#0 设置为 H2110，其意义为 CH1 输出电压（−10～+10V），CH2 和 CH3 输出电流（4～20mA），CH4 输出电流（0～20mA）。

【例 14-3】　如将 FX₂ₙ-4DA 放在特殊功能模块的 1 号位置上，如图 14-5 所示，首先读出 BFM30 中的识别码进行比较，再对通道初始化，定义各通道的输出模式，将 D0、D1、D2、D3 分别从 4 个通道变为模拟量输出。

四、FX₃ᵤ-4AD 模块

4AD 输入特性分为电压（−10V～+10V）、电流输入（4～20mA、−20～+20mA），根据各自的输入模式设定。如图 14-6～图 14-8 所示，根据各通道的输入范围有三种输入特性。通过设定 BFM#0 对输入模式进行设定。

FX₃ᵤ-4AD 模块的端子和各端子的作用如图 14-9 所示，通道接线分电压输入的接线和电流输入的接图，如图 14-10 所示。

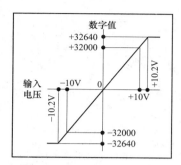

输入模式设定：　　　　0
输入形式：　　　　　　电压输入
模拟量输入范围：　　　-10~+10V
数字量输出范围：　　　-32000~+32000
偏置·增益调整：　　　可以

(a)

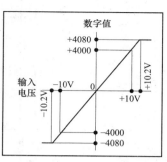

输入模式设定：　　　　1
输入形式：　　　　　　电压输入
模拟量输入范围：　　　-10~+10V
数字量输入范围：　　　-4000~+4000
偏置·增益调整：　　　可以

(b)

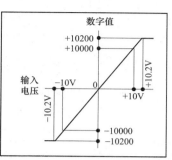

输入模式设定：　　　　2
输入形式：　　　　　　电压输入（模拟量直接显示）
模拟量输入范围：　　　-10~+10V
数字量输入范围：　　　-10000~+10000
偏置·增益调整：　　　不可以

(c)

图 14-6　电压输入特性（-10~+10V）（输入模式 0~2）

（a）输入模式 0；（b）输入模式 1；（c）输入模式 2

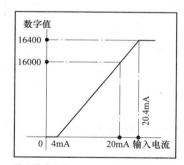

输入模式设定：　　　　3
输入形式：　　　　　　电流输入
模拟量输入范围：　　　4~20mA
数字量输出范围：　　　0~16000
偏置·增益调整：　　　可以

(a)

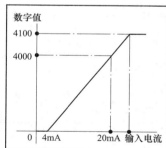

输入模式设定：　　　　4
输入形式：　　　　　　电流输入
模拟量输入范围：　　　4~20mA
数字量输出范围：　　　0~4000
偏置·增益调整：　　　可以

(b)

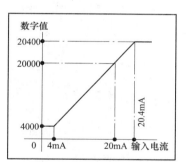

输入模式设定：　　　　5
输入形式：　　　　　　电流输入（模拟量直接显示）
模拟量输入范围：　　　4~20mA
数字量输出范围：　　　4000~20000
偏置·增益调整：　　　不可以

(c)

图 14-7　电流输入特性（4~20mA）（输入模式 3~5）

（a）输入模式 3；（b）输入模式 4；（c）输入模式 5

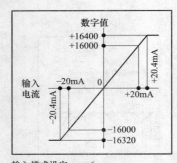
输入模式设定：　6
输入形式：　　　电流输入
模拟量输入范围：−20~20mA
数字量输出范围：−16000~+16000
偏置·增益调整：　可以

(a)

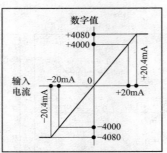
输入模式设定：　7
输入形式：　　　电流输入
模拟量输入范围：−20~20mA
数字量输出范围：−4000~+4000
偏置·增益调整：　可以

(b)

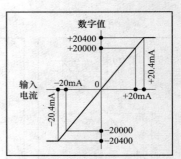
输入模式设定：　8
输入形式：　　　电流输入（模拟量直接显示）
模拟量输入范围：−20~20mA
数字量输出范围：−20000~+20000
偏置·增益调整：　不可以

(c)

图 14-8　电流输入特性（−20~20mA）（输入模式 6~8）

（a）输入模式 6；（b）输入模式 7；（c）输入模式 8

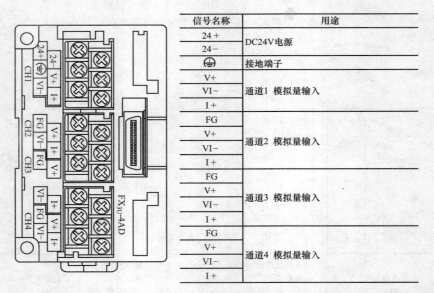

信号名称	用途
24 +	DC24V电源
24 −	
⏚	接地端子
V+	
VI−	通道1　模拟量输入
I +	
FG	
V+	
VI−	通道2　模拟量输入
I +	
FG	
V+	
VI−	通道3　模拟量输入
I +	
FG	
V+	
VI−	通道4　模拟量输入
I +	

图 14-9　FX$_{3U}$-4AD 模块的端子用其作用

　　电流输入时，一定要把 V+ 和 I+ 连接。电压输入时，需要 V+ 和 VI−之间并联一个 0.1~0.47μf、25V 的电容。

　　FX$_{3U}$-4AD 模块的缓冲存储器 BFM 表如表 14-5 所示。

264

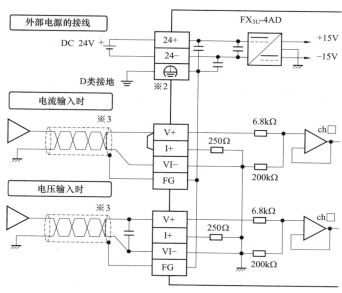

图 14-10　各通道的接线

表 14-5　　　　　　　　　　　FX_{3U}-4AD 模块缓冲存储器 BFM 表

BFM 编号	内　　容	设定范围	初始值	数据的处理
#0	指定通道 1~4 的输入模式	※1	出厂时 H0000	十六进制
#1	不可以使用	—	—	—
#2	通道 1 平均次数［单位：次］	1~4095	K1	十进制
#3	通道 2 平均次数［单位：次］	1~4095	K1	十进制
#4	通道 3 平均次数［单位：次］	1~4095	K1	十进制
#5	通道 4 平均次数［单位：次］	1~4095	K1	十进制
#6	通道 1 数字滤波器设定	0~1600	K0	十进制
#7	通道 2 数字滤波器设定	0~1600	K0	十进制
#8	通道 3 数字滤波器设定	0~1600	K0	十进制
#9	通道 4 数字滤波器设定	0~1600	K0	十进制
#10	通道 1 数据（即时值数据或者平均值数据）	—	—	十进制
#11	通道 2 数据（即时值数据或者平均值数据）	—	—	十进制
#12	通道 3 数据（即时值数据或者平均值数据）	—	—	十进制
#13	通道 4 数据（即时值数据或者平均值数据）	—	—	十进制
#14~#18	不可以使用	—	—	—
#19	设定变更禁止 禁止改变下列缓冲存储区的设定。 ・输入模式指定<BFM #0> ・功能初始化<BFM #20> ・输入特性写入<BFM #21>	变更许可：K2080 变更禁止：K2080 以外	出厂时 K2080	十进制

续表

BFM 编号	内 容	设定范围	初始值	数据的处理
#19	·便利功能<BFM #22> ·偏置数据<BFM #41~#44> ·增益数据<BFM #51~#54> ·自动传送的目标数据寄存器的指定<BFM #125~#129> ·数据历史记录的采样时间指定<BFM #198>	变更许可： K2080 变更禁止： K2080 以外	出厂时 K2080	十进制
#20	功能初始化 用 K1 初始化。初始化结束后，自动变为 K0	K0 或者 K1	K0	十进制
#21	输入特性写入 偏置/增益值写入结束后，自动变为 H000（b0~b3 全部为 OFF 状态）	3	H0000	十六进制
#22※1	便利功能设定便利功能：自动发送功能、数据加法运算、上限制值检测、突变检测、峰值保持	4	出厂时 H0000	十六进制
#23~#25	不可以使用	—	—	—
#26	上下限值出错状态（BFM #22 b1 0N 时有效）		H0000	十六进制
#27	突变检测状态（BFM #22 b2 0N 时有效）		H0000	十六进制
#28	量程溢出状态		H0000	十六进制
#29	出错状态		H0000	十六进制
#30	机型代码 K2080		K2080	十六进制
#31~#40	不可以使用	—	—	—

注　*1　对 BFM#0 进行输入模式的设定，输入模式的指定采用 4 位数的 HEX（十六进制）码。对各位分配各通道的编号，通过在各位中设定 0~8、F 的数值，可设定各通道的输入模式，如图 14-11 所示。

图 14-11　设定各通道的输入模式

输入模式的种类如表 14-6 所示。

表 14-6　　　　　　　　　输 入 模 式 的 种 类

设定值［HEX］	输入模式	模拟量输入范围	数字量输出范围
0	电压输入模式	-10~+10V	-32 000~+32 000
1	电压输入模式	-10~+10V	-4000~+4000
2	电压输入 模拟量值直接显示模式	-10~+10V	-10 000~+10 000
3	电流输入模式	4~20mA	0~16 000
4	电流输入模式	4~20mA	0~4000
5	电流输入 模拟量值直接显示模式	4~20mA	4000~20 000
6	电流输入模式	-20~+20mA	-16 000~+16 000

续表

设定值 [HEX]	输入模式	模拟量输入范围	数字量输出范围
7	电流输入模式	−20~+20mA	−4000~+4000
8	电流输入 模拟量值直接显示模式	−20~+20mA	−2000~+2000
9~E	不可以设定	—	—
F	通道不使用	—	—

4AD 模块缓冲存储器区数据的读出有两种方法，一种是通过 FROM 指令读出，另一种方面可以直接通过指定缓冲存储器地址读出。

缓冲存储区的直接指定方法是：将下列的设定软元件指定为直接应用指令的源操作数或者目标操作数。

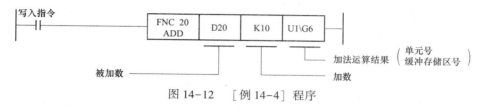

连接在 FX₃ᵤ 可编程控制器上时
单元号（0~7）
连接在 FX₃ᵤᴄ 可编程控制器上时
单元号（1~7）
□ 中写入数字
缓冲存储区号（0~6999）

【例 14-4】　图 14-12 的程序是将数据寄存器（D20）加上数据（K10），并将结果写入单元号 1 的缓冲存储区（BFM #6）中。

写入指令

| FNC 20 ADD | D20 | K10 | U1\G6 |

被加数　　　　　加法运算结果（单元号／缓冲存储区号）　加数

图 14-12　[例 14-4] 程序

另外，从 BFM 表可以查出，4 个通道的数据可分别从 BFM#10 到 BFM#13 读出。如果 4AD 模块是连接到 PLC 的第一个模块，即模块编号为 0。图 14-13 所示程序就可以把 4 个通道 AD 转换后产生的数据分别读出到 D0~D3 中。

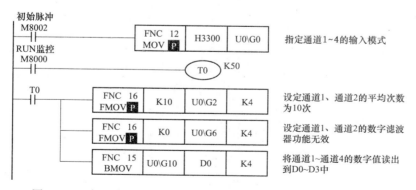

初始脉冲
M8002

| FNC 12 MOV P | H3300 | U0\G0 | 指定通道1~4的输入模式

RUN监控
M8000

（T0）K50

T0

| FNC 16 FMOV P | K10 | U0\G2 | K4 | 设定通道1、通道2的平均次数为10次

| FNC 16 FMOV P | K0 | U0\G6 | K4 | 设定通道1、通道2的数字滤波器功能无效

| FNC 15 BMOV | U0\G10 | D0 | K4 | 将通道1~通道4的数字值读出到D0~D3中

图 14-13　把 4 个通道 AD 转换后产生的数据分别读出到 D0~D3 中

五、FX₃ᵤ-4DA 模块

FX₃ᵤ-4DA 模块是连接在 FX₃ᵤ 或 FX₃ᵤᴄ PLC 上，是将来自 PLC 的四个通道的数据转换为模拟量（电压或电流）并输出的特殊功能模块。

FX$_{3U}$-4DA 的输出特性分为电压（-10~+10V）、电流（0~20mA、4~20mA）。根据各通道的输出模式设定，如图 14-14~图 14-16 所示，输出模式通过 BFM#0 设定。

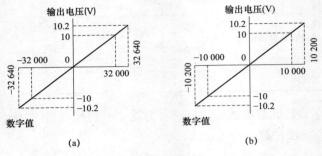

图 14-14 电压输出特性（-10~+10V）
（a）输出模式 0；（b）输出模式 1

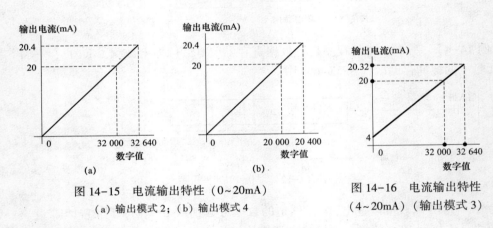

图 14-15 电流输出特性（0~20mA）
（a）输出模式 2；（b）输出模式 4

图 14-16 电流输出特性
（4~20mA）（输出模式 3）

FX$_{3U}$-4DA 模块的端子如图 14-17 所示，其作用见表 14-7。

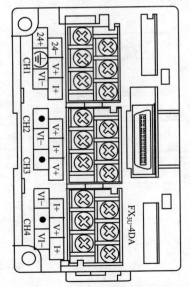

图 14-17 FX$_{3U}$-4DA 模块的端子及其作用

表 14-7 | | | FX_{3U}-4DA 模块的端子作用

信号名称	用途	信号名称	用途
24+	DC 24V 电源	·	不要接线
24-		V+	
⏚	接地端子	VI-	通道 3 模拟量输出
V+	通道 1 模拟量输出	I+	
VI-		·	不要接线
I+		V+	
·	不要接线	VI-	通道 4 模拟量输出
V+	通道 2 模拟量输出	I+	
VI-			
I+			

FX_{3U}-4DA 模块端子的接线分别电压输出和电流输出，接线分别如图 14-18 所示。电压输出时，可在 V+ 和 VI- 之间并联一个 0.1~0.47μF、25V 的电容。

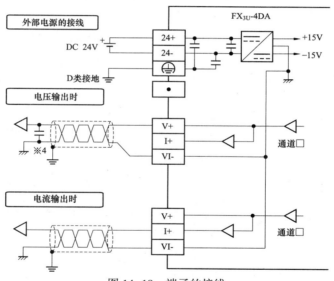

图 14-18　端子的接线

输出模式 BFM#0 的内容，用十六进制数设定输出模式。在使用通道的相应位中，选择输出模式，按图 14-19 中的规定进行设定。

BFM#0 设定值与输出模式的对应如表 14-8 所示。

图 14-19　模式设定

表 14-8 | | | 输出模式的设置

设定值	输出模式	模拟量输出范围	数字量输入范围
0	电压输出模式	-10~+10V	-32 000~+32 000
1	电压输出模拟量值 mV 指定模式	-10~+10V	-10 000~+10 000

设定值	输出模式	模拟量输出范围	数字量输入范围
2	电流输出模式	0~20mA	0~32 000
3	电流输出模式	4~20mA	0~32 000
4	电流输出模拟量值 μA 指定模式	0~20mA	0~20 000
F	通道不使用		

FX_{3U}-4DA 的 BFM 表如表 14-9 所示。

表 14-9 FX_{3U}-4DA 的 BFM 表

BFM 编号	内 容	设定范围	初始值	数据的处理
#0	指定通道 1~4 的输出模式		出厂时 H0000	十六进制
#1	通道 1 的输出数据		K0	十进制
#2	通道 2 的输出数据		K0	十进制
#3	通道 3 的输出数据	根据模式而定	K0	十进制
#4	通道 4 的输出数据		K0	十进制
#5	可编程控制器 STOP 时的输出设定		H0000	十六进制
#6	输出状态	—	H0000	十六进制
#7、#8	不可以使用	—		—
#9	通道 1~4 的偏置、增益设定值的写入指令		H0000	十六进制
#10	通道 1 的偏置数据（单位：mV 或者 μA）			十进制
#11	通道 2 的偏置数据（单位：mV 或者 μA）	根据模式而定	根据模式而定	十进制
#12	通道 3 的偏置数据（单位：mV 或者 μA）			十进制
#13	通道 4 的偏置数据（单位：mV 或者 μA）			十进制
#14	通道 1 的增益数据（单位：mV 或者 μA）			十进制
#15	通道 2 的增益数据（单位：mV 或者 μA）	根据模式而定	根据模式而定	十进制
#16	通道 3 的增益数据（单位：mV 或者 μA）			十进制
#17	通道 4 的增益数据（单位：mV 或者 μA）			十进制
#18	不可以使用	—		—
#19	设定变更禁止	变更许可：K3030 变更禁止：K3030 以外	出厂时 K3030	十进制
#20	功能初始化用 K1 初始化。初始化结束后，自动变为 K0	K0 或者 K1	K0	十进制
#21~#27	不可以使用	—	—	—
#28	断线检测状态（仅在选择电流模式时有效）	—	H0000	十六进制
#29	出错状态	—	H0000	十六进制
#30	机型代码 K3030	—	K3030	十进制
#31	不可以使用	—	—	—

续表

BFM 编号	内　　容	设定范围	初始值	数据的处理
#32	可编程控制器 STOP 时，通道 1 的输出数据（仅在 BFM #5 = H0002 时有效）	根据模式而定	K0	十进制
#33	可编程控制器 STOP 时，通道 2 的输出数据（仅在 BFM #5 = H0020 时有效）	根据模式而定	K0	十进制
#34	可编程控制器 STOP 时，通道 3 的输出数据（仅在 BFM #5 = H0200 时有效）	根据模式而定	K0	十进制
#35	可编程控制器 STOP 时，通道 4 的输出数据（仅在 BFM #5 = H2000 时有效）	根据模式而定	K0	十进制
#36、#37	不可以使用	—	—	—

如果 FX$_{3U}$-4DA 是连接到 PLC 的第一个模块，则模块编号为 0。那么在 PLC 中编写 DA 转换的程序可参考图 14-20。

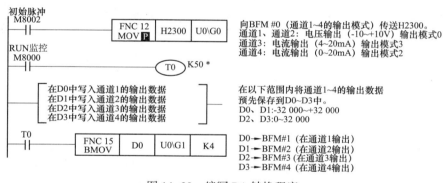

图 14-20　编写 DA 转换程序

第二节　模拟量控制举例

在化工、冶金、轻工等行业中，有许多是当某变量的变化规律无法预先确定时，要求被控变量能够以一定的精度跟随该变量变化的随动系统。本节将以刨花板生产线的拌胶机系统为例，介绍 PLC 在随动控制系统中的应用。

一、工艺流程与控制要求

拌胶机工艺流程如图 14-21 所示。刨花由螺旋给料机供给，压力传感器检测刨花量。胶由胶泵抽给，用电磁流量计检测胶的流量；刨花和胶要按一定的比例送到拌胶机内搅拌，然后将混合

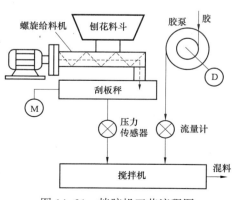

图 14-21　拌胶机工艺流程图

料供给下一道热压机工序蒸压成型。

要求控制系统控制刨花量和胶量恒定，并有一定的比例关系，即胶量随刨花量的变化而变量，误差要求小于3%。

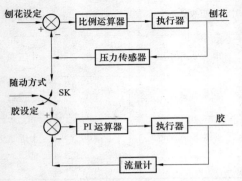

图14-22　控制原理方框图

二、控制方案

根据控制要求，刨花控制回路采用比例（P）控制，胶量控制回路采用比例积分（PI）控制，其控制原理框图如图14-22所示，随动选择开关SK用于随动/胶设定方式的转换。

三、PLC 的 I/O 分配与接线

拌料机控制系统输入信号有7个，其中用于启动、停车、随动选择的3个输入信号是开关量，而刨花给定、压力传感器信号、胶量设定、流量计信号4个输入信号是模拟量；输出信号2个，一个用于驱动调速器，另一个用于驱动螺旋给料机，均为模拟量信号。

根据I/O信号数量、类型以及控制要求，选择FX$_{2N}$主机，4通道模拟量输入模块FX2-4AD，2通道模拟量输出模块FX2-2DA。PLC主机与外部模块连接如图14-23所示。I/O分配如表14-10所示。

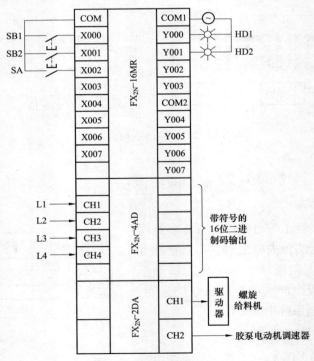

图14-23　PLC接线图

表 14-10　　　　　　　　　　　I/O 分 配 表

输入信号			输出信号		
名称	功能	编号	名称	功能	编号
SB1	启动开关	X000	O1	螺旋缎带料机驱动器	CH1
SB2	停车开关	X001	O2	胶泵调速器	CH2
SA	随动/胶设定转换开关	X002	HD1	模拟量输入正常指示灯	Y000
L1	刨花量设定	CH1	HD2	模拟量输出正常指示灯	Y001
L2	压力传感器	CH2			
L3	胶量设定	CH3			
L4	流量计	CH4			

四、程序设计

根据控制原理图，刨花量设定经 AD 模块的 CH1 通道和压力传感器的刨花反馈信号经 A/D 转换后作差值运算，并取绝对值，然后乘比例系数 KP=2，由 DA 模块的 CH1 通道输出。

当 SA 转接到随动方式时，刨花的反馈量作胶的给定量，反之，由胶量单独给定。两种输入方式都是将给定量与反馈量作差值运算，通过 PI 调节，抑制输入波动，达到控制要求。

PLC 控制程序如图 14-24 所示。

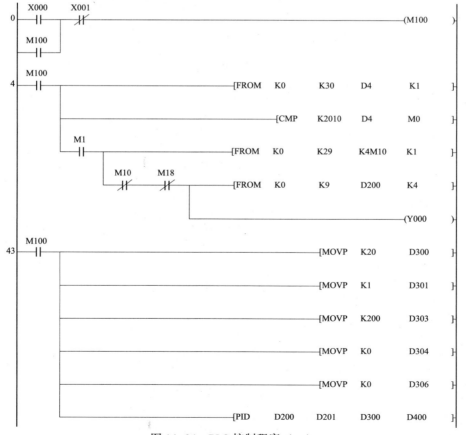

图 14-24　PLC 控制程序（一）

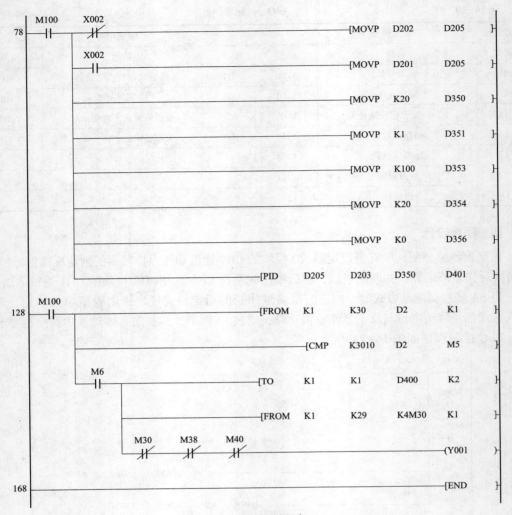

图 14-24　PLC 控制程序（二）

第十五章

步进电动机控制技术

在许多运动机械的位移控制中，经常会用到步进电动机或伺服电动机来驱动负载的位置移动。本章来介绍学习基本三菱 FX$_{3U}$ PLC 的步进电机控制技术。

第一节　步进电动机驱动器

本节以型号为 Q2HB34MA 的步进电动机驱动器为例，来讲解其应用。

Q2HB34MA 为等角度恒力矩细分型驱动器，驱动电压为 DC 12~40V，适配 6 或 8 出线、电流在 3A 以下、外径 42~86mm 的各种型号两相混合式步进电动机。

该驱动器设有 4 挡等角度恒力矩细分，最高 64 细分，最高反应频率可达 200Kpps，驱动电流从 0.5~3A/相连续可调，当步进脉冲超过 150ms 时，线圈电流自动减半。

如图 15-1 所示为 Q2HB34MA 步进电动机的各接线端子功能。

Q2HB34MA 的细分由 2 个开关进行设定。如图 15-2 所示，按表 15-1 所示进行细分设定。

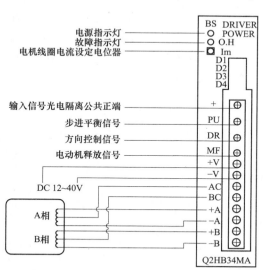

图 15-1　Q2HB34MA 步进电动机的接线端子功能

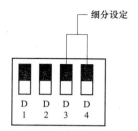

图 15-2　细分设定开关

表 15-1　　　　　　　　　　　　细 分 设 定 表

STEP/REV	1600	3200	6400	12 800
D4	ON	OFF	ON	OFF
D3	ON	ON	OFF	OFF

275

Q2HB34MA 的电流整定由一转换开关来设置，如图 15-3 所示。

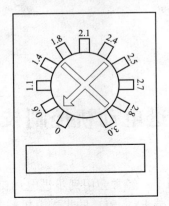

图 15-3　Q2HB34MA 的电流整定开关

如图 15-4 为步进电动机与 PLC 的连接电路，对应的原理图如图 15-5 所示，图中由 PLC 的 Y0 发出脉冲信号给步进电机驱动器的 PU 端，Y4 控制步进电机驱动器的方向信号 DR。

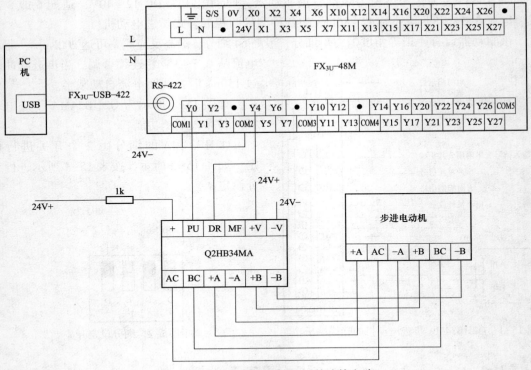

图 15-4　步进电动机与 PLC 的连接电路

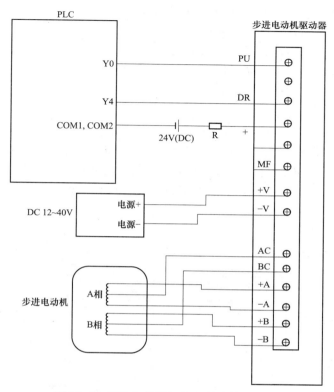

图 15-5 步进电动机与 PLC 的连接原理图

第二节 步进电动机的 PLC 控制

本节以一个实训项目为例来讲解步进电动机的 PLC 控制。

实训项目要求如下：

设计一个应用 FX-PLC 的控制单轴直流二相混合式步进电动机系统，通过操作计算机上的 GX—Developer 编程软件控制步进电动机的方向、速度。其要求如下：

（1）在 GX—Developer 编程软件的监控模式下，通过强制置位功能实现步进电动机使执行机构前进、后退。

（2）通过 GX—Developer 编程软件设置 FX-PLC 输出的脉冲数及脉冲速率，实现控制步进电动机的距离、速度。

1. 实训目的

（1）掌握 GX—Developer 软件及 FX-PLC 编程的基本方法和技巧。

（2）掌握 FX-PLC、步进驱动器与步进电动机的接线、基本参数设置及操作。

（3）认识、熟悉应用单轴步进电动机的 FX-PLC 控制系统的功能及工程意义。

2. 实训器材

（1）可编程控制器 1 台（FX-PLC）。

（2）USB 转换 422 串口一套（USB 编程电缆 1 条，FX-USB-AW 装置 1 个）。

（3）计算机 1 台（已安装 GX—Develope 编程软件）。

（4）步进驱动器 1 台（Q2HB34MA）。

（5）直流步进电动机及其执行机构 1 套（直流二相混合式步进电机 BS57HB76）。

（6）开关电源 1 台（输出 DC 24V）。

（7）1kΩ 电阻 1 个。

（8）电工常用工具一套，导线若干。

3. I/O 分配

（1）PLC 输入/输出。Y0：正转脉冲信号；Y4：方向控制信号。

（2）内部继电器定义。M150：步进驱动中信号，M151：步进异常结束信号。

（3）数据寄存器。D1500：相对定位的目标位置（脉冲数）；D1506：定位速度（脉冲速率）。

4. 系统接线图

系统接线图如图 15-6 所示。

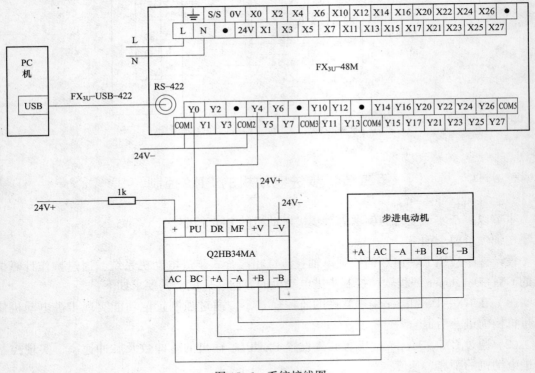

图 15-6　系统接线图

5. PLC 程序

PLC 程序如图 15-7 所示。

程序分析如下：

DDRVI 为相对定位指令，执行正转方向运行。通过 PLC 内部寄存器 D1000 设置输出脉冲数。D1006 设置输出脉冲的频率。Y0 为脉冲输出端口。Y4 为方向输出端口。

把 PLC 内部寄存器 D1000 的数值（即是输出的脉冲数，数值的正负决定步进电动机的

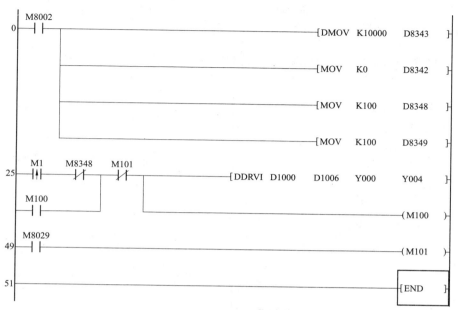

图 15-7 PLC 控制程序

正反转）通过高速脉冲输出端口 Y0 输出脉冲；D1006 的数值则是 Y0 输出脉冲的速率。

M100 表示步进电动机运行状态，M8329 指令执行异常信号，M8348 反应定位驱动状态。

6. 系统调试

（1）电路连接。按系统接线图通过导线连接 FX-PLC 与步进电动机驱动器。

（2）下载 PLC 程序。打开 GX—Developer 编程软件→新建 FX-PLC 的工程→输入上述的程序→选择传输通道（查看计算机的设备管理器的端口号）→把程序下载到 FX-PLC。

由于计算机与 FX-PLC 通过 USB 转换 422 串口实现通信的，实际上计算机识别的是端口号，因此要在"我的电脑"→"管理"→找到"端口"（COM 和 LPT）→进行 FX-PLC 的通信设置。

（3）监控运行。在 GX—Developer 编程软件的监控模式状态下，通过设置 PLC 内部寄存器 D 的数值，控制输出的脉冲数，本项目的输出脉冲使用了 D1000，第一步在缓冲存储区输入 D1000，第二步输出设置值（避免数值设置过大），最后选择"十进制"，"32 位整数"，单击"设置"按钮，具体设置如图 15-8 所示。

（4）同样通过设置 PLC 内部寄存器 D 的数值，控制输出脉冲的速率，本项目的输出脉冲速度使用了 D1006（避免数值设置过大），操作如上述所示，当完成脉冲数和脉冲速度数值的设置后，单击"强制

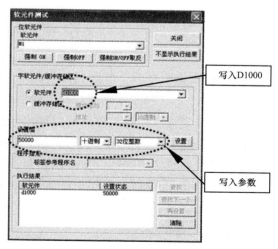

图 15-8 D1000 的设置

ON/OFF 取反"给 PLC 内部寄存器 M1 置位，输入数值到 FX-PLC 里，并观察步进电动机的运行状况，具体设置如图 15-9 所示。

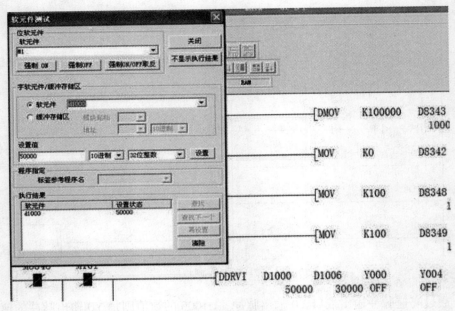

图 15-9　设置 D1006

在 GX—Developer 编程软件的监控模式下，按上述修改设定值运行步进电动机，控制步进电机的距离、速度。

7. 注意事项

（1）FX-PLC 的 Y0 ~ Y2 脉冲输出最高频率为 150kHz，即使程序最高速度设置大于 150kHz，但是硬件输出达不到设置的要求。

（2）由于 FX-PLC 不具有差动输出方式功能，具有晶体管脉冲输出方式功能，因此本系统对步进电动机驱动器选用速度+方向的控制方式。

第三节　FX-1PG 模块

第二节的实训项目中，是由 PLC 直接发出高速脉冲串送至步进电动机驱动器的脉冲输入端上。本节将介绍 PLC 的高速脉冲串输出模块 FX-1PG 模块。

FX$_{2N}$-1PG 定位脉冲输出模块可以输出一相脉冲数、脉冲频率可变的定位脉冲，输出脉冲通过伺服驱动器、步进驱动器的控制或放大，实现单轴简单定位控制。通过 PLC 的 FROM/TO 命令对模块参数的设定、调整与控制，可以实现单轴定位、运动轴回原点等简单的位置控制功能。脉冲输出模块的脉冲输出可以是"定位脉冲+方向"或"正/反向脉冲"的输出形式，最高输出脉冲频率为 150kHz。

一、1PG 的硬件连接

1PG 的硬件连接示意图如图 15-10 所示。FX 系列 PLC 用 FROM、TO 指令读写 FX-1PG

模块数据。由 FX-1PG 模块发出高速脉冲串到步进电动机驱动器上，再去控制步进电动机。

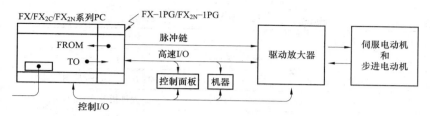

图 15-10　1PG 的硬件连接示意图

二、FX$_{2N}$-1PG 外部连接

FX$_{2N}$-1PG 外部连接图如图 15-11 所示。

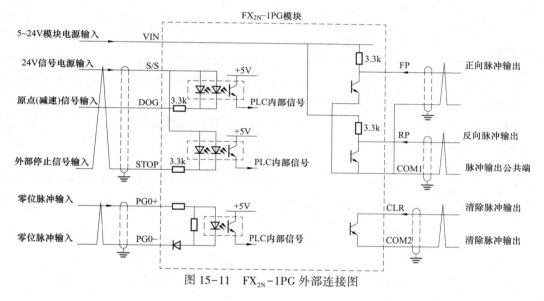

图 15-11　FX$_{2N}$-1PG 外部连接图

如图 15-12 所示为 FX$_{2N}$-1PG 模块指示灯。

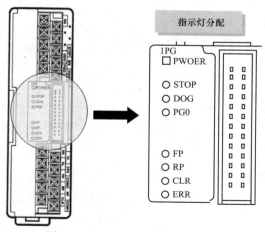

图 15-12　FX$_{2N}$-1PG 模块指示灯

FX$_{2N}$-1PG 主要性能如表 15-2 所示。

表 15-2   **FX$_{2N}$-1PG 主要性能**

项目	性能参数	备注
控制轴数	1 轴	
定位脉冲输出	1 相脉冲输出	可以是脉冲+方向，或正/反向脉冲分别输出
脉冲频率	10Hz～100kHz	指令单位可以内部折算，允许指令为 cm/min、inch/min 或 10deg/min
定位范围	−999999～999999	单位可以选择
输出类型	NPN 集电极开路输出	
输出驱动能力	DC5～24V/20mA	
输入/输出隔离	光电耦合	
占用 I/O 点数	8 点	
消耗电流	24V/40mA（外部提供），5V/55mA	5V 需要 PLC 供给
编程指令	FROM/TO	

    FX$_{2N}$-1PG 模块通过扩展电缆与 PLC 基本单元或扩展单元相连接，通过 PLC 内部总线，传送控制指令、内部数据、输出脉冲数量与频率等。

    定位脉冲输出模块的控制，需要 STOP、DOG、PG0 等控制输入信号。定位脉冲输出有FP、RP、CLR 等输出信号，信号的含义如表 15-3 所示。

表 15-3   **定位脉冲输出信号含义**

	代号	信号名称	要求	作用
输入	STOP/SS	外部停止	DC 24V/7mA；输入 ON 电流：≥4.5mA；输入 OFF 电流：≤1.5mA	脉冲输出停止控制
	DOG/SS	原点减速	同上	原点减速控制，或直接作为原点位置到达信号输入
	PG0+/PG0−	零位脉冲	DC 24V/7mA；输入 ON 电流：≥4.0mA；输入 OFF 电流：≤0.5mA	原点检测信号
输出	FP/COM0	正向脉冲输出	10Hz～100kHz；DC5～24W20mA	正向运行脉冲输出（正/反向脉冲输出方式），或位置脉冲输出（脉冲+方向输出方式）
	RP/COM0	反向脉冲输出	同上	反向运行脉冲输出（正/反向脉冲输出方式），或方向输出（脉冲+方向输出方式）
	CLR/COM1	定位脉冲清除	DC 5～24V/20mA；输出脉冲宽度：20ms	清除驱动器、PLC 的剩余定位脉冲

三、FX$_{2N}$-1PG 存储缓存器

    FX$_{2N}$-1PG 主要存储缓存器（BFM）参数如表 15-4 所示。

表 15-4　　　　　　　　　　　　　　**主 要 BFM 参 数**

参数号		参数意义	
低位	高位		
BFM#0		电动机每转对应脉冲数	仅在定位单位采用 mm、deg、inch 时需要设定
BFM#1	BFM#2	电动机每转对应的运动距离	
BFM#4	BFM#5	最大运行速度设定	
BFM#6		最小运行速度设定（基速）	
BFM#7	BFM#8	手动（JOG）运行速度设定	
BFM#9	BFM#10	回原点运行速度设定（高速）	
BFM#11		回原点运行速度设定（低速）	
BFM#12		原点位置设定（PGO 计数值）	
BFM#13	BFM#14	原点位置设定（原点到达后的现行位置值设定）	
BFM#15		加减速时间设定	
BFM#3		以二进制位设定的基本参数 bit1/bit0：速度，位置参数单位设定。 　"00"：速度单位为脉冲频率（Hz），位置单位为脉冲数（P）； 　"01"：速度单位为 cm/min 或 deg/min、inch/min，位置单位为 0.001mm 或 0.001deg、0.0001inch/min； 　"10"：速度单位为脉冲频率（Hz），位置单位为 0.001mm 或 0.001deg、0.0001inch/min） 　"11"：同 "10"。 bit3/bit2：无作用。 bits/bit4：位置参数倍率设定。 　"00"：倍率为 1； 　"01"：倍率为 10； 　"10"：倍率为 100； 　"11"：倍率为 1000。 bit7/bit6：无作用。 bit8：定位脉冲输出形式设定。 　"0"：正/反向脉冲分别输出； 　"1"：脉冲+方向。 bit9：计数方向设定。 　"0"：正向，输出一个正向脉冲，现行计数值加 1； 　"1"：反向，输出一个正向脉冲，现行计数值减 1。 bit10：回原点方向设定。 　"0"：回原点方向为现行计数值减少方向； 　"1"：回原点方向为现行计数值增加方向。 bit11：无作用。 bit12：DOG 信号极性设定。 　"0"：DOG 信号 "1" 有效，"1" 时进行原点减速； 　"1"：DOG 信号 "0" 有效，"0" 时进行原点减速。 bit13：原点位置设定。 　"0"：DOG 信号有效，原点减速开始后，立即进行 PGO 的计数，当 PGO 的计数到达规定值（BFM#12 设定）的数量后，该 PGO（第 N 个零位脉冲）的位置即作为原点位置； 　"1"：DOG 信号有效时进行原点减速；当 DOG 信号放开后，才进行 PGO 的计数，当 PGO 的计数到达规定值（BFM#12 设定）的数量后，该 PGO（第 N 个零位脉冲）的位置即作为原点位置。 bit14：STOP 信号极性设定。 　"0"：STOP 信号 "1" 有效，"1" 时停止运行； 　"1"：STOP 信号 "0" 有效，"0" 时停止运行。 bit15：停止后的剩余行程处理设定。	

参数号		参数意义
低位	高位	
BFM#3		"0"：STOP 信号有效，停止运行，重新启动后，首先继续完成剩余行程，然后进行下一步定位； "1"：STOP 信号有效，停止运行，重新启动后，删除剩余行程，直接进行下一步定位
BFM#16		无作用
BFM#17	BFM#18	定位点 1 位置设定
BFM#19	BFM#20	定位 1 的运行速度设定
BFM#21	BFM#22	定位点 2 位置设定
BFM#23	BFM#24	定位 2 的运行速度设定
BFM#26	BFM#27	现行位置计数值
BFM#29		模块错误代码 □□1：参数相互关系不正确（□□为 BFM 号，低位）； □□2：参数未设定（□□为 BFM 号，低位）； □□3：参数设定范围不正确（□□为 BFM 号，低位）
BFM#30		模块 ID 号（本模块为：5110）
BFM#25 （以二进制位 输入的内部 控制信号）		bit0："1" 模块错误复位。 bit1：停止信号，上升沿有效。 bit2：正向极限到达。 　"0"：正常运行； 　"1"：正向极限到达，停止输出正向脉冲。 bit3：负向极限到达。 　"0"：正常运行； 　"1"：负向极限到达，停止输出负向脉冲。 bit4：正向手动信号。 　"0"：不进行正向手动运行； 　"1"：进行正向手动运行，连续输出正向脉冲。 bit5：负向手动信号。 　"0"：不进行负向手动运行； 　"1"：进行负向手动运行，连续输出负向脉冲。 bit6：回原点启动信号，上升沿有效。 bit7：位置值的给定形式。 　"0"：绝对位置； 　"1"：相对位置。 bit8：单速定位启动信号，上升沿有效。 bit9：单速定位中断信号，上升沿有效。 bit10：双速定位启动信号，上升沿有效。 bit11：外部定位启动信号，上升沿有效。 bit12：变速定位控制信号。 　"0"：变速定位停止； 　"1"：变速定位启动
BFM#28 （以二进制位 输入的内部 状态信号）		bit0："1" 模块准备好。 bit1：实际旋转方向。 　"0"：反向旋转； 　"1"：正向旋转。 bit2：回原点结束信号。

续表

参数号		参数意义
低位	高位	
BFM#28 （以二进制位 输入的内部 状态信号）		bit3：STOP 信号状态。 bit4：DOG 信号状态。 bit5：PGO 信号状态。 bit6：现行位置计数溢出。 bit7：模块错误标志。 bit8：定位完成标志

脉冲输出格式由 BFM#3（bit8）进行设定，如图 15-13 所示。

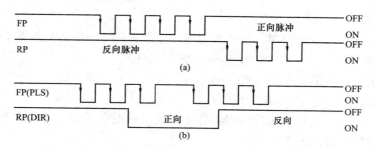

图 15-13　脉冲输出格式由 BFM#3（bit8）进行设定
（a）当 b8=0 时：正向脉冲（FP）和反向脉冲（RP）；（b）当 b8=1 时：带方向（DIR）的脉冲（PLS）

脉冲输出格式（b8）PGU 的脉冲输出端子 FP 和 RP 根据 b8 的设置（0 或 1）发生如下改变：

关于 BFM#25 参数的设置，可以参考图 15-14 的程序。

某台电动机的 FX$_{2N}$-1PG BFM 设定如下，以供参考。

#0　电动机转一圈所须脉波数设定值 2000PLS/REV；

#2，#1 电动机转一圈的移动距离设定值 1500μm/REV；

#3　设定值：H2032；

b1，b0 单位系 b1：1，b0：0 复合单位；

b5，b4 位置资料倍率 b4：1，b5：1；

脉波输出方式 b8：0；

旋转方向 b9：0；

原点复归方向 b15：0；

DOG 信号极性 b12：0；

开始计数时机 b13：1；

STOP 信号极性 b14：0；

STOP 输入模式 b15：0。

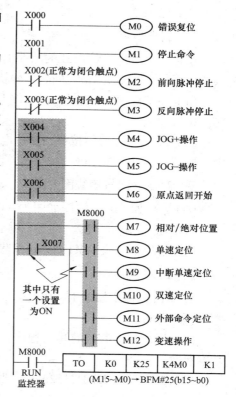

图 15-14　BFM#25 参数的设置

第四节　利用FX-1PG模块控制步进电动机

本节以一个实训项目为例来讲解基于FX-1PG的步进电动机的PLC控制。

一、实训目的

（1）掌握GX—Developer软件及FX-PLC编程的基本方法和技巧。

（2）掌握FX-PLC、步进驱动器与步进电动机的接线、基本参数设置及操作。

（3）认识、熟悉基于1PG的单轴伺服电动机的FX-PLC控制系统的功能及工程意义。

二、实训器材

可编程控制器1台（FX-PLC）；

（1）USB转换422串口一套（USB编程电缆1条，FX-USB-AW装置1个）。

（2）计算机1台（已安装GX—Develope编程软件）。

（3）脉冲输出扩展模块1个（FX$_{2N}$-1PG）。

（4）步进驱动器1台（Q2HB34MA）。

（5）直流步进电动机及其执行机构1套（直流两相混合式步进电动机BS57HB76）。

（6）开关电源1台（S-520-24）。

（7）开关按钮2个。

（8）1kΩ电阻1个。

（9）电工常用工具一套，导线若干。

三、实训要求

设计一个应用FX-PLC的脉冲输出扩展模块（1PG）控制单轴步进电动机系统，通过操作计算机上的GX—Develope编程软件控制步进的方向、速度。其要求如下：

（1）在GX—Develope编程软件上，设置的脉冲数及脉冲速率，通过TO指令控制脉冲输出扩展模块。

（2）按下"启动"按钮，步进电动机根据设置的脉冲数及脉冲速率执行，在运行过程中，按下"停止"按钮，步进电动机停止动作。

四、I/O分配与接线图

I/O分配如下，接线图如图15-15所示。

PLC输入/输出：X2，启动信号；X3，停止信号。

内部继电器定义：M1：停止信号；M7：相对位置定位信号；M8：定位启动信号。

五、PLC程序

编写PLC程序如图15-16所示。

程序分析如下：

（1）模块基本参数的写入程序需要利用TO（16点）、DTO（32点）指令写入控制的基本参数。

（2）TO　K0　K3 H2152　K1把脉冲+方向、速度单位为脉冲频率参数写入第一个特殊

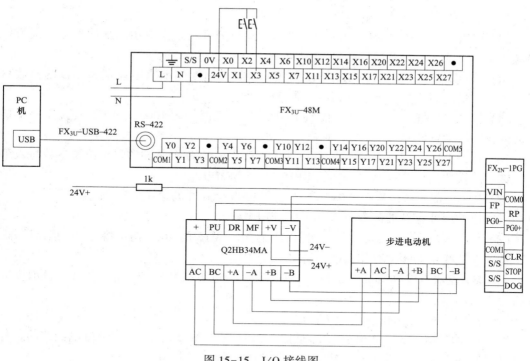

图 15-15 I/O 接线图

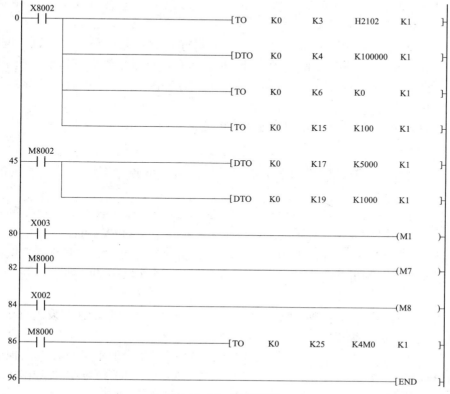

图 15-16 PLC 程序

功能模块的缓冲存储器的参数 BFM#3。

（3）DTO K0 K4 K100000 K1 把最大运行速度设定为 100K Hz 的参数写入第一个特殊功能模块的缓冲存储器的参数 BFM#4。

（4）指令 DTO K0 K6 K0 K1 是把最小运行速度（基速）设定为 0Hz 的参数写入第一个特殊功能模块的缓冲存储器的参数 BFM#6。

（5）指令 TO K0 K15 K100 K1 是把加/减速时间为 100ms 的参数写入第一个特殊功能模块的缓冲存储器的参数 BFM#15。

（6）指令 DTO K0 K17 K5000 K1 是把运行 5000 个脉冲的目标位置参数写入第一个特殊功能模块的缓冲存储器的参数 BFM#17 和 BFM#18。

（7）DTO K0 K19 K1000 K1 把每秒 1000 个脉冲的速率运行的参数写入第一个特殊功能模块的缓冲存储器的参数 BFM#19 和 BFM#20。

（8）TO K0 K25 K4M0 K1 把 PLC 的 M0～M15 的 16 点内部继电器的信息写入第一个特殊功能模块的缓冲存储器的参数 BFM25 中。

（9）M1 表示步进电动机停止信号，M7 表示步进电机相对位置信号，M8 表示步进电动机定位启动信号。

TO 指令的各操作数的意义如下：

例如：TO K0 K1 K4M0 K1 是把 PLC 的 M0～M15 的 16 点内部继电器的信息写入第 0 号特殊功能模块（即第一个模块）的缓冲存储器的参数 BFM#1 里。

K0：模块地址常数，用来选择与指定的特殊功能模块。

K1：模块缓冲存储器的数据地址常数（目标地址），K1 表示模块缓冲存储器的参数 BFM#1。

K4M0：数据在 PLC 中的存储位置指定（数据源）。K4 表示需要阅读的二进制位数，以 4 位二进制位为单位，K4 表示 16 位。M0 表示 PLC 内部继电器的首地址，如果在 16 位输入 M0，表示输入的数据存储在内部继电器 M0～M15 中。也可以用数据寄存器 D，这时不用 K4 了。

K1：需要传送的点数，以 16 位二进制位单位，K1 表示 16 位，K2 表示 32 位。

六、系统调试

（1）系统接线。按 I/O 接线图把步进驱动器通过导线连接至脉冲输出扩展模块的端子上。

（2）打开 GX—Developer 编程软件→新建 FX-PLC 的工程→输入上述的程序→选择传输通道（查看计算机的设备管理器的端口号）→把程序下载到 FX-PLC。

由于计算机与 FX-PLC 通过 USB 转换 422 串口实现通信的，实际上计算机识别的是端口号，因此要在"我的电脑"→"管理"→找到"端口"（COM 和 LPT）→进行 FX-PLC 的通信设置。

（3）按下"启动"按钮，脉冲输出扩展模块以 1000 脉冲每秒的速率发出 5000 个脉冲，观察步进电动机的执行状态。

（4）改变脉冲数（即是 DTO K0 K17 K5000 K1 指令的 K5000 改为其他数值，避免过大的修改）、脉冲速率（即是 DTO K0 K19 K1000 K1 指令中的 K1000 改为其他数值，避免过大的修改），观察步进电机的运行距离以及运行速度。

第五节 步进电动机的双轴 PLC 控制

本节通过两个实训项目，来讲解步进电动机的 PLC 双轴控制。一个是由 PLC 直接控制双轴步进电动机。另一个是其中一轴由 PLC 直接控制，另一轴由 FX—1PG 模块来驱动。

一、PLC 直接控制双轴步进电动机实训项目

1. 实训目的

（1）掌握 GX—Developer 软件及 FX-PLC 编程的基本方法和技巧。

（2）掌握 FX-PLC、步进驱动器与步进电动机的接线、基本参数设置及操作。

（3）认识、熟悉应用双轴步进电动机的 FX-PLC 控制系统的功能及工程意义。

2. 实训器材

（1）可编程控制器 1 台（FX-PLC）。

（2）USB 转换 422 串口一套（USB 编程电缆 1 条，FX-USB-AW 装置 1 个）。

（3）计算机 1 台（已安装 GX—Develope 编程软件）。

（4）步进驱动器 1 台（Q2HB34MA）。

（5）直流步进电动机及其执行机构 1 套（直流二相混合式步进电动机 BS57HB76 两个）。

（6）开关电源 1 台（S-520-24）。

（7）1kΩ 电阻 2 个。

（8）电工常用工具一套，导线若干。

3. 实训要求

设计一个应用 FX-PLC 的基本单元控制双轴直流二相混合式步进电动机系统，通过操作计算机上的 GX—Develope 编程软件控制步进电动机的方向、速度。其要求如下：

（1）按下"启动"按钮开关，使双轴的步进电动机执行机构实现前进、后退。

（2）通过 GX—Develope 编程软件设置 FX-PLC 输出的脉冲数及脉冲速率，实现控制步进电动机的运行距离、速度。

4. I/O 分配

PLC 输入：X2，启动信号；X3，停止信号。

PLC 输出：Y0，X 轴步进电机的正转脉冲信号；Y4，X 轴步进电机的方向控制信号；Y1，Y 轴步进电机的正转脉冲信号；Y5，Y 轴步进电机的方向控制信号。

内部继电器定义：M100，步进电机的驱动中信号；M101，步进电机的异常结束信号。

5. 系统接线

系统接线如图 15-17 所示。

6. PLC 程序

编写 PLC 程序如图 15-18 所示。

7. 程序调试

（1）输入程序，在 GX—Develope 编程软件的编辑区写入上述程序，通过 USB 转换 422 串口正确下载到 FX-PLC。

（2）按系统接线图正确连接好输入/输出设备，通过操作"启动"按钮观察两台步进电动机是否同时运行，否则，检查接线、修改程序，直至信号正确。

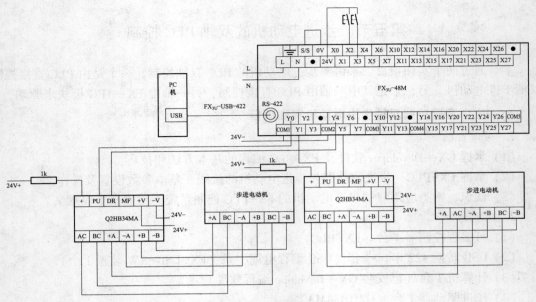

图 15-17　系统接线图

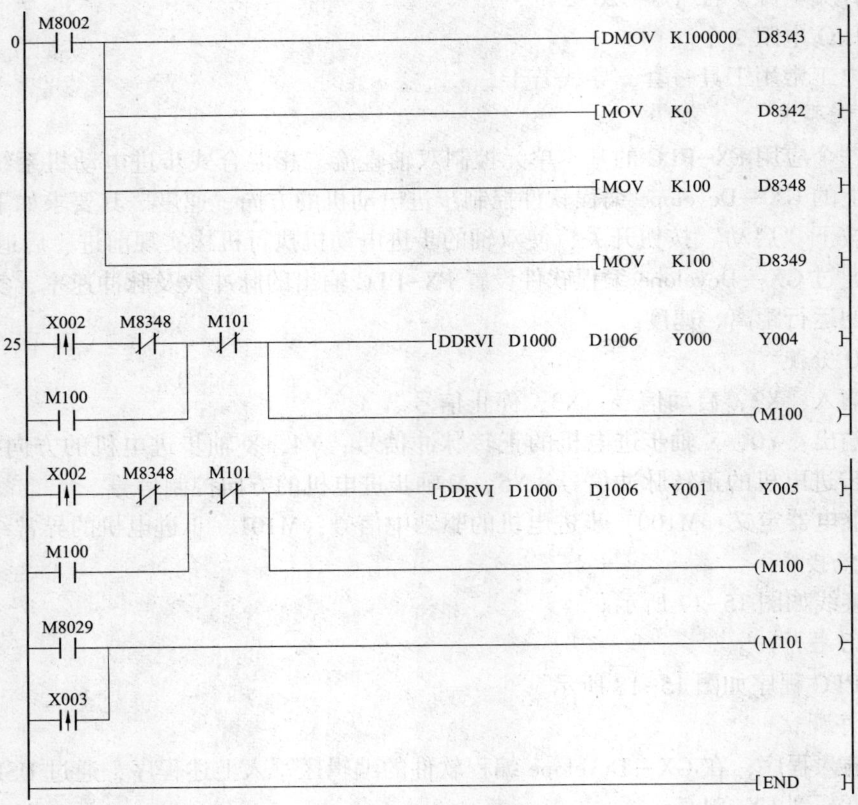

图 15-18　PLC 程序

（3）改变脉冲数、脉冲速率，观察步进电动机的运行距离以及运行速度。（可参考前面介绍的单轴步进电机的 PLC 的控制实训项目）

8. 注意事项

（1）FX-PLC 的 Y0~Y2 脉冲输出最高频率为 150kHz，如果程序速度设置大于 150kHz，则硬件输出会达不到设置的要求。

（2）由于 FX-PLC 不具有差动输出方式功能，具有晶体管脉冲输出方式功能，因此本系统采用速度+方向的控制方式。

（3）FX-3U 脉冲输出端是 Y0、Y1、Y2，方向信号可以选择其他输出点。

（4）由于没有连接限位信号，错误复位信号，因此在修改脉冲数、脉冲输出速率时，应注意避免过大而损坏设备。

二、步进电动机的双轴 PLC 控制实训项目

本实训项目的双轴控制，其中一轴由 PLC 直接控制，另一轴由 FX—1PG 模块来驱动。

1. 实训目的

（1）掌握 GX—Developer 软件及 FX-PLC 编程的基本方法和技巧。

（2）掌握 FX-PLC、步进驱动器与步进电动机的接线、基本参数设置及操作。

（3）认识、熟悉应用双轴步进电动机的 FX-PLC 混合控制系统的功能及工程意义。

2. 实训器材

（1）可编程控制器 1 台（FX-PLC）；

（2）USB 转换 422 串口一套（USB 编程电缆 1 条，FX-USB-AW 装置 1 个）；

（3）计算机 1 台（已安装 GX—Develope 编程软件）；

（4）步进驱动器 1 台（Q2HB34MA）；

（5）直流步进电机及其执行机构 1 套（直流二相混合式步进电机 BS57HB76 两个）；

（6）脉冲输出扩展模块 1 个（FX$_{2N}$-1PG）；

（7）开关电源 1 台（S-520-24）；

（8）1kΩ 电阻 2 个；

（9）电工常用工具一套，导线若干。

3. 实训要求

设计一个应用 FX-PLC 的基本单元以及脉冲输出扩展模块组合控制双轴直流二相混合式步进电动机系统，通过操作计算机上的 GX—Develope 编程软件控制步进电动机的方向、速度。其要求如下：

（1）按下"启动"按钮开关，使双轴的步进电机执行机构实现前进、后退。

（2）通过 GX—Develope 编程软件设置 FX-PLC 输出的脉冲数及脉冲速率，实现控制步进电机的运行距离、速度。

4. I/O 分配

PLC 输入：X2，启动信号；X3，停止信号。

PLC 输出：Y0，X 轴步进电机的正转脉冲信号；Y4，X 轴步进电机的方向控制信号。

内部继电器定义：M1，Y 轴步进电动机的停止信号；M7，Y 轴步进电动机的相对位置定位信号；M8，Y 轴步进电动机的定位启动信号；M100，X 轴步进电动机的驱动中信号；M101，X 轴步进电动机的异常结束信号。

5. 系统接线

系统接线如图 15-19 所示。

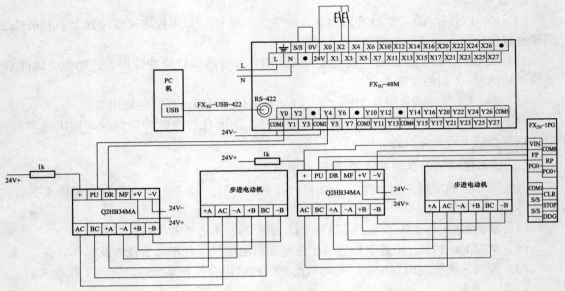

图 15-19　系统接线图

6. PLC 程序编写

PLC 编写程序如图 15-20 所示。

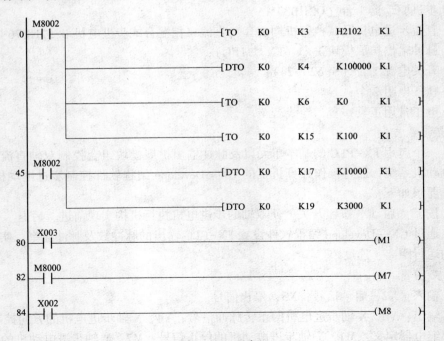

图 15-20　PLC 程序（一）

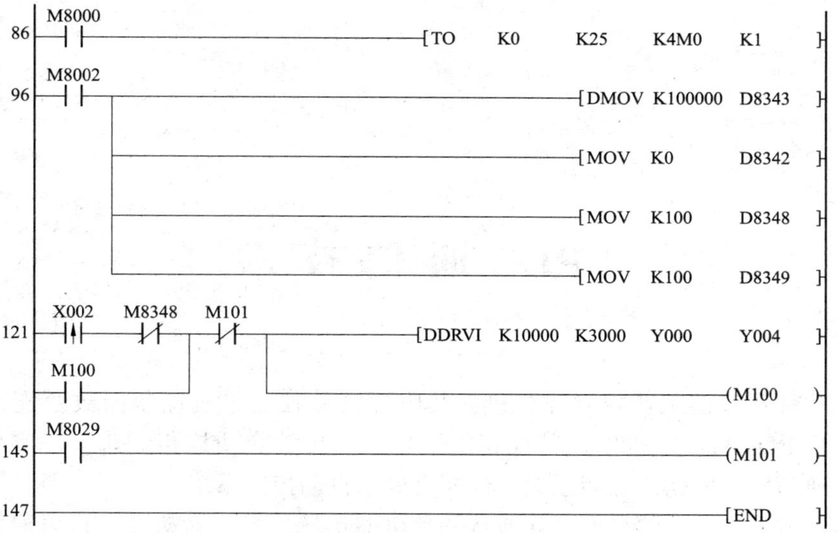

```
      M8000
86   ─┤├──────────────────────────────[TO    K0     K25   K4M0   K1  ]

      M8002
96   ─┤├────┬───────────────────────[DMOV  K100000  D8343 ]
           │
           ├──────────────────────[MOV   K0      D8342 ]
           │
           ├──────────────────────[MOV   K100     D8348 ]
           │
           └──────────────────────[MOV   K100     D8349 ]

      X002    M8348   M101
121  ─┤↑├────┤/├────┤/├──┬──────[DDRVI  K10000  K3000  Y000   Y004 ]
      M100                │
     ─┤├─────────────────┤        │
                          └──────────────────────────(M100 )

      M8029
145  ─┤├──────────────────────────────────────────(M101 )

147  ────────────────────────────────────────────[END  ]
```

图 15-20　PLC 程序（二）

293

第十六章

PLC 通信技术

　　PLC 是一种新型的工业控制计算机，其应用已从独立单机控制向数台连成的网络发展，也就是把 PLC 和计算机以及其他智能装置通过传输介质连接起来，以实现迅速、准确、及时的通信，从而构成功能强大、性能更好的自动控制系统。

　　数据通信就是将数据信息通过介质从一台机器传送到另一台机器。这里所说的机器可以是计算机、PLC、变频器、触摸屏以及远程 I/O 模块。数据通信系统的任务是把地理位置不同的计算机和 PLC、变频器、触摸屏及其他数字设备连接起来，高效率地完成数据的传送、信息交换和通信处理的任务。

第一节　数据通信方式

　　PLC 联网的目的是 PLC 之间或 PLC 与计算机之间进行通信和数据交换，所以必须确定通信方式。

　　1. 并行通信和串行通信

　　在数据信息通信时，按同时传送数据的位数来分可以分为并行通信和串行通信两种通信方式。

　　（1）并行通信。所传送数据的各位同时发送或接收。并行通信传送速度快，但由于一个并行数有 n 位二进制数，就需要 n 根传输线，所以常用于近距离的通信，在远距离传送的情况下，采用并行通信会导致通信线路复杂，成本高。

　　（2）串行通信。串行数据通信是以二进制为单位的数据传输方式，所传送数据按位一位一位地发送或接收。所以串行通信仅需一根到两根传输线，在长距离传送时，通信线路简单、成本低，与并行通信相比，传送速度慢，故常用于长距离传送且速度要求不高的场合。但近年来串行通信在速度方面有了很快的发展，可达到每秒兆比特的数量级，因此，在分布式控制系统中串行通信得到了较广泛的应用。

　　2. 同步传送和异步传送

　　发送端与接收端之间的同步是数据通信中的一个重要问题。同步程序不好，轻者导致误码增加，重者使整个系统不能正常工作。根据数据信息通信时传送字符中的位数目相同与否分为同步传送和异步传送。

　　（1）同步传送。采用同步传输时，将许多字符组成一个信息组进行传输，但需要在每组信息（帧）的开始处加上同步字符，在没有帧传输时，要填上空字符，因为同步传输不允许有间隙。在同步传输过程中，一个字符可以对应 5~8bit。在同一个传输过程中，所有字符对应同样的位数，例如 n 位，这样，在传输时按每 n 位划分为一个时间段，发送端在一个时间段中发送一个字符，接收端在一个时间段中接收一个字符。

在这种传送方式中，数据以数据块（一组数据）为单位传送，数据块中每个字节不需要起始位和停止位，因而克服了异步传送效率低的缺点，但同步传送所需的软、硬件价格较贵。因此，通常在数据传送速率超过 2000b/s 的系统中才采用同步传送，一般它适用于 1 点对 n 点的数据传输。

（2）异步传送。异步传送是将位划分成组独立传送。发送方可以在任何时刻发送该比特组，而接收方并不知道该比特组什么时候发送。因此，异步传输存在着这样一个问题：当接收方检测到数据并作出响应之前，第一个位已经过去了。这个问题可通过协议得到解决，每次异步传输都由一个起始位通知接收方数据已经发送，这就使接收方有时间响应、接收和缓冲数据位。在传输时，一个停止位表示一次传输的终止。因为异步传送是利用起止法来达到收发同步的，所以又称为起止式传送。它适用于点对点的数据传输。

在异步传送中被传送的数据被编码成一串脉冲组成的字符。所谓异步是指传送相邻两个字符数据之间的停顿时间是长短不一的，也可以说每个字符的位数是不相同的。通常在异步串行通信中，收发的每一个字符数据是由四个部分按顺序组成的，如图 16-1 所示。

图 16-1　异步串行通信方式的信息格式

在异步传送中，CPU 与外围设备之间必须有两项约定：

1）字符数据格式。即字符数据编码形式。例如，起始位占用 1 位，数据位 7 位，1 个奇偶校验位，1 个停止位，于是一个字符数据就由 10 个位构成；也可以采用数据位为 8 位，无奇偶校验位等格式。

2）传送波特率。在串行通信中，传输速率的单位是波特率，即单位时间内传送的二进制位数，其单位为 b/s。假如数据传送的速率是 9600b/s，每一位的传送时间为波特率的倒数，即 1/9600ms。

3. 数据传送方式

在通信线路上按照数据传送的方向可以将数据通信方式划分为单工、半双工、全双工通信方式，如图 16-2 所示。

（1）单工通信方式。单工通信就是指信息的传送始终保持同一个方向，而不能进行反向传送。如图 16-2（a）所示，其中 A 端只能作为发送端发送数据，B 端只能作为接收端接收数据。

（2）半双工通信方式。半双工通信方式就是指信息流可以在两个方向上传送，但同一时刻只限于一个方向传送，如图 16-2（b）所示，其中 A 端和 B 端都具有发送和接收的功能，但传送线路只有一条，某一时刻只能 A 端发送 B 端接收，或 B 端发送 A 端接收。

（3）全双工通信方式。全双工通信方式能在两上方向上同时发送和接收数据。如图 16-2（c）所示，其中 A 端和 B 端都可以一边发送数据，一边接收数据。

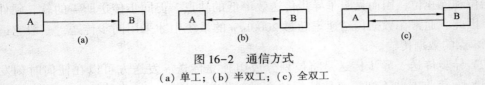

图 16-2 通信方式

（a）单工；（b）半双工；（c）全双工

4. 串行通信接口标准

（1）RS-232C 串行接口标准。RS-232C 是 1969 年由美国电子工业协会公布的串行通信接口标准。RS-232C 既是一种协议标准，又是一种电气标准，它规定了终端和通信设备之间信息交换的方式和功能。FX 系列 PLC 与计算机间的通信就是通过 RS-232C 标准接口来实现的。它采用按位串行通信的方式。在通信距离较短、波特率要求不高的场合可以直接采用，既简单又方便。但由于其接口采用单端发送、单端接收，因此在使用中有数据通信速率低、通信距离短、抗共模干扰能力差等缺点。RS-232C 可实现点对点通信。

（2）RS-422A 串行接口标准。RS-422A 采用平衡驱动、差分接收电路，从根本上取消了信号地线。其在最大传输速率 10Mb/s 时，允许的最大通信距离为 12m。传输速率为 100kb/s 时，最大通信距离为 1200m。一台驱动器可以连接 10 台接收器，可实现点对多通信。

（3）RS-485 串行接口标准。RS-485 是从 RS-422 基础上发展而来的，所以 RS-485 许多电气规定与 RS-422 相似，如采用平衡传输方式，都需要在传输线上接终端电阻。RS-485 可以采用二线四线方式。二线方式可实现真正的多点双向通信。

计算机目前都有 RS-232 通信口（不含笔记本电脑），三菱 FX 系列 PLC 采用 RS-422 通信口，三菱 FR 变频器采用 RS-422 通信口。F940GOT 触摸屏有两个通信口，一个采用 RS-232，另一个为 RS-422/485。

第二节 通信扩展板

在三菱 FX 系列 PLC 中，最经济的方法是将 PLC 的各通信接口以扩展板的形式直接安装于 PLC 的基本单元之上，而无需其他安装位置，这种通信接口被称为"通信扩展板"。

三菱 FX 系列 PLC 通信扩展板主要有内置式 RS-232 通信扩展板（如 FX_{2N}-232-BD、FX_{3U}-232-BD）、内置式 RS-422 通信扩展板（如 FX_{2N}-422-BD）和内置式 RS-485 通信扩展板（如 FX_{2N}-485-BD、FX_{3U}-485-BD）。

利用通信扩展板，PLC 可以与带有 RS-232/422/485 接口的外部设备进行通信，每台 PLC 只允许安装一块通信扩展板。

一、RS-232 通信扩展板

RS-232 通信方式为点到点通信，可实现 15m 的通信距离。RS-232 通信扩展板可以连接到 FX 系列 PLC 的基本单元上，并作为如下通信接口使用：

（1）与带有 RS-232 接口的通用外部设备，如计算机、打印机、条形码阅读器等，进行无协议数据通信。

（2）与带有 RS-232 接口的计算机等外设进行专业协议的数据通信。

（3）连接带有 RS-232 编程器、触摸屏等标准外部设备。

RS-232 通信扩展板 9 芯连接器的插脚布置、输入/输出信号连接名称与含义与标准 RS-232 接口基本相同，但接口无 RS、CS 连接信号。

二、RS-485 通信扩展板

RS-485 通信扩展板可以连接到 FX 系列 PLC 的基本单元上，并作为如下通信接口使用：

（1）通过 RS-485/RS-232 接口转换器，可以与带有 RS-232 接口的通用外部设备，如计算机、打印机、条形码阅读器等进行无协议数据通信。

（2）与外设进行专用协议的数据通信。使用专用协议，可在 1：N 基础上通过 RS-485 进行数据传送。使用专用协议时，最多可有 16 个站，包括 A 系列 PLC。

（3）进行 PLC 与 PLC 的并行连接。两台 FX 系列 PLC，可在 1：1 基础上实现数据传送，如图 16-3 所示，对 100 个辅助继电器和 10 个数据寄存器进行数据传送。

在并行系统中使用 RS-485 通信扩展板时，整个系统的扩展距离为 50m（最大 500m）。

（4）使用 N：N 网络的数据传送。通过 FX$_{2N}$ 系列 PLC，可在 N：N 基础上进行数据传送。如 16-4 所示。当 N：N 系统中使用 485BD 时，整个系统的扩展为 50m（最大 500m），最多为 8 个站。

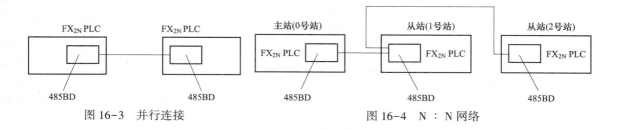

图 16-3　并行连接　　　　　　　　　　图 16-4　N：N 网络

第三节　CC-Link 模块

CC-Link 是日本三菱公司推出的 PLC 等设备网络运行的通信方式，全称为 Control& Communication-Link，它是通过专门的通信模块将分散的 I/O 模块、特殊功能模块等连接起来，并且通过 PLC 的 CPU 来控制相应的模块。CC-Link 总线网络是一种开放式工业现场控制网络，可完成大数据量、远距离的网络系统实时控制，在 156kb/s 的传输速率下，控制距离可达 1200m。常用的网格模块有 CC-Link 通信模块（FX$_{2N}$-16CCL-M、FX$_{2N}$-32CCL）、CC-Link/LT 通信模块（FX$_{2N}$-64CCL-M）、Link 远程 I/O 链接模块（FX$_{2N}$-16Link-M）和

AS-i 网络模块（FX$_{2N}$-32ASI-M）。本节将介绍 FX$_{2N}$-16CCL-M 和 FX$_{2N}$-32CCL 模块。

一、FX$_{2N}$-16CCL-M

FX$_{2N}$-16CCL-M 是 FX 系列 PLC 的 CC-Link 主站模块，它将与之相连的 FX 系列 PLC 作为 CC-Link 的主站。主站在整个网络中的控制数据链接系统的站，如图 16-5 所示。

远程 I/O 站仅处理位信息，远程设备站可以处理位信息和字信息。当 FX 系列 PLC 作为主站单元时，只能以 FX$_{2N}$-16CCL-M 作为主站通信模块，整个网络最多可以连接 7 个 I/O 站和 8 个远程设备站。

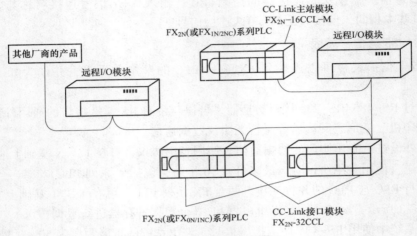

图 16-5　CC-Link 网络

1. CC-Link 最大传输距离

在使用高性能 CC-Link 电缆时，最大的传输距离与传输速率有关，见表 16-1。

表 16-1　　　　　　　　　　　　传输距离与传输速度关系

传输速率（b/s）	最大传输距离（m）	传输速率（b/s）	最大传输距离（m）
156k	1200	5M	160
625k	900	10M	100
2.5M	400		

2. FX$_{2N}$-16CCL-M 模块与远程 I/O 站、远程设备站之间的通信

对于远程 I/O 站，远程输入（RX）和远程输出（RY）被分配到 FX$_{2N}$-16CCL-M 中的缓冲存储器（BFM），主站 PLC 可通过 FROM 指令读出 FX$_{2N}$-16CCL-M 中远程输入（RX）对应的 BFM。同样，主站 PLC 也可通过 TO 指令写入远程输出（RY）对应的 BFM。通过 FX$_{2N}$-16CCL-M 与其他从站通信模块进行数据链接。

对于远程设备站，除了远程输入（RX）和远程输出（RY）以外，主站 PLC 还可用 FROM 指令读出 FX$_{2N}$-16CCL-M 中的 RW$_w$（BFM），也可用 TO 指令写入 FX$_{2N}$-16CCL-M 中的 RW$_r$（BFM）。

3. FX$_{2N}$-16CCL-M 模块的指示说明与硬件设置

FX$_{2N}$-16CCL-M 模块的指示说明与硬件设置如表 16-2 所示。

表 16-2 FX$_{2N}$-16CCL-M 模块的指示说明与硬件设置表

序号	名称	描述				
		LED 名称	描述		LED 状态	
					正常	出错
1	LED 指示灯 1 RUN ERR. MST TEST1 TEST2	RUN	ON：模块正常工作， OFF：看门狗定时器出错		ON	OFF
		ERR.	表示通过参数设置的站的通信状态。 ON：通信错误出现在所有站， 闪烁：通信错误出现在某些站		OFF	ON 或者闪烁
		MST	ON：设置为主站		ON	OFF
		TEST1	测试结果指示		OFF 除了测试过程中	
		TEST2	测试结果指示			
		L RUN	ON：数据链接开始执行（主站）		ON	OFF
		L ERR.	ON：出现通信错误（主站） 闪烁：开关（4）~（7）的设置在电源为 ON 的时候被更改		OFF	ON 或者闪烁
2	电源指示灯	POWER	ON：外界 24V（DC）供电		ON	OFF
3	LED 指示灯 2 SW M/S ERROR PRM TIME LINE SD RD	ERROR	SW	NO：开关设定出错	OFF	ON
			M/S	NO：主站在同一条线上已出现	OFF	ON
			PRM	NO：参数设定出错	OFF	ON
			TIME	ON：数据链接看门狗定时器启动（所有站出错）	OFF	ON
			LINE	NO：电缆被损坏或者传输线路受到噪声干扰等	OFF	ON
		SD	ON：数据已经被传送		ON	OFF
		RD	ON：数据已经被接收		ON	OFF
4	站号设定开关 ×10 ×1	设置模块的站号（出厂缺省设定为：00） <设定范围> 00（因为 FX$_{2N}$-16CCL-M 为主站专用） 如果设置为"65"或者更大的数值，"SW"和"L ERR."LED 指示灯就会变为 ON				
5	模式设定开关 MODE	设置模块运行状态（出厂缺省设定为：0）				

设置模块运行状态（出厂缺省设定为：0）

序号	名称	描述
0	在线	建立连接到数据链接
1	（不可用）	
2	离线	设置数据链接的断开
3	线测试 1	
4	线测试 2	
5	参数确认测试	
6	硬件测试	

序号	名称	描 述			
		序号	名称	描述	
5	模式设定开关 MODE [0123456789ABCDEF转盘图]	7	（不可用）	设定出错（SW LED 指示灯变为 ON）	
		8	（不可用）	不可设置，内部已经使用	
		9	（不可用）	不可设置，内部已经使用	
		A	（不可用）	不可设置，内部已经使用	
		B	（不可用）	设定出错（SW LED 指示灯变为 ON）	
		C	（不可用）	设定出错（SW LED 指示灯变为 ON）	
		D	（不可用）	设定出错（SW LED 指示灯变为 ON）	
		E	（不可用）	设定出错（SW LED 指示灯变为 ON）	
		F	（不可用）	设定出错（SW LED 指示灯变为 ON）	
	传输速度设定 B RATE [表格: 0 156K, 1 625K, 2 2.5M, 3 5M, 4 10M 及转盘图]	序号	设定内容		
		0	156kb/s		
		1	625kb/s		
		2	2.5Mb/s		
6		3	5Mb/s		
		4	10Mb/s		
		5	设定出错（SW 和 L EER，LED 指示灯变为 ON）		
		6	设定出错（SW 和 L EER，LED 指示灯变为 ON）		
		7	设定出错（SW 和 L EER，LED 指示灯变为 ON）		
		8	设定出错（SW 和 L EER，LED 指示灯变为 ON）		
		9	设定出错（SW 和 L EER，LED 指示灯变为 ON）		

4. FX_{2N}-16CCL-M 的 BFM 分配

FX_{2N}-16CCL-M 的 BFM 分配如表 16-3 所示。

（1）BFM#01H 设定连接模块的数量。设定主站与远程站的数量，包括保留站在内，设定范围为 1~15，它的站信息（BFM 地址#20~#2EH）是对应的。

（2）BFM#10H 设定保留站信息。保留站占用系统的资源，但不进行数据连接，也不会被视为数据连接故障。因此，当一个站被设为保留站时，其对应的站号必须在 BFM#10H 的对应位上设定为 ON。

（3）BFM#AH 控制主站的 I/O 信号。相同编号的 BFM 在读取时和写入时具有不同的功能，系统会自动根据指令（FROM 或 TO）来改变这些功能。

表 16-3 　　　　　　　　　　　FX_{2N}-16CCL-M 的 BFM 分配表

BFM 编号		内容	描述	读/写特性
Hex.	DEC.			
#0H~#9H	#0~#9	参数信息区域	存储数据参数，进行数据链接	可以读/写
#AH~#BH	#10~#16	I/O 信号	控制主站模块 I/O 信号	可以读/写

BFM 编号		内容	描述	读/写特性
Hex.	DEC.			
#CH~#1BH	#12~#27	参数信息区域	存储数据参数，进行数据链接	可以读/写
#1CH~#1BH	#28~#30	主站模块控制信号	控制主站模块的信号	可以读/写
#1FH	#31	禁止使用	—	不可写
#20H~#2FH	#32~#47	参数信息区域	存储数据参数，进行数据链接	可以读/写
#30H~#DFH	#48~#223	禁止使用	—	不可写
#E0H~#FDH	#224~#253	远程输入（RX）	存储一个来自远程的输入状态	只读
#100H~#15FH	#256~#351	禁止使用	—	不可写
#160H~#17FH	#352~#381	参数信息区域	将输出状态存储在一个远程站中	只写
#180H~#1DFH	#384~#479	禁止使用	—	不可写
#1E0H~#21BH	#480~#538	参数信息区域	将传送的数据存储在一个远程站中	只写
#21FH~#2DFH	#543~#735	禁止使用	—	不可写
#2E0H~#31BH	#736~#795	远程寄存器（RWx）	存储一个来自远程站的数据	只读
#320H~#5DFH	#800~#1503	禁止使用	—	不可写
#5E0H~#5FFH	#1504~#1535	链接特殊寄存器（SB）	存储数据链接状态	可以读/写
#600H~#7FFH	#1536~#2047	链接特殊积存器（SW）	存储数据链接状态	可以读/写
#800H 以后	#2048 以后	禁止使用	—	不可写

5. 远程输入（RX）与远程输出（RY）

远程输入（RX）是用来保存来自远程 I/O 站和远程设备站的输入（RX）状态。每个站使用 2 个字。具体分配如表 16-4 所示。

表 16-4　　　　　　　　　远程输入（RX）BFM 分配表

站号	BFM 号	b15	b14	b13	b12	b11	b10	b9	b8	b7	b6	b5	b4	b3	b2	b1	b0
1	E0H	RXF	RXE	RXD	RXC	RXB	RXA	RX9	RX8	RX7	RX6	RX5	RX4	RX3	RX2	RX1	RX0
	E1H	RX1F	RX1E	RX1D	RX1C	RX1B	RX1A	RX19	RX18	RX17	RX16	RX15	RX14	RX13	RX12	RX16	RX10
2	E2H	RX2F	RX2E	RX2D	RX2C	RX2B	RX2A	RX29	RX28	RX27	RX26	RX25	RX24	RX23	RX22	RX21	RX20
	E3H	RX3F	RX3E	RX3D	RX3C	RX3B	RX3A	RX39	RX38	RX37	RX36	RX35	RX34	RX33	RX32	RX31	RX30
3	E4H	RX4F	RX4E	RX4D	RX4C	RX4B	RX4A	RX49	RX48	RX47	RX46	RX45	RX44	RX43	RX42	RX41	RX40
	E5H	RX5F	RX5E	RX5D	RX5C	RX5B	RX5A	RX59	RX58	RX57	RX56	RX55	RX54	RX53	RX52	RX51	RX50
4	E6H	RX6F	RX6E	RX6D	RX6C	RX6B	RX6A	RX69	RX68	RX67	RX66	RX65	RX64	RX63	RX62	RX61	RX60
	E7H	RX7F	RX7E	RX7D	RX7C	RX7B	RX7A	RX79	RX78	RX77	RX76	RX75	RX74	RX73	RX72	RX71	RX70
5	E8H	RX8F	RX8E	RX8D	RX8C	RX8B	RX8A	RX89	RX88	RX87	RX86	RX85	RX84	RX83	RX82	RX81	RX80
	E9H	RX9F	RX9E	RX9D	RX9C	RX9B	RX9A	RX99	RX98	RX97	RX96	RX95	RX94	RX93	RX92	RX91	RX90
6	EAH	RXAF	RXAE	RXAD	RXAC	RXAB	RXAA	RXA9	RXA8	RXA7	RXA6	RXA5	RXA4	RXA3	RXA2	RXA1	RXA0
	EBH	RXBF	RXBE	RXBD	RXBC	RXBB	RXBA	RXB9	RXB8	RXB7	RXB6	RXB5	RXB4	RXB3	RXB2	RXB1	RXB0
7	ECH	RXCF	RXCE	RXCD	RXCC	RXCB	RXCA	RXC9	RXC8	RXC7	RXC6	RXC5	RXC4	RXC3	RXC2	RXC1	RXC0
	EDH	RXDF	RXDE	RXDD	RXDC	RXDB	RXDA	RXD9	RXD8	RXD7	RXD6	RXD5	RXD4	RXD3	RXD2	RXD1	RXD0

续表

站号	BFM 号	b15	b14	b13	b12	b11	b10	b9	b8	b7	b6	b5	b4	b3	b2	b1	b0
8	EEH	RXEF	RXEE	RXED	RXEC	RXEB	RXEA	RXE9	RXE8	RXE7	RXE6	RXE5	RXE4	RXE3	RXE2	RXE1	RXE0
	EFH	RXFF	RXFE	RXFD	RXFC	RXFB	RXFA	RXF9	RXF8	RXF7	RXF6	RXF5	RXF4	RXF3	RXF2	RXF1	RXF0
9	F0H	RX10F	RX10E	RX10D	RX10C	RX10B	RX10A	RX109	RX108	RX107	RX106	RX105	RX104	RX103	RX102	RX101	RX100
	F1H	RX16F	RX16E	RX16D	RX16C	RX16B	RX16A	RX169	RX168	RX167	RX166	RX165	RX164	RX163	RX162	RX161	RX160
10	F2H	RX12F	RX12E	RX12D	RX12C	RX12B	RX12A	RX129	RX128	RX127	RX126	RX125	RX124	RX123	RX122	RX121	RX120
	F3H	RX13F	RX13E	RX13D	RX13C	RX13B	RX13A	RX139	RX138	RX137	RX136	RX135	RX134	RX133	RX132	RX131	RX130
11	F4H	RX14F	RX14E	RX14D	RX14C	RX14B	RX14A	RX149	RX148	RX147	RX146	RX145	RX144	RX143	RX142	RX141	RX140
	F5H	RX15F	RX15E	RX15D	RX15C	RX15B	RX15A	RX159	RX158	RX157	RX156	RX155	RX154	RX153	RX152	RX151	RX150
12	F6H	RX16F	RX16E	RX16D	RX16C	RX16B	RX16A	RX169	RX168	RX167	RX166	RX165	RX164	RX163	RX162	RX161	RX160
	F7H	RX17F	RX17E	RX17D	RX17C	RX17B	RX17A	RX179	RX178	RX177	RX176	RX175	RX174	RX173	RX172	RX171	RX170
13	F8H	RX18F	RX18E	RX18D	RX18C	RX18B	RX18A	RX189	RX188	RX187	RX186	RX185	RX184	RX183	RX182	RX181	RX180
	F9H	RX19F	RX19E	RX19D	RX19C	RX19B	RX19A	RX199	RX198	RX197	RX196	RX195	RX194	RX193	RX192	RX191	RX190
14	FAH	RX1AF	RX1AE	RX1AD	RX1AC	RX1AB	RX1AA	RX1A9	RX1A8	RX1A7	RX1A6	RX1A5	RX1A4	RX1A3	RX1A2	RX1A1	RX1A0
	FBH	RX1BF	RX1BE	RX1BD	RX1BC	RX1BB	RX1BA	RX1B9	RX1B8	RX1B7	RX1B6	RX1B5	RX1B4	RX1B3	RX1B2	RX1B1	RX1B0
15	FCH	RX1CF	RX1CE	RX1CD	RX1CC	RX1CB	RX1CA	RX1C9	RX1C8	RX1C7	RX1C6	RX1C5	RX1C4	RX1C3	RX1C2	RX1C1	RX1C0
	FDH	RX1DF	RX1DE	RX1DD	RX1DC	RX1DB	RX1DA	RX1D9	RX1D8	RX1D7	RX1D6	RX1D5	RX1D4	RX1D3	RX1D2	RX1D1	RX1D0

　　将输出到远程 I/O 站及远程设备站的输出（RY）进行保存，每个站使用 2 个字。具体分配如表 16-5 所示。

表 16-5　　　　　　　　　　　　远程输出（RY）BFM 分配表

站号	BTM 号	b15	b14	b13	b12	b11	b10	b9	b8	b7	b6	b5	b4	b3	b2	b1	b0
1	160H	RYF	RYE	RYD	RYC	RYB	RYA	RY9	RY8	RY7	RY6	RY5	RY4	RY3	RY2	RY1	RY0
	161H	RY1F	RY1E	RY1D	RY1C	RY1B	RY1A	RY19	RY18	RY17	RY16	RY15	RY14	RY13	RY12	RY16	RY10
2	162H	RY2F	RY2E	RY2D	RY2C	RY2B	RY2A	RY29	RY28	RY27	RY26	RY25	RY24	RY23	RY22	RY21	RY20
	163H	RY3F	RY3E	RY3D	RY3C	RY3B	RY3A	RY39	RY38	RY37	RY36	RY35	RY34	RY33	RY32	RY31	RY30
3	164H	RY4F	RY4E	RY4D	RY4C	RY4B	RY4A	RY49	RY48	RY47	RY46	RY45	RY44	RY43	RY42	RY41	RY40
	165H	RY5F	RY5E	RY5D	RY5C	RY5B	RY5A	RY59	RY58	RY57	RY56	RY55	RY54	RY53	RY52	RY51	RY50
4	166H	RY6F	RY6E	RY6D	RY6C	RY6B	RY6A	RY69	RY68	RY67	RY66	RY65	RY64	RY63	RY62	RY61	RY60
	167H	RY7F	RY7E	RY7D	RY7C	RY7B	RY7A	RY79	RY78	RY77	RY76	RY75	RY74	RY73	RY72	RY71	RY70
5	168H	RY8F	RY8E	RY8D	RY8C	RY8B	RY8A	RY89	RY88	RY87	RY86	RY85	RY84	RY83	RY82	RY81	RY80
	169H	RY9F	RY9E	RY9D	RY9C	RY9B	RY9A	RY99	RY98	RY97	RY96	RY95	RY94	RY93	RY92	RY91	RY90
6	16AH	RYAF	RYAE	RYAD	RYAC	RYAB	RYAA	RYA9	RYA8	RYA7	RYA6	RYA5	RYA4	RYA3	RYA2	RYA1	RYA0
	16BH	RYBF	RYBE	RYBD	RYBC	RYBB	RYBA	RYB9	RYB8	RYB7	RYB6	RYB5	RYB4	RYB3	RYB2	RYB1	RYB0
7	16CH	RYCF	RYCE	RYCD	RYCC	RYCB	RYCA	RYC9	RYC8	RYC7	RYC6	RYC5	RYC4	RYC3	RYC2	RYC1	RYC0
	16DH	RYDF	RYDE	RYDD	RYDC	RYDB	RYDA	RYD9	RYD8	RYD7	RYD6	RYD5	RYD4	RYD3	RYD2	RYD1	RYD0
8	16EH	RYEF	RYEE	RYED	RYEC	RYEB	RYEA	RYE9	RYE8	RYE7	RYE6	RYE5	RYE4	RYE3	RYE2	RYE1	RYE0
	16FH	RYFF	RYFE	RYFD	RYFC	RYFB	RYFA	RYF9	RYF8	RYF7	RYF6	RYF5	RYF4	RYF3	RYF2	RYF1	RYF0
9	170H	RY10F	RY10E	RY10D	RY10C	RY10B	RY10A	RY109	RY108	RY107	RY106	RY105	RY104	RY103	RY102	RY101	RY100

站号	BTM 号	b15	b14	b13	b12	b11	b10	b9	b8	b7	b6	b5	b4	b3	b2	b1	b0
9	171H	RY16F	RY16E	RY16D	RY16C	RY16B	RY16A	RY169	RY168	RY167	RY166	RY165	RY164	RY163	RY162	RY161	RY160
10	172H	RY12F	RY12E	RY12D	RY12C	RY12B	RY12A	RY129	RY128	RY127	RY126	RY125	RY124	RY123	RY122	RY121	RY120
	173H	RY13F	RY13E	RY13D	RY13C	RY13B	RY13A	RY139	RY138	RY137	RY136	RY135	RY134	RY133	RY132	RY131	RY130
11	174H	RY14F	RY14E	RY14D	RY14C	RY14B	RY14A	RY149	RY148	RY147	RY146	RY145	RY144	RY143	RY142	RY141	RY140
	175H	RY15F	RY15E	RY15D	RY15C	RY15B	RY15A	RY159	RY158	RY157	RY156	RY155	RY154	RY153	RY152	RY151	RY150
12	176H	RY16F	RY16E	RY16D	RY16C	RY16B	RY16A	RY169	RY168	RY167	RY166	RY165	RY164	RY163	RY162	RY161	RY160
	177H	RY17F	RY17E	RY17D	RY17C	RY17B	RY17A	RY179	RY178	RY177	RY176	RY175	RY174	RY173	RY172	RY171	RY170
13	178H	RY18F	RY18E	RY18D	RY18C	RY18B	RY18A	RY189	RY188	RY187	RY186	RY185	RY184	RY183	RY182	RY181	RY180
	179H	RY19F	RY19E	RY19D	RY19C	RY19B	RY19A	RY199	RY198	RY197	RY196	RY195	RY194	RY193	RY192	RY191	RY190
14	17AH	RY1AF	RY1AE	RY1AD	RY1AC	RY1AB	RY1AA	RY1A9	RY1A8	RY1A7	RY1A6	RY1A5	RY1A4	RY1A3	RY1A2	RY1A1	RY1A0
	17BH	RY1BF	RY1BE	RY1BD	RY1BC	RY1BB	RY1BA	RY1B9	RY1B8	RY1B7	RY1B6	RY1B5	RY1B4	RY1B3	RY1B2	RY1B1	RY1B0
15	17CH	RY1CF	RY1CE	RY1CD	RY1CC	RY1CB	RY1CA	RY1C9	RY1C8	RY1C7	RY1C6	RY1C5	RY1C4	RY1C3	RY1C2	RY1C1	RY1C0
	17DH	RY1DF	RY1DE	RY1DD	RY1DC	RY1DB	RY1DA	RY1D9	RY1D8	RY1D7	RY1D6	RY1D5	RY1D4	RY1D3	RY1D2	RY1D1	RY1D0

6. 远程寄存器 RW_w 和远程寄存器 RW_r

被传送到远程设备的数据写到 RW_w 保存，每个站使用 4 个字。具体分配如表 16-6 所示。

表 16-6　　　　　　　　　　远程寄存器 RW_w 的 BFM 分配表

站号码	BFM 号码	远程寄存器号码	站号码	BFM 号码	远程寄存器号码
1	1E0H	RW_w0	5	1F2H	RW_w12
	1E1H	RW_w1		1F3H	RW_w13
	1E2H	RW_w2	6	1F4H	RW_w14
	1E3H	RW_w3		1F5H	RW_w15
2	1E4H	RW_w4		1F6H	RW_w16
	1E5H	RW_w5		1F7H	RW_w17
	1E6H	RW_w6	7	1F8H	RW_w18
	1E7H	RW_w7		1F9H	RW_w19
3	1E8H	RW_w8		1FAH	RW_w1A
	1E9H	RW_w9		1FBH	RW_w1B
	1EAH	RW_wA	8	1FCH	RW_w1C
	1EBH	RW_wB		1FDH	RW_w1D
4	1ECH	RW_wC		1FEH	RW_w1E
	1EDH	RW_wD		1FFH	RW_w1F
	1EEH	RW_wE	9	200H	RW_w20
	1EFH	RW_wF		201H	RW_w21
5	1F0H	RW_w10		202H	RW_w22
	1F1H	RW_w11		203H	RW_w23

续表

站号码	BFM 号码	远程寄存器号码	站号码	BFM 号码	远程寄存器号码
10	204H	RW_w24	13	210H	RW_w30
	205H	RW_w25		216H	RW_w31
	206H	RW_w26		212H	RW_w32
	207H	RW_w27		213H	RW_w33
11	208H	RW_w28	14	214H	RW_w34
	209H	RW_w29		215H	RW_w35
	20AH	RW_w2A		216H	RW_w36
	20BH	RW_w2B		217H	RW_w37
12	20CH	RW_w2C	15	218H	RW_w38
	20DH	RW_w2D		219H	RW_w39
	20EH	RW_w2E		21AH	RW_w3A
	20FH	RW_w2F		21BH	RW_w3B

从远程设备站的远程寄存器 RW_r 中传送出来的数据，每个站使用 4 个字。具体分配如表 16-7 所示。

表 16-7　　　　　　　　　　远程寄存器 RW_r 的 BFM 分配表

站号码	BFM 号码	远程寄存器号码	站号码	BFM 号码	远程寄存器号码
1	2E0H	RW_r0	5	2F2H	RW_r12
	2E1H	RW_r1		2F3H	RW_r13
	2E2H	RW_r2	6	2F4H	RW_r14
	2EH	RW_r3		2F5H	RW_r15
2	24H	RW_r4		2F6H	RW_r16
	2EH	RW_r5		2F7H	RW_r17
	2E6H	RW_r6	7	2F8H	RW_r18
	2E7H	RW_r7		2F9H	RW_r19
3	2E8H	RW_r8		2FAH	RW_r1A
	2E9H	RW_r9		2FBH	RW_r1B
	2EAH	RW_rA	8	2FCH	RW_r1C
	2EBH	RW_rB		2FDH	RW_r1D
4	2ECH	RW_rC		2FEH	RW_r1E
	2EDH	RW_rD		2FFH	RW_r1F
	2EEH	RW_rE	9	300H	RW_r20
	2EFH	RW_rF		301H	RW_r21
5	2F0H	RW_r10		302H	RW_r22
	2F1H	RW_r16		303H	RW_r23

站号码	BFM 号码	远程寄存器号码	站号码	BFM 号码	远程寄存器号码
10	304H	RW_r24	13	310H	RW_r30
	305H	RW_r25		316H	RW_r31
	306H	RW_r26		312H	RW_r32
	307H	RW_r27		313H	RW_r33
11	308H	RW_r28	14	314H	RW_r34
	309H	RW_r29		315H	RW_r35
	30AH	RW_r2A		316H	RW_r36
	30BH	RW_r2B		317H	RW_r37
12	30CH	RW_r2C	15	318H	RW_r38
	30DH	RW_r2D		319H	RW_r39
	30EH	RW_r2E		31AH	RW_r3A
	30FH	RW_r2F		31BH	RW_r3B

7. 主站与远程设备站的通信

（1）启动数据链接。PLC首先将"写入刷新指令"（BFM#AH 的 b0）设置为 ON，使远程输入（RY）有效；如果"写入刷新指令"设置为 OFF，则远程输入（RY）的所有数据都被视为 OFF。PLC 如果设定通过 EEPROM 的参数来启动数据链接（BFM#AH 的 b8），参数先将记录到 EEPROM 中（通过 BFM#AH 的 b10 设定）。

（2）远程输入和远程寄存器读取。通过链接扫描，远程设备站的远程输入（RX、RW_r）会自动保存到主站的 BFM 中，可以通过 FROM 指令来读取并保存 BFM 单元。

（3）远程输出和远程寄存器写入。通过 TO 指令可将 ON/OFF 信号写入到 BFM 并自动传送到远程输出（RY），也可以将数据写入 BFM 再传送到远程寄存器 RW_w。

二、FX_{2N}-32CCL 模块

FX_{2N}-32CCL 模块是将 PLC 连接到 CC-Link 网络中的接口模块，与之连接的 PLC 将作为远程设备站。它在连接 CC-Link 网络时，必须进行站号和占用站数的设定。站号由 2 位旋转开关设定，占用站数由 1 位旋转开关设定，站号可在 1~64 之间设定，占用站数在 1~4 之间设定。

1. 通信连接

FX_{2N}-32CCL 与系统的通信连接如图 16-6 所示。采用专用双绞屏蔽电缆将各站的 DA 与 DA，DB 与 DB、DG 与 DG 相连接。SLD 端子应与屏蔽电缆的屏蔽层连接，

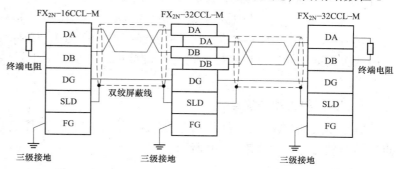

图 16-6　FX_{2N}-32CCL 与主单元及远程 I/O 站的连接

FG 端子采用 3 级接地。

2. FX$_{2N}$-32CCL 的 BFM 分配

FX$_{2N}$-32CCL 的 BFM 分配如表 16-8 所示。

表 16-8　　　　　　　　　　**FX$_{2N}$-32CCL 的 BFM 分配表**

BFM 编号	说　明	BFM 编号	说　明
#0	远程输出 RY00—RY0F（设定站）	#16	远程寄存器 RW$_w$8（设定站+2）
#1	远程输出 RY10—RY1F（设定站）	#17	远程寄存器 RW$_w$9（设定站+2）
#2	远程输出 RY20—RY2F（设定站+1）	#18	远程寄存器 RW$_w$A（设定站+2）
#3	远程输出 RY30—RY3F（设定站+1）	#19	远程寄存器 RW$_w$B（设定站+2）
#4	远程输出 RY40—RY4F（设定站+2）	#20	远程寄存器 RW$_w$C（设定站+3）
#5	远程输出 RY50—RY5F（设定站+2）	#21	远程寄存器 RW$_w$D（设定站+3）
#6	远程输出 RY60—RY6F（设定站+3）	#22	远程寄存器 RW$_w$E（设定站+3）
#7	远程输出 RY70—RY7F（设定站+3）	#23	远程寄存器 RW$_w$F（设定站+3）
#8	远程寄存器 RW$_w$0（设定站）	#24	波特率设定值
#9	远程寄存器 RW$_w$1（设定站）	#25	通信状态
#10	远程寄存器 RW$_w$2（设定站）	#26	CC-Link 模块代码
#11	远程寄存器 RW$_w$3（设定站）	#27	本站的编号
#12	远程寄存器 RW$_w$4（设定站+1）	#28	占用站数
#13	远程寄存器 RW$_w$5（设定站+1）	#29	出错代码
#14	远程寄存器 RW$_w$6（设定站+1）	#30	FX 系列模块代码（K7040）
#15	远程寄存器 RW$_w$7（设定站+1）	#31	保留

第四节　PLC 与 PLC 通信

本节主要介绍 PLC 与 PLC 之间的 N∶N 网络通信。N∶N 网络功能，就是在最多 8 台 FX 系列 PLC 之间，通过 RS-485 通信连接，进行软元件相互链接的功能。根据链接的点数，有三种模式可以选择，最长通信距离不超过 500m，每个站点的 PLC 最多可以链接 64 个辅助继电器和 8 个数据寄存器，如图 16-7 所示。

在图 16-7 中，主站中被链接的元件为 M1000~M1063、D0~D7，从站 1 被链接的元件为 M1064~M1127、D10~D17，从站 2 被链接的元件为 M1128~M1191、D20~D27，后面的从站依次类推。但具体被链接的数量跟链接模式有关，以上点数为最大点数，即为模式 2 下的链接元件。

一、链接模式和链接点数

链接模式共有 3 种，分别为模式 0、模式 1 和模式 2。模式 0、模式 1 和模式 2 下各站点链接的软元件点数如表 16-9 所示。

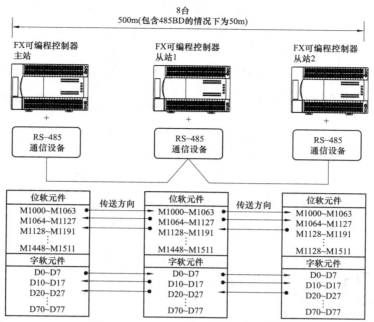

图 16-7   N：N 网络及软元件链接

表 16-9　　　　　　　　　　　　　　**各模式的链接软元件**

站号		模式 0		模式 1		模式 2	
		位软元件（M）	字软元件（D）	位软元件（M）	字软元件（D）	位软元件（M）	字软元件（D）
		0 点	各站 4 点	各站 32 点	各站 4 点	各站 64 点	各站 8 点
主站	站号 0	—	D0～D3	M1000～M1031	D0～D3	M1000～M1063	D0～D7
从站	站号 1	—	D10～D13	M1064～M1095	D10～D13	M1064～M1627	D10～D17
	站号 2	—	D20～D23	M1128～M1159	D20～D23	M1128～M1191	D20～D27
	站号 3	—	D30～D33	M1192～M1223	D30～D33	M1192～M1255	D30～D37
	站号 4	—	D40～D43	M1256～M1287	D40～D43	M1256～M1319	D40～D47
	站号 5	—	D50～D53	M1320～M1351	D50～D53	M1320～M1383	D50～D57
	站号 6	—	D60～D63	M1384～M1415	D60～D63	M1384～M1447	D60～D67
	站号 7	—	D70～D73	M1448～M1479	D70～D73	M1448～M1516	D70～D77

二、链接时间

链接时间是指更新链接软元件的循环时间。根据链接台数（包括主站和从站）和软元件数，链接时间如表 16-10 所示变化。

表 16-10　　　　　　　　　　　　**链 接 时 间 设 置**　　　　　　　　　　（ms）

链接台数	模式 0	模式 1	模式 2
	位软元件 0 点 字软元件 4 点	位软元件 32 点 字软元件 4 点	位软元件 64 点 字软元件 8 点
2	18	22	34
3	26	32	50

续表

链接台数	模式 0	模式 1	模式 2
	位软元件 0 点 字软元件 4 点	位软元件 32 点 字软元件 4 点	位软元件 64 点 字软元件 8 点
4	33	42	66
5	41	52	83
6	49	62	99
7	57	72	165
8	65	82	131

三、N：N 网络接线方式

N：N 网络接线方式如图 16-8 所示。

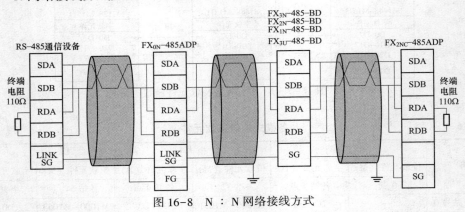

图 16-8　N：N 网络接线方式

四、N：N 网络设定用的软元件

使用 N：N 网络时，必须设定如表 16-11 所示的软元件。

表 16-11　　　　　　　　　　　　　　　N：N 网络用软元件

软元件	名称	内　容	设定值
M8038	参数设定	通信参数设定的标志位。 也可以作为确认有无 N：N 网络程序用的标志位。 在顺控程序中请勿置 ON	
M8179	通道设定	设定所使用的通信口的通道。（使用 FX$_{3U}$、FX$_{3UC}$ 时） 请在顺控程序中设定。 无程序：通道 1　有 OUT M8179 的程序：通道 2	
D8176	相应站号的设定	N：N 网络设定使用时的站号。 主站设定为 0，从站设定为 1~7 [初始值：0]	0~7
D8177	从站总数的设定	设定从站的总站数。 从站的可编程控制器中无需设定 [初始值：7]	1~7
D8178	刷新范围的设定	选择要相互进行通信的软元件点数的模式。 从站的可编程控制器中无需设定。[初始值：0] 当混合有 FX$_{0N}$、FX$_{1S}$ 系统时，仅可以设定模式	0~2

续表

软元件	名称	内　　容	设定值
D8179	重试次数	即使重复指定次数的通信也没有响应的情况下，可以确认出错，以及其他站的出错 从站的可编程控制器中无需设定［初始值：3］	0~10
D8180	监视时间	设定用于判断通信异常的时间（50~2550ms）， 以 10ms 为单位进行设定。从站的可编程控制器中无需设定［初始值：5］	5~255

【例 16-1】 用 3 台 FX$_{3U}$ 的 PLC 构建一个 N：N 网络，每台 PLC 都装有 FX$_{3U}$-485-BD。把每个 FX$_{2N}$-485-BD 上的 RDA 连接，RDB 连接，在最后一个 FX$_{2N}$-485-BD 上的 RDA 和 RDB 的两端并联一个终端电阻。三台 PLC 设置站号分别为 0、1、2。其中 0 号站为主站，其他两站为从站。现要求控制如下，编写控制程序。

（1）接通 1 号从站输入 X000，则主站 Y000 输出为 ON；

（2）接通 1 号从站输入 X001，则 2 号从站 Y000 输出为 ON；

（3）接通 2 号从站输入 X000，则主站 Y001 输出为 ON；

（4）接通 2 号从站输入 X001，则 1 号从站 Y000 输出为 ON。

主站程序如图 16-9 所示，1 号从站程序如图 16-10 所示，2 号从站程序如图 16-11 所示。

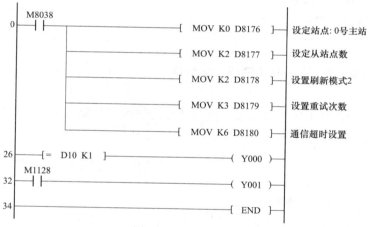

图 16-9　主站程序

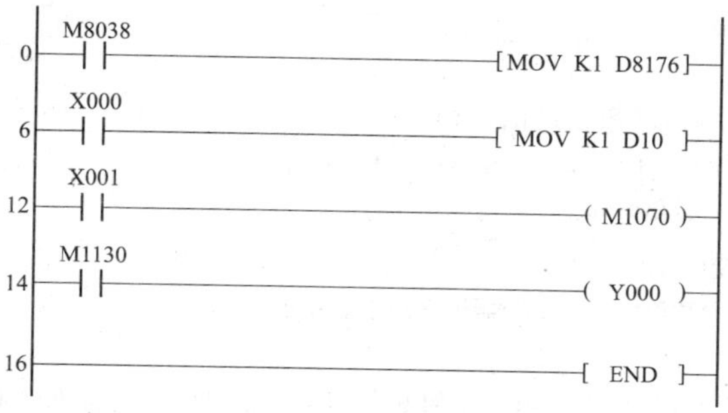

图 16-10　1 号从站程序

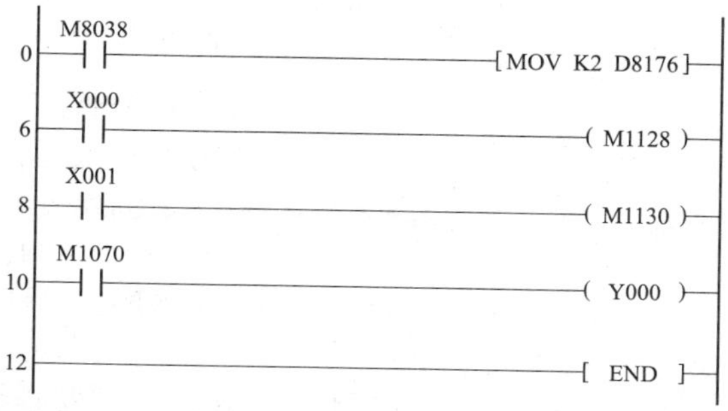

图 16-11　2 号从站程序

第五节　PLC 与变频器 RS-485 通信

一、硬件连接

FX 系列 PLC 可通过通信扩展板 FX$_{2N}$-485-BD 与三菱 FR-540 变频器 PU 接口进行通信，RJ45 水晶头插入变频器的 PU 接口（也可通过变频器通信板 FR-A5NR 接线），另一端的对应信号线接在 FX$_{2N}$-485-BD 上。变频器 PU 接口各线分布从变频器正面看如图 16-12 所示，具体接法如图 16-13 所示。

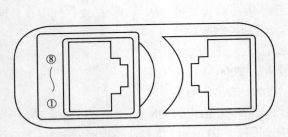

图 16-12　变频器 PU 接口
①—SG；②—P5S；③—RDA；④—SDB；
⑤—SDA；⑥—RDB；⑦—SG；⑧—P5S

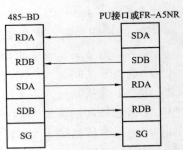

图 16-13　485-BD 与三菱
变频器 PU 口接线图

二、三菱系列变频器 RS-485 串行通信协议

1. 通信协议

计算机（此处指 PLC）与变频器之间的数据通信执行过程如图 16-14 所示，数据通信协议的执行过程如下：

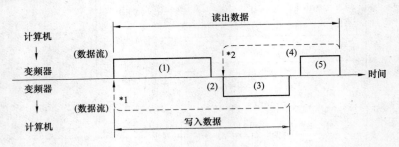

图 16-14　计算机与变频器的数据通信过程

注：1. *1 表示如果发现数据错误并且进行再试，从用户程序执行再试操作。
　　　如果连续再试次数超过参数设定值，变频器进入到报警停止状态。
　　2. *2 发生接收一个错误数据时，变频器给计算机返回"再试数据3"。
　　　如果连续数据错误次数达到或超过参数设定值，变频器进入到报警停止状态。

（1）从计算机（PLC）发送数据到变频器。写入数据时可根据通信的需要，选择使用格式 A、格式 A′，读出数据时，使用格式 B 进行，如图 16-15 所示。

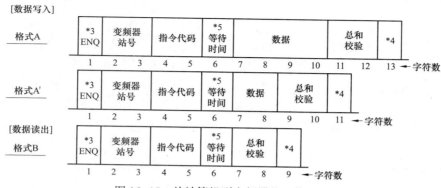

图 16-15 从计算机到变频器的通信格式

注：1. 变频器站号可用十六进制在 H00 和 H1F（站号 0~31）之间设定。

2. ＊3 表示控制代码。

3. ＊4 表示 CR 或 LF 代码。当数据从计算机传输到变频器时，在有些计算机中代码 CR（回车）和 LF（换行）自动设置到数据组的结尾。因此，变频器的设置也必须根据计算机来确定。并且，可通过 Pr、124 选择有无 CR 和 LF 代码。

4. ＊5 Pr、123［响应时间设定］不设定为 9999 的场合下，数据格式的"响应时间"没有，请作成通信请求数据（字符数减少 1 个）。

（2）变频器处理数据的时间即变频器的等待时间，是根据变频器参数 Pr. 123 来选择的，当 Pr. 123＝9999 时，由通信数据设定其等待时间；当 Pr. 123＝0~150ms 时，由变频器参数设定其等待时间。

（3）从变频器返回数据到计算机（PLC）。对从变频器返回数据的检查步骤：当通信没有错误、计算机接受请求时，从变频器返回的数据格式为 C、E、E′；当通信有错误、计算机拒绝请求时，从变频器返回的数据格式为 D、F，如图 16-16 和图 16-17 所示。

图 16-16 变频器返回的应答格式 C 和 D

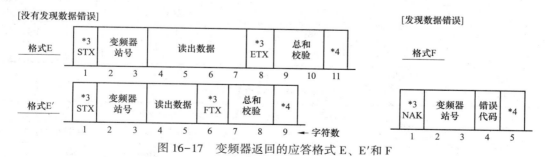

图 16-17 变频器返回的应答格式 E、E′和 F

（4）计算机（PLC）处理数据的延时时间。

（5）计算机（PLC）根据返回数据应答变频器；当使用格式 B 后，计算机可检查出从变频器返回的应答数据有无错误并通知变频器，没有发现错误使用格式 G，发现错误则使用格式 H。

2. 数据格式类型

采用十六进制，数据在计算机（PLC）与变频器之间自动使用 ASCII 码传输。

（1）从计算机（PLC）到变频器的通信请求数据格式如图 16-15 所示。

（2）使用格式 A 和格式 A′后从变频器返回的应答数据格式如图 16-16 所示。

（3）使用格式 B 后，从变频器返回的应答数据格式如图 16-17 所示。

（4）使用格式 B 后，检查从变频器返回的应答数据有无错误，并通知变频器，数据格式如图 16-18 所示。

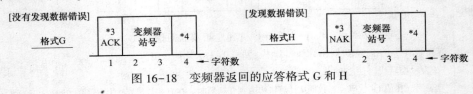

图 16-18　变频器返回的应答格式 G 和 H

3. 数据定义

（1）FX 系列 PLC 与变频器之间数据通信的格式如上所述，通信中所用的各控制代码的 ASCII 码如表 16-12 所示，数字字符对应的 ASCII 码如表 16-13 所示，三菱 FR-540 变频器数据代码如表 16-14 所示。

表 16-12　　　　　　　　　　　　　控 制 代 码 表

信号	ASCII 码	说明	信号	ASCII 码	说明
STX	H02	正文开始（数据开始）	LF	H0A	换行
ETX	H03	正文结束（数据结束）	CR	H0D	回车
ENQ	H05	查询（通信请求）	NAK	H15	不承认（发现数据错误）
ACK	H06	承认（没有发现数据错误）			

表 16-13　　　　　　　　　　　　数字字符 ASCII 码表

字符	ASCII 码	字符	ASCII 码	字符	ASCII 码	字符	ASCII 码
0	30H	4	34H	8	38H	C	43H
1	31H	5	35H	9	39H	D	44H
2	32H	6	36H	A	41H	E	45H
3	33H	7	37H	B	42H	F	46H

表 16-14　　　　　　　　　　三菱 FR-540 变频器数据代码

操作指令	指令代码	数据内容	操作指令	指令代码	数据内容
正转	HFA	H02	运行频率写入	HED	H0000～H2EE0
反转	HFA	H04	频率读取	H6F	H0000～H2EE0
停止	HFA	H00			

频率数据内容 H0000～H2EE0 变成十进制即为 0～120Hz，最小单位为 0.01 Hz。如现在要表示数据 10Hz，即为 1000（单位为 0.01 Hz），1000 转换成十六进制为 H03E8，再转换

成 ASCII 码为 H30 H33 H45 H38。

（2）变频器站号是规定变频器与计算机（PLC）通信的站号，在 H00～H1F（00～31）之间设定。

（3）指令代码是由计算机（PLC）发给变频器，指明程序要求的代码（如运行、监视）。因此，通过响应指令代码，变频器可进行各种方式的运行和监视。

（4）数据表示的是与变频器传输的数据，如频率和参数，依照指令代码确认的数据。

（5）等待时间指的是变频器收到从计算机（PLC）传来的数据直至传输应答数据之间的等待时间；要在 0～150ms 设定等待时间，最小设定单位为 10ms（如 1＝10ms），如图 16-19 所示。

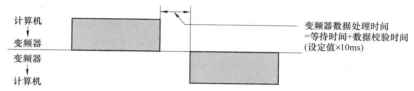

图 16-19　变频器通信等待时间示意图

（6）总和校验代码是由被检验的 ASCII 码数据的总和（二进制）的最低一个字节（8位）表示的 2 个 ASCII 码数字（十六进制），如图 16-20 所示。

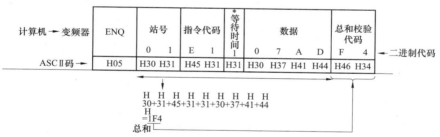

图 16-20　计算机控制变频器的通信格式

若变频器的参数 Pr. 123 "等待时间设定" 为 ≠9999 时，以上数据排列中忽略 "等待时间" 的信息交换要求的数据，字符数减少 1，如图 16-21 所示。

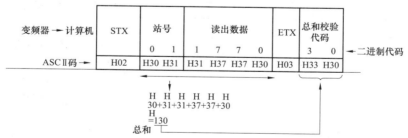

图 16-21　计算机控制变频器的通信格式

【例 16-2】　用 PLC 通信方式控制变频器，拖动电动机正转启动与停止，并能改变和读出变频器的运行频率。

如图 16-22 程序所示，其中：X000 控制电机正转启动，X001 控制电机停止，X002 控制电动机运行频率为 10Hz，X003 控制电机运行频率为 50Hz，X004 控制电机运行频率为 20Hz，X010 为 PLC 读取变频器当前运行频率。

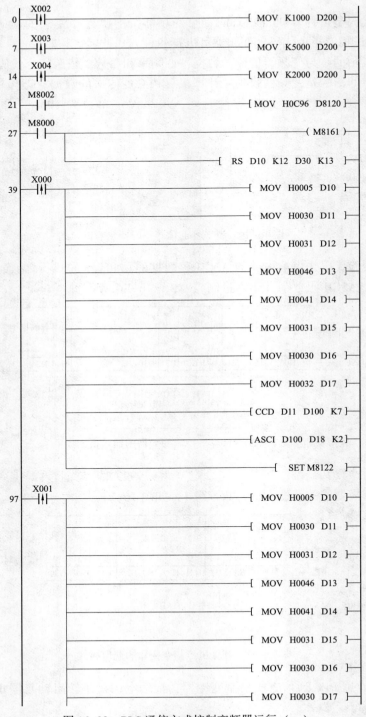

图 16-22　PLC 通信方式控制变频器运行（一）

```
                                               ─[ CCD  D11  D100  K7 ]─
                                               ─[ ASCI D100 D18  K2 ]─
                                               ─[ SET  M8122 ]─
        X002
155 ────┤├─────                                ─[ MOV  H0005 D10 ]─
        X003
    ────┤├─────                                ─[ MOV  H0030 D11 ]─
        X004
    ────┤├─────                                ─[ MOV  H0031 D12 ]─
                                               ─[ MOV  H0045 D13 ]─
                                               ─[ MOV  H0044 D14 ]─
                                               ─[ MOV  H0031 D15 ]─
                                               ─[ ASCI D200 D16 K4 ]─
                                               ─[ CCD  D11  D100 K9 ]─
                                               ─[ ASCI D100 D20 K2 ]─
                                               ─[ SET  M8122 ]─
        X010
223 ────┤├─────                                ─[ MOV  H0005 D10 ]─
                                               ─[ MOV  H0030 D11 ]─
                                               ─[ MOV  H0031 D12 ]─
                                               ─[ MOV  H0036 D13 ]─
                                               ─[ MOV  H0046 D14 ]─
                                               ─[ MOV  H0031 D15 ]─
                                               ─[ CCD  D11  D100 K5 ]─
                                               ─[ ASCI D100 D16 K2 ]─
                                               ─[ SET  M8122 ]─
        M8123
271 ────┤├───┤= D30 H0002 ├─                   ─[ HEX  D33  D300 K4 ]─
                                               ─[ RST  M8123 ]─
288 ──────────────────────────────────────────────[ END ]─
```

图 16-22　PLC 通信方式控制变频器运行（二）

　　程序中置位 M8161 进行 8 位数据传输，通信格式置 D8120 为 H0C96（通信速率为 19200b/s、1 位停止位、偶校验、7 位数据长、不使用 CR 或 LF 代码）；根据通信格式在变频器作相应设置，如表 16-15 所示，发送通信数据使用脉冲执行方式（SET M8122）。

表 16–15 设 置 变 频 器 参 数

参数号	通信参数名称	设定值	备注
Pr. 167	变频器站号	1	变频器站号为 1
Pr. 168	通信速度	192	通信波特率为 19.2kb/s
Pr. 169	停止位长度	10	7 位/停止位是 1 位
Pr. 120	是否奇偶校验	2	偶检验
Pr. 121	通信重试次数	9999	
Pr. 122	通信检查时间间隔	9999	
Pr. 123	等待时间设置	9999	变频器不设定
Pr. 124	CR、LF 选择	0	无 CR、无 LF
Pr. 79	操作模式	1	计算机通信模式

注 变频器参数设定后请将变频器电源关闭，再接上电源，否则，无法通信。

运行控制命令的发送（M8161 = 1，8 位处理模式），使用变频器通信格式 A′。

要实现 PLC 对变频器正转运行控制控制代码为：ENQ 01 HFA 1 H02（sum）。

第一字节为通信请求信号 ENQ，对应程序为

MOV H05 D10

第二、三字节为变频器 01 站号，对应程序为：

MOV H30 D11

MOV H31 D12

第四、五字节为指令代码 HFA，对应程序为：

MOV H46 D13

MOV H41 D14

第六字节为等待时间，对应程序为：

MOV H31 D15

第七、八字节为指令代码数据内容：正转运行 H02，对应程序为：

MOV H30 D16

MOV H32 D17

第九、十字节为总和校验代码，对应程序分析如下：

对 D11 ~ D17 求总和，其值存于 D100 的程序：CCD D11 D100 K7

把 D100 中的数化成 ASCII 码，取后 2 位存于 D18、D19 的程序：ASCI D100 D18 K2

当按下 X000 时，通信数据被发送到变频器，变频器将正转运行。

要实现 PLC 对变频器反转运行与停止只要将格式 A′中第七、八字节数据内容改为 H04 或 H00 即可。

要改变变频器运行频率，只需指定数据处理位为 8 位（即 M8161 = 1），使用变频器通信格式 A，指令代码为 HED，ASCI 指令运行 D200 中存入的运行频率转换成 4 位 ASCII 码，依次存放到 D11 ~ D19 中，总和校验码存入在 D20、D21 中。

要读取变频器当前运行频率，则参考通信格式 E，读出的 4 个 ASCII 码数据存于 D33 ~ D36 中，经 HEX 指令转化存于 D300。

第六节　触摸屏与变频器通信

三菱触摸屏可与三菱变频器通过 RS-422 进行通信，通过通信，在触摸屏上能显示或设置变频器的运行频率、输出频率、输出电流、输出电压、输出功率等参数，能控制变频器的正转、反转及停止运行状态等。下面以三菱 F940GOT 触摸屏与 FR-A540 变频器为例介绍它们的通信方式。

一、变频器参数设置

为了实现触摸屏与变频器的通信，首先设置变频器相关通信参数如表 16-16 所示。

表 16-16　　　　　　　　　　设 置 变 频 器 参 数

参数号	通信参数名称	设定值	备注
Pr. 167	变频器站号	1	变频器站号为 1
Pr. 168	通信速度	192	通信波特率为 19.2kb/s
Pr. 169	停止位长度	10	7 位/停止位是 1 位
Pr. 120	是否奇偶校验	1	奇检验
Pr. 121	通信重试次数	9999	
Pr. 122	通信检查时间间隔	9999	
Pr. 123	等待时间设置	0	变频器设定
Pr. 124	CR、LF 选择	1	有 CR
Pr. 79	操作模式	1	计算机通信模式
Pr. 342	EEPROM 保存选择	0	写入 RAM
Pr. 52	显示数据选择	14	输出功率

注　变频器参数设定后请将变频器电源关闭，再接上电源，否则无法通信。

二、硬件连接

把一条 RS-422 通信电缆的一端接入触摸屏上的 RS-422 端，另一头接入变频器的 PU 接口。通信线的制作接线如图 16-23 所示。

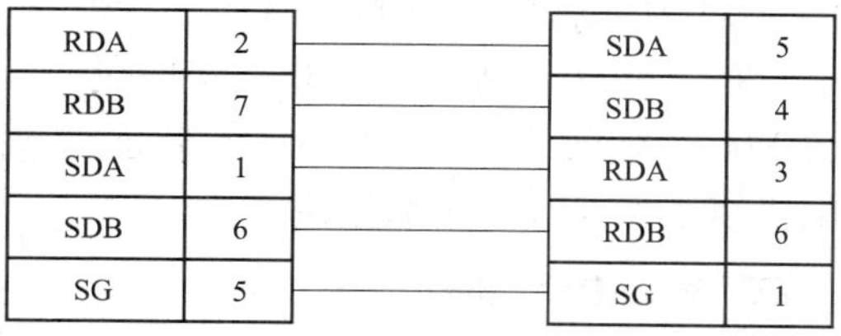

三、触摸屏设置

进入触摸屏设置菜单→选择菜单→其他模式→设定模式→PLC 类型，设置如下：

PLC 类型设为：FREQROL 系列；

连接：CPU 端口（RS-422）；

DST/GOT 站号#：00。

图 16-23　触摸屏与变频器的通信接线

触摸屏软件参数（参数后面的：0 位表示变频器的站号）设置如下：

上限频率 Pr1：0；

下限频率 Pr2：0；

加速时间 Pr7：0；

减速时间 Pr8：0；

过流保护 Pr9：0；

运行频率 SP109：0；

输出频率 SP111：0；

输出电流 SP112：0；

输出电压 SP113：0；

输出功率 SP114：0；

正转 S1：0；

反转 S2：0；

停止 SP122：0。

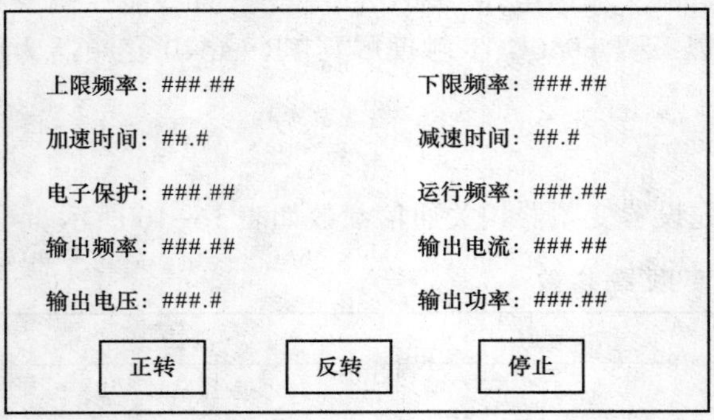

```
上限频率：###.##        下限频率：###.##

加速时间：##.#          减速时间：##.#

电子保护：###.##        运行频率：###.##

输出频率：###.##        输出电流：###.##

输出电压：###.#         输出功率：###.##

      正转        反转        停止
```

图 16-24　参考画面

四、触摸屏参考画面

触摸屏参考画面如图 16-24 所示，在该画面上可以显示或修改各参数，并可以控制变频器的正转、反转及停止运行。

第七节　PLC 与组态王通信

组态王是一个由北京亚控公司开发的计算机监控软件，下位机采用 PLC 对控制对象进行控制，上位机采用计算机进行监控已成为一种最常见的应用。本节将介绍三菱 FX 系列 PLC 如何与组态王进行通信设置，并实现对控制对象的监控。

现以用组态王监控丫-△降压启动的电动机为例对 PLC 与组态王的通信进行介绍。

一、编写 PLC 程序

编写 PLC 程序如图 16-25 所示，其中，M0 为启动信号，M1 为停止信号；Y0 控制电机电源，Y001 控制电机绕组星形接法，Y002 控制电机绕组三角形接法；D0 为降压启动时间。当按下 M0 时，Y000、Y001 动作，经 D0 设定的时间后 Y001 断开，再过 1s 后 Y002 接通，把电机绕组切换成三角形接法。

二、安装 PLC 驱动程序

打开组态王软件，进入组态王工程管理器，如图 16-26 所示。

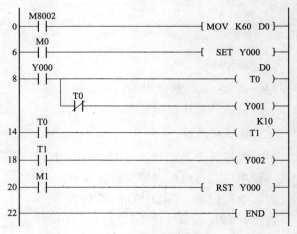

图 16-25　PLC 程序

在组态王工程管理器中，单击"文件"菜单下的"新建工程"，再单击"下一步"按钮，输入工程名称"ysf"，单击"下一步"按钮，再次输入工程名称，然后单击"完成"按钮，这样就按向导建立了一个新工程，如图 16-27 所示。

双击图 16-27 中的工程"ysf"进入该工程浏览器界面，如图 16-28 所示。

图 16-26　组态王工程管理器

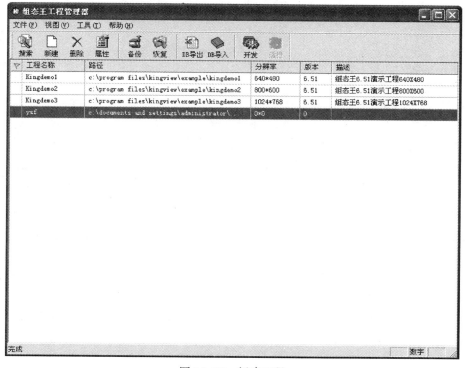

图 16-27　新建工程

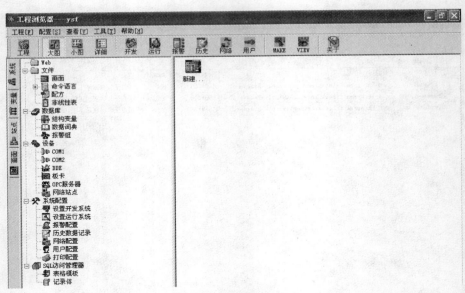

图 16-28　工程浏览器界面

如图 16-29 所示，单击左侧树形结构"设备"下的 COM1，再双击右侧的"新建"，新建一个与 PLC 的连接，选择 PLC→三菱→FX2→编程口的 PLC，如图 16-30 所示。

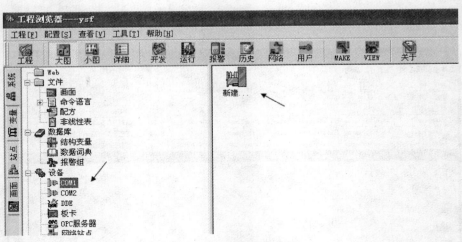

图 16-29　新建设备连接

单击图 16-30 中的"下一步"按钮，输入安装设备指定的逻辑名称设为"plc"，如图 16-31所示。

单击图 16-31 中的"下一步"按钮，指定与 PLC 连接的计算机的串口为 COM1，如图 16-32所示。

单击图 16-32 中的"下一步"按钮后都默认按"下一步"按钮，最后在组态王软件上安装了 FX 系列 PLC 的驱动程序，如图 16-33 所示。

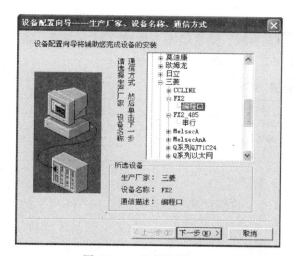

图 16-30 选择连接 PLC

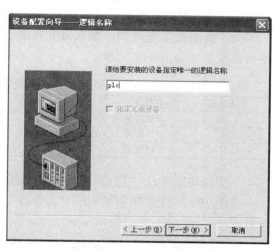

图 16-31 指定设备的逻辑名称

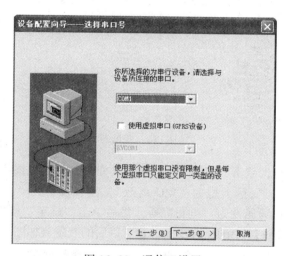

图 16-32 通信口设置

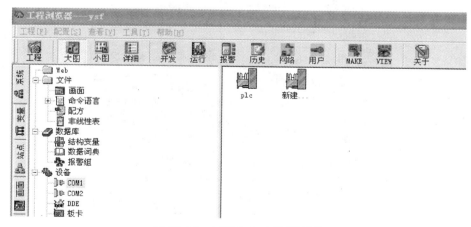

图 16-33 已建立 PLC 连接画面

三、建立变量

为了使组态王能与PLC的各软元件能进行相互关联，需在组态王中建立对应变量。需建立的变量如表16-17所示。

表 16-17

组 态 王 变 量 表

变量名称	数据类型	对应PLC软元件	变量名称	数据类型	对应PLC软元件
启动	I/O离散	M0	电机运行	I/O离散	Y0
停止	I/O离散	M1	降压启动	I/O离散	Y1
启动时间	I/O整数	D0	全压运行	I/O离散	Y2

下面以建立变量"启动"为例建立变量。

在图16-33左侧树形结构的"数据库"下单击"数据词典"，出现如图16-34所示的变量表。

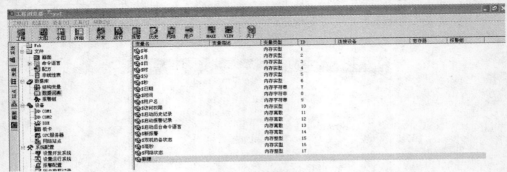

图 16-34 变量表

在变量表的最后一行，双击"新建"，出现定义变量窗口，按图16-35所示对变量进行设置。变量名为"启动"，变量类型为"I/O离散"，连接设备为"plc"，寄存器为"M0"，数据类型为Bit（位），读写属性为"读写"等。然后单击"确定"按钮，这样该变量就建立完毕。按此方法建立表16-17中的所有变量，建立以后的变量表如图16-36所示。

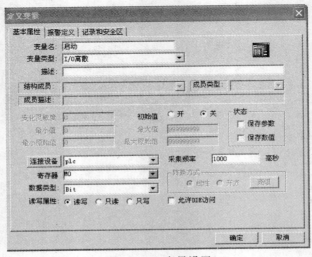

图 16-35 变量设置

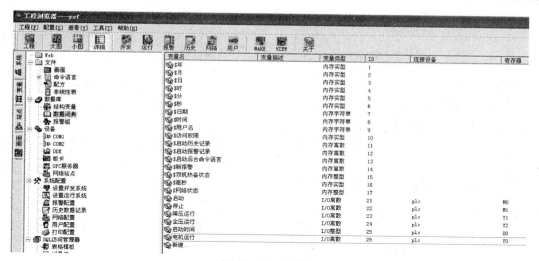

图 16-36　变量表

四、画面组态

在图 16-36 左边树形结构的"文件"下，单击"画面"，并在右侧新建画面，定义画面名称为"监控画面"，得到一个新画面，如图 16-37 所示。在画面的右侧有"工具箱"用来进行各种对象组态。

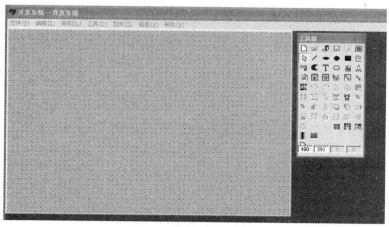

图 16-37　新建立的画面

通过工具箱中的"文本"选项，在画面中写入各种文本，并在图库中调用"按钮"和"指示灯"选项，并使用各对象与各变量进行联系。组态画面可参考图 16-38，这样就可对电动机的运行进行监控了。

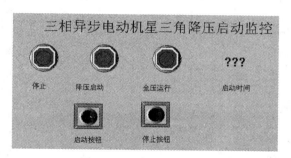

图 16-38　参考监控画面

第八节 CC-Link 通信

本节将以电动机组的 CC-Link 网络控制为例介绍 CC-Link 通信的编程与实现。

一、电动机组的网络控制要求

电动机组的网络控制要求如下：

（1）系统设置 1 个主站和 3 个远程站，每个远程站有一台电动机，主站可以通过触摸屏控制远程站的电动机运行。

（2）主站通过触摸屏按"启动"或"停止"按钮，对应远程站的电动机即运行或停止运行。

（3）电动机运行方式为正反转循环运行。正转和反转的运行时间、正反转的间隔时间及循环的次数可通过主站触摸屏进行设置。

（4）电动机的运行状态可以通过触摸屏进行监视。

二、系统连接

系统连接图如图 16-39 所示，主站 PLC 配有一块 FX_{2N}-16CCL-M 主站模块，上位机用触摸屏监控，三个从站 PLC 都配有一块 FX_{2N}-32CCL 从站模块。

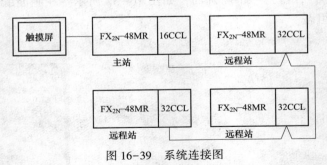

图 16-39 系统连接图

三、PLC 软元件分配

把主站设为 0#站，其他三个从站分别为 1 号站、2 号站、3 号站。主站 PLC 软元件分配如表 16-18 所示。

表 16-18 主站 PLC 软元件分配表

软元件	功能	软元件	功能	软元件	功能
M116	1#站启动	M140	2#站运行指示	D511	2#站反转时间
M117	1#站停止	M180	3#站运行指示	D512	2#站间隔时间
M156	2#站启动	D500	1#站正转时间	D513	2#站循环次数
M157	2#站停止	D501	1#站反转时间	D520	3#站正转时间
M196	3#站启动	D502	1#站间隔时间	D521	3#站反转时间
M197	3#站停止	D503	1#站循环次数	D522	3#站间隔时间
M100	1#站运行指示	D510	2#站正转时间	D523	3#站循环次数

3个从站I/O分配，都用Y0控制电动机正转，Y1控制电动机反转。

根据系统控制要求，设计触摸屏画面如图16-40所示。

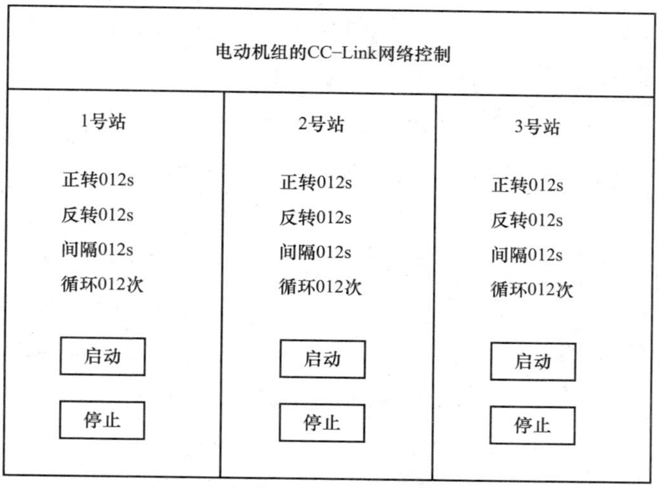

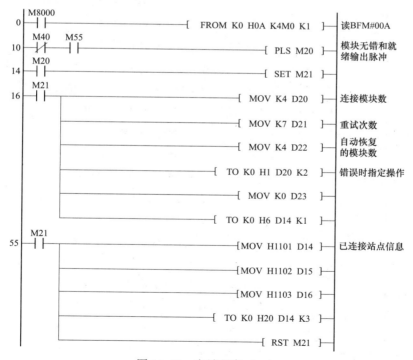

图16-40 触摸屏画面

四、PLC编程

主站程序如图16-41所示，1号从站程序如图16-42所示，2号、3号从站程序可参考1号从站程序进行编写。

图16-41 主站程序（一）

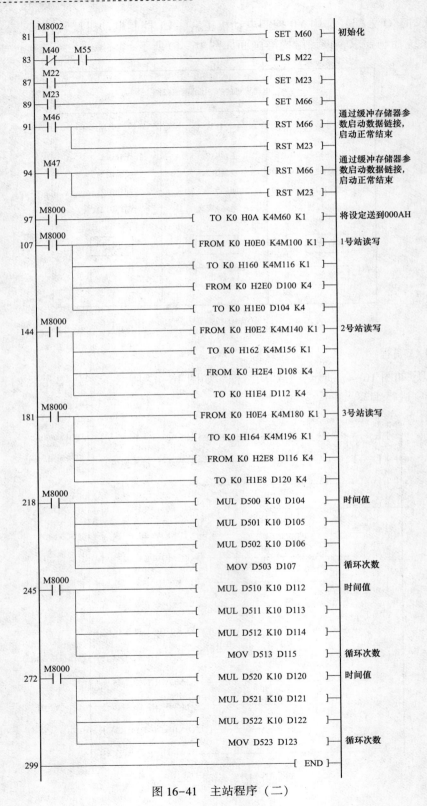

图 16-41 主站程序（二）

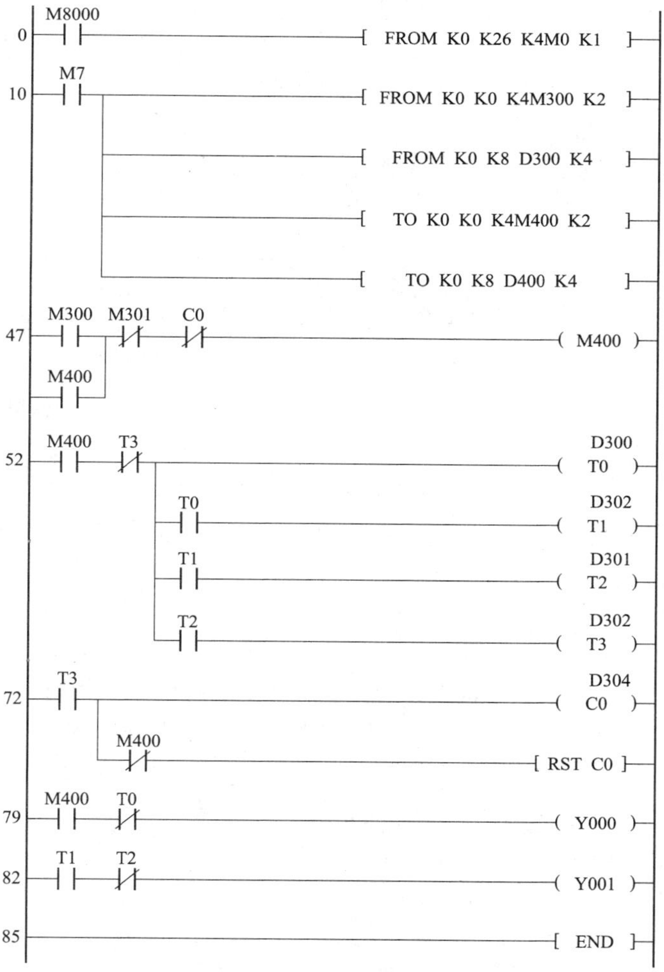

图 16-42　从站程序

第九节　三菱 PLC 通信网络

一、三菱公司的 PLC 网络

三菱公司 PLC 网络继承了传统使用的 MELSEC 网络，并使其在性能、功能、使用简便等方面更胜一筹。Q 系列 PLC 提供层次清晰的三层网络，针对各种用途提供最合适的网络产品，如图 16-43 所示。

（1）信息层 Ethernet（以太网）。信息层为网络系统中的最高层，主要是在 PLC、设备控制器以及生产管理用 PC 之间传输生产管理信息、质量管理信息及设备的运转情况等数据，信息层使用最普遍的 Ethernet。它不仅能够连接 Windows 系统的 PC、UNIX 系统的工作站等，而且还能连接各种 FA 设备。Q 系列 PLC 系列的 Ethernet 模块具有日益普及的因特网电子邮件收发功能，使用户无论在世界的任何地方都可以方便地收发生产信息邮件，构

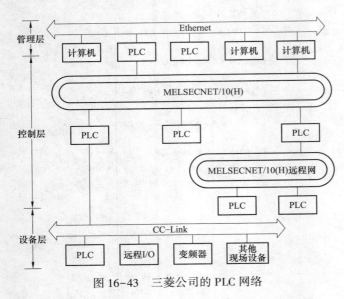

图 16-43　三菱公司的 PLC 网络

筑远程监视管理系统。同时，利用因特网的 FTP 服务器功能及 MELSEC 专用协议可以很容易的实现程序的上传/下载和信息的传输。

（2）控制层 MELSECNET/10（H）。它是整个网络系统的中间层，在是 PLC、CNC 等控制设备之间方便且高速地进行处理数据互传的控制网络。作为 MELSEC 控制网络的 MELSECNET/10，以它良好的实时性、简单的网络设定、无程序的网络数据共享概念，以及冗余回路等特点获得了很高的市场评价。而 MELSECNET/H 不仅继承了 MELSECNET/10 优秀的特点，还使网络的实时性更好，数据容量更大，进一步适应了市场的需要。但目前 MELSECNET/H 只有 Q 系列 PLC 才可使用。

（3）设备层/现场总线 CC-Link。设备层是把 PLC 等控制设备和传感器以及驱动设备连接起来的现场网络，为整个网络系统最低层的网络。采用 CC-Link 现场总线连接，布线数量可大大减少，这样就提高了系统的可维护性。而且，不只是连接 ON/OFF 等开关量的数据，还可连接 ID 系统、条形码阅读器、变频器、人机界面等智能化设备，从而完成各种数据的通信，实现终端生产信息的管理，加上对机器动作状态的集中管理，使维修保养的工作效率也有很大提高。在 Q 系列 PLC 中使用，CC-Link 的功能更好，而且使用更简便。

在三菱的 PLC 网络中进行通信时，不会感觉到有网络种类的差别和间断，可进行跨网络间的数据通信和程序的远程监控、修改、调试等工作，而无需考虑网络的层次和类型。

MELSECNET/H 和 CC-Link 都使用循环通信的方式，周期性自动地收发信息，不需要专门的数据通信程序，只需简单的参数设定即可。同时，MELSECNET/H 和 CC-Link 都是使用广播方式进行循环通信发送和接收的，这样就可做到网络上的数据共享。

对于 Q 系列 PLC 使用的 Ethernet、MELSECNET/H、CC-Link 网络，可以在 GX Developer 软件画面上设定网络参数以及各种功能，简单方便。

在现代化的生产现场，为了实现高效的生产和科学的管理，使用 PLC 组成各种网络是十分必要的。三菱 PLC 组成的网络系统提供了清晰的三层网络，即信息与管理层的以太网、管理与控制层的局域令牌网、控制设备层的 CC-Link 开放式现场总线，这样就可以针对各种用途配备最合适的网络产品。如信息层的以太网，能使产品信息在世界各地进行传输，MELSECNET/10 令牌网用于 A 系列的 PLC 网络，MELSECNET/H 令牌网用于 Q 系列的 PLC 高速网络系统。CC-Link 现场总线，提供安全、高速、简便的连接。另外，采用其他网络模块如 Profibus、DeviceNet、Modbus、AS-i 等，可以进行 RS-232、RS-422、RS-485 等串行数据通信，通过数据专线、电话线进行数据传送。

二、以太网

以太网（Ethernet）属于信息与管理网，为网络中的最高一层网络，它具有以下功能：

（1）对 PLC 的监视功能。以太网模块的 Web 功能供系统管理员通过使用 Web 浏览器，对远处 PLC 的 CPU 进行监视。

（2）对 PLC 的访问功能。通过使用 Web 功能，可以收集或更新 PLC 的数据，监视 CPU 模块操作，还可以进行 CPU 模块的状态控制，使用 Web 浏览器控制 PLC 所控制的设备。

（3）创建 ASP 文件功能。通过安装 PLC 的以太网模块，用于服务器计算机的 Web 组件及 Web 浏览器，使用 Web 功能，用户可以使用提供的通信库方便地创建 ASP 文件以访问 PLC。另外，通过用户创建 HTML 文件，可以把 ASP 文件访问 PLC 的结果任意地显示在 Web 浏览器上；也可以使用 Web 浏览器屏幕指定的 URL 对安装以太网模块站的 CPU 进行软元件存储器的读出/写入、远程 RUN/STOP 控制和其他操作。

（4）远程口令核对功能。提供以太网模块的远程口令核对功能，防止远处用户未经授权就直接访问 CPU。

（5）电子邮件（E-mail）通信功能。Q 系列以太网模块包含了标准的电子邮件通信功能，使产品信息能在世界各地进行传输，容易配置远程监控；对于企业内部的互联网，FTP 服务器功能和 MC 协议对进行程序的下载、上传非常方便。

三、MELSECNET/H 网络

MELSECNET/H 网络系统用于控制站和普通站之间交互通信的 PLC 至 PLC 网络和用于远程主站和远程 I/O 站之间交互通信的 I/O 网络，网络结构如图 16-44 所示。

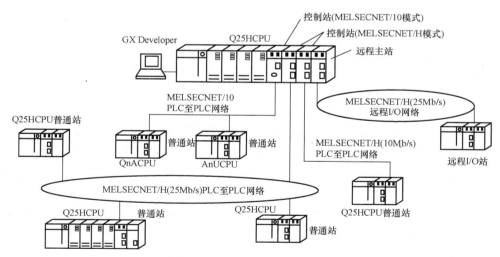

图 16-44　MELSECNET/H 网络

MELSECNET/H 网络具有以下特点：

（1）提供 10Mb/s 和 25Mb/s 的高速数据传送。

（2）传输介质可以为光缆或同轴电缆。MELSECNET/H 有光缆和同轴电缆连接的两种网络，光缆系统具有不受环境噪声影响和传输距离长等优点，同轴电缆系统具有低成本的优点。

（3）可选择光缆或同轴电缆来构建双环网或总线网，一个大型网络最多可连接239个网区，每个网区可以有一个主站及64个从站，网络总距离可达30km，提供浮动式主站及网络监控功能。

（4）具备和个人计算机连接的MELSECNET/H端口。Q系列中提供了MELSECNET/H网卡。

（5）配置了MELSECNET/H网络功能模块。可以使用Q系列I/O的远程网络来构建大规模、大容量、集中管理、分散控制系统。

四、CC-Link 开放式现场总线

CC-Link开放式现场总线是一种配线使用量少、信息化程序高的网络，它不但具备高实时性、分散控制与智能设备通信等功能，而且还提供了开放式的环境和安全、高速、简便的连接。CC-Link网络传输距离在1.2km时为156kb/s，100m时为10Mb/s，采用双绞线组成总线网，PLC与PLC之间可一次传送128位元件和16字节，可加置备用主站，且具有网络监控功能，可进行远程编程，如图16-45所示为CC-Link网络系统。

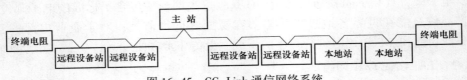

图 16-45　CC-Link 通信网络系统

CC-Link网络之所以称为总线型网络，是因为它利用了总线把所有的设备连接起来。设备包括PLC、变频器、远程I/O、传感器、触摸屏等人机界面，它们共享一条通信传送链路，因此，在同一时刻网络上只允许一个设备发送信息，多个PLC只能一个为主站，其余的为从站。

第十节　PLC 与智能电量测量仪串口通信在中央空调系统中的工程应用

在中央空调系统的节能改造监控项目中，需要监视和分析整个系统的能耗情况，就需要把电量测量仪中测量的电压、电流、功率、功率因素等现场数据通过串口通信送到PLC中，PLC再把能耗数据送至电脑上的监控软件进行监控。本工程项目介绍PLC与智能电量测量仪串口通信在中央空调系统中的工程应用。

本项目中，PLC采用三菱FX_{3U}的PLC，智能电量测量仪选用国产的PF9800系列PF9811智能电量测量仪，上位监控选用组态王监控软件。

一、PF9816 智能电量测量仪

PF9816智能电量测量仪的系统构造如图16-46所示，中央空调系统作为待测设备，整个中央系统的电压、电流经互感器后送至智能电量测量仪，再把相应的数据通过RS-232串口送到PLC中。需要注意的是，PF9816测量仪有自己的通信协议，PLC需要根据PF9811的协议编写通信程序，以便得到相应的数据。

PF9816通信时，波形采样点数据为十六进制数，测量结果和运算结果均为4字节32

图 16-46　系统构造图

位的浮点数，其格式如下：

31	30		8	7		0
数符	尾数（23 位）			阶码		

该格式与 IEEE 标准和单精度浮点数格式不同。该格式中，最高位（第 31 位）为符号位 S，第 8~30 位为尾数 M，第 0~7 位为阶码 E。其中尾数和阶码都是二进制整数。通过下面的公式可以将该格式转换成实际值 D

$$D = (-1)^S \times (0.5 + M/2^{24}) \times 2^{(E-127)}$$

如浮点数 00000000H 表示 0，浮点数 00000080 表示 1。

PF9816 的通信协议如下：PLC 向 PF9811 发送数据"EE"后，PLC 将收到的数据格式为

11+电压有效值（4 个字节）+电流有效值（4 个字节）+功率因数（4 个字节）+频率（4 个字节）+功率（4 个字节）。

二、PLC 控制程序

整个 PLC 控制中央空调程序包括开关量逻辑控制程序、模拟量控制程序、PLC 与测量仪通信程序及通信数据处理程序等。本节重点介绍 PLC 与测量仪通信和通信数据处理程序。如图 16-47 所示 PLC 与测量仪的数据通信设置程序。

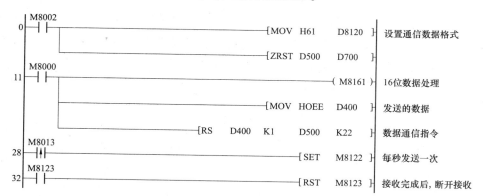

图 16-47　PLC 与电表数据通信程序

图 16-48 所示为对 PLC 接收的电压有效值的数据处理，其中 D501~D504 是电能表发送到 PLC 的电压数据，该组数据经过数据处理后电压有效值在 D568 中得到。其他的数据如电流有效值、功率因数、频率、功率的数据处理与电压值的处理程序类似。

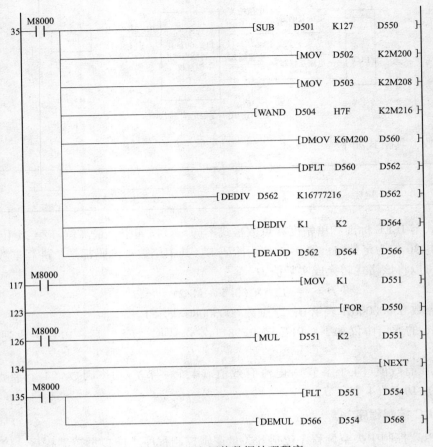

图 16-48　电压值数据处理程序

三、应用效果

经调试，三菱 PLC 通过 RS 指令与 PF9811 智能电量测量仪进行串口通信，能实时地把电量测量仪中的数据送到 PLC 中，PLC 可连接组态王组态软件，能在电脑上实时监控用电数据，从而可以对中央空调系统的各项耗能指标进行分析。

第十七章

PLC 应 用 举 例

第一节　基于 PLC 与变频器的风机节能自动控制

一、项目说明

某公司有五台设备共用一台主电机为 11kW 的吸尘风机，用来吸取电锯工作时产生的锯屑。不同设备对风量的需求区别不是很大，但设备运转时电锯并非一直工作，而是根据不同的工序投入运行。以前公司就对此风机实现了变频器控制，当时的方式是用电位器调节风量，如果哪一台设备的电锯要工作时就按一下按钮，打开相应的风口，然后根据效果调电位器以得到适当的风量。但工人在操作过程中经常会忘记操作，这就造成实际情况不尽人意，车间灰尘太大，工作环境恶劣。最后干脆把变频器的输出调到 50Hz，不再进行节能的调节。变频器只成了一个启动器，造成了资源的浪费。

二、改造方案

用 PLC 接收各电锯工作的信息并对投入工作的电锯台数进行判断，根据判断，相应的输出点动作来控制变频器的多段速端子，实现多段速控制。从而不用人为的干预，自动根据投入电锯的台数进行风量控制。根据投入运行的电锯台数实施五个速段的速度控制，运行电锯台数与变频器输出频率值如表 17-1 所示。

表 17-1　　　　　　运行电锯台数与变频器输出频率值对应表

运行电锯台数	对应变频器输出频率（Hz）	备注
1	25	
2	33	
3	40	具体设定频率根据现场效果修改
4	45	
5	50	

三、方案实施

1. 电锯投入运行信号的采集

用电锯工作时的控制接触器的一对辅助动合触点控制一个中间继电器，中间继电器要选用最少有两对动合触点的。用其中的一对接入 PLC 的一个输入点，另一对控制一个气阀，气阀再带动气缸，用气缸启闭设备上的风口。这样就实现了 PLC 对投入电锯信号的接收，也实现了风口的自动启闭，简单实用。

2. 变频器的参数设置和 PLC 接线

（1）变频器参数的设定。使用的变频器是三菱 FR-A540 系列。根据多段速控制的需要和风机运行的特点主要设定的参数如表 17-2。

表 17-2 变频器参数设置

参数号	参数名称	设定值	参数号	参数名称	设定值
PR4	第一种速度	25	PR24	第四种速度	45
PR5	第二种速度	33	PR25	第五种速度	50
PR6	第三种速度	40	PR79	操作模式	2

（2）多段速控制时端子的组合。这个系列的变频器进行多段速控制的端子为 RL、RM、RH。通过这三个端子的组合最多可以实现七段速度运行。进行五段速度控制时的端子组合如表 17-3 所示。

表 17-3 多段速端子与速度段组合表

速度段	1 速	2 速	3 速	4 速	5 速
控制端子	RL	RM	RH	RL、RM	RL、RH、RM

（3）根据改造输入输出点数的需求，PLC 选取的是 $FX_{2N}-16MR$，其输入/输出点分配如表 17-4 所示。PLC 输出端与变频器控制端子接线图如图 17-1 所示。

表 17-4 I/O 分配表

输入		输出	
X0	设备一电锯工作信号	Y1	变频器端子 RH
X1	设备二电锯工作信号	Y2	变频器端子 RM
X2	设备三电锯工作信号	Y3	变频器端子 RL
X3	设备四电锯工作信号	Y0	变频器正转信号
X4	设备五电锯工作信号		
X5	启动按钮		
X6	停止按钮		

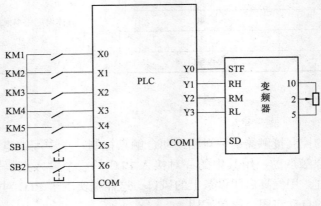

图 17-1 PLC 接线图

3. PLC 控制程序

PLC 控制程序如图 17-2 所示。

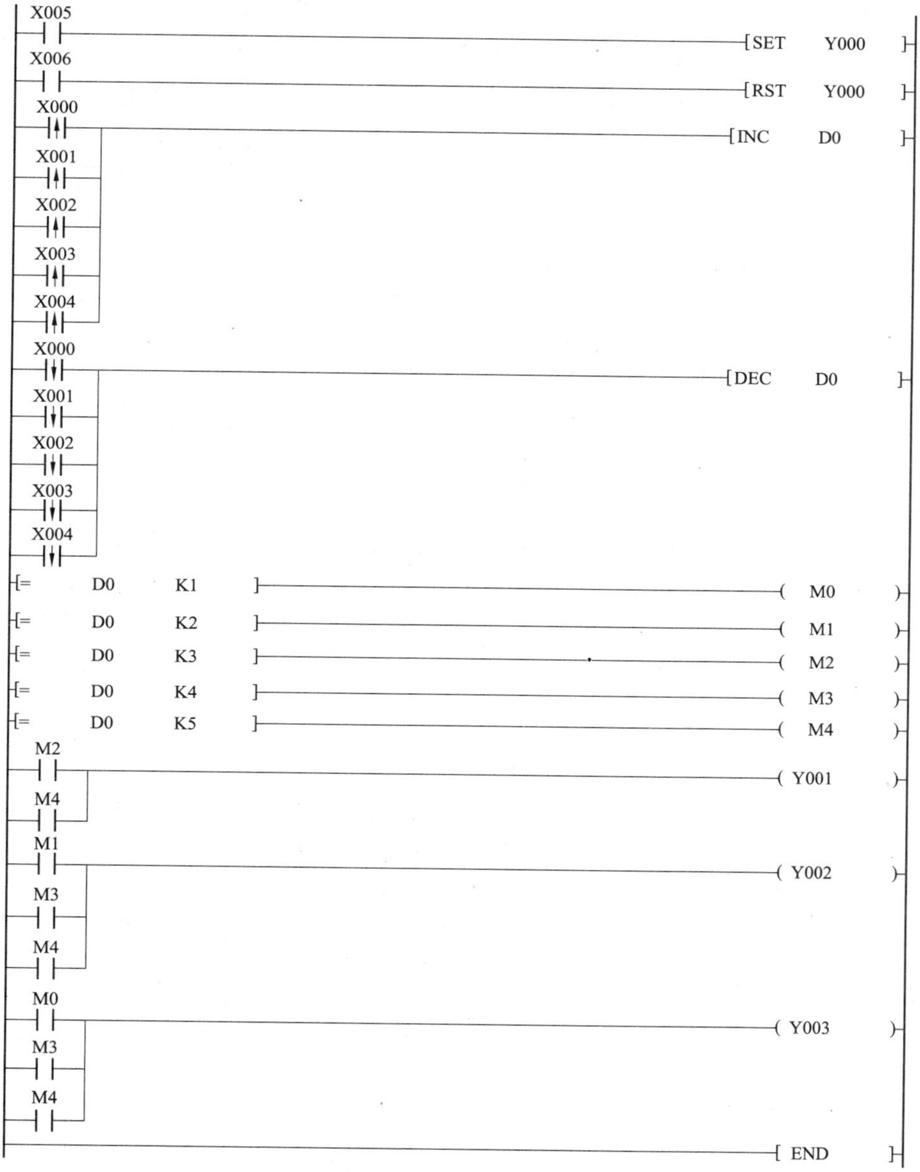

图 17-2　PLC 控制程序

第二节　基于 PLC 与变频器的矿井提升机的自动控制

一、概况

矿井提升机是煤矿、有色金属矿生产过程中的重要设备。提升机的安全、可靠运行，直接关系到企业的生产状况和经济效益。煤矿井下采煤，采好的煤通过斜井用提升机将煤车拖到地面上来。煤车厢与火车的运货车厢类似，只不过高度和体积小一些。在井口有一绞车提升机，由电机经减速器带动卷筒旋转，钢丝绳在卷筒上缠绕数周，其两端分别挂上一列煤车车厢，在电机的驱动下将装满煤的一列车从斜井拖上来，同时把一列空车从斜井放下去，空车起着平衡负载的作用，任何时候总有一列重车上行，不会出现空行程，电机总是处于电动状态。这种拖动系统要求电机频繁的正、反转起动，减速制动，而且电机的

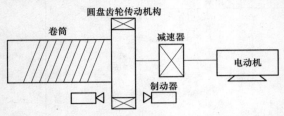

转速按一定规律变化。斜井提升机的机械结构示意图如图 17-3 所示。斜井提升机的动力由绕线式电机提供，采用转子串电阻调速。提升机的基本参数是：电机功率 55kW，卷筒直径 1200mm，减速器减速比 24：1，最高运行速度 2.5m/s，钢丝绳长度为 120m。

图 17-3 提升机卷筒机械传动系统结构示意图

目前，大多数中、小型矿井采用斜井绞车提升，传统斜井提升机普遍采用交流绕线式电机串电阻调速系统，电阻的投切用继电器—交流接触器控制。这种控制系统由于调速过程中交流接触器动作频繁，设备运行的时间较长，交流接触器主触头易氧化，引发设备故障。另外，提升机在减速和爬行阶段的速度控制性能较差，经常会造成停车位置不准确。提升机频繁的起动、调速和制动，在转子侧电路所串电阻上产生相当大的功耗。这种交流绕线式电机串电阻调速系统属于有级调速，调速的平滑性差；低速时机械特性较软；电阻上消耗的转差功率大，节能较差；起动过程和调速换挡过程中电流冲击大；中高速运行震动大，安全性较差。

二、改造方案

为克服传统交流绕线式电机串电阻调速系统的缺点，采用变频调速技术改造提升机，可以实现全频率（0~50Hz）范围内的恒转矩控制。对再生能量的处理，可采用价格低廉的能耗制动方案或节能更加显著的回馈制动方案。为安全性考虑，液压机械制动需要保留，并在设计过程中对液压机械制动和变频器的制动加以整合。矿井提升机变频调速方案如图 17-4 所示。

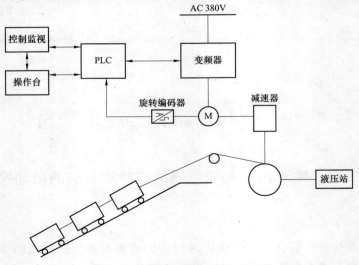

图 17-4 矿井提升机变频调速方案

考虑到绕线式电动机比笼型电动机的力矩大，且过载能力强，所以仍用原来的 4 极 55kW 绕线式电动机，在用变频器驱动时需将转子三根引出线短接。提升机在运行过程中，井下和井口必须用信号进行联络，信号未经确认，提升机不运行。

三、方案实施

斜井提升负载是典型的摩擦性负载，即恒转矩特性负载。重车上行时，电机的电磁转矩必须克服负载阻转矩，起动时还要克服一定的静摩擦力矩，电机处于电动工作状态。在重车减速时，虽然重车在斜井面上有一向下的分力，但重车的减速时间较短，电机仍会处于再生状态。当另一列重车上行时，电机处于反向电动状态。另外，有占总运行时间 10% 的时候单独运送工具或器材到井下时，此时电机长时间处于再生发电状态，需要进行有效的制动。用能耗制动方式必将消耗大量的电能；用回馈制动方式，可节省这部分电能。但是，回馈制动单元的价格较高，考虑到单独运送工具或器材到井下仅占总运行时间的 10%，为此选用价格低廉的能耗制动单元加能耗电阻的制动方案。

提升机的负载特性为恒转矩位能负载，起动力矩较大，选用变频器时适当地留有余量，因此，选用三菱 75kW 变频器。由于提升机电机绝大部分时间都处于电动状态，仅在少数时间有再生能量产生，变频器接入一制动单元和制动电阻，就可以满足重车下行时的再生制动，实现平稳的下行。井口还有一个液压机械制动器，类似电磁抱闸，此制动器用于重车静止时的制动，特别是重车停在斜井的斜坡上，必须有液压机械制动器制动。液压机械制动器受 PLC 和变频器共同控制，机械制动是否制动受变频器频率到达端口的控制，起动时当变频器的输出频率达到设定值，例如 1Hz，变频器 SU、SE 端口输出信号，表示电机转矩已足够大，打开液压机械制动器，重车可上行；减速过程中，当变频器的频率下降到 1Hz 时，表示电机转矩已较小，液压机械制动器制动停车。紧急情况时，按下紧急停车按钮，变频器能耗制动和液压机械制动器同时起作用，使提升机在尽量短的时间内停车。

提升机传统的操作方式为，操作工人坐在煤矿井口操作台前，手握操纵杆控制电机正、反转和三挡速度。为适应操作工人这种操作方式，变频器采用多段速度设置，STF、STR 控制正反转，RH、RM、RL 为三段速度。变频调速接线图如图 17-5 所示。

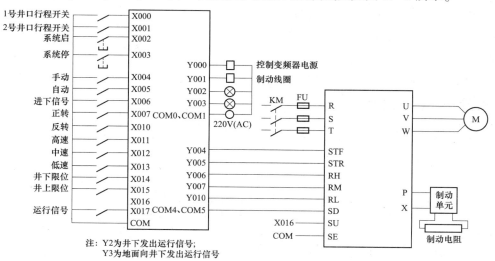

注：Y2 为井下发出运行信号；
　　Y3 为地面向井下发出运行信号

图 17-5　PLC、变频调速接线图

四、提升机工作过程

提升机经过变频调速改造后，操纵杆控制电机正反转三段速度。不管电机正转还是反转，都是从矿井中将煤拖到地面上来，电机工作在正转和反转电动状态，只有在满载拖车快接近井口时，需要减速并制动，提升机工作时序图如图 17-6 所示。

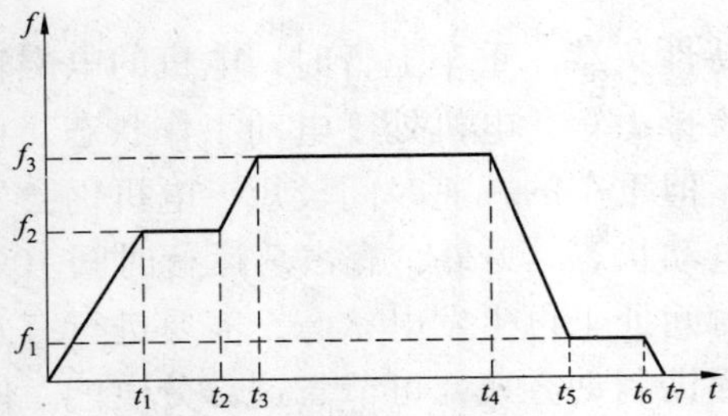

图 17-6 中，提升机无论正转、反转其工作过程是相同的，都有起动、加速、中速运行、稳定运行、减速、低速运行、制动停车等七个阶段。每提升一次运行的时间，与系统的运行速度，加速度及斜井的深度有关，各段加速度的大小，根据工艺情况确定，运行的时间由操作工人根据现场的状况自定。图中各个阶段的工作情况说明如下：

图 17-6　提升机工作时序图

（1）第一阶段 $0 \sim t_1$，车厢在井底工作面装满煤后，发一个联络信号给井口提升机操作工人，操作工人在回复一个信号到井底，然后开机提升。重车从井底开始上行，空车同时在井口车场位置开始下行。

（2）第二阶段 $t_1 \sim t_2$，重车起动后，加速到变频器的频率为 f_2 速度运行，中速运行的时间较短，只是一过渡段，加速时间内设备如果没有问题，立即再加速到正常运行速度。

（3）第三阶段 $t_2 \sim t_3$，再加速段。

（4）第四阶段 $t_3 \sim t_4$，重车以变频器频率为 f_3 的最大速度稳定运行，一般，这段过程最长。

（5）第五阶段 $t_4 \sim t_5$，操作工人看到重车快到井口时立即减速，如减速时间设置较短时，变频器制动单元和制动电阻起作用，不致因减速过快跳闸。

（6）第六阶段 $t_5 \sim t_6$，重车减速到低速以变频器频率为 f_1 速度低速爬行，便于在规定的位置停车。

（7）第七阶段 $t_6 \sim t_7$，快到停车位置时，变频器立即停车，重车减速到零，操作工人发一个联络信号到井下，整个提升过程结束。

图中加速和减速段的时间均在变频器上设置。以上为人工控制方式，也可由 PLC 来进行过程的自动控制。

五、PLC 控制程序

PLC 控制程序如图 17-7 所示。

图 17-7　PLC 控制程序（一）

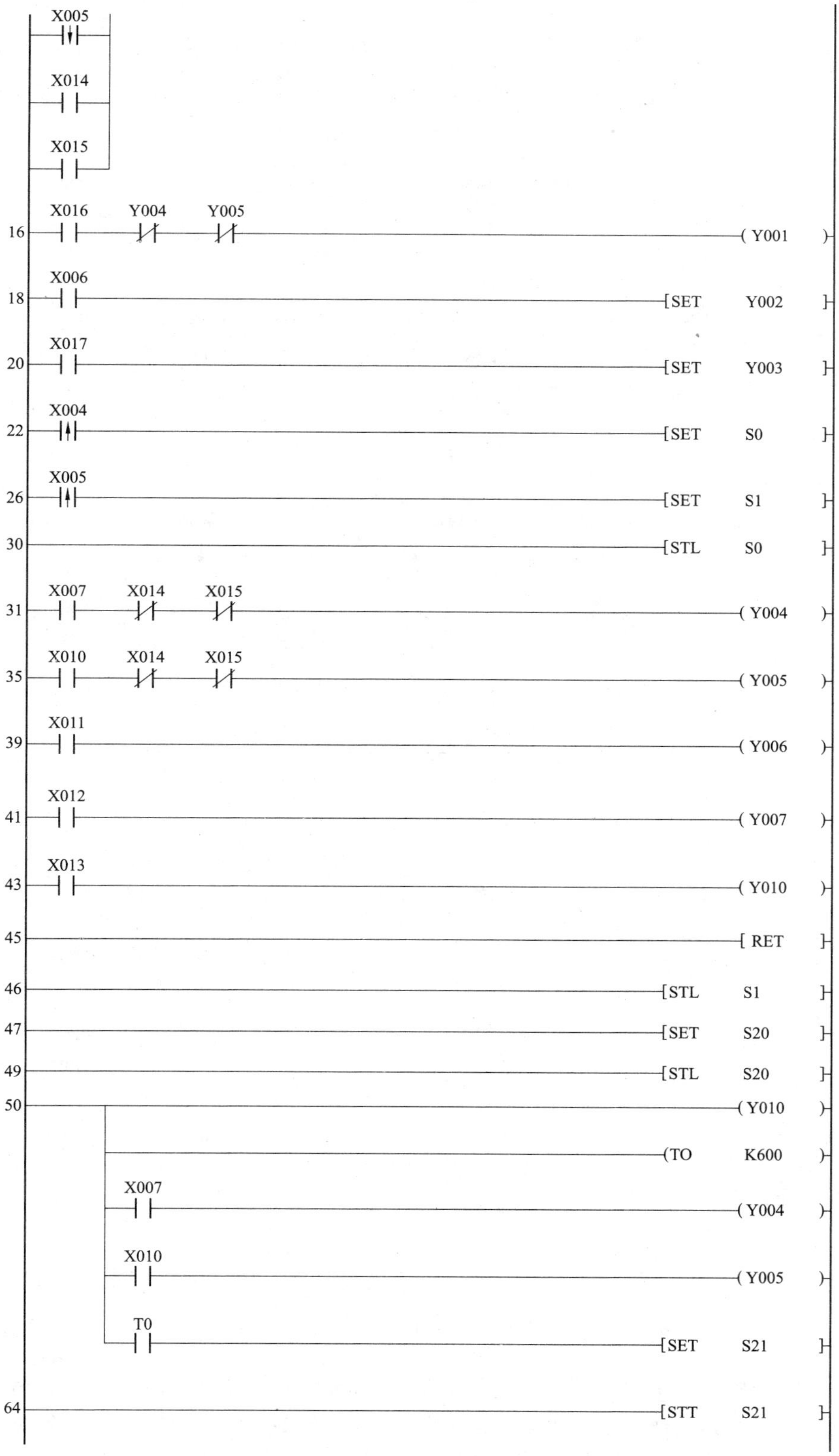

图 17-7 PLC 控制程序（二）

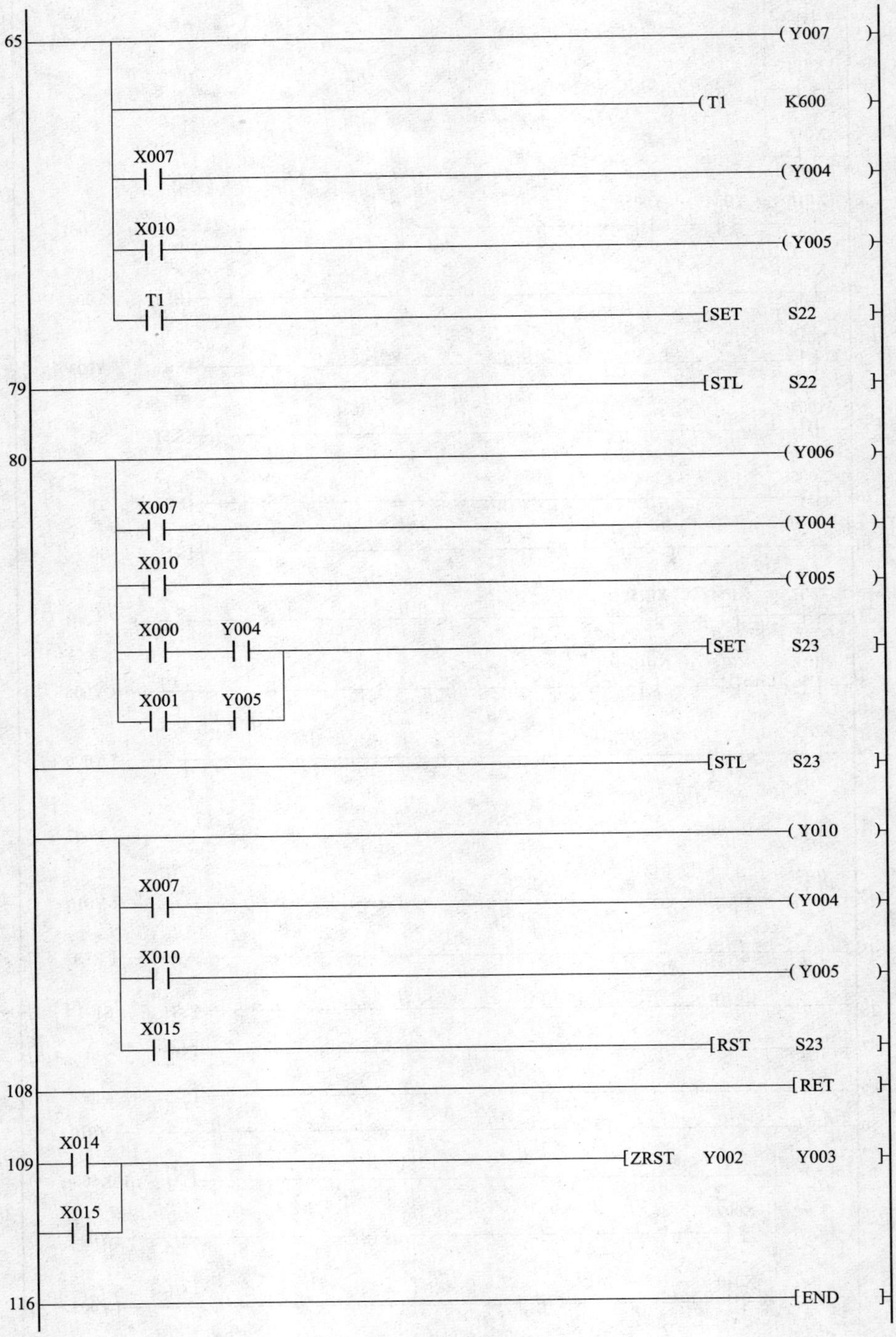

```
65 ├─────────────────────────────────────────────────( Y007 )
   │                                                   ( T1    K600 )
   │    X007
   ├────┤ ├───────────────────────────────────────────( Y004 )
   │    X010
   ├────┤ ├───────────────────────────────────────────( Y005 )
   │    T1
   └────┤ ├──────────────────────────────────[ SET   S22 ]

79 ├──────────────────────────────────────────[ STL   S22 ]

80 ├─────────────────────────────────────────────────( Y006 )
   │    X007
   ├────┤ ├───────────────────────────────────────────( Y004 )
   │    X010
   ├────┤ ├───────────────────────────────────────────( Y005 )
   │    X000   Y004
   ├────┤ ├────┤ ├──────────────────────────────[ SET   S23 ]
   │    X001   Y005
   └────┤ ├────┤ ├─

   ├──────────────────────────────────────────[ STL   S23 ]

   ├─────────────────────────────────────────────────( Y010 )
   │    X007
   ├────┤ ├───────────────────────────────────────────( Y004 )
   │    X010
   ├────┤ ├───────────────────────────────────────────( Y005 )
   │    X015
   └────┤ ├──────────────────────────────────[ RST   S23 ]

108├──────────────────────────────────────────────[ RET ]

109┤ ├─X014────────────────────────────[ ZRST   Y002   Y003 ]
   │    X015
   └────┤ ├─

116├──────────────────────────────────────────────[ END ]
```

图 17-7 PLC 控制程序（三）

绕线式电动机转子串电阻调速，电阻上消耗大量的转差功率，速度越低，消耗的转差功率越大。使用变频调速，是一种不耗能的高效的调速方式。提升机绝大部分时间都处在电动状态，节能十分显著，经统计节能 30% 以上、取得了很好的经济效益。另外，提升机变频调速后，系统运行的稳定性和安全性得到大大的提高，减少了运行故障和停工工时，节省了人力和物力，提高了运煤能力，间接的经济效益也很可观。

第三节　PLC 在隧道射流风机上的应用

一、隧道射流风机系统概述

隧道射流风机系统控制要求如下：

（1）某隧道全长 1km，双车道、双向行驶。安装风机 4 台，分二组，一组编号为 1 号、2 号，另一组编号为 3 号、4 号。每台风机都采用Υ-△降压启动。

（2）在 8 时到 21 时的时间段内车流量特别多，隧道内空气污浊，风机两组 4 台需要全部运行。

（3）21 时后到第二天早上 7 时的时间段内车流量比较少，风机只开一组；考虑要合理使用风机和延长风机的使用寿命，决定两组风机要轮换使用，具体规定如下：

1）21 时 30 分后要先关第一组 1 号风机，23 时再关第一组 2 号风机，剩下第二组 3 号、4 号两台运行；到第二天早上 7 时开第一组 1 号风机，7 时 30 分开第一组 2 号风机；

2）第二天 21 时 30 分后要先关第二组 3 号风机，23 时再关第二组 4 号风机，剩下第一组 1 号、2 号两台运行；再到下一天的早上 7 时开第二组 3 号风机，7 时 30 分开第二组 4 号风机，依此类推，按规定重复循环下去。

二、系统输入输出分配图

系统 I/O 分配及接线如图 17-8 所示。

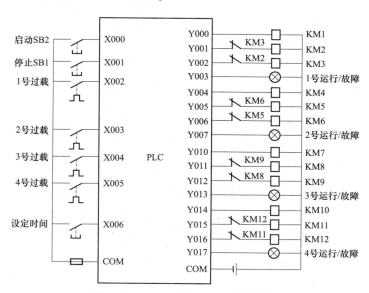

图 17-8　PLC 的 I/O 分配及接线图

三、PLC 控制程序

用时钟指令来编写控制隧道射流风机系统，程序如图 17-9 所示。

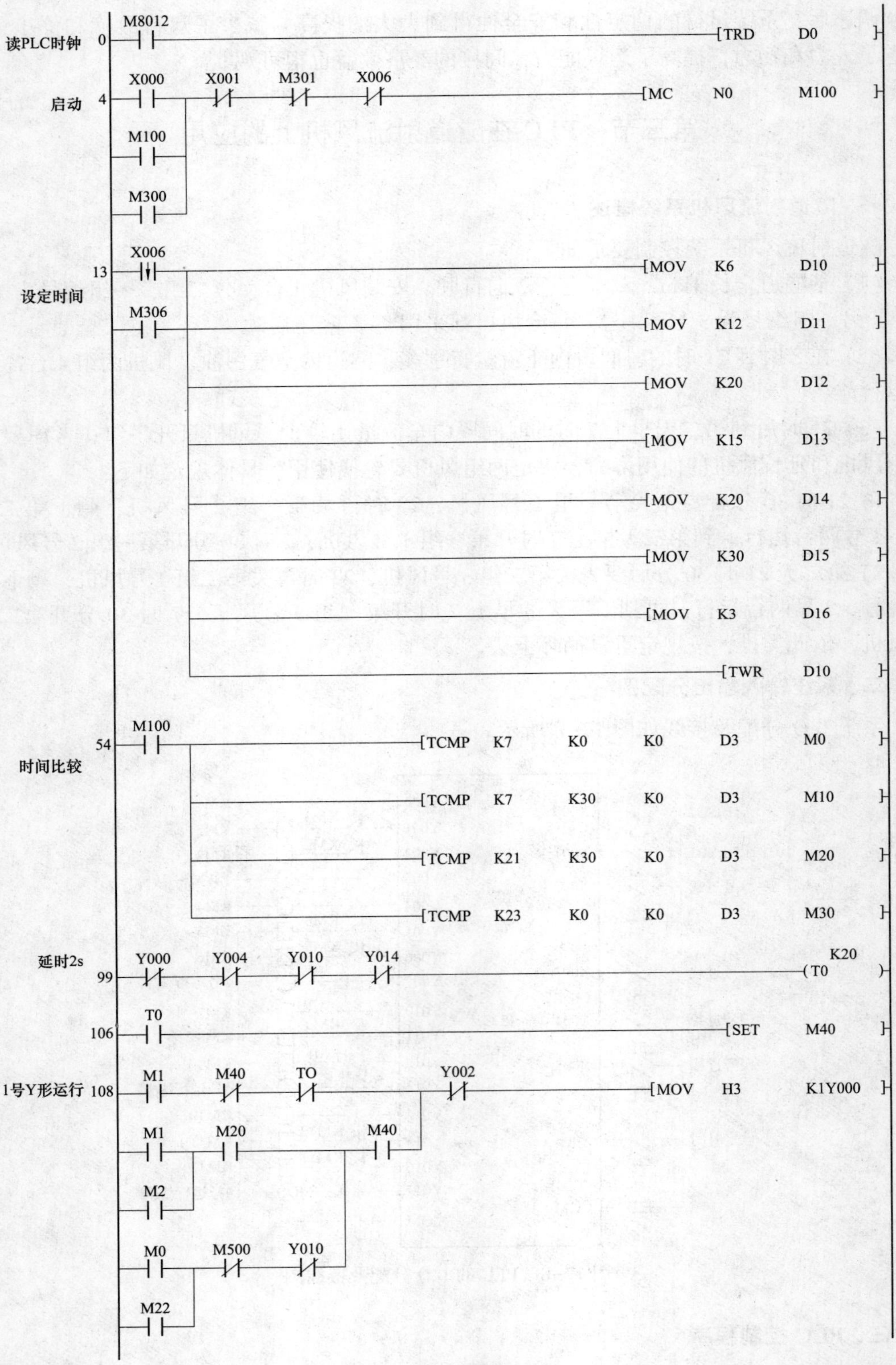

图 17-9 PLC 控制程序（一）

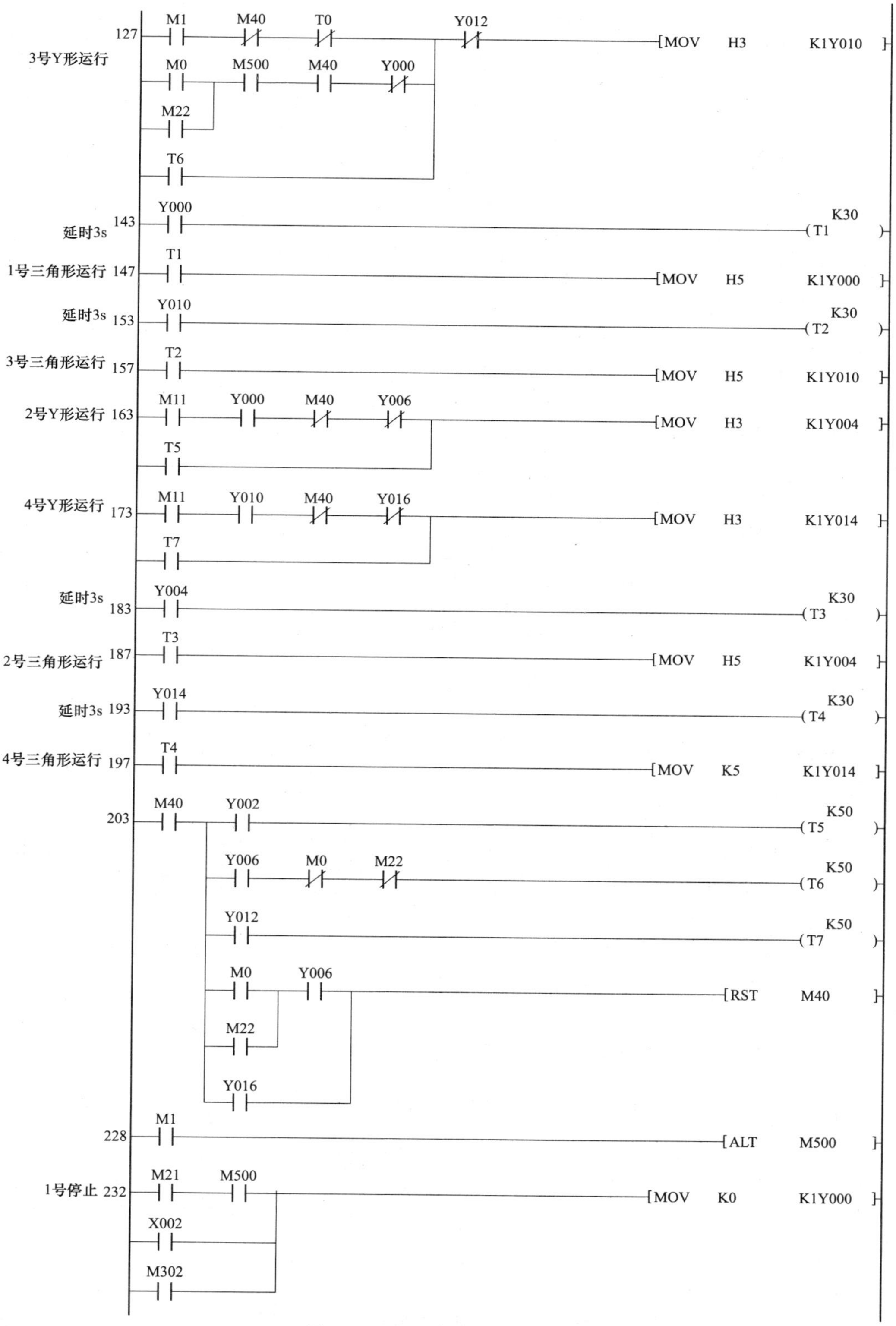

梯级	说明
3号Y形运行	127
延时3s	143
1号三角形运行	147
延时3s	153
3号三角形运行	157
2号Y形运行	163
4号Y形运行	173
延时3s	183
2号三角形运行	187
延时3s	193
4号三角形运行	197
	203
	228
1号停止	232

图 17-9　PLC 控制程序（二）

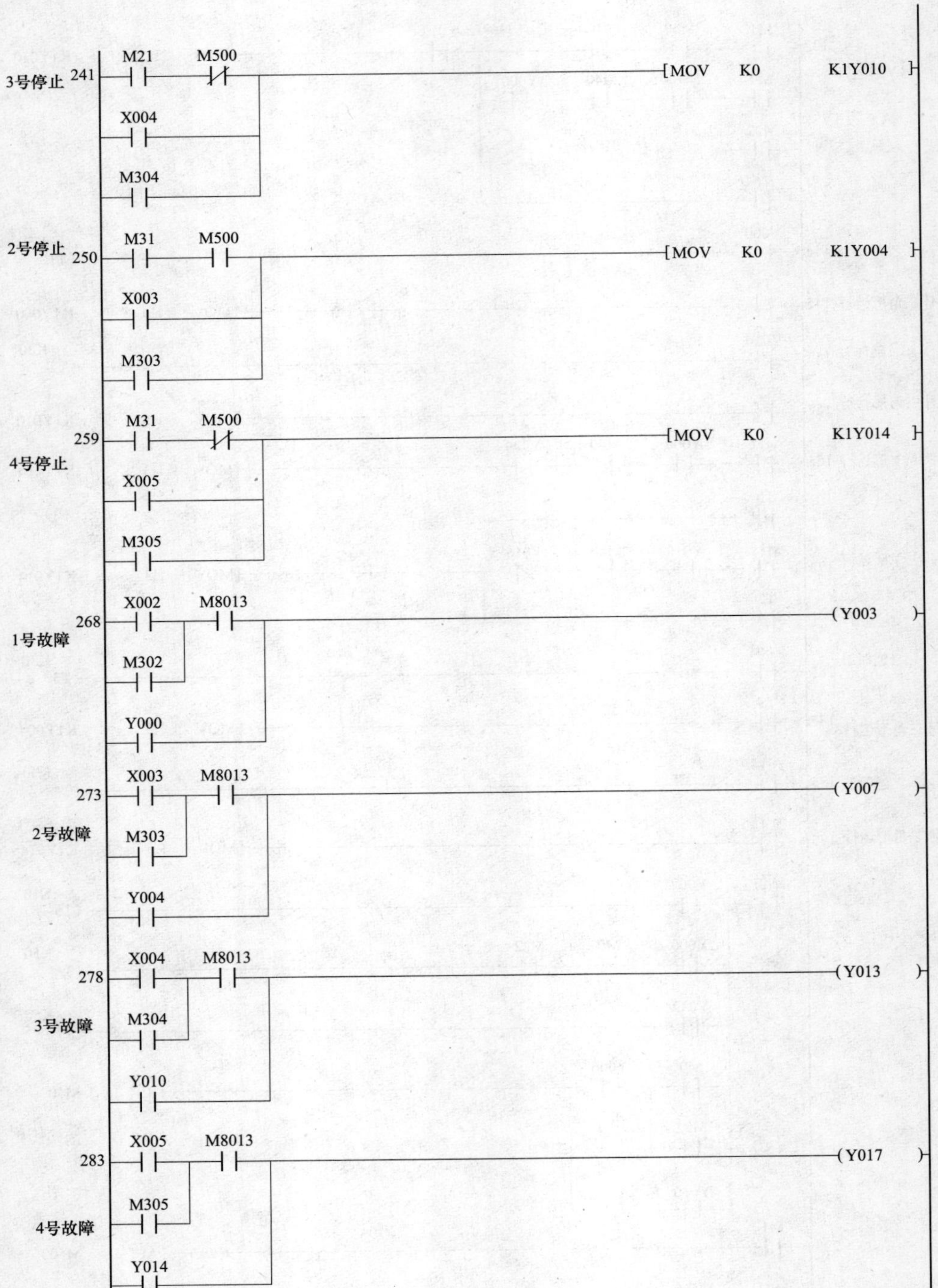

图 17-9　PLC 控制程序（三）

第四节　基于 PLC 与变频器、触摸屏的恒压供水系统

一、变频恒压供水系统的基本组成

变频恒压供水系统如图 17-10 所示，系统由水泵、水泵电动机、压力传感器、变频器及 PLC 组成，压力传感器检测水管管道压力，把检测到的压力信号送入 PLC 的模拟量输出入模块中，然后使用 PLC 的 PID 指令进行 PID 运算与调节，输出调节量经 DA 转换后送至变频器调节水泵电机的转速，从而调节供水量。

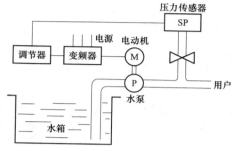

图 17-10　恒压供水系统

二、PLC 在恒压供水泵站中的主要任务

PLC 在恒压供水泵站中的主要任务如下：

（1）代替调节器，实现 PID 控制。

（2）控制水泵的运行与切换。大多泵组恒压供水泵站中，为了使设备均匀地使用，水泵及电动机是轮换工作的。在单一变频器的多泵组站中，与变频器相连接的水泵也是轮流工作的。变频器在运行且达到最高频率时，增加一台工频泵投入运行，PLC 则是泵组管理的执行设备。

（3）变频器的驱动控制。恒压供水泵站中变频器常采用模拟量控制方式，这需要采用具有模拟量输入/输出的 PLC 或采用 PLC 的模拟量扩展模块，水压传感器送来的模拟量信号输入到 PLC 或模拟量模块的输入端，而输出端送出经给定值与反馈值比较并经 PID 处理后的模拟量控制信号，并依此信号的变化改变变频器的输出频率。

（4）泵站的其他逻辑控制。除了泵组的运行管理外，泵站还有其他逻辑控制工作，如手动、自动操作转换、泵站的工作状态指示、泵站工作异常的报警、系统的自检等，这些都是在 PLC 的控制程序中实现。

三、控制实例

1. 控制要求

设计一个恒压供水系统，控制要求如下：

（1）共有两台水泵，要求一台运行，一台备用，自动运行时泵累计 100h 轮换一次，手动时不切换。

（2）两台水泵分别由 M1、M2 电动机拖动，由 KM1 和 KM2 控制。

（3）切换后启动和停止后启动须 5s 报警，运行异常可自动切换到备用泵，并报警。

（4）水压在 0~1MPa 可调，通过触摸屏输入调节。

（5）触摸屏可以显示设定水压、实际水压、水泵运行时间、转速与报警信号等。

2. 控制系统的 I/O 分配及系统接线

（1）I/O 分配。根据系统要求，选用 F940GOT-SWD 触摸屏。触摸屏和 PLC 输入、输出分配如表 17-5 所示。

表 17-5 　　　　　　　　　　触摸屏和 PLC 输入/输出分配表

触摸屏输入、输出				PLC 输入、输出			
触摸屏输入		触摸屏输出		PLC 输入		PLC 输出	
软元件	功能	软元件	功能	输入设备	输入继电器	输出设备	输出继电器
M500	自动启动	Y0	1 号泵运行指示	1 号泵水流开关	X1	KM1（控制 1 号泵接触器）	Y0
M100	手动 1 号泵	Y1	2 号泵运行指示	2 号泵水流开关	X2	KM2（控制 2 号泵接触器）	Y1
M101	手动 2 号泵	T20	1 号泵故障	过电压保护开关	X3	报警器 HA	Y4
M102	停止	T21	2 号泵故障			变频器正转启动端子 STF	Y10
M103	运行时间复位	D101	当前水压				
M104	消除报警	D502	泵累计运行的时间				
D500	水压设定	D102	电动机的转速				

（2）系统接线。根据系统要求，PLC 选用 FX_{2N}-32MR 型，变频器采用三菱 FR-540，模拟量处理模块采用输入输出混合模块 FX_{0N}-3A，变频器通过 FX_{0N}-3A 的模拟输出来调节电动机的转速。

根据 I/O 分配，系统接线图如图 17-11 所示。

3. 触摸屏画面制作

根据系统控制要求，触摸屏制作画面如图 17-12 所示。

4. 变频器参数

在变频器上设置以下参数值：

（1）上限频率 Pr. 1 = 50Hz。

（2）下限频率 Pr. 2 = 30 Hz。

（3）变频器基准频率 Pr. 3 = 50Hz。

（4）加速时间 Pr. 7 = 3s。

（5）减速时间 Pr. 8 = 3s。

（6）电子过电流保护 Pr. 9 = 电动机的额定电流。

（7）启动频率 Pr. 13 = 10Hz。

（8）设定端子 2-5 间的频率设定为电压信号码 0~10V，Pr. 73 = 1。

（9）允许所有参数的读/写，Pr. 160 = 0。

（10）操作模式（外部运行）Pr. 79 = 2。

5. PLC 控制程序

PLC 控制程序如图 17-13 所示。

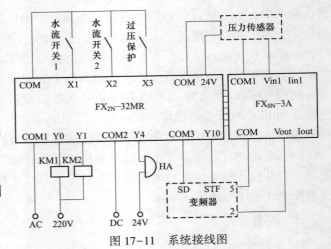

图 17-11　系统接线图

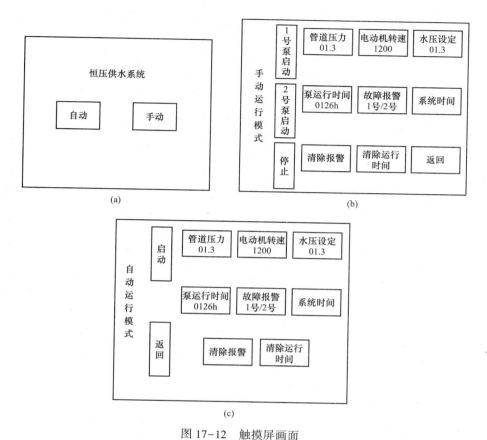

图 17-12　触摸屏画面

（a）中央空调节能控制系统；（b）系统操作画面；（c）数据监视画面

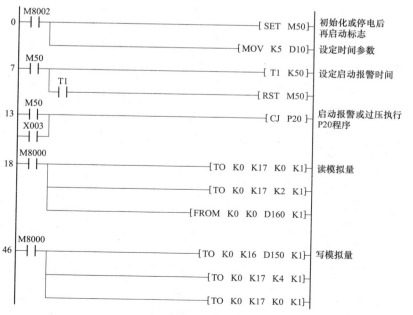

图 17-13　PLC 控制程序（一）

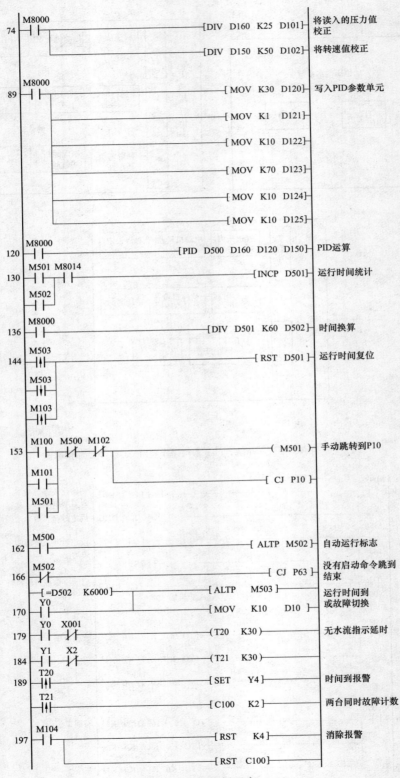

图 17-13　PLC 控制程序（二）

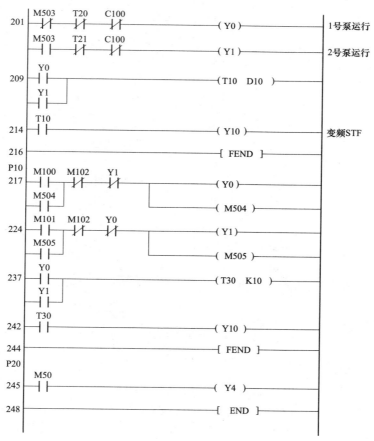

图 17-13　PLC 控制程序（三）

第五节　基于三菱 PLC 与变频器的磨矿分级控制系统

磨矿作业是在球磨机筒体内进行的，筒体内装有磨矿介质钢球。矿石由给矿机经皮带运输机送入球磨机。钢球随着筒体的旋转而被带到一定的高度后，由于重力作用的钢球落下，于是装在筒体内的矿石就受到钢球的冲击力。另一方面，由于钢球在筒体内沿筒体轴心的公转和自转，在钢球之间及其在筒体接触区又产生对矿石的挤压和磨剥力，从而将矿石磨碎。

粉碎后的矿粒随矿浆从球磨机的排矿口排出，呈分散的悬浮状态进入分级机，这时矿浆中的大颗粒矿石形成返砂而进入球磨再磨，小颗粒矿石溢流流出，成为磨矿分级系统的产品，进入下一道工序选别。

一、磨矿分级工艺流程及控制要求

控制系统的工艺流程如图 17-14 所示。粉矿由变频调速的给矿机送到皮带，经皮带送入球磨机进行磨矿，磨矿后的矿浆流入分级机进行分级，满足粒度要求的矿石溢流进入泵池进行选别，大颗度的矿石经分级机重新送入球磨机进行再磨。

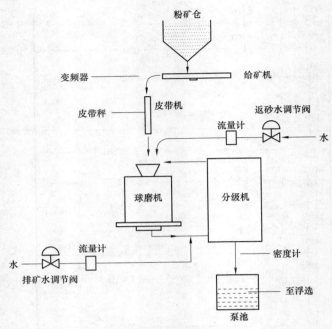

图 17-14　磨矿分级工艺流程

1. 给矿量的控制

为了提高磨矿效率，球磨机的给矿量需根据矿石的可磨性进行设定，并通过对给矿机调速进行自动调节。给矿量由核子皮带秤来进行检测。给矿量的设定通过触摸屏实现，由核子皮带秤检测，给矿量控制是通过改变给矿电机的频率，使矿石入磨机台时量按设定值进行 PI 闭环控制。本系统的台时处理量设计为 40t/h。

2. 磨矿浓度的控制

实验及经验数据证明球磨机内的磨矿浓度为 75%～80% 时磨矿效果最好。故磨矿浓度需控制为 75%～80%。磨矿浓度难以直接检测。可根据给矿量及返砂量按比例加返砂水来实现 PI 控制。

根据生产实践，当磨机工作处于正常状态时，分级返砂比相当稳定。在给矿及分级机溢流浓度稳定的情况下，返砂量的波动不大，因此，只要根据本厂的原矿粒度及矿石特性，标定出正常的返砂比，即可由给矿量的多少及返砂比，按磨矿浓度的要求计算出所需的返砂水量。若给矿量恒定，则返砂水量也是恒定的。

若磨机稳定运行时，磨矿浓度控制在 75% 左右，所需加水量约为 $W=0.25Q$，其中 Q 为给矿量。

3. 溢流浓度的控制

由于分级的矿石颗料不好直接检测，而分级粒度与分级浓度具有严格的关系，故通过控制分级机内的矿石浓度来间接控制分级粒度。分级机溢流浓度由核子密度计检测。分级机溢流浓度主要过电动阀控制排补加水来进行 PI 控制。本项目的溢流浓度在 39%～52% 范围内根据选矿实验结果进行设定。

二、硬件设备选型

本系统有 4 个模拟量输入、3 个模拟量输出，选择 FX_{2N}-48MR 的 PLC 作为控制器，配备 FX_{2N}-4AD 和 FX_{2N}-4DA 各一块。

检测仪表、执行机构的选择如表 17-6 所示。

表 17-6　　　　　　　　　　　　　硬　件　选　型

硬件名称	型号规格	相关参数
给矿变频器	FR-A540	5.5kW
返砂水阀	HS4010-D50	接收 4~20mA 信号
排矿水阀	HS4010-D65	接收 4~20mA 信号
核子皮带秤	WHHZ-200	量程：0~100t/h
排矿水流量计	IFM4080-DN65	量程：0~80t/h
返砂水流量计	IFM4080-DN50	量程：0~50t/h
分级浓度计	THDT003	量程：25%~55%

三、I/O 分配

PLC 各输入输出位元件分配如表 17-7 所示。

表 17-7　　　　　　　　　　　　　I/O　分　配

输入信号		输出信号		
软元件	功能	软元件	控制元件	功能
M0（触摸键）	自动运行启动	Y0	KM1	控制球磨机
M1（触摸键）	自动运行停止	Y1	KM2	控制皮带机
M2（触摸键）	手动操作	Y2	KM3	控制给矿机
M3（触摸键）	皮带手动启动、停止	Y3	KM4	控分级机电源
M4（触摸键）	给矿机手动启动、停止	Y4	KM5	控分级电动机星形接法
M5（触摸键）	为分级机手动启动、停止			
M6（触摸键）	磨机手动启动、停止	Y5	KM6	控分级电动机三角接法
X0	皮带过载信号（FR1）			
X1	分级机过载信号（FR2）			

AD、DA 模块各通道的分配如表 17-8 所示。

表 17-8　　　　　　　　AD、DA 模块各通道的分配

AD 模块		DA 模块	
CH1	皮带秤	CH1	至给矿变频器
CH2	排矿水流量计	CH2	至排矿水调节阀
CH3	返砂水流量计	CH3	至返砂水调节阀
CH4	核子密度计		

I/O 接线图如图 17-15 所示，KM1 控制同步电动机运行，KM2 控制皮带运行，KM3 控

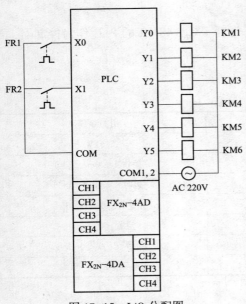

图 17-15 I/O 分配图

制给矿机变频器电源，KM4 控制分级机电源，KM5 控制分级机电动机星形接法降压启动，KM6 控制分级机电动机三角形接法全压运行。M0 为自动启动，M1 为自动停止，M0、M1 在触摸屏上设置为点动。M2 为手动操作，M3 为皮带手动启动、停止，M4 为给矿机手动启动、停止，M5 为分级机手动启动、停止，M6 为磨机手动启动、停止。M2～M6 在触摸屏中都设置为交替。

四、PLC 程序及监控

PLC 程序包括两部分，一部分为开关量的控制，另一部分为模拟量的控制。重点在于三个 PID 回路的模拟量控制，其编程思路可以按读 AD 模块输入数据、PID 运算、写 DA 模块输出模拟量至控制设备的顺序进行编写。PLC 程序如图 17-16 所示。

通过触摸屏控制工程，可在其上进行启停控制、给矿量设定、分级溢流浓度等的设定，还可在画面上直接监视到现场运行的各种数据。

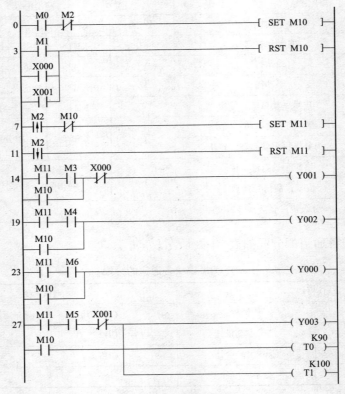

图 17-16 磨矿分级控制程序（一）

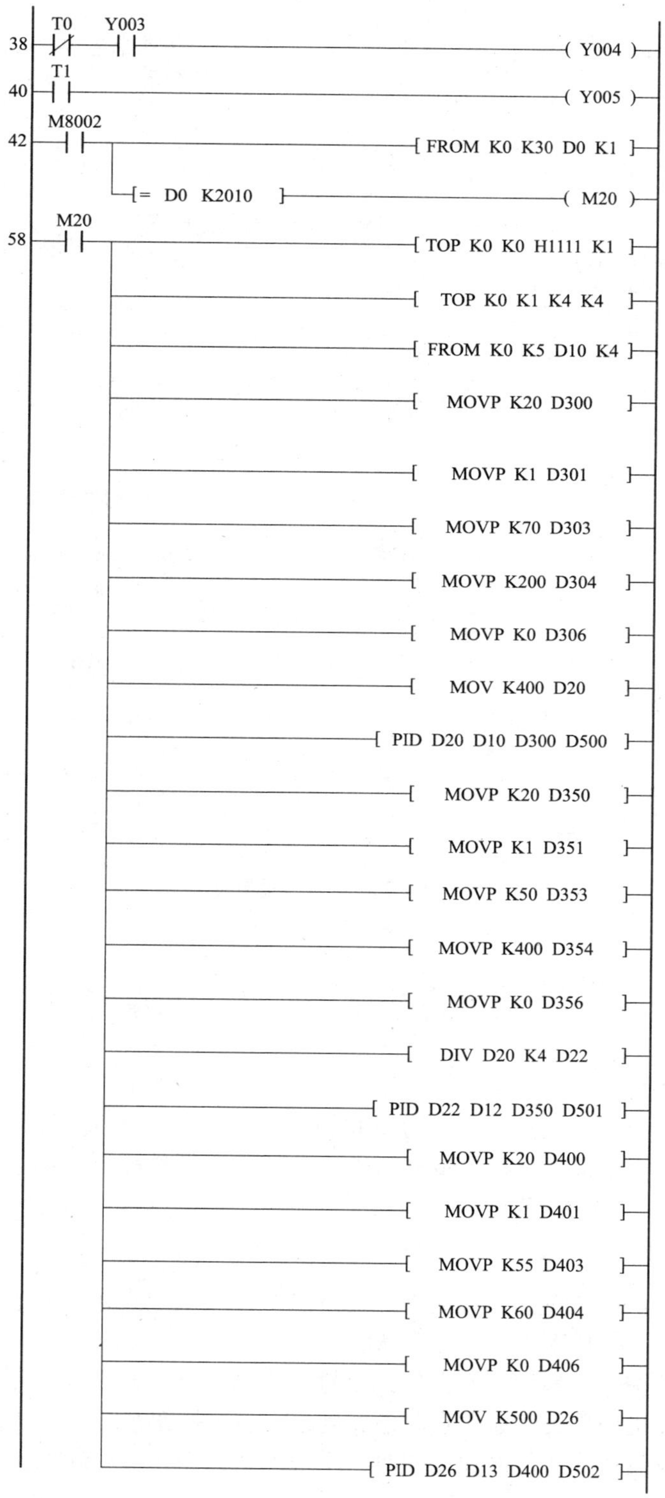

图 17-16　磨矿分级控制程序（二）

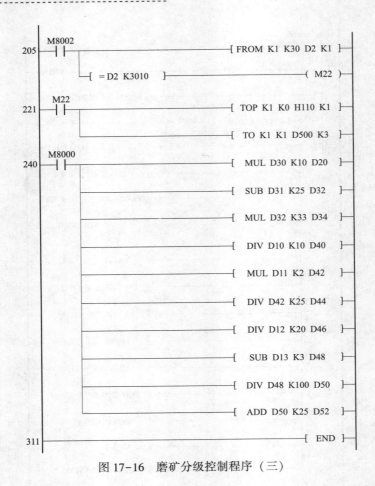

图 17-16　磨矿分级控制程序（三）

第六节　基于 PLC 的给料分拣自动控制

一、系统介绍

本系统是由一个给料汽缸、三个分拣槽汽缸、一个机械手升降汽缸、机械手爪汽缸、机械手移动电机、运输带、三相异步电动机、变频器、各种材质检测传感器、各种限位开关、按钮组成，如图 17-17 所示。

二、系统控制要求

（1）按下回零点启动按钮，机械手回到原点，机械手原点位置状态为：机械手处于皮带位置的垂直上方，机械手爪处于松开状态。

（2）按下启动按钮，系统开始工作，给料机构动作，送料至传送带，然后根据工件的性质进行分拣。若机械手处于非原点状态，则按下启动按钮系统不能运行。

（3）按下停止按钮或急停开关动作时，系统停止，停止指示灯亮。

三、系统动作流程

（1）按下启动按钮，当送料汽缸在缩回的位置时，该电磁阀得电，将仓内的元件推出，

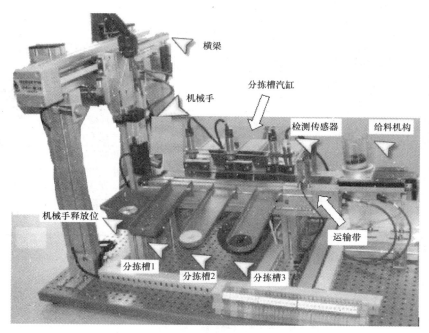

图 17-17　给料分拣装置

当汽缸到达完全伸出的位置时，该电磁阀失电。送料动作完成。

（2）送料动作完成后，皮带通过变频器启动。

（3）通过安装在皮带上的各种检测传感器，将元件区分开来。

（4）黑色（非金属）的元件到达 3 号槽时，其对应的 3 号槽汽缸将它推出。

（5）白色（非金属）的元件到达 2 号槽时，其对应的 2 号槽汽缸将它推出。

（6）蓝色（非金属）的元件到达 1 号槽时，其对应的 1 号槽汽缸将它推出。

（7）金属元件到达皮带到位开关时，机械手立即上升，机械手臂从原点位置下降，并夹住工件 1s 后上升，上升到上限位时左移，左移到左限位时下降，下降到下限位时松开释放工件 1s，然后再回到原点。

（8）每当放好一个元件后，送料汽缸动作，推出下一个元件，系统循环动作。

四、I/O 分配

I/O 分配表如表 17-9 所示，其中 Y12 控制皮带电动信号接至 G110 变频器的启动运行控制端子。I/O 接线图如图 17-18 所示。Y10 控制机械手左移，Y11 用来切换机械手移动的方向，即右移。注意：左移时 Y10 动作，右移时 Y10 和 Y11 都要动作。当 Y6 为 OFF 时，机械手上升到上限位，如 Y6 为 ON，则机械手下降。当 Y7 为 OFF 时，机械手手爪松开，如 Y7 为 ON，则机械手手爪夹紧。

表 17-9　　　　　　　　　　I/O 分　配　表

序号	地址	描　　　述	序号	地址	描　　　述
01	X0	急停开关	03	X2	启动按钮
02	X1	回原点按钮	04	X3	停止按钮

续表

序号	地址	描述	序号	地址	描述
05	X4	给料气缸伸出到位	16	Y1	停止指示灯
06	X5	质材识别（是否金属）	17	Y2	给料气缸
07	X6	分拣槽3检测传感器	18	Y3	分拣槽3推料
08	X7	分拣槽2检测传感器	19	Y4	分拣槽2推料
09	X10	分拣槽1检测传感器	20	Y5	分拣槽1推料
10	X11	工件到达皮带末端	21	Y6	机械手下降
11	X12	机械手左限位	22	Y7	机械手夹料
12	X13	机械手右限位	23	Y10	机械手左移
13	X14	机械手上限位	24	Y11	机械手反向移动
14	X15	机械手下限位	25	Y12	皮带电机启动
15	Y0	运行指示灯			

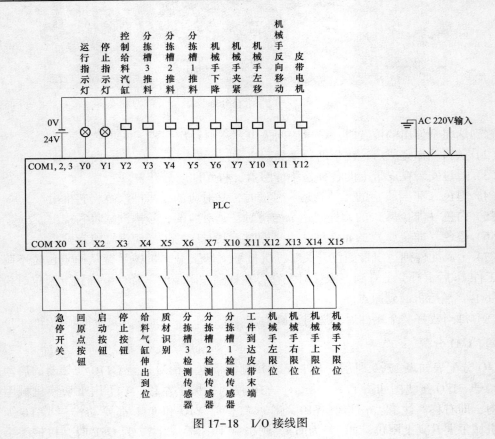

图 17-18　I/O 接线图

五、PLC 程序

本项目采用步进指令来进行编程比较方便，程序包括二个步进程序段，一是回原点程序，二是系统运行程序。

回原点状态转移图如图 17-19 所示，系统运行的状态转移图如图 17-20 所示，PLC 程序如图 17-21 所示。

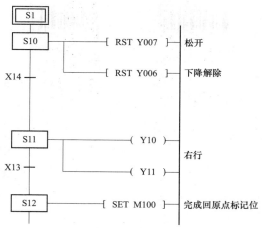

图 17-19 回原点状态转移图

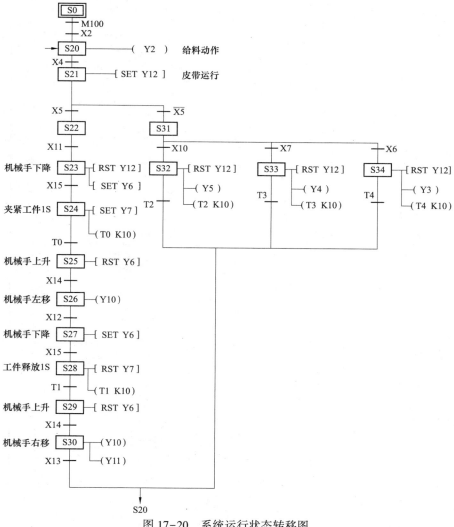

图 17-20 系统运行状态转移图

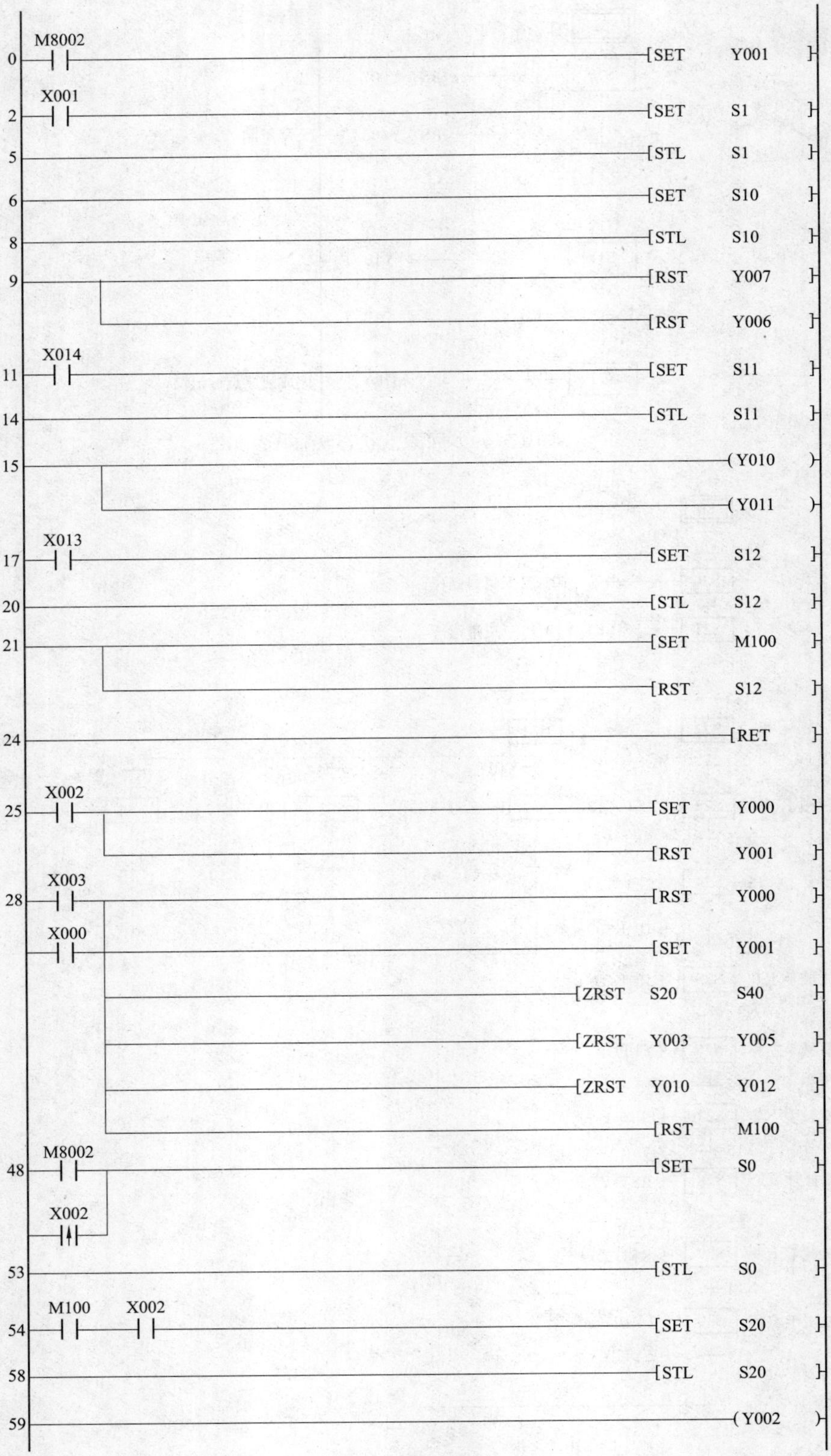

```
0    M8002
     ┤├────────────────────────────────[SET    Y001 ]

2    X001
     ┤├────────────────────────────────[SET    S1   ]

5    ──────────────────────────────────[STL    S1   ]

6    ──────────────────────────────────[SET    S10  ]

8    ──────────────────────────────────[STL    S10  ]

9    ──────────────────────────────────[RST    Y007 ]
       └────────────────────────────────[RST    Y006 ]

11   X014
     ┤├────────────────────────────────[SET    S11  ]

14   ──────────────────────────────────[STL    S11  ]

15   ─────────────────────────────────(Y010 )
       └───────────────────────────────(Y011 )

17   X013
     ┤├────────────────────────────────[SET    S12  ]

20   ──────────────────────────────────[STL    S12  ]

21   ──────────────────────────────────[SET    M100 ]
       └────────────────────────────────[RST    S12  ]

24   ──────────────────────────────────[RET ]

25   X002
     ┤├────────────────────────────────[SET    Y000 ]
       └────────────────────────────────[RST    Y001 ]

28   X003
     ┤├────────────────────────────────[RST    Y000 ]
     X000
     ┤├────────────────────────────────[SET    Y001 ]
       ├───────────────────────[ZRST   S20   S40  ]
       ├───────────────────────[ZRST   Y003  Y005 ]
       ├───────────────────────[ZRST   Y010  Y012 ]
       └────────────────────────────────[RST    M100 ]

48   M8002
     ┤├────────────────────────────────[SET    S0   ]
     X002
     ┤↑├

53   ──────────────────────────────────[STL    S0   ]

54   M100   X002
     ┤├──────┤├──────────────────────────[SET    S20  ]

58   ──────────────────────────────────[STL    S20  ]

59   ─────────────────────────────────(Y002 )
```

图 17-21　PLC 控制程序（一）

```
      X004
60    ┤├                                              ─[SET    S21   ]
63                                                    ─[STL    S21   ]
64                                                    ─[SET    Y012  ]
      X005
65    ┤├                                              ─[SET    S22   ]
      X005
68    ┤/├                                             ─[SET    S31   ]
71                                                    ─[STL    S22   ]
      X011
72    ┤├                                              ─[SET    S23   ]
75                                                    ─[STL    S23   ]
76          ┌                                         ─[RST    Y012  ]
            └                                         ─[SET    Y006  ]
      X015
78    ┤├                                              ─[SET    S24   ]
81                                                    ─[STL    S24   ]
82          ┌                                         ─[SET    Y007  ]
            │                                               K10
            └                                            ─(T0    )
      T0
86    ┤├                                              ─[SET    S25   ]
89                                                    ─[STL    S25   ]
90                                                    ─[RST    Y006  ]
      X014
91    ┤├                                              ─[SET    S26   ]
94                                                    ─[STL    S26   ]
95                                                       ─(Y010  )
      X012
96    ┤├                                              ─[SET    S27   ]
99                                                    ─[STL    S27   ]
100                                                   ─[SET    Y006  ]
      X015
101   ┤├                                              ─[SET    S28   ]
104                                                   ─[STL    S28   ]
105         ┌                                         ─[RST    Y007  ]
            │                                               K10
            └                                            ─(T1    )
      T1
109   ┤├                                              ─[SET    S29   ]
112                                                   ─[STL    S29   ]
```

图 17-21 PLC 控制程序（二）

359

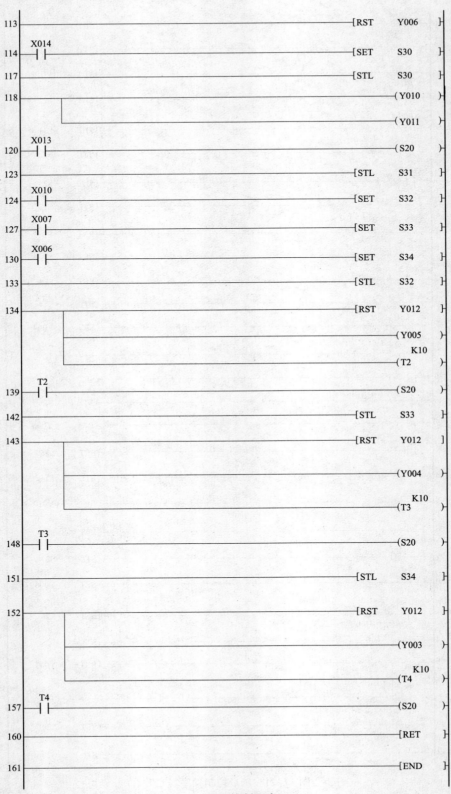

图 17-21　PLC 控制程序（三）

第七节 PLC与变频器、触摸屏在中央空调节能改造技术中的应用

一、中央空调系统概述

中央空调系统主要由冷冻机组、冷却水塔、房间风机盘管及循环水系统（包括冷却水和冷冻水系统）、新风机等组成。

在冷冻水循环系统中，冷冻水在冷冻机组中进行热交换，在冷冻泵的作用下，将温度降低了的冷冻水加压后送入末端设备，使房间的温度下降，然后流回冷冻机组，如此反复循环。

在冷却水循环系统中，冷却水吸收冷冻机组释放的热量，在冷却泵的作用下，将温度升高了的冷却水压入冷却塔，在冷却塔中与大气进行热交换，然后温度降低了的冷却水又流进冷冻机组，如此不断循环。

中央空调循环水系统的工作示意图如图17-22所示。

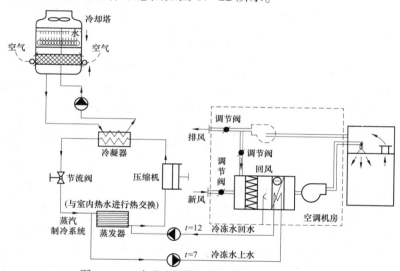

图17-22 中央空调循环水系统的工作示意图

二、中央空调水系统的节能分析

目前国内仍有许多大型建筑中央空调水系统为定流量系统，水系统的能耗一般占空调系统总能耗的15%~20%。

现行定水量系统都是按设计工况进行设计的，它以最不利工况为设计标准，因此冷水机组和水泵容量往往过大。但几乎所有空调系统，最大负荷出现的时间很少。

中央空调系统中的冷冻水系统、冷却水系统是完成外部热交换的两个循环水系统。以前，对水流量的控制是通过挡板和阀门来调节的，许多电能被白白浪费在此上面。如果换成交流调速系统，可把这部分能量节省下来。每台冷冻水泵、冷却水泵平均节能效果就很乐观。故用交流变频技术控制水泵的运行，是目前中央空调水系统节能改造的有效途径。

三、中央空调节能改造实例

1. 大厦原中央空调系统概况

某大厦中央空调为一次泵系统，该大厦冷冻水泵和冷却泵电机全年运行，冷冻水和冷

却水温差约为2℃，采用继电接触器控制。

（1）冷水机组。采用两台（一用一备），电机功率为300kW。

（2）冷冻水泵。两台（一用一备），电机功率为55kW，电动机启动方式为自耦变频器降压启动。

（3）冷却水泵。两台（一用一备），电机功率为75kW，电动机启动方式为自耦变频器降压启动。

（4）冷却塔风机。三座，每座风机台数为一台，风机功率为5.5kW，电动机启动方式为直接启动。

系统存在的问题：

（1）水流量过大使循环水系统的温差降低，恶化了主机的工作条件，引起主机热交换效率下降，造成额外的电能损失。

（2）水泵采用自耦变频器启动，电机的启动电流较大，会对供电系统带来一定冲击。

（3）传统的水泵起、停控制不能实现软起、软停，在水泵启停时，会出现水锤现象，对管网造成较大冲击。

2. 节能改造措施

结合原中央空调的实际情况，确定水系统节能改造措施如下：

（1）由于系统中冷却水泵功率为75kW，占主机功率的30%，故对冷却水系统和冷冻水系统进行变流量改造，在保证机组安全可靠运行的情况下，取得最大化的节能效果。

（2）冷冻水系统的控制方案采用温差控制方法，因为冷冻水系统的温差控制适宜用于一次泵定流量的改造，施工较容易，将冷冻水的送回水温差控制在4.5~5.0℃。冷冻水控制方法：PLC通过温度传感器及温度模块将冷冻水的出水温度和回水温度读入PLC，根据回水和出水的温度差来控制变频器的转速，从而调节冷冻水的流量，控制热交换的速度。温度高，说明室内温度高，应提高冷冻泵的转速，加快冷冻水的循环速度以增加流量，加快热交换的速度；反之温差小，则说明室内温度低，可降低冷冻泵的转速，减少冷冻水的循环速度以降低流量，减速缓热交换的速度，达到节能的目的。

（3）冷却水系统的控制方案也采用定温差控制方法。因为冷却水系统定温差控制的主机性能优于冷却水出水温度控制，将冷却水的进出水温差控制在4.5~5.0℃，控制过程也冷冻水类似。

（4）由于冷却塔风机的额定功率为5.5kW，故不考虑对风机进行变频调速。

（5）两台冷却水泵M1、M2和两台冷冻水泵M3、M4的转速控制采用变频器改造。正常情况下，系统运行在变频节能的状态，其上限运行频率为50Hz，下限为30Hz；当节能系统出现故障时，可启动原水泵的控制回路使电机投入工频运行；在变频节能状态下可以自动调节频率，也可以手动调节频率。两台冷冻水泵（或冷却水泵）可进行手动轮换。

3. 节能改造控制系统的功能结构图

用触摸屏、PLC、变频器来对系统进行自动控制，控制系统功能框图如图17-23所示。

4. 控制系统改造设计

因篇幅有限，下面对冷却水泵为例介绍其节能改造控制系统。

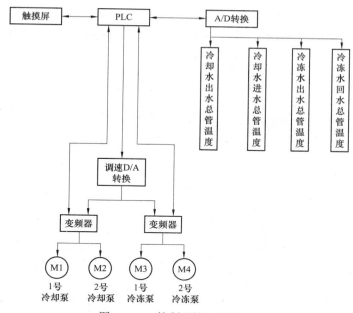

图 17-23　控制系统功能框图

（1）设计方案。冷却水泵 M1 主回路电气原理图，如图 17-24 所示。冷却水泵 M2 主回路电气原理图与 M1 相似。

温度检测用两个箔温度传感器（PT100）采集冷却水的出水和进水温度，然后通过与之连接的 FX_{2N}-4AD-PT 特殊功能模块，将采集的模拟量进行 A/D 转换，送入 PLC。再通过 PLC 运算，将运算结果通过 FX_{2N}-2DA 进行 D/A 转换，转换成 0~10V（DC）来控制变频器转速。

（2）控制系统的 I/O 分配与系统接线

选用 F940GOT-SWD 触摸屏，PLC 选用 FX_{2N}-48MR，I/O 分配如表 17-10 所示，PLC 接线如图 17-25 所示。

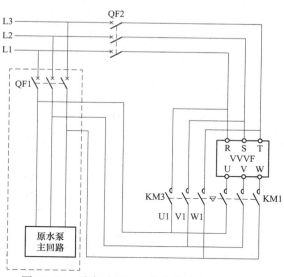

图 17-24　冷却水泵 M1 主电路电气原理图

表 17-10　　　　　I/O 分 配 表

输入		输出	
X0	变频器报警输出信号	Y0	变频器运行信号
M0	冷却泵启动按钮	Y1	变频器报警复位
M1	冷却泵停止按钮	Y4	变频器报警指示
M2	冷却泵手动加速	Y6	冷却泵自动调速指示
M3	冷却泵手动减速	Y10	冷却泵 M1 变频运行

输入		输出	
M5	变频器报警复位	Y11	冷却泵 M2 变频运行
M6	冷却泵 M1 运行		
M7	冷却泵 M2 运行		
M10	冷却泵手/自动切换		

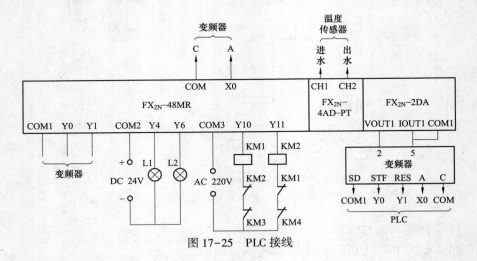

图 17-25 PLC 接线

（3）触摸屏画面制作。制作触摸屏监控画面如图 17-26 所示。

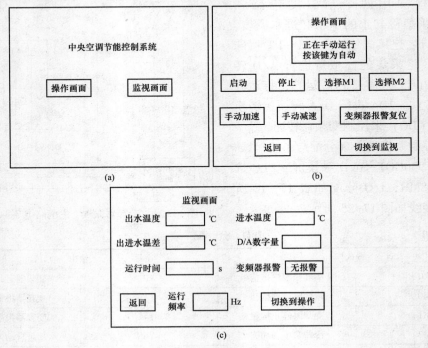

图 17-26 触摸屏监控画面

（a）中央空调节能控制系统；（b）操作画面；（c）监视画面

（4）编写程序。程序主要由以下几部分组成：冷却水出进水温度检测及温差计算程序、D/A 转换程序、手动调速程序、自动调速程序和变频器、水泵启停报警的控制程序等。控制程序如图 17-27 所示。

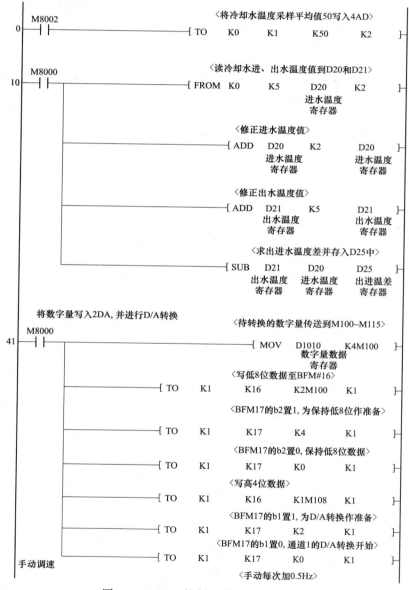

图 17-27　PLC 控制程序（一）

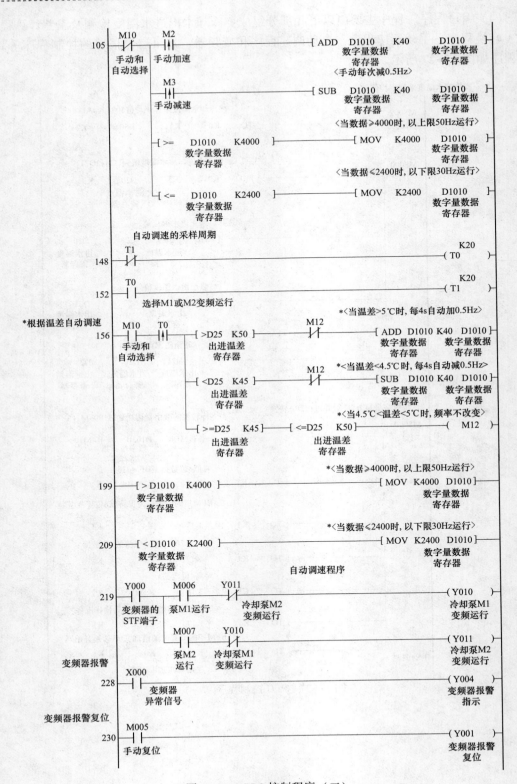

图 17-27 PLC 控制程序（二）

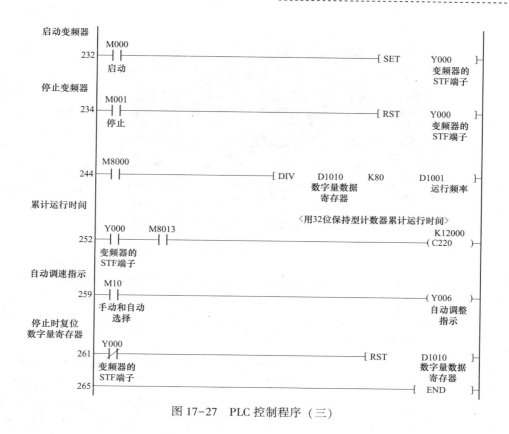

图 17-27　PLC 控制程序（三）

第八节　基于 PLC 与步进电动机的运动小车自动控制

本章主要介绍基于 FX 系列 PLC 与步进电动机的小车运动控制，以小车的自动往返控制和位置闭环控制两个实例，介绍 PLC、步进电动机、位置检测光栅尺的综合应用。

一、运动小车装置介绍

运动小车装置如图 17-28 所示，由丝杠、运动托盘、光栅尺、步进电动机、多个位置检测传感器等组成。运动托盘由步进电动机通过丝杠传动。位置检测传感器可检测到运动托盘运动至该位置时检测到一个开关量信号。光栅尺用来对运动托盘进行位置的精确检测。

此外，要实现对该设备的控制，还需用到晶体管输出型的 FX 系列 PLC，步进电动机驱动器等器件。

二、运动控制与步进电动机

1. 运动控制

（1）运动控制系统简介。运动控制系统是一门有关如何对物体位置和速度进行精密控制的技术，典型的运动控制系统由三部分组成：控制部分、驱动部分和执行部分。

其中，运动执行部件通常为步进电动机或伺服电动机。步进电动机是一种将电脉冲转化为角位移的执行机构，其特点是没有积累误差，因而广泛用于各种开环控制。当步进驱

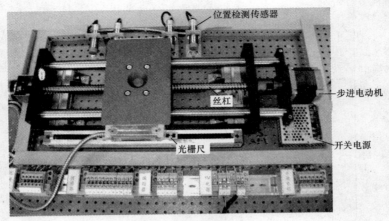

图 17-28   运动小车装置

动器接收到一个脉冲信号，它就驱动步进电动机按设定的方向转动一个固定的角度，它的旋转是以固定步长运行的。可以通过控制脉冲个数来控制角位移量，从而达到准确定位的目的；同时可以通过控制脉冲频率来控制电动机转动的速度和加速度，从而达到调速的目的。

步进电动机的运行要有一电子装置进行驱动，这种装置就是步进电动机驱动器，它是把控制系统发出的脉冲信号，加以放大来驱动步进电动机。步进电动机的转速与脉冲信号的频率成正比，控制步进电动机脉冲信号的频率，可以对电动机精确调速；控制步进脉冲的个数，可以对电动机精确定位。因此典型的步进电动机驱动控制系统主要由三部分组成：

1）控制器，由单片机或 PLC 实现。

2）驱动器，把控制器输出的脉冲加以放大，以驱动步进电动机。

3）步进电动机。

（2）常用术语。

步进角：每输入一个电脉冲信号时转子转过的角度称为步进角。步进角的大小可直接影响电机的运行精度。

整步：最基本的驱动方式，这种驱动方式的每个脉冲使电机移动一个基本步矩角。例如，标准两相电机的一圈共有 200 个步矩角，则整步驱动方式下，每个脉冲使电机移动 1.8°。

半步：在单相激磁时，电动机转轴停至整步位置上，驱动器收到下一个脉冲后，如给另一相激磁且保持原来相继续处在激磁状态，则电动机转轴将移动半个基本步矩角，停在相邻两个整步位置的中间。如此循环地对两相线圈进行单相然后两相激磁，步进电动机将以每个脉冲半个基本步矩角的方式转动。

细分：细分就是指电动机运行时的实际步矩角是基本步矩角的几分之一。如：驱动器工作在 10 细分状态时，其步矩角只为电机固有步矩角的十分之一，也就是说，当驱动器工作在不细分的整步状态时，控制系统每发一个步进脉冲，电机转动 1.8°，而用细分驱动器工作在 10 细分状态时，电机只转动了 0.18°。细分功能完全是由驱动器靠精度控制电动机的相电流所产生的，与电动机无关。

保持转矩：是指步进电动机通电但没有转动时，定子锁住转子的力矩。它是步进电动机最重要的参数之一，通常步进电动机在低速时的力矩接近保持转矩。由于步进电动机的输出力矩随速度的增大而不断衰减，输出功率也随速度的增大而变化，所以保持力矩就成为衡量步进电动机的最重要参数之一。如当人们说 2N·M 的步进电动机，是在没有特殊说明的情况下指保持转矩为 2N·M 的步进电动机。

制动转矩：是指步进电动机在没有通电的情况下，定子锁住转子的力矩。在国内没有统一的翻译方式，容易使大家产生误解。

启动矩频特性：在给定驱动的情况下，负载的转动惯量一定时，启动频率同负载转矩之间的关系称为启动矩频特性，又称牵入特性。

运行矩频特性：在负载的转动惯量不变时，运行频率同负载转矩之间的关系称为运行矩频特性，又称牵出特性。

空载启动频率：指步进电动机能够不失步启动的最高脉冲频率。

静态相电流：电动机不动时每相绕组允许通过的电流，即额定电流。

2. 步进电动机

（1）步进电动机的选型。步进电动机的选型原则如下：

1）驱动器的电流。电流是判断驱动器能力大小的依据，是选择驱动器的重要指标之一，通常驱动器的最大额定电流要略大于电机的额定电流，通常驱动器有 2.0、35、6.0A 和 8.0A。

2）驱动器的供电电压。供电电压是判断驱动器升速能力的标志，常规电压供给有 24V（DC）、40V（DC）、60V（DC）、80V（DC）、110V（AC）、220V（AC）等。

3）驱动器的细分。细分是控制精度的标志，通过增大细分能改善精度。步进电动机都有低频振荡的特点，如果电动机需要工作在低频共振区工作，细分驱动器是很好的选择。此外，细分和不细分相比，输出转矩对各种电动机都有不同程度的提升。

（2）步进电动机驱动器。本系统中采用两相混合式步进电机驱动器 YKA2404MC 细分驱动器，其外形如图 17-29 所示。该步进电机驱动器的先进特点如下：

1）低噪声、平稳性极好；高性能、低价格。

2）设有 12/8 挡等角度恒力矩细分，最高 200 细分，使运转平滑，分辨率提高。

3）采用独特的控制电路，有效地降低了噪音，增加了转动平稳性；最高反应频率可达 200kpps。

4）步进脉冲停止超过 100ms 时，线圈电流自动减半，减小了许多场合的电机过热。

5）双极恒流斩波方式，使得相同的电动机可以输出更大的速度和功率。

6）光电隔离信号输入/输出。

7）驱动电流从 0.1~4.0A/相连续可调；可以驱动任何 4.0A 相电流以下两相混合式步进电动机。

8）单电源输入，电压范围：DC 12~40V；出错保护，过热保护，过流、电压过低保护。

图 17-29　步进电动机驱动器

　　YKA2404MC 是等角度恒力矩细分型高性能步进驱动器，驱动电压为 DC 12~40V，采用单电源供电。适配电流在 4.0A 以下，外径 42~86mm 的各种型号的二相混合式步进电动机。该驱动器内部采用双极恒流斩波方式，使电动机噪声减小，电动机运行更平稳；驱动电源电压的增加使得电动机的高速性能和驱动能力大为提高；而步进脉冲停止超过 100ms 时，线圈电流自动减半，使驱动器的发热可减少 50%，也使得电动机的发热减少。用户在脉冲频率不高的时候使用低速高细分，使步进电动机运转精度提高，最高可达 200 细分，振动减小，噪声降低。

　　（3）步进电动机驱动器的端子与接线。YKA2404MC 步进电动机驱动器的指示灯和接线端子如图 17-30 所示。该步进电动机驱动器与控制部件之间的连接方法如图 17-31 所示，如把 5V 直流电源脉冲加至+端与 PU 端，即可把控制部件输出的脉冲信号送至步进电动机驱动器，步进电动机驱动器就按此脉冲的频率去控制步进电动机的转速。+端与 DR 端子用来控制步进电动机的转动方向，设该两端子未加上 5V 的直流电压，电动机转动方向为正转，若在两端子上加上 5V 的直流电压，则电机转动方向变为反转。MF 用来控制电机制动停止。各端子的具体说明如表 17-11 所示。

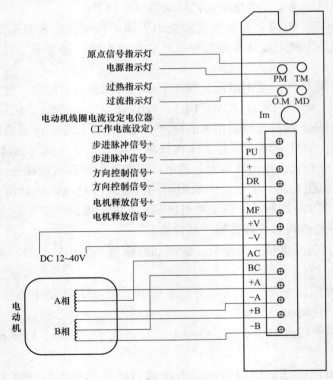

图 17-30　步进电动机驱动器的指示灯和接线端子

　　（4）步进电动机驱动器的细分设定。YKA2404MC 步进电动机驱动器共有 6 个细分设定开关，如图 17-32 所示。步进电动机驱动器的细分设定按表 17-12 所示。

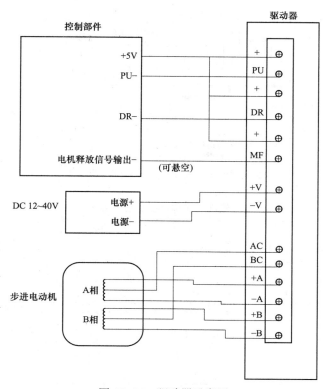

图 17-31　驱动器示意图

表 17-11　　　　　　　　　　　　**端 子 说 明**

标记符号	功能	注　释
+	输入信号光电隔离正端	接+5V供电电源+5~+24V均可驱动，高于+5V需接限流电阻
PU	D2=OFF 时为步进脉冲信号 D2=ON 时为正向步进脉冲信号	下降沿有效，每当脉冲由高变低时电动机走一步。输入电阻220Ω，要求：低电平0~0.5V，高电平4~5V，脉冲宽度>2.5μs
+	输入信号光电隔离正端	接+5V供电电源+5~+24V均可驱动，高于+5V需接限流电阻
DR	D2=OFF 时为方向控制信号 D2=ON 时为反向步进脉冲信号	用于改变电动机转向。输入电阻220Ω，要求：低电平0~0.5V，高电平4~5V，脉冲宽度>2.5μs
+	输入信号光电隔离正端	接+5V供电电源+5~+24V均可驱动，高于+5V需接限流电阻
MF	电机释放信号	有效（低电平）时关断电机线圈电流，驱动器停止工作，电动机处于自由状态
+V	电源正极	DC 12~40V
−V	电源负极	
AC、BC		
+A、−A	电动机接线	六出线　　　　　　　八出线
+B、−B		

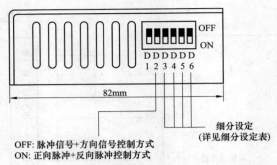

OFF: 脉冲信号+方向信号控制方式
ON: 正向脉冲+反向脉冲控制方式

细分设定
（详见细分设定表）

图 17-32　步进电动机驱动器细开设定开关

表 17-12 步进电动机驱动器细分设定表

细分数	1	2	4	5	8	10	20	25	40	50	100	200	200	200	200	200
D6	ON	OFF	ON	OFF	ON	OFF	ON	OFF	ON	OFF	ON	OFF	ON	OFF	ON	OFF
D5	ON	ON	OFF	OFF	ON	ON	OFF	OFF	ON	ON	OFF	OFF	ON	ON	OFF	OFF
D4	ON	ON	ON	ON	OFF	OFF	OFF	OFF	ON	ON	ON	ON	OFF	OFF	OFF	OFF
D3	ON	ON	ON	ON	ON	ON	ON	ON	OFF	OFF	OFF	OFF	OFF	OFF	OFF	OFF
D2	ON，双脉冲：PU 为正向步进脉冲信号，DR 为反向步进脉冲信号															
	OFF，单脉冲：PU 为步进脉冲信号，DR 为方向控制信号															
D1	无效															

（5）步进电动机驱动器使用注意事项。步进电动机驱动器使用注意事项如下：

1）不要将电源接反，输入电压不要超过 DC 40V。

2）输入控制信号电平为 5V，当高于 5V 时需要接限流电阻。

3）此型号驱动器采用特殊的控制电路，故必须使用 6 出线或者 8 出线电动机。

4）驱动器温度超过 70° 时停止工作，故障 O.H 指示灯亮，直到驱动器温度降到 50℃，驱动器自动恢复工作。出现过热保护请加装散热器。

5）过流（电流过大或电压过小）时故障指示灯 O.C 灯亮，请检查电动机接线及其他短路故障或是否电压过低，若是电动机接线及其他短路故障，排除后需要重新上电恢复。

6）驱动器通电时绿色指示灯 PWR 亮。

7）过零点时，TM 指示灯在脉冲输入时亮。

三、光栅尺

七芯排列图

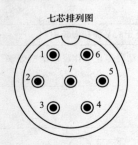

图 17-33　七芯 TTL
信号输出端子

光栅尺是用来检测位移的元件，下面以型号为 KA-300 为例介绍光栅尺的使用。该光栅尺输出信号为脉冲信号，通过 PLC 对该高速脉冲进行高速计数即可实现位移的检测。KA-300 光栅尺的七芯 TTL 信号端子输出图如图 17-33 所示，各芯的作用如表 17-13 所示。

表 17-13　七芯 TTL 信号输出图

脚位	1	2	3	4	5	6	7
信号	0V	空	A	B	+24V	Z	地线

　　KA-300 光栅尺的参数，该光栅尺在物理位置上有三个 Z 相脉冲输出点，相临两点的距离为 50mm，Z 相每发出一个脉冲，A 相或 B 相就发出 2500 个脉冲。可通过 A 相与 B 相的超前与滞后来分析物体运行的方向。通过 PLC 对 A 相或 B 相的脉冲计数就可以计算出物体所在的位置。A 相、B 相正交脉冲与 Z 相脉冲波形图如图 17-34 所示，在该图中，A 相脉冲超前于 B 相脉冲。

　　光栅尺与 PLC 的连接如图 17-35 所示，其中蓝色线输出 B 相脉冲信号，绿色线输出 A 相脉冲信号，黄色线输出 Z 相脉冲信号，白色线为三相输出脉冲的公共端，黑色线与红色线接光栅尺的 24V（DC）工作电源。把光栅尺输出的脉冲信号送到 PLC 的输入点。

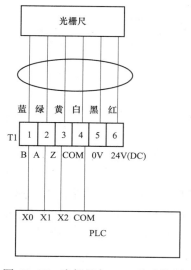

图 17-35　光栅尺与 PLC 的连接图

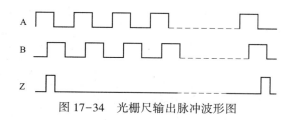

图 17-34　光栅尺输出脉冲波形图

　　【例 17-1】　光栅尺参数调试。若已知两个 Z 相脉冲输出点的物理距离为 50mm，试通过程序调试出 A、B 相每输出一个脉冲对应的位移数量。

　　光栅尺与 PLC 按如图 17-35 进行连接。调试方法为 PLC 发出高速脉冲使小车运行，用高速计数器 C251 对 A、B 相正交脉冲计数，再把 Z 相脉冲作为一个高速计数器的复位信号，再调用中断，通过中断程序把 C251 的计数值传送至 D1D0，D1D0 中的数据即为小车运行 50mm 对应的 A、B 相正交脉冲的数量，根据此数值即可算出 A、B 相每输出一个脉冲，对应的位移数量。

　　调试程序如图 17-36 所示。

四、基于 PLC 与步进电动机的小车自动往返控制

　　项目一：步进电动机正反转控制。

　　用 FX 系列 PLC 控制步进电动机正转与反转。把步进电动机驱动器的 D2 设置为 OFF，即 PU 为步进脉冲信号，DR 为方向控制信号。如图 17-37 所示，PLC 的 Y0 输出高速脉冲至步进电动机驱动器的 PU 端，Y1 控制步进电动机反转。对应小车的运行各输出点分配如下：

　　正转启动：X0；

　　反转启动：X1；

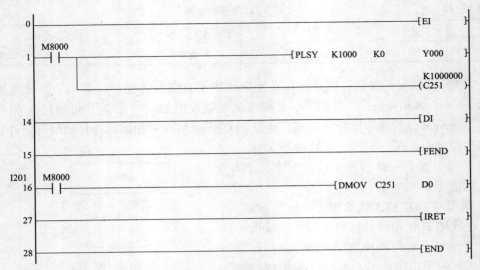

图 17-36　光栅尺调试程序

停止：X2；

向左运行：Y0 发脉冲，Y1 为 OFF；

向右运行：Y0 发脉冲，Y1 为 ON；

停止，Y0 停止发脉冲，Y1 为 OFF。

I/O 接线图如图 17-37 所示。

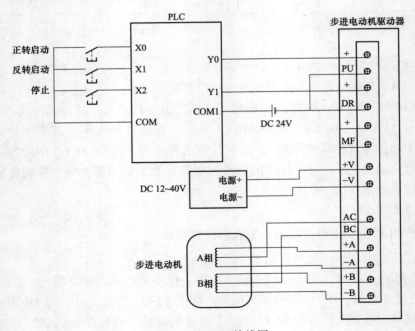

图 17-37　I/O 接线图

控制程序如图 17-38 所示。

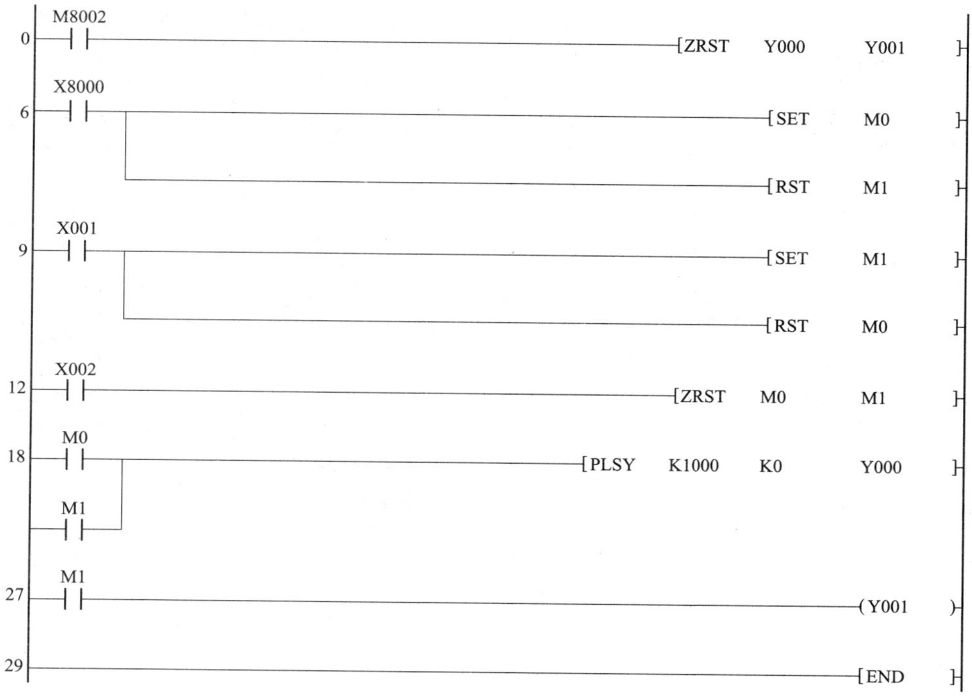

图17-38　步进电机正反转控制程序

项目二：运动小车自动往返控制。

按下启动按钮后，要求小车开始向左运行，能自动往返运行。按下停止按钮或碰到极限保护开关时，小车自动停止。

I/O 分配如表17-14所示。设 Y1 为 OFF 时小车往左运行，为 ON 时小车往右运行，编写 PLC 控制程序如图17-39所示。

表17-14　　　　　　　　　I/O 分 配 表

输入点		输出点	
启动按钮	X0	Y0	输出高速脉冲
停止按钮	X1	Y1	控制运行方向
左侧返回检测开关	X2		
右侧返回检测开关	X3		
左限位开关	X4		
右限位开关	X5		

五、基于 PLC 与步进电动机的位置检测控制

利用光栅尺对小车的位置进行检测，可达到较高的控制精度。

项目：基于 PLC 与步进电动机的位置检测控制。

用 PLC 控制小车自动往返控制，按下启动按钮时，小车开始往左运行，然后在左、右极限的范围内实现自动往返运行，如图17-40所示，设右侧返回检测开关处为坐标原点。

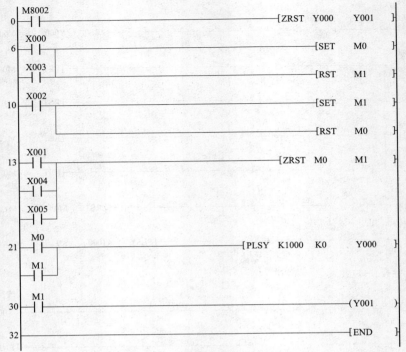

图 17-39　小车自动往返控制程序

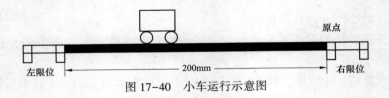

图 17-40　小车运行示意图

PLC 的 I/O 分配与接线如图 17-41 所示。

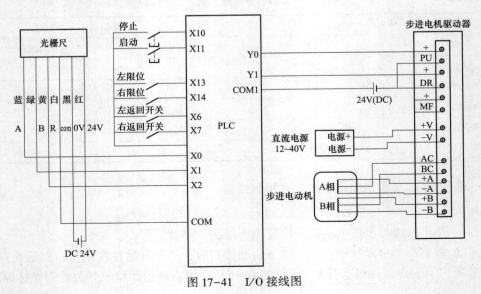

图 17-41　I/O 接线图

PLC 程序如图 17-42 所示，用 C251 高数计数器对光栅尺输出的 A/B 相脉冲进行双相计数，则通过分析 C251 的当前值数据即可得小车当前运行所在的位置坐标。

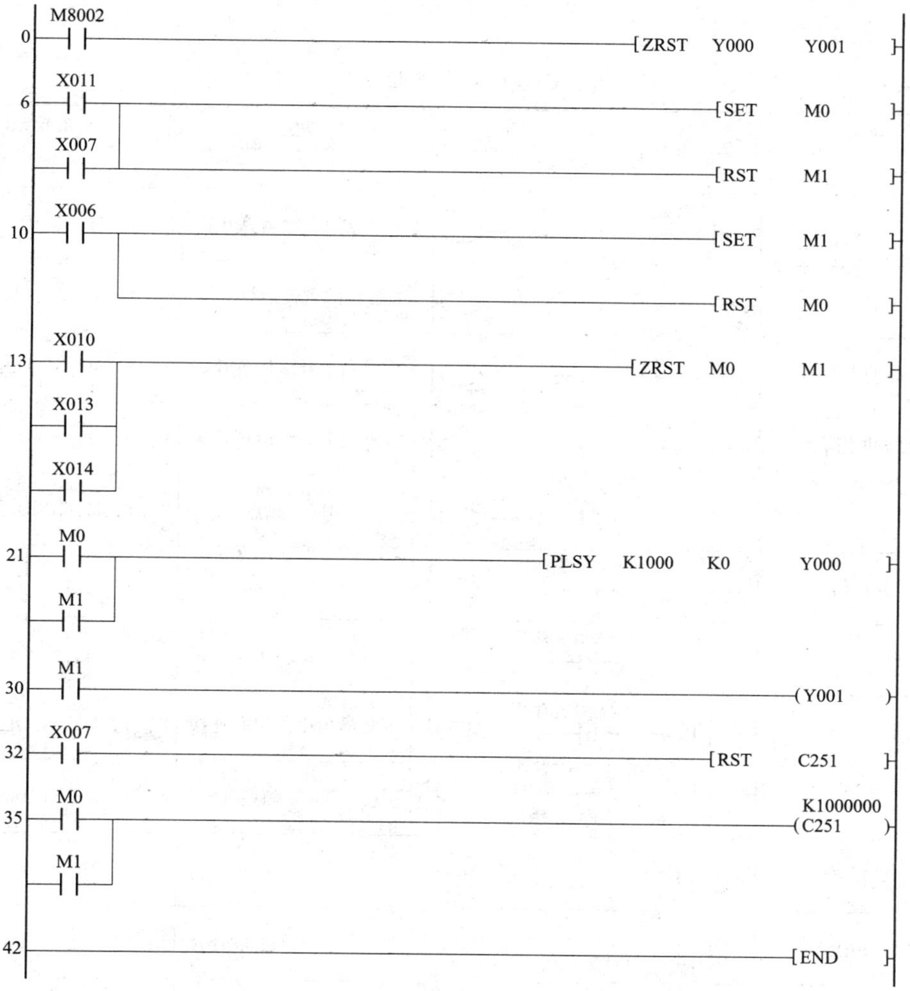

图 17-42　PLC 控制程序

附录 A　FX₃ᵤ常用指令

附表 A-1　　　　　　　　　　　　**FX₃ᵤPLC 基本指令**

记号	称呼	符号	功能	对象软元件
触点指令				
LD	取	*对象软元件	a触点的逻辑运算开始	X, Y, M, S, D□.b, T, C
LDI	取反	*对象软元件	a触点的逻辑运算开始	X, Y, M, S, D□.b, T, C
LDP	取脉冲上升沿	*对象软元件	检测到上升沿运算开始	X, Y, M, S, D□.b, T, C
LDF	取脉冲下降沿	*对象软元件	检测到下降沿运算开始	X, Y, M, S, D□.b, T, C
AND	与	*对象软元件	串联a触点	X, Y, M, S, D□.b, T, C
ANI	与反转	*对象软元件	串联b触点	X, Y, M, S, D□.b, T, C
ANDP	与脉冲上升沿	*对象软元件	上升沿检出的串联连接	X, Y, M, S, D□.b, T, C
ANDF	与脉冲下降沿	*对象软元件	下降沿检出的串联连接	X, Y, M, S, D□.b, T, C
OR	或	*对象软元件	并联a触点	X, Y, M, S, D□.b, T, C
ORI	或反转	*对象软元件	并联b触点	X, Y, M, S, D□.b, T, C
ORP	或脉冲上升沿	*对象软元件	上升沿检出的并联连接	X, Y, M, S, D□.b, T, C
ORF	或脉冲下降沿	*对象软元件	下降沿检出的并联连接	X, Y, M, S, D□.b, T, C
综合指令				
ANB	回路块与		回路块的串联连接	—
ORB	回路块或		回路块的并联连接	—
MPS	存储进栈	MPS	压入堆栈	
MRD	存储读栈	MRD	读取堆栈	—
MPP	存储出栈	MPP	弹出堆栈	

记号	称呼	符号	功能	对象软元件
INV	反转		运算结果的反转	—
MEP	M·E·P		上升沿时导通	—
MEF	M·E·F		下降沿时导通	—
输出指令				
OUT	输出	*对象软元件	线圈驱动	Y，M，S，D□.b，T，C
SET	置位	SET 对象软元件	动作保持	Y，M，S，D□.b
RST	复位	RS 对象软元件	解除保持的动作，清除当前值及寄存器	Y，M，S，D□.b，T，C，D，R，V，Z
PLS	脉冲	PLS 对象软元件	上升沿检测输出	Y，M
PLF	下降沿脉冲	PLF 对象软元件	下降沿检测输出	Y，M
主控指令				
MC	主控	MC N 对象软元件	连接到公共触点	—
MCR	主控复位	MCR N	解除连接到公共触点	—
其他指令				
NOP	空操作		无处理	—
结束指令				
END	结束	END	程序结束	—

　　应用指令的种类分为以下的18种：数据传送指令、数据转换指令、比较指令、四则运算指令、逻辑运算指令、特殊函数指令、旋转指令、移位指令、数据处理指令、字符串处理指令、程序流程控制指令、I/O刷新指令、时钟控制指令、脉冲输出·定位指令、串行通信指令、特殊功能模块/单元控制指令、文件寄存器/扩展文件寄存器的控制指令和其他的方便指令。

附表A-2　　　　　　　　　数 据 传 送 指 令

指令	FNC No.	功能	指令	FNC No.	功能
MOV	FNC 12	传送	BMOV	FNC 15	成批传送
SMOV	FNC 13	位移动	FMOV	FNC 16	多点传送
CML	FNC 14	反转传送	PRUN	FNC 81	八进制位传送

续表

指令	FNC No.	功能	指令	FNC No.	功能
XCH	FNC 17	交换	EMOV	FNC 112	二进制浮点数据传送
SWAP	FNC 147	上下字节的交换	HCMOV	FNC 189	高速计数器传送

附表 A-3　　　　　　　　　数 据 转 换 指 令

指令	FNC No.	功能	指令	FNC No.	功能
BCD	FNC 18	BCD 转换	INT	FNC 129	二进制浮点数→BIN 整数的转换
BIN	FNC 19	BIN 转换	EBCD	FNC 118	二进制浮点数→十进制浮点数的转换
GRY	FNC 170	格雷码转换	EBIN	FNC 119	十进制浮点数→二进制浮点数的转换
GBIN	FNC 171	格雷码逆转换	RAD	FNC 136	二进制浮点数角度→弧度的转换
FLT	FNC 49	BIN 整数→二进制浮点数的转换	DEG	FNC 137	二进制浮点数弧度→角度的转换

附表 A-4　　　　　　　　　比 　较 　指 　令

指令	FNC No.	功能	指令	FNC No.	功能
LD=	FNC 224	触点比较 LD $(S_1)=(S_2)$	OR<=	FNC 245	触点比较 OR $(S_1)\leq(S_2)$
LD>	FNC 225	触点比较 LD $(S_1)>(S_2)$	OR>=	FNC 246	触点比较 OR $(S_1)\geq(S_2)$
LD<	FNC 226	触点比较 LD $(S_1)<(S_2)$	CMP	FNC 10	比较
LD<>	FNC 228	触点比较 LD $(S_1)\neq(S_2)$	ZCP	FNC 11	区间比较
LD<=	FNC 229	触点比较 LD $(S_1)\leq(S_2)$	ECMP	FNC 110	二进制浮点数比较
LD>=	FNC 230	触点比较 LD $(S_1)\geq(S_2)$	EZCP	FNC 111	二进制浮点数区间比较
AND=	FNC 232	触点比较 AND $(S_1)=(S_2)$	HSCS	FNC 53	比较置位（高速计数器用）
AND>	FNC 233	触点比较 AND $(S_1)>(S_2)$	HSCR	FNC 54	比较复位（高速计数器用）
AND<	FNC 234	触点比较 AND $(S_1)<(S_2)$	HSZ	FNC 55	区间比较（高速计数器用）
AND<>	FNC 236	触点比较 AND $(S_1)\neq(S_2)$	HSCT	FNC 280	高速计数器的表格比较
AND<=	FNC 237	触点比较 AND $(S_1)\leq(S_2)$	BKCMP=	FNC 194	数据块比较 $(S_1)=(S_2)$
AND>=	FNC 238	触点比较 AND $(S_1)\geq(S_2)$	BKCMP>	FNC 195	数据块比较 $(S_1)>(S_2)$
OR=	FNC 240	触点比较 OR $(S_1)=(S_2)$	BKCMP<	FNC 196	数据块比较 $(S_1)<(S_2)$
OR>	FNC 241	触点比较 OR $(S_1)>(S_2)$	BKCMP<>	FNC 197	数据块比较 $(S_1)\neq(S_2)$
OR<	FNC 242	触点比较 OR $(S_1)<(S_2)$	BKCMP<=	FNC 198	数据块比较 $(S_1)\leq(S_2)$
OR<>	FNC 244	触点比较 OR $(S_1)\neq(S_2)$	BKCMP>=	FNC 199	数据块比较 $(S_1)\geq(S_2)$

附表 A-5　　　　　　　　　四 则 运 算 指 令

指令	FNC No.	功能	指令	FNC No.	功能
ADD	FNC 20	BIN 加法运算	EMUL	FNC 122	二进制浮点数乘法运算
SUB	FNC 21	BIN 减法运算	EDIV	FNC 123	二进制浮点数除法运算
MUL	FNC 22	BIN 乘法运算	BK+	FNC 192	数据块加法运算
DIV	FNC 23	BIN 除法运算	BK-	FNC 193	数据块减法运算
EADD	FNC 120	二进制浮点数加法运算	INC	FNC 24	BIN 加 1
ESUB	FNC 121	二进制浮点数减法运算	DEC	FNC 25	BIN 减 1

附表 A-6　　　　　　　　　　　　　逻 辑 运 算 指 令

指令	FNC No.	功能	指令	FNC No.	功能
WAND	FNC 26	逻辑与	WXOR	FNC 28	逻辑异或
WOR	FNC 27	逻辑或			

附表 A-7　　　　　　　　　　　　　特 殊 函 数 指 令

指令	FNC No.	功能	指令	FNC No.	功能
SQR	FNC 48	BIN 开方运算	COS	FNC 131	二进制浮点数 COS 运算
ESQR	FNC 127	二进制浮点数开方运算	TAN	FNC 132	二进制浮点数 TAN 运算
EXP	FNC 124	二进制浮点数指数运算	ASIN	FNC 133	二进制浮点数 SIN-1 运算
LOGE	FNC 125	二进制浮点数自然对数运算	ACOS	FNC 134	二进制浮点数 COS-1 运算
LOG10	FNC 126	二进制浮点数常用对数运算	ATAN	FNC 135	二进制浮点数 TAN-1 运算
SIN	FNC 130	二进制浮点数 SIN 运算	RND	FNC 184	产生随机数

附表 A-8　　　　　　　　　　　　　旋 转 指 令

指令	FNC No.	功能	指令	FNC No.	功能
ROR	FNC 30	右转	RCR	FNC 32	带进位右转
ROL	FNC 31	左转	RCL	FNC 33	带进位左转

附表 A-9　　　　　　　　　　　　　移 位 指 令

指令	FNC No.	功能	指令	FNC No.	功能
SFTR	FNC 34	位右移	WSFL	FNC 37	字左移
SFTL	FNC 35	位左移	SFWR	FNC 38	移位写入 [先入先出/先入后出控制用]
SFR	FNC 213	十六位数据的 n 位右移（带进位）	SFRD	FNC 39	移位读出 [先入先出控制用]
SFL	FNC 214	十六位数据的 n 位左移（带进位）	ROP	FNC 212	读取后入的数据 [先入后出控制用]
WSFR	FNC 36	字右移			

附表 A-10　　　　　　　　　　　　数 据 处 理 指 令

指令	FNC No.	功能	指令	FNC No.	功能
ZRST	FNC 40	成批复位	BTOW	FNC 142	字节单位的数据结合
DECO	FNC 41	译码	UNI	FNC 143	十六位数据的 4 位结合
ENCO	FNC 42	编码	DIS	FNC 144	十六位数据的 4 位分离
MEAN	FNC 45	平均值	CCD	FNC 84	校验码
WSUM	FNC 140	计算出数据合计值	CRC	FNC 188	CRC 运算
SUM	FNC 43	ON 位数	LIMIT	FNC 256	上下限限位控制
BON	FNC 44	判断 ON 位	BAND	FNC 257	死区控制
NEG	FNC 29	补码	ZONE	FNC 258	区域控制
ENEG	FNC 128	二进制浮点数符号翻转	SCL	FNC 259	定坐标（各点的坐标数据）
WTOB	FNC 141	字节单位的数据分离	SCL2	FNC 269	定坐标 2（X/Y 坐标数据）

续表

指令	FNC No.	功能	指令	FNC No.	功能
SORT	FNC 69	数据排列	FDEL	FNC 210	数据表的数据删除
SORT2	FNC 149	数据排列 2	FINS	FNC 211	数据表的数据插入
SER	FNC 61	数据检索			

附表 A-11　　　　　字 符 串 处 理 指 令

指令	FNC No.	功能	指令	FNC No.	功能
ESTR	FNC 116	二进制浮点数→字符串的转换	$+	FNC 202	字符串的结合
EVAL	FNC 117	字符串→二进制浮点数的转换	LEN	FNC 203	检测出字符串长度
STR	FNC 200	BIN→字符串的转换	RIGH	FNC 204	从字符串的右侧开始取出
VAL	FNC 201	字符串→BIN 的转换	LEFT	FNC 205	从字符串的左侧开始取出
DABIN	FNC 260	十进制 ASCII→BIN 的转换	MIDR	FNC 206	字符串中的任意取出
BINDA	FNC 261	BIN→十进制的 ASCLL 的转换	MIDW	FNC 207	字符串中的任意替换
ASCI	FNC 82	HEX→ASCII 的转换	INSTR	FNC 208	字符串的检索
HEX	FNC 83	ASCII→HEX 的转换	COMRD	FNC 182	读出软元件的注释数据
$ MOV	FNC 209	字符串的传送			

附表 A-12　　　　　程 序 流 程 控 制 指 令

指令	FNC No.	功能	指令	FNC No.	功能
CJ	FNC 00	条件跳跃	DI	FNC 05	禁止中断
CALL	FNC 01	子程序调用	FEND	FNC 06	主程序结束
SRET	FNC 02	子程序返回	FOR	FNC 08	循环范围的开始
IRET	FNC 03	中断返回	NEXT	FNC 09	循环范围的结束
EI	FNC 04	允许中断			

附表 A-13　　　　　I/O 刷 新 指 令

指令	FNC No.	功能	指令	FNC No.	功能
REF	FNC 50	输入输出刷新	REFF	FNC 51	输入刷新（带滤波器设定）

附表 A-14　　　　　时 钟 控 制 指 令

指令	FNC No.	功能	指令	FNC No.	功能
TCMP	FNC 160	时钟数据的比较	TRD	FNC 166	读出时钟数据
TZCP	FNC 161	时钟数据的区间比较	TWR	FNC 167	写入时钟数据
TADD	FNC 162	时钟数据的加法运算	HTOS	FNC 164	时、分、秒数据的秒转换
TSUB	FNC 163	时钟数据的减法运算	STOH	FNC 165	秒数据的［时、分、秒］转换

附表 A-15　　　　　　　　　　　脉冲输出 * 定位指令

指令	FNC No.	功能	指令	FNC No.	功能
ABS	FNC 155	读出 ABS 当前值	DRVI	FNC 158	相对定位
DSZR	FNC 150	带 DOG 搜索的原点回归	DRVA	FNC 159	绝对定位
ZRN	FNC 156	原点回归	PLSV	FNC 157	可变速脉冲输出
TBL	FNC 152	表格设定定位	PLSY	FNC 57	脉冲输出
DVIT	FNC 151	中断定位	PLSR	FNC 59	带加减速的脉冲输出

附表 A-16　　　　　　　　　　　串 行 通 信 指 令

指令	FNC No.	功能	指令	FNC No.	功能
RS	FNC 80	串行数据的传送	IVRD	FNC 272	读出变频器的参数
RS2	FNC 87	串行数据的传送 2	IVWR	FNC 273	写入变频器的参数
IVCK	FNC 270	变频器的运行监控	IVBWR	FNC 274	成批写入变频器的参数
IVDR	FNC 271	变频器的运行控制			

附表 A-17　　　　　　　　　　特殊功能模块/单元控制指令

指令	FNC No.	功能	指令	FNC No.	功能
FROM	FNC 78	BFM 的读出	WR3A	FNC 177	模拟量模块的写入
TO	FNC 79	BFM 的写入	RBFM	FNC 278	BFM 分割读出
RD3A	FNC 176	模拟量模块的读出	WBFM	FNC 279	BFM 分割写入

附表 A-18　　　　　　　　文件寄存器/扩展文件寄存器控制指令

指令	FNC No.	功能	指令	FNC No.	功能
LOADR	FNC 290	扩展文件寄存器的读出	INITR	FNC 292	文件寄存器的初始化
SAVER	FNC 291	扩展文件寄存器的成批写入	INITER	FNC 295	扩展文件寄存器的初始化
RWER	FNC 294	扩展文件寄存器的删除·写入	LOGR	FNC 293	文件寄存器的登录

附表 A-19　　　　　　　　　　　其 他 的 方 便 指 令

指令	FNC No.	功能	指令	FNC No.	功能
WDT	FNC 07	看门狗定时器	ZPUSH	FNC 102	变址寄存器的成批避让保存
ALT	FNC 66	交替输出	ZPOP	FNC 103	变址寄存器的恢复
ANS	FNC 46	信号报警器置位	TTMR	FNC 64	示教定时器
ANR	FNC 47	信号报警器复位	STMR	FNC 65	特殊定时器
HOUR	FNC 169	计时表	ABSD	FNC 62	凸轮顺控绝对方式
RAMP	FNC 67	斜坡信号	INCD	FNC 63	凸轮顺控相对方式
SPD	FNC 56	脉冲密度	ROTC	FNC 68	旋转工作合控制
PWM	FNC 58	脉宽调制	IST	FNC 60	初始化状态
DUTY	FNC 186	发出定时脉冲	MTR	FNC 52	矩阵输入
PID	FNC 88	PID 运算	TKY	FNC 70	数字键输入

指令	FNC No.	功能	指令	FNC No.	功能
HKY	FNC 71	16 键输入	ARWS	FNC 75	箭头开关
DSW	FNC 72	数字开关	ASC	FNC 76	ASCII 数据输入
SEGD	FNC 73	7SEG 译码	PR	FNC 77	ASCII 码打印
SEGL	FNC 74	7SEG 时分显示			

附录 B　三菱变频器 FR-A540 变频器参数

附表 B-1　　　　　　　　　　　　三菱变频器 FR-A540 变频器参数

功能	参数号	名称	设定范围	最小设定单位	出厂设定
基本功能	0	转矩提升	0~30%	0.1%	6%/4%/3%/2%
	1	上限频率	0~120Hz	0.01Hz	120Hz
	2	下限频率	0~120Hz	0.01Hz	0Hz
	3	基底频率	0~400Hz	0.01Hz	50Hz
	4	多段速度设定（高速）	0~400Hz	0.01Hz	60Hz
	5	多段速度设定（中速）	0~400Hz	0.01Hz	30Hz
	6	多段速度设定（低速）	0~400Hz	0.01Hz	10Hz
	7	加速时间	0~3600s/0~360s	0.1s/0.01s	5s/15s
	8	减速时间	0~3600s/0~360s	0.1s/0.01s	5s/15s
	9	电子过电流保护	0~500A	0.01A	额定输出电流
标准运行功能	10	直流制动作频率	0~120Hz，9999	0.01Hz	3Hz
	11	直流制动作时间	0~10s，8888	0.1s	0.5s
	12	直流制动电压	0~30%	0.1%	4%/2%
	13	启动频率	0~60Hz	0.01Hz	0.5Hz
	14	适用负荷选择	0~5	1	0
	15	点动频率	0~400Hz	0.01Hz	5Hz
	16	点动加/减速时间	0~3600s/0~360s	0.1s/0.01s	0.5s
	17	MRS 输入选择	0.2	1	0
	18	高速上限频率	120~400Hz	0.01Hz	120Hz
	19	基底频率电压	0~1000V，8888，9999	0.1V	9999
	20	加/减速参考频率	1~400Hz	0.01Hz	50Hz
	21	加/减速时间单位	0.1	1	0
	22	失速防止动作水平	0~200%，9999	0.1%	150%
	23	倍速时失速防止动作水平补正系数	0~200%，9999	0.1%	9999
	24	多段速度设定（速度4）	0~400Hz，9999	0.01Hz	9999
	25	多段速度设定（速度5）	0~400Hz，9999	0.01Hz	9999
	26	多段速度设定（速度6）	0~400Hz，9999	0.01Hz	9999
	27	多段速度设定（速度7）	0~400Hz，9999	0.01Hz	9999
	28	多段速度输入补偿	0，1	1	0
	29	加/减速曲线	0，1，2，3	1	0
	30	再生制动使用率变更选择	0，1，2	1	0
	31	频率跳变 1A	0~400Hz，9999	0.01Hz	9999

功能	参数号	名称	设定范围	最小设定单位	出厂设定
标准运行功能	32	频率跳变 1B	0~400Hz，9999	0.01Hz	9999
	33	频率跳变 2A	0~400Hz，9999	0.01Hz	9999
	34	频率跳变 2B	0~400Hz，9999	0.01Hz	9999
	35	频率跳变 3A	0~400Hz，9999	0.01Hz	9999
	36	频率跳变 3B	0~400Hz，9999	0.01Hz	9999
	37	旋转速度表示	0.1~9998	1	0
输出端子功能	41	频率到达动作范围	0~100%	0.1%	10%
	42	输出频率检测	0~400Hz	0.01Hz	6Hz
	43	反转时输出频率检测	0~400Hz，9999	0.01Hz	9999
第二功能	44	第二加/减速时间	0~3600s/0~360s	0.1s/0.01s	5s
	45	第二减速时间	0~3600s/0~360s，9999	0.1s/0.01s	9999
	46	第二转矩提升	0~30%，9999	0.1%	9999
	47	第二V/F（基底频率）	0~400Hz，9999	0.01Hz	9999
	48	第二失速防止动作电流	0~200%	0.1%	150%
	49	第二失速防止动作频率	0~400Hz，9999	0.01	0
	50	第二输出频率检测	0~400Hz	0.01Hz	30Hz
显示功能	52	DU/PU 主显示数据选择	0~20，22，23，24，25，100	1	0
	53	PU 水平显示数据选择	0~3，5~14，17，18	1	1
	54	FM 端子功能选择	1~3，5~14，17，18，21	1	1
	55	频率监示基准	0~400Hz	0.01Hz	50Hz
	56	电流监示基准	0~500A	0.01A	额定输出电流
自动再启动功能	57	再启动自由运行时间	0，0.1~5s，9999	0.1s	9999
	58	再启动上升时间	0~60s	0.1s	1.0s
附加功能	59	遥控设定功能选择	0，1，2	1	0
运行选择功能	60	智能模式选择	0~8	1	0
	61	智能模式基准电流	0~500A，9999	0.01A	9999
	62	加速时电流基准值	0~200%，9999	0.1%	9999
	63	减速时电流基准值	0~200%，9999	0.1%	9999
	64	提升模式启动频率	0~10Hz，9999	0.01Hz	9999
	65	再试选择	0~5	1	0
	66	失速防止动作降低开始频率	0~400Hz	0.01Hz	50Hz
	67	报警发生时再试次数	0~10，101~110	1	0
	68	再试等待时间	0~10s	0.1s	1s
	69	再试次数显示和消除	0	—	0
	70	特殊再生制动使用率	0~15%/0~30%/0%（注9）	0.1%	0%
	71	适用电机	0~8，13~18，20，23，24	1	0

续表

功能	参数号	名称	设定范围	最小设定单位	出厂设定
运行选择功能	72	PWM 频率选择	0～15	1	2
	73	0～5V/0～10V 选择	0～5, 10～15	1	1
	74	输入滤波器时间常数	0～8	1	1
	75	复位选择/PU 脱离检测/PU 停止选择	0～3, 14～17	1	14
	76	报警编码输出选择	0, 1, 2, 3	1	0
	77	参数写入禁止选择	0, 1, 2	1	0
	78	逆转防止选择	0, 1, 2	1	0
	79	操作模式选择	0～8	1	0
电机参数	80	电机容量	0.4～55kW, 9999	0.01kW	9999
	81	电机极数	2, 4, 6, 12, 14, 16, 9999	1	9999
	82	电机励磁电流	0～.9999	1	9999
	83	电机额定电压	0～1000V	0.1V	400V
	84	电机额定频率	50～120Hz	0.01Hz	50Hz
	89	速度控制增益	0～200.0%	0.1%	100%
	90	电机常数（R1）	0～.9999		9999
	91	电机常数（R2）	0～.9999		9999
	92	电机常数（L1）	0～.9999		9999
	93	电机常数（L2）	0～.9999		9999
	94	电机常数（X）	0～.9999		9999
	95	在线自动调整选择	0.1	1	0
	96	自动调整设定/状态	0, 1, 101	1	0
V/F5点可调整特性	100	V/F1（第一频率）	0～400Hz, 9999	0.01Hz	9999
	101	V/F1（第一频率电压）	0～1000V	0.1V	0
	102	V/F2（第二频率）	0～400Hz, 9999	0.01Hz	9999
	103	V/F2（第二频率电压）	0～1000V	0.1V	0
	104	V/F3（第三频率）	0～400Hz, 9999	0.01Hz	9999
	105	V/F3（第三频率电压）	0～1000V	0.1V	0
	106	V/F4（第四频率）	0～400Hz, 9999	0.01Hz	9999
	107	V/F4（第四频率电压）	0～1000V	0.1V	0
	108	V/F5（第五频率）	0～400Hz, 9999	0.01Hz	9999
	109	V/F5（第五频率电压）	0～1000V	0.1V	0
第三功能	110	第三加/减速时间	0～3600s/0～360s, 9999	0.1s/0.01s	9999
	111	第三减速时间	0～3600s/0～360s, 9999	0.1s/0.01s	9999
	112	第三转矩提升	0～30.0%, 9999	0.1%	9999
	113	第三 V/F（基底频率）	0～400Hz, 9999	0.01Hz	9999
	114	第三失速防止动作电流	0～200%	0.1%	150%

续表

功能	参数号	名称	设定范围	最小设定单位	出厂设定
第三功能	115	第三失速防止动作频率	0~400Hz	0.01Hz	0
	116	第三输出频率检测	0~400Hz, 9999	0.01Hz	9999
通信功能	117	站号	0~31	1	0
	118	通信频率	48, 96, 192	1	192
	119	停止位长/字长	0.1（数据长8）10.11（数据长7）	1	1
	120	有/无奇偶校验	0, 1, 2	1	2
	121	通信再试次数	0~10, 9999	1	1
	122	通信校验时间间隔	0, 0.1~999.8s, 9999	0.1s	0
	123	等待时间设定	0~150ms, 9999	1ms	9999
	124	有/无CR, LF选择	0, 1, 2	1	1
PID控制	128	PID动作选择	10, 11, 20, 21	—	10
	129	PID比例常数	0.1~1000%, 9999	0.1%	100%
	130	PID积分时间	0.1~3600s, 9999	0.1s	1s
	131	上限	0~100%, 9999	0.1%	9999
	132	下限	0~100%, 9999	0.1%	9999
	133	PU操作时的PID目标设定值	0~100%	0.01%	0%
	134	PID微分时间	0.01~10.00s, 9999	0.01s	9999
工频切换功能	135	工频电源切换输出端子选择	0, 1	1	0
	136	接触器（MC）切换互锁时间	0~100.0s	0.1s	1.0s
	137	启动等待时间	0~100.0s	0.1s	0.5s
	138	报警时的工频电源-变频器切换选择	0, 1	1	0
	139	自动变频器-工项电源切换选择	0~60.00Hz, 9999	0.01Hz	9999
齿隙	140	齿隙加速停止频率	0~400Hz	0.01Hz	1.00Hz
	141	齿隙加速停止时间	0~360s	0.1s	0.5s
	142	齿隙减速停止频率	0~400Hz	0.01Hz	1.00Hz
	143	齿隙减速停止时间	0~360s	0.1s	0.5s
显示	144	速度设定转换	0, 2, 4, 6, 8, 102, 104, 106, 108, 110	1	4
附加功能	145	选件（FR-PU04）用的参数			
	148	在0V输入时的失速防止水平	0~200%	0.1%	150%
	149	在10V输入时的失速防止水平	0~200%	0.1%	200%
电流检测	150	输出电流检测水平	0~200%	0.1%	150%
	151	输出电流检测时间	0~10s	0.1s	0
	152	零电流检测水平	0~200.0%	0.1%	5.0%
	153	零电流检测时间	0~1s	0.01s	0.5

续表

功能	参数号	名称	设定范围	最小设定单位	出厂设定
子功能	154	选择失速防止动作时电压下降	0，1	1	1
	155	RT 信号执行条件选择	0，10	1	0
	156	失速防止动作选择	0~31，100，101	1	0
	157	OL 信号输出延时	0~25s，9999	1	0
	158	AM 端子功能选择	1~3，5~14，17，18，21	1	1
附功加能	160	用户参数组读出选择	0，1，10，11	1	0
瞬时停电再启动	162	瞬停再启动动作选择	0，1	1	0
	163	再启动第一缓冲时间	0~20s	0.1s	0s
	164	再启动第一缓冲电压	0~100%	0.1%	0%
	165	再启动失速防止动作水平	0~200%	0.1%	150%
子功能	168	厂家设定参数，请不要设定			
	169				
初始化监视器	170	电能表清零	0	—	0
	171	实际运行时间清零	0	—	0
用户功能	173	用户第一组参数注册	0~999	1	0
	174	用户第一组参数删除	0~999，9999	1	0
	175	用户第二组参数注册	0~999	1	0
	176	用户第二组参数删除	0~999，9999	1	0
端子安排功能	180	RL 端子功能选择	0~99，9999	1	0
	181	RM 端子功能选择	0~99，9999	1	1
	182	RH 端子功能选择	0~99，9999	1	2
	183	RT 端子功能选择	0~99，9999	1	3
	184	AU 端子功能选择	0~99，9999	1	4
	185	JOG 端子功能选择	0~99，9999	1	5
	186	CS 端子功能选择	0~99，9999	1	6
	190	RUN 端子功能选择	0~199，9999	1	0
	191	SU 端子功能选择	0~199，9999	1	1
	192	IPF 端子功能选择	0~199，9999	1	2
	193	OL 端子功能选择	0~199，9999	1	3
	194	FU 端子功能选择	0~199，9999	1	4
	195	A、B、C 端子功能选择	0~199，9999	1	99
附加功能	199	用启初始值设定	0~999，9999	1	0
程序运行	200	程序运动分/秒选择	0，2：分钟，秒 1，3：小时，分钟	1	0
	201~210	程序设定 1~10	0~2：旋转方向 0~400，9999：频率 0~99.59：时间	1 0.1Hz 分钟或秒	0 9999 0

389

续表

功能	参数号	名称	设定范围	最小设定单位	出厂设定
程序运行	211~220	程序设定 11~20	0~2：旋转方向 0~400, 9999：频率 0~99.59：时间	1 0.1Hz 分钟或秒	0 9999 0
	221~230	程序设定 21~30	0~2：旋转方向 0~400, 9999：频率 0~99.59：时间	1 0.1Hz 分钟或秒	0 9999 0
	231	时间设定	0~99.59	—	0
多段速度运行	232	多段速度设定（速度8）	0~400Hz, 9999	0.01Hz	9999
	233	多段速度设定（速度9）	0~400Hz, 9999	0.01Hz	9999
	234	多段速度设定（速度10）	0~400Hz, 9999	0.01Hz	9999
	235	多段速度设定（速度11）	0~400Hz, 9999	0.01Hz	9999
	236	多段速度设定（速度12）	0~400Hz, 9999	0.01Hz	9999
	237	多段速度设定（速度13）	0~400Hz, 9999	0.01Hz	9999
	238	多段速度设定（速度14）	0~400Hz, 9999	0.01Hz	9999
	239	多段速度设定（速度15）	0~400Hz, 9999	0.01Hz	9999
子功能	240	柔性-PWM设定	0, 1	1	1
	244	冷却风扇动作选择	0, 1	1	0
停止选择	250	停止方式选择	0~100s, 9999	0.1s	9999
附加功能	251	输出欠相保护选择	0, 1	1	1
	252	速度变化偏置	0~200%	0.1%	50%
	253	速度变化增益	0~200%	0.1%	150%
掉电停机方式选择	261	掉电停机方式选择	0, 1	1	0
	262	起始减速频率降	0~20Hz	0.01Hz	3Hz
	263	起始减速频率	0~120Hz, 9999	0.01Hz	50Hz
	264	掉电减速时间1	0~3600/0~360s	0.1s/0.01s	5s
	265	掉电减速时间2	0~3600/0~360s, 9999	0.1s/0.01s	9999
	266	掉电减速时间转换频率	0~400Hz	0.01Hz	50Hz
功能选择	270	挡块定位/负荷转矩高速频率选择	0, 1, 2, 3	1	0
高速频率控制	271	高速设定最大电流	0~200%	0.1%	50%
	272	中速设定最小电流	0~200%	0.1%	100%
	273	电流平均范围	0~400Hz, 9999	0.01Hz	9999
	274	电流平均滤波常数	1~4000	1	16
挡块定位	275	挡块定位励磁电流低速倍速	0~1000%, 9999	1%	9999
	276	挡块定位PWM载波频率	0~15, 9999	1	9999
顺序制动功能	278	制动开启频率	0~30Hz	0.01Hz	3Hz
	279	制动开启电流	0~200%	0.1%	130%
	280	制动开启电流检测时间	0~2s	0.1s	0.3s

功能	参数号	名称	设定范围		最小设定单位	出厂设定	
顺序制动功能	281	制动操作开始时间	0~5s		0.1s	0.3s	
	282	制动操作频率	0~30Hz		0.01Hz	6Hz	
	283	制动操作停止时间	0~5s		0.1s	0.3s	
	284	减速检测功能选择	0.1		1	0	
	285	超速检测频率	0~30Hz, 9999		0.01Hz	9999	
	286	增益偏差	0~100%		0.1%	0%	
	287	滤波器偏差时定值	0.00~1.00s		0.01s	0.3s	
校准功能	900	FM端子校正	—		—	—	
	901	AM端子校正	—		—	—	
	902	频率设定电压偏置	0~10V	0~60Hz	0.01Hz	0V	0Hz
	903	频率设定电压增益	0~10V	0~400Hz	0.01Hz	5V	50Hz
	904	频率设定电流偏置	0~20mA	0~60Hz	0.01Hz	4mA	0Hz
	905	频率设定电流增益	0~20mA	0~400Hz	0.01Hz	20mA	50Hz
附加功能	990	蜂鸣器控制	0.1		1	1	
	991	选件（FR-PU04）用的参数